A. Engler

Notizblatt des königl. botanischen Gartens und Museums zu Berlin

Band. I.

A. Engler

Notizblatt des königl. botanischen Gartens und Museums zu Berlin
Band. I.

ISBN/EAN: 9783743398504

Hergestellt in Europa, USA, Kanada, Australien, Japan

Cover: Foto ©berggeist007 / pixelio.de

Manufactured and distributed by brebook publishing software (www.brebook.com)

A. Engler

Notizblatt des königl. botanischen Gartens und Museums zu Berlin

Notizblatt

des

Königl. botanischen Gartens und Museums

zu

Berlin.

I. Band

Nr. 1—10 (1895—1897).

Herausgegeben

von

A. Engler.

Leipzig

In Commission bei Wilhelm Engelmann

1897.

Notizblatt

des

Königl. botanischen Gartens und Museums zu Berlin.

No. 1.   Ausgegeben am   **2. Januar 1895.**

I. Bemerkenswerte seltenere oder bisher noch nicht in den Gärten
verbreitete Pflanzen des Berliner Gartens, welche in denselben
in letzter Zeit aus ihrer Heimat eingeführt wurden.

II. Eingänge für den botanischen Garten aus den deutschen Kolonien.

III. Versuchskulturen im Berliner Garten, Anzuchten und Sendungen
nach den Kolonien.

IV. Notizen über das Gedeihen der in den Kolonien angebauten
Pflanzen.

V. Bemerkenswerte Eingänge für das botanische Museum.

VI. Diagnosen neuer Arten und kleinere Mitteilungen.

Nur durch den Buchhandel zu beziehen.

✳

In Commission bei Wilhelm Engelmann in Leipzig
1895.

Preis 1,20 Mk.

Notizblatt

des

Königl. botanischen Gartens und Museums zu Berlin.

No. 1.   Ausgegeben am   2. Januar 1895.

In den letzten Jahren hat sich der Betrieb des Königl. botanischen Gartens und des botanischen Museums so gesteigert, dass sich die Notwendigkeit herausstellt, von Zeit zu Zeit in einer jedem Interessenten durch Kauf leicht zugänglichen Schrift von den wichtigeren Eingängen an den genannten Anstalten, sowie auch von bemerkenswerten Leistungen derselben Nachricht zu geben. Namentlich soll von den Beziehungen, welche zwischen unseren botanischen Anstalten und den Kolonien bestehen und sich allmählich immer mehr ausdehnen, das Wichtigste und weitere Kreise Interessirende mitgeteilt werden. Ferner sollen auch in diesem Notizblatt Diagnosen solcher am hiesigen Museum aufgestellten neuen Arten, deren baldige Publication aus verschiedenen Gründen wünschenswert ist, abgedruckt werden; es wird dadurch für die von dem Unterzeichneten herausgegebenen Botanischen Jahrbücher, in denen dem ursprünglichen Plan gemäss Abhandlungen und Monographien pflanzengeographischen und systematischen Inhaltes mehr in den Vordergrund treten sollen, einige Entlastung geschaffen. Der Umfang des Notizblattes wird zunächst 12 Bogen im Jahre nicht überschreiten. Die unter I—V gegebenen Uebersichten hat auf meinen Wunsch Herr Custos Dr. Gürke in dankenswerter Weise zusammengestellt.

Berlin, im December 1894.

A. Engler.

1

I. Bemerkenswerte seltenere oder bisher noch nicht in den Gärten verbreitete Pflanzen des Berliner Gartens, welche in demselben in letzter Zeit aus ihrer Heimat eingeführt wurden.

a. Freilandpflanzen.

Folgende, aus ihrer Heimat in den botanischen Garten eingeführten Hochgebirgspflanzen haben sich so gut entwickelt, dass ihr weiteres Gedeihen in der Kultur gesichert erscheint.

I. Aus den europäischen und mediterranen Hochgebirgen.

Asplenium Halleri DC. var. fontanum (DC.) Godr. Gren.	— Montserrat (Engler 1892).
Cheilanthes odora Sw.	— Portugal (Engler 1892).
Selaginella denticulata (L. Lk.	— Algier (Engler 1889).
Alopecurus lanatus Sibth. Sm., eine wie Leontopodium dicht wollig behaarte und in der Kultur die Behaarung nicht verlierende Pflanze.	— Bithynischer Olymp (Engler 1887).
Festuca punctoria Sm.	— Bithynischer Olymp (Engler 1887).
Alsine banatica Bl. el Fingerh.	— Siebenbürgen (Engler 1890).
Dianthus spiculifolius Schur.	— Siebenbürgen (Engler 1890).
Gypsophila transsilvanica Spreng.	— Siebenbürgen (Engler 1890).
Heliosperma Veselskyi Janka.	— Steiermark (Retzdorf 1892).
Petrocoptis pyrenaica (Berg) A. Br. var. hispanica Willk.	— Asturien (Engler 1892).
Ranunculus acetosellaefolius Boiss.	— Sierra Nevada (Engler 1892).
Arabis neglecta Schultes	— Tatra (Pax 1891).
„ pedemontana All.	— Westalpen (Beyer 1892).
Draba hispanica Boiss.	— Sierra Nevada (Engler 1892).
„ olympica Sibth.	— Bithynischer Olymp (Engler 1887).
Hutschinsia Auerswaldii Willk.	— Asturien (Engler 1892).
Sedum alsinefolium Vill.	— Westalpen (Beyer 1892).
Saxifraga ajugaefolia L.	— Pyrenäen (Engler 1892).
„ aquatica Lap.	— Pyrenäen (Engler 1892).

Saxifraga Blavii Engl.	— Bosnien (Engler 1893).
„ catalaunica Boiss. et Reut.	— Montserrat (Engler 1892).
„ crioblasta Boiss. et Reut.	— Sierra Nevada (Engler 1892).
„ glabella Bertol.	— Bosnien (Engler 1893).
„ intricata Lap.	— Pyrenäen (Engler 1892).
„ luteo-viridis Schott	— Siebenbürgen (Engler 1890).
„ media Gouan	— Pyrenäen (Engler 1892).
„ mixta Lap.	— Pyrenäen (Engler 1892).
„ nevadensis Boiss. et Reut.	— Sierra Nevada (Engler 1892).
„ pedemontana All.	— Seealpen (Raap 1893).
„ perdurans Kit.	— Karpathen (Pax 1890).
„ prenja Beck	— Herzegovina (Engler 1893).
„ Rocheliana Sternb.	— Siebenbürgen (Engler 1890).
„ valdensis DC.	— Seealpen (Beyer 1892).
Geum pyrenaicum Willd.	— Pyrenäen (Engler 1892).
Vicia pyrenaica Pourr.	— Pyrenäen (Engler 1892).
Erodium cheilanthifolium Boiss.	— Sierra Nevada (Engler 1892).
„ supracanum l'Hér.	— Montserrat (Engler 1892).
Hypericum nummularium DC.	— Pyrenäen (Engler 1892).
Viola Jovi Janka	— Siebenbürgen (Engler 1890).
Bupleurum canalense Wulf	— Insubrien (Engler 1891).
Seseli rigidum W. K.	— Siebenbürgen (Engler 1890).
Primula Allionii Lois.	— Seealpen (Raap 1893).
„ glaucescens Mor.	— Insubrien (Engler 1891).
Plantago nivalis Boiss., behält bis jetzt seine schöne silbergraue Behaarung.	— Sierra Nevada (Engler 1892).
Asperula cynanchica L. var. umbellulata Reut.	— Insubrien (Engler 1891).
Asperula hirta Ram.	— Pyrenäen (Engler 1892).
Campanula elatinoides Mor.	— Insubrien (Engler 1891).
„ Elatines L.	— Piemont (Beyer 1892).
„ isophylla Mor.	— Ligurien (Beyer 1890).
„ lanceolota Schur	— Siebenbürgen (Engler 1890).
Hedraeanthus serpyllifolius Vis.	— Herzegovina (Engler 1893).
Phyteuma laxiflorum Beyer	— Seealpen (Beyer 1892).
Achillea pyrenaica Sibth.	— Pyrenäen (Engler 1892).

Chrysanthemum radicans   — Sierra Nevada (Engler 1892).
(Cav.)
Carduus Carduelis (L.) W. K.   — Krain (Engler 1890).

II. Aus Neu-Seeland durch Herrn Cockayne.

Isolepis nodosa R. Br.
Carex pumila Thunb.
  „ trifida Cav.
Uncinia ferruginea Booth
  „ australis Perr.
Acaena inermis Hook. f.

Epilobium pubens
  „ Billardierianum
     Ser.
Ligusticum Haastii F. Muell.
Veronica vernicosa Hook. f.

b. Gewächshauspflanzen.

I. Aus Neu-Seeland durch Herrn Cockayne.

Phormium Colensoi Hook. f.
Cordyline indivisa Kunth
Clematis afoliata Buchan.
Pittosporum Colensoi Hook. f.
  „ eugenioides A.
     Cunn.

Carmichaelia flagelliformis
Colenso
Myrtus obcordata Hook. f.
Aciphylla squarrosa Forst.

II. Aus Yemen und Abyssinien.

Sehr umfangreiche Zuwendungen verdankt der botanische Garten Herrn Professor Dr. Schweinfurth, der, wie früher, auch von seinen letzten Reisen nach Yemen und Nordabyssinien zahlreiche seltene, in den Gärten bisher noch nicht vorhandene oder neue Arten teils in lebenden Pflanzen, teils in Samen mitgebracht und dem Garten überwiesen hat. Es konnte in Folge dessen im Garten eine Gruppe wichtigerer Characterpflanzen der Hochlandsgebiete von Yemen und Abyssinien zusammengestellt werden, die sich an die pflanzengeographischen Gruppen des Mittelmeergebietes und von Makaronesien anschliesst.

Unter diesen von Prof. Schweinfurth eingeführten Pflanzen finden sich aus Yemen:

Aloë sabaea Schweinf. in Bull. de l'Herb. Boiss. II. Append. II. p. 75 (1894). — Aus dem Wadi Madfur bei Hodjela (700—800 m). Der Stamm wird bis 9 m hoch, die Blätter bis 1 m lang; die fleischroten Blüten sind über 3 cm lang. Die Pflanze gleicht hinsichtlich des Wuchses und der Blätter in hohem Grade der A. dichotoma L. fil., in deren Verwandtschaft sie jedenfalls gehört; sie unterscheidet sich von der genannten Art, sowie von A. Bainesii Dyer durch die Blüthen-

farbe und die kürzeren, kaum aus der Blütenkrone hervortretenden
Staubfäden.

Aloë pendens Forsk. Descr. 74. — Diese Art hat 10—25 cm lange
Blätter und einen (mit dem Schaft) 65 cm langen Blütenstand; sie steht
habituell der A. ciliaris Haw. sehr nahe, unterscheidet sich aber von
ihr, sowie von den verwandten Arten, durch den völlig ungezähnten
vorderen Rand der Blattscheide, sowie durch die steifhaarigen Deckblätter und Blüten; sie stammt vom Dschebel Bura (900 m), wo sie
an steilen Felswänden oft in grossen Massen herabhängt.

Aloë rubroviolacea Schweinf. in Bull. de l'Herb. Boiss. II. App. II.
p. 71 (1894). — Die Blattrosetten entspringen entweder direct am Grunde,
oder es ist ein kurzes Stämmchen vorhanden; die 50 cm langen Blätter
sind dunkel- oder purpurviolett und enthalten einen gelblichen Saft von
dem schweissartigen Geruche der A. vera; die ca. 60 cm langen Blütenschäfte sind gewöhnlich bei den von den Felswänden herabhängenden
Exemplaren im Halbbogen nach oben gekrümmt; die Blüten sind
hellrot. Die Pflanze wurde von Schweinfurth am Schibam über Menacha, auf der Spitze unter dem alten Schloss bei 2900 m Höhe gefunden.

Euphorbia Ammak Schweinf. n. spec.

Euphorbia parciramosa Schweinf. n. spec., beide Arten ebenfalls
aus der Gegend von Menacha.

Euphorbia fruticosa Forsk.

Adenium obesum Roem. et Schult. — Vom Dschebel Melhan (600 m);
eine strauchartige Pflanze mit succulenten, wenig verzweigten Aesten,
schopfartig an der Spitze der Zweige zusammengedrängten, eiförmigen
Blättern und fingerlangen, sehr schön dunkelrosenroten, innen weisslichen Blüten; sie kommt auch in den Steppen von Abyssinien und
Usambara vor.

Von abyssinischen Pflanzen, meist aus der Gegend von Dscheleb,
im Mensagebiet (1800—2200 m) stammend, gelangten in den Besitz des
Gartens:

Juniperus procera Hochst. — Ein Baum, der für die Waldkultur
von Ostafrika von höchster Bedeutung ist, da er nicht nur in Abyssinien, sondern auch am Kenia, am Kilimandscharo, in Usambara, überall in einer Höhenlage von 2000—2500 m vielfach waldbildend vorkommt; es ist ein sehr schöner Baum bis zu 30—35 m Höhe mit ganz
schlankem, geradem Stamm, der ein sehr harzreiches, vortreffliches Nutz-
und Bauholz liefert; dasselbe gleicht durchaus dem von J. virginiana
und ist sicherlich geeignet, in derselben Weise, wie von dieser Art, bei
der Bleistiftfabrikation benutzt zu werden. Da der Baum nur in ziemlich hohen Lagen vorkommt, dürfte er bei uns vielleicht sich als winter-

hart und als eine wertvolle Bereicherung für den Baumbestand unserer Parks erweisen.

Hypoxis villosa L. var. **Schweinfurthii** Harms (vergl. unter VI.). **Aloë macrocarpa** Tod. Hort. Panorm. 36. tab. 9. — Eine Art, welche an sonnigen und zum Teil grasigen Stellen in der Gegend von Dschebel und Saganeiti, in Höhen von 1800—2500 m verbreitet ist.

Barbeya oleoïdes Schweinf. in Malpighia 1891 p. 332. — Diese interessante Ulmacee ist besonders durch die nach der Blüte sich vergrössernden und die längliche harte Frucht umgebenden Perianthblätter ausgezeichnet.

Cyathula globulifera Moqu. Tand. — Eine sehr hübsche Pflanze mit silberweissen Blättern, Blütenköpfen von 3 cm Durchmesser und klettenartigen Früchten, welche im Gebüsch hochklettert; sie ist durch ganz Ostafrika, von Abyssinien bis Nyassaland verbreitet.

Phytolacca abyssinica Hoffm. — Eine schöne Kletterpflanze mit dickfleischigen Blättern (welche ein gutes spinatartiges Gemüse geben), langen, grünlich weissen, duftenden Blütentrauben und schwärzlichen Beeren, deren Farbstoff vielleicht in derselben Weise zu benutzen sein könnte, wie der von Ph. decandra; sie stammt von Acrur (1900 m).

Clematis orientalis L. var. **glaucescens** Fres. — Ebenfalls von Acrur; eine strauchige Kletterpflanze vom Habitus unserer einheimischen Clematis-Arten, aber reichblütiger und mit noch längeren „Fruchthaaren"; am Kilimandscharo gehen andere Varietäten dieser Art bis zu einer Höhe von 3000 m, so dass die Pflanze auch vielleicht bei uns winterhart ist.

Kalanchoë grandiflora Rich. (abgebildet in Gartenfl. 1893 p. 513. tab. 1394). — Eine prächtige Succulente mit in Rosetten angeordneten blaugrünen, silberglänzenden, purpurn gefleckten, breit-eiförmigen, am Rande gebuchteten Blättern, sehr reichblütigen Scheindolden und gegen 10 cm langen, schneeweissen, nach unten zu röthlichen, wohlriechenden Blüten, eine Pflanze, die für den Gartenbau sicherlich grosse Bedeutung gewinnen wird.

Kalanchoë glaucescens Britt. — Eine Art mit kleineren, rötlichen Blüten.

Calpurnea aurea (Lam.) Bak. — Ein Strauch oder kleiner Baum mit gefiederten Blättern und schönen grossen gelben Schmetterlingsblüten, ungefähr vom Habitus eines Cytisus; er kommt auch in Usambara in niedriger gelegenen Gegenden vor.

Cadia varia L'Hérit. — Eine strauchartige Leguminose.

Colutea aleppica Lam. var. **abyssinica** Schweinf.

Celastrus senegalensis Lam. — Ein Strauch oder kleiner Baum mit weissen duftenden Blüten und roten Früchten von der Grösse kleiner Kirschen, der auch in Ostafrika vorkommt und am Kilimandscharo bis zu 2500 m hinaufgeht.

Cissus Hochstetteri (Miqu.) Planch. — Im Gebüsch rankend, mit weit vorspringenden, stark korkigen Wülsten am Stamm, mit grossen, herzförmig-eirunden Blättern, grossen Scheindolden, die grossen Beeren fade schmeckend; die Pflanze kommt ausser in Abyssinien auch am Kilimandscharo vor, wo sie bis ungefähr 1200 m sich an Flussläufen findet.

Pavonia macrophylla E. Mey. — Ein Halbstrauch mit grossen gelben Blüten mit breiten Kelchblättern, der in ganz Ostafrika weit verbreitet ist.

Hibiscus micranthus Cav. — Ein kleiner Strauch mit etwas sparrigen Aesten und kleinen, aber schön roten Blüten, im ganzen tropischen Afrika an trocknen Orten verbreitet.

Olea chrysophylla Lam. — Ein schöner Baum mit unterseits goldig roten schmalen Blättern, der auch in Usambara bis zu 1700 m Höhe vorkommt und dort Wälder bildet; er ist im Garten schon aus älterer Zeit in einem stattlichen Exemplar vorhanden.

Jasminum abyssinicum R. Br. — Eine sehr schöne, im Gebüsch hochgehende Pflanze, mit rispenartigen, sehr blütenreichen Dichasien, prächtig duftenden, schneeweissen Blüten und schwarzen Beeren, auch am Kilimandscharo in der Höhe von 1500—1600 m vorkommend.

Buddleya polystachya Fres. — Ein hoher Strauch, auch baumartig, mit länglichen Blättern und sehr reichen, rostrot behaarten Blütenständen.

Coleus Penzigii Schweinf. n. spec. — Eine prächtige Pflanze mit starkem, fast succulentem, aufrechtem Stamm, weichbehaarten Blättern und grossen dunkelblau-violetten Blüten, eine Art, die sicherlich für die Blumengärtnerei bei Erzeugung neuer Hybriden einen hohen Wert besitzen dürfte.

Justicia Schimperiana (Hochst.) T. Anderss. — Eine sehr schöne Pflanze vom Habitus eines Acanthus, mit langer endständiger Traube, grossen Bracteen und sehr ansehnlichen Blüten, als Zierpflanze sehr empfehlenswert.

Pentas lanceolata (Forsk.) Benth. — Eine Pflanze, die sich gleichfalls in ihren grossblütigen Formen zur Kultur empfiehlt, auch schon früher eingeführt worden ist.

Von seiner diesjährigen Reise brachte Prof. Schweinfurth besonders aus der Umgebung von Halai, vom Plateau Koheito (2700 m) eine Reihe von selteneren lebenden Pflanzen mit, darunter:

Aloë percrassa Tod. Hort. Panorm. I. 81. tab. 21 (non Bak.). — Diese Art, welche in die nähere Verwandtschaft der A. vera L. gehört,

fand sich in Menge im grossen Thal von Ginda (1000 m) zwischen Stein-
blöcken und zerklüfteten Felsen an offnen, sonnigen Stellen.

Aloë abyssinica Lam. — Die Pflanze besitzt einen niederliegenden,
gewundenen, aufstrebenden, 40—50 cm langen Stamm, der, wenn die
Blattkrone vernichtet wurde, eine Menge Seitensprossen treibt; die
Blüten sind entweder citronengelb oder hellorangefarbig. Die Pflanze
besitzt einen nur spärlichen und wässerigen Saft und liefert kein Aloë-
harz; sie findet sich an verschiedenen Orten, z. B. im grossen Thal
oberhalb Ginda, an felsigen Thalgehängen in grosser Menge, gewöhnlich zwischen grossen Blöcken, aber auch auf ebenem Felsboden weite
Strecken bedeckend.

Aloë Camperii Schweinf. in Bull. de l'Herb. Boiss. II. App. II.
p. 67 (1894). (A. abyssinica Lam. var. percrassa Bak. in Linn. Journ.
Bot. XVIII. 175?, non Todaro.) — Die Pflanze wächst bei Ginda, Acrur
und an anderen Orten in Gemeinschaft mit A. abyssinica Lam., aber
mehr vereinzelt und nicht in dichten Beständen. Sie unterscheidet sich
von dieser Art hinsichtlich der Blüten nur durch sehr geringe Merkmale, dagegen durch die Blätter in so hohem Grade, dass sie in der
Natur von ihr sofort zu unterscheiden ist; die Blätter sind an der Spitze
nicht so stark zurückgebogen, breiter und kürzer als bei A. abyssinica, und nur zu $^2/_3$, nicht ganz stengelumfassend; sie sind auch nie
gefleckt und von weit festerer Textur; der Saft ist reichlich, dick
und gelb. Die von Baker a. a. O. gegebene Beschreibung seiner zu
A. abyssinica Lam. gestellten var. percrassa scheint auf diese
Pflanze zu passen; auch waren im botanischen Garten unter dem Namen
A. percrassa Exemplare vorhanden, die entschieden zu A. Camperii
zu stellen sind.

Aloë Schimperi Tod. Hort. bot. Panorm. I. 70. tab. 16. — Von
Sanageiti (2200 m), dort an sonnigen Thalgehängen vereinzelt und in
Gruppen vorkommend.

Asparagus racemosus Willd. — An verschiedenen Orten in Abyssinien vorkommend, im Gebüsch sich hoch hinauf schlingend.

Lissochilus graniticus Rchb. fil. — Eine Art mit gelblichen Blüten,
das Labellum etwas rötlich und mit purpurnen Strichen am Grunde,
bei Ginda und bei Saganeiti an steinigen, trocknen, sonnigen Plätzen,
seltener im Gebüsch, gruppenweise wachsend; auch schon von Hildebrandt im Lande der Habab und bei Keren gesammelt.

Kalanchoë glandulosa Hochst.

Kalanchoë Schimperiana Rich. — Beide Arten mit schönen Blüten,
ähnlich der K. glaucescens.

Echidnopsis tesselata (Desne). — Nicht verschieden davon ist
E. cereiformis Hook. fil.; die Art ist auch schon früher als

Stapelia tesselata Dcne. in den botanischen Gärten cultiviert worden.

Huernia macrocarpa (A. Rich.) Schweinf. — Diese Art ist neuerdings in Monatsschr. f. Kakteenkunde IV. p. 155 (1894) abgebildet worden; der Stengel ist höchstens 10 cm lang; die glockenförmigen Blüten sind grünlich gelb, innen purpurrot gefleckt. Die Pflanze hat sich auch als vortrefflich zur Zimmercultur geeignet erwiesen.

Coleus igniarius Schweinf. — Aus der Gegend von Mahio (Haddarthal 1200 m) stammend.

Ferner finden wir noch unter den von Schweinfurth gesandten Pflanzen eine ausdauernde Mesembrianthemum-Art mit glatten, halbstielrunden Blättern und rosafarbenen Blüten; weiter von Adikomoschio (Dembelao) eine Urginea-Art, und von Ambelaco (2000 m) eine unbekannte Barbacenia-Art mit unterirdischem, knollig angeschwollenem Stamm, ausserdem mehrere Crinum- und Albuca-Arten.

Eine grössere Anzahl Sämereien, gleichfalls von der letzten Reise 1894 stammend, wurde ausserdem in Aussaat gegeben, darunter Cienfuegosia anomala (Wawra et Peyr.) Gürke aus dem Bogoslande, eine Pflanze, welche bisher als zur Gattung Gossypium gehörend betrachtet wurde, und sich sowohl in Benguela als auch in Abyssinien findet (vergl. Engl. Bot. Jahrb. XIX. Beibl. 48. p. 1).

II. Eingänge für den botanischen Garten aus den deutschen Kolonien.

Der botanische Garten hat in der letzten Zeit aus verschiedenen Gegenden der deutschen Kolonien in Afrika Samen und lebende Pflanzen erhalten, die zum grössten Teil sich gut entwickelt haben und eine dauernde Bereicherung des Gartens an tropisch afrikanischen Gewächsen versprechen. Den Hauptbestandteil dieser Pflanzen bilden noch immer die vor mehreren Jahren von Joh. Braun aus **Kamerun** eingeführten Gewächse, die in den Mitth. aus d. deutsch. Schutzgebieten, Bd. II. 1889. p. 141 ff. von Braun und K. Schumann aufgezählt bez. beschrieben wurden. Die interessantesten derselben sollen hier noch einmal hervorgehoben werden.

Palisota Barteri Hook. fil. — Eine der schönsten Zierpflanzen aus der Familie der Commelinaceen, die besonders durch ihre grossen, sehr regelmässig gerippten Blätter ausgezeichnet ist.

Palisota ambigua Clarke. — Von der vorigen durch die lockeren, in sehr regelmässige Wickel ausgehenden Blütentrauben verschieden.

Dracaena Braunii Engl. in Bot. Jahrb. XV. p. 479 tab. XX. — Eine sehr zierliche Art, aus deren Rhizom etwa 2,5 dcm lange, bis oben beblätterte sterile Stengel und etwa halb so hohe fertile Stengel emporwachsen; sie gehört zu der Sect. Spicatae, ist aber mit keiner Art derselben näher verwandt.

Dracaena Sanderiana Hort. Sander in Gard. Chron. 1893. I. p. 442. Fig. 65 (siehe auch Gartenfl. 1893 p. 406). — Diese Art gehört, niedrig gezogen, zu den schönsten bisher bekannten Blattpflanzen; ihre etwa 2 dcm langen, ziemlich starren, dunkelgrünen Blätter werden von silbrig-weissen Längsstreifen von wechselnder Breite durchzogen und umrandet.

Dioscorea dumetorum (Kunth) Pax in Engl. Prantl. Nat. Pflanzenfam. II. 5. p. 134 (Helmia dumetorum Kunth).

Costus maculatus Roscoe. — Eine der in Westafrika ziemlich zahlreichen Arten, welche durch endständige, fast zapfenartige Blütenstände auffallen; der Stengel ist eigentümlich spiralig gewunden und rot gefleckt.

Costus Lucanusianus Joh. Br. u. K. Schum. in Mitth. aus. d. Deutsch. Schutzgeb. II. p. 151 (1889). — Eine über mannshoch werdende und zuweilen lianenartig emporsteigende Pflanze, die wegen ihrer mit prächtig rotgesäumten Blumenblättern versehenen Blüten von maiglöckchenartigem Wohlgeruch für die Kultur sehr zu empfehlen ist.

Costus Tappenbeckianus Joh. Br. u. K. Schum. l. c. p. 151. — Eine der niedrigeren Arten, aber durch die fast rasenartig gedrängten Stengel und durch das saftig grüne marmorirte Laub als Zierpflanze im hohen Grade zu empfehlen; die schönen rosaroten Blüten erscheinen in wenigblütigen Inflorescenzen direct aus der Grundachse.

Trachyphrynium Danckelmannianum Joh. Br. et K. Schum. l. c. p. 153. — Eine wie Calamus kletternde, sehr ästige strauchige Pflanze, mit kleinen Stacheln reichlich besetzt, mit weissen Blüten und dunkelroten, 3—4 dcm im Durchmesser haltenden stacheligen Früchten.

Amomum Granum Paradisi L. — Die Stammpflanze der pfefferartig scharfen und zugleich aromatisch schmeckenden Paradieskörner.

Angraecum Eichlerianum Kränzlin in Gartenzeit. I. p. 434. Fig. 102 (1882). — Mit schönen, ungefähr 10 dcm im Durchmesser grossen Blüten, die Tepalen und Petalen hellgrün, das Labellum weiss, am nächsten mit A. infundibulare Lindl. verwandt; die Pflanze wurde schon früher am Loango trocken gesammelt, aber erst durch J. Braun lebend an den bot. Garten gesandt.

Angraecum Althoffii Kränzlin in Mitth. Deutsch. Schutzgeb. II.
p. 160 (1889). — Eine Pflanze mit $^3_4$ m langen zahlreichen Blütenständen und weissen, nur wenig über 1 cm grossen Blüten, deren
Tepalen und Labellum am Rande ausserordentlich zart gewimpert ist;
verwandt mit A. pellucidum Lindl. und A. monoceros Lindl.

Angraecum Aschersonii Kränzlin l. c. p. 157. — Mit linealen,
an der Spitze zweilappigen Blättern, kurzen Blütenständen und etwa
5 cm grossen Blüten.

Dorstenia Barteri Bureau. — Eine fast fortwährend blühende Art
mit grossem scheibenförmigen Receptaculum und strahlig abstehenden
Bracteen.

Diphaca verrucosa (P. Beauv.) Taub. in Engl. Prantl. Nat. Pflanzenfam. III. 3. p. 318 (Ormocarpum verrucosum P. B.) — Eine Leguminose, deren Blätter nur ein einziges endständiges grosses Endblättchen
besitzen, mit unscheinbaren weissen Blüten, warzigen Hülsen und
korallenroten Samen.

Phyllanthus capillaris Schum. et Thonn. — Eine der zartesten
feinlaubigen Arten dieser Gattung, mit rötlichen Blüten.

Solanum geminifolium Schum. et Thonn. — Nabe verwandt mit
S. nigrum L.; das Kraut wird in Kamerun als Suppengemüse verwendet und die Früchte werden von den Negern, wie unsere Tomaten,
gegessen.

Ipomoea paniculata R. Br.

Ipomoea camerunensis Taub. in Gartenfl. XL. p. 393. tab. 1352.
(1891). — Diese stattliche Pflanze besitzt einen 20 cm im Durchmesser
haltenden fleischigen knolligen Wurzelstock, aus dem sich ein bis 20 cm
langer Stengel mit herzförmigen dunkelgrünen Blättern erhebt. Die in
reichblütigen Trugdolden stehenden lilafarbenen Blüten sind an der
Mündung gegen 4 cm weit.

Brillantaisia Palisotii Lindau in Engl. Bot. Jahrb. XVII. p. 99
(1893). — Eine krautige ausdauernde, bis mannshohe Pflanze mit herzförmigen Blättern, sehr lockerem wenigblütigem rispigem Blütenstand
und dunkelblauen, am Grunde weisslichen Blüten; die Pflanze ist in
ganz Westafrika verbreitet und wiederholt von mehreren Sammlern dem
bot. Museum eingesandt worden.

Unter den von Herrn Dr. Preuss aus Victoria in Kamerun gesandten Pflanzen war besonders eine von besonderem Interesse, nämlich
Cyanastrum cordifolium Oliv. in Hook. Jc. tab. 1965. — Die
Pflanze wurde von Oliver nach dem von Mann, Millson und Kalbreyer
eingesandten trockenen Material beschrieben und abgebildet. Lebend
wurde sie erst von Preuss eingesandt. Es ist eine niedliche Haemodo-
racee mit herzförmigen Blättern und dunkelblauen Blüten.

In neuerer Zeit erhielt der Garten wiederum von Victoria eine Sammlung von ca. 50 lebenden Pflanzen, darunter besonders Crinum-, Costus-, Pandanus-Arten und mehrere Farne und Araceen.

Auch aus dem südlichen Gebiete von Kamerun, von der Yaúnde-station, wurden von den Herren Zenker und Staudt mehrere lebende Pflanzen und Sämereien dem Garten übersandt.

Von der Station Misahöhe im Togolande sandte Herr Baumann einige lebende Orchideen, die bisher jedoch noch nicht zur Blüte gelangt sind.

Aus Ostafrika waren es besonders die Sendungen des Herrn C. Holst, die dem Garten interessante und auch neue Arten zuführten. Davon kamen u. A. zur Blüte:

Haemanthus multiflorus Martyn. — Eine Art, die früher schon in Gärten kultiviert wurde, und durch ihre carminroten, zwar kleinen und zarten, aber in sehr reichblütiger, grosser Dolde stehenden Blüten einen schönen Anblick gewährt.

Gladiolus Quartinianus A. Rich. — Mit grossen, rotgelben Blüten, in Afrika weiter verbreitet.

Lissochilus Krebsii Reichenb. fil. — Eine Orchidee mit mächtigen Bulben und gelben Blüten, die in langer, dichter Traube stehen.

Cissus rotundifolia (Forsk.) Vahl. — Eine sehr schöne kletternde Pflanze mit bis 10 m langen Trieben, fast kreisrunden, muschelartig nach oben zusammengekrümmten fleischigen kahlen Blättern und läng-lichen Beeren; sie ist in ganz Ostafrika verbreitet von Aegypten bis zum Sambesigebiet, wird z. B. in Aegypten besonders auf Kirchhöfen angepflanzt, kommt aber nur in den wärmeren Gegenden fort; sie geht am Kilimandscharo nur bis zu 1200 m Höhe.

Cordia Holstii Gürke. — Ein sehr stattlicher, bis 20 m hoher Baum von lindenähnlichem Habitus, mit grossen weissen Blüten, der in Usambara, am Kilimandscharo und weiter westlich im Seeengebiet vorkommt.

Streptocarpus caulescens Vatke. — Eine krautige Pflanze mit fleischigem, durchscheinendem Stengel, sammtartig behaarten Blättern, lockeren Blütenrispen und mittelgrossen, bläulichen Blüten, die in Usambara und am Kilimandscharo vorkommt und hier bis zu 2000 m Höhe emporsteigt.

Von Herrn von St. Paul Illaire in Tanga erhielt der Garten ebenfalls einige Pflanzen aus Ostafrika, von denen hier erwähnt seien:

Chlorophytum macrophyllum (Rich.) Aschers.

Geranium aculeolatum Oliv. — Eine sehr reichblütige Art mit sparrigen Zweigen und dünnen Stacheln, welche im Gebüsch empor-klettert und mittelgrosse, weissrötliche Blüten besitzt.

Hibiscus fuscus Garcke. — Eine in Ostafrika verbreitete, kleinere, mit dunkelbraunen Haaren bedeckte Pflanze mit weissen Blüten.

Micromeria abyssinica (Hochst.) Benth., eine von Arabien bis nach Usambara verbreitete Art mit rötlichblauen Blüten.

Ausserdem sind auch von Herrn Dr. Stuhlmann aus dem Küstengebiet und von Herrn Dr. Volkens vom Kilimandscharo eine Anzahl von Samen dem Garten überwiesen worden, die vorläufig erst zum Teil zum Keimen gekommen sind.

III. Versuchskulturen im Berliner Garten, Anzuchten und Sendungen nach den Kolonien.

Von den im botanischen Garten herangezogenen empfehlenswerten und viel kultivierten tropischen Nutzpflanzen werden fortgesetzt nach den einzelnen Stationen in den deutschen Kolonien Exemplare abgegeben. In letzter Zeit sind von grösseren Sendungen abgegangen:

1. an die Usambara-Kaffeebau-Gesellschaft eine Sendung von 140 Pflanzen, darunter: Ficus bengalensis, Boehmeria nivea, Anona Cherimolia, Persea gratissima, Acacia arabica, Manihot Glaziovii, Erythroxylon Coca, Thea chinensis, Psidium Guyava, Jambosa vulgaris, Jacaranda ovalifolia, Coffea arabica und C. liberica, jede Art in 3—20 Exemplaren. Ferner

2. an den Botanischen Garten zu Victoria in Kamerun: Areca Catechu, Piper angustifolium, P. officinale, Ficus religiosa, Artocarpus integrifolium, Myristica moschata, Michelia Champaca, Cinnamomum zeylanicum, Guajacum sanctum, Averrhoa Carambola, Canarium zeylanicum, Nephelium Longanum, Schleichera trijuga, Croton Tiglium, Hevea brasiliensis, Aleurites molluccana, Garcinia Xanthochymus, Calophyllum Inophyllum, Terminalia Catappa, Strychnos Nux vomica, Landolphia Watsoni, Crescentia cucurbitacea, Uragoga Ipecacuanha, im Ganzen 190 Pflanzen.

IV. Notizen über das Gedeihen der in den Kolonien angebauten Pflanzen.

Ueber das Gedeihen der von dem botanischen Garten nach den Kolonien gesandten Kulturpflanzen sind von den einzelnen Stationen Berichte eingelaufen, aus denen die folgenden Notizen als erwähnenswert hervorgehoben werden sollen:

In Sebbe im Togogebiet hat der Gemüsebau ein überraschend günstiges Resultat ergeben. Radieschen, Rettig, Kohl, Kresse, Bohnen, Kohlrabi, Gurken, Petersilie, Dill, Erbsen, Endivien- und Kopfsalat werden jetzt in solcher Menge geerntet, dass nicht nur die dort wohnenden Beamten, sondern auch die Factoreien in Klein-Popo hinreichend Gemüse für den täglichen Gebrauch erhalten können. Der Anbau der japanischen Klettergurke hat sich bewährt; auch mit Spargel ist begonnen worden, und es sind jetzt schon 600—700 zu den besten Hoffnungen berechtigende Pflanzen davon vorhanden; mit Weinstecklingen sind Versuche gemacht worden. Roggen, Weizen, Hafer, Runkelrüben, roter Klee und Luzerne sind aufgegangen.

Auf der Station Bismarckburg im Togolande ist die Entwickelung einer grossen Anzahl von europäischen Gemüsepflanzen eine ganz vortreffliche gewesen. Mais, Kartoffeln, Yams, Maniok, Bohnen, Erbsen, Kohl, Salat, Dill, Zwiebeln, Rettig, Radieschen, Runkelrüben, Mohrrüben, Petersilie, Sellerie sind alle gut gediehen. Gurken, Melonen und Kürbis haben sich gut entwickelt, aber haben viel von Termiten zu leiden; Ochro (Abelmoschus esculentus) gedeiht gut; Tomate und Eierfrucht und roter Pfeffer geben zuverlässigen Ertrag; Ananas, Bananen und Citronen gedeihen ebenfalls gut.

In dem Gouvernementsgarten zu Kamerun gedeihen die meisten Gemüse, besonders Gurken, Bohnen, Kohl, Petersilie, Radies, Rettig, Salat ganz gut. Von Artocarpus incisa sind ungefähr 100 Bäume vorhanden, die aber nicht besonders gediehen. Ananas, sowohl gelb- als auch rotfrüchtige, in einigen Exemplaren, wachsen sehr gut; die Haupternte findet von December bis März statt. Anona muricata in einigen hundert Exemplaren, wächst sehr gut und liefert von Ende Juli bis September reife Früchte. Carica Papaya, in 60 Exemplaren vorhanden, steht vortrefflich. Citrus Limonum, in 20—30 Bäumen, wächst gut und setzt sehr viel Früchte an. Eugenia Michelii, Persea gratissima, Psidium Guajava und P. piriferum, sowie Anona reticulata sind sämmtlich vorhanden und bringen reich-

lich Frucht. Mangifera indica gedeiht als Frucht- und Allee-
baum vorzüglich. Von Cinnamomum zeylanicum sind gegen 10,
vorerst noch kleinere Pflanzen vorhanden. Vanilla wächst gut. Sowohl
Coffea arabica als auch C. liberica sind in je 1000 Exemplaren
vorhanden; erstere scheint weniger gut fortzukommen als C. liberica.
Von Cocos nucifera und Elaeïs guineensis besitzt der Garten je
150 Exemplare. Manihot Glaziovii ist in ca. 20 Bäumen vorhanden,
die vortrefflich gedeihen, ebenso ungefähr 50 Exemplare von Jacaranda mimosifolia. Von Baumwolle sind Versuche gemacht worden
mit folgenden Sorten: Sea Island, Upland, Georgian, Louisiana Prolific,
Orleans, Aegyptian, Gard Hill, Higanghat und Nanking; die Pflanzen
sind zwar sehr gut gewachsen und haben auch reichlich Kapseln ange-
setzt; in Folge der starken Regengüsse sind aber die Kapseln nicht
vollständig gereift und zum Teil auf der Pflanze gefault. Trotzdem
konnte von ungefähr 200 Pflanzen die Baumwolle eingesammelt werden;
dieselbe wurde der Bremer Baumwollenbörse eingesandt und in folgender Weise beurteilt: Braun in Farbe, mit kräftigem, aber unregel-
mässigem Stapel, wertet ca. 40 Pf. per $^1/_2$ kg.

In dem unter Leitung des Herrn Dr. Preuss stehenden botanischen Garten zu Victoria in Kamerun sind jetzt eine grosse
Anzahl der wichtigsten tropischen Nutzpflanzen vorhanden, die zum
grössten Teile auch gut gedeihen. In letzter Zeit sind Versuche mit
dem Anbau der Ramieh-Pflanze, Boehmeria nivea, gemacht worden;
da diese Faserpflanze aber erst im vierten Jahre schnittreif ist, so lässt
sich über den Erfolg der Kulturen vorläufig noch kein Urteil abgeben.

Auch aus Ostafrika liegen über das Gedeihen von europäischen
Gemüse- und sonstigen Nutzpflanzen von den einzelnen Stationen mehrfach Berichte vor. Im Allgemeinen liegen bis jetzt die Verhältnisse
dort ungünstiger, weil auf den Stationen überall geschulte Gärtner
fehlen, und die Beamten der Stationen mit anderen Geschäften über-
häuft sind, auch keine Mittel zur Anlegung eines Gemüsegartens zur
Verfügung haben. Da, wo es möglich war, den Anpflanzungen grössere
Pflege, besonders durch regelmässiges Begiessen oder künstliche Bewässerung, angedeihen zu lassen, waren auch die erzielten Resultate
befriedigende; im Allgemeinen fand es sich, dass die gebauten Gemüse,
Radieschen, Rettige, Tomaten und Eierfrüchte vielleicht ausgenommen,
denjenigen der Heimat an Geschmack nachstehen, ein Fehler, der
wohl allerdings mehr der fehlenden sachverständigen Pflege zuzu-
schreiben ist.

Weit günstiger aber sind die Kulturverhältnisse in den Stationen
am Kilimandscharo, die sich in einer Höhe von über 1200 m am
Berge befinden. Das Klima schliesst dort einen erfolgreichen Anbau

von Kaffee, Cacao, Tabak und Baumwolle aus, sowie überhaupt aller Tropenpflanzen, die neben vielem Regen auch eine reichliche Besonnung und höhere Temperaturgrade verlangen; dafür bieten aber eine ganze Anzahl von Gewächsen aus gemässigterem Klima dem Ansiedler Aussicht auf lohnenden Anbau. Von europäischen Gemüsen gedeiht alles ausnahmslos gut und liefert in ununterbrochener Folge reiche Erträge. Weizen ist bereits in Kilema von den Missionaren gebaut worden, reifte zwar unregelmässig, ergab aber doch einen ganz beträchtlichen Ertrag. Mais wird von den Eingeborenen besonders in den tieferen Lagen, um 1000 m herum, angebaut, aber in keiner besonders guten Qualität. Bananen werden in zahlreichen Sorten angebaut; von Orangen und Citronen sind in Kilema viel versprechende junge Pflanzen vorhanden. Die Kartoffel gedeiht das ganze Jahr hindurch vorzüglich und dürfte für den Kilimandscharo von ganz hervorragender Bedeutung werden, besonders wenn ihre Kultur auch bei den Eingeborenen Eingang finden sollte. Hier würden noch Versuche mit mannigfachen Sorten, besonders für die verschiedenen Höhenlagen, anzustellen sein. Bataten und Yams sind früher schon vielfach gebaut worden; auch Colocasia Antiquorum kommt in wasserreichen Thälern viel vor.

V. Bemerkenswerte Eingänge für das botanische Museum.

Aus dem tropischen Afrika sind in den letzten Monaten im botanischen Museum ausserordentlich reichhaltige Sammlungen eingegangen, die jetzt schon zum grösseren Teil bearbeitet worden sind.

Von der Station Misahöhe im Togolande trafen mehrere, ungefähr 320 Nummern umfassende, von Herrn Baumann zusammengebrachte Sammlungen trockener Pflanzen, sowie eine Anzahl von Früchten, Hölzern etc. ein; es sind meist Pflanzen aus dem Urwald und Gebirgslande (bis zu ungefähr 800 m Höhe) der Umgegend der genannten Station; sie bilden eine wesentliche Ergänzung zu den von Kling und Büttner bei der Station Bismarckburg aufgenommenen Pflanzen, welche fast ausschliesslich aus dem Steppenlande stammen.

Nach längerer Pause sandte auch Herr Dr. Preuss, der Leiter des botanischen Gartens zu Victoria in Kamerun, eine Sammlung von Pflanzen, aus ca. 200 Nummern bestehend, sämmtlich aus der Umgebung von Victoria.

Von der Yaúnde-Station im südlichen Teile von Kamerun traf zunächst eine von dem Vorsteher der Station, Herrn Zenker, zusammengebrachte Collection von etwa 500 Nummern ein. Der Sammler hatte in besonders dankenswerter Weise von fast allen aufgenommenen Pflanzen Habitusbilder angefertigt, die bei der Bestimmung derselben grosse Dienste leisteten, zumal leider die Sammlung auf dem Transport durch Feuchtigkeit arg gelitten hatte. Um so schöner erhalten waren zwei weitere Collectionen von ca. 370 Nummern, welche Herr Zenker in Gemeinschaft mit dem unterdessen auf der Station eingetroffenen Gärtner Staudt, der im botanischen Garten für den Colonialdienst vorbereitet worden war, angelegt hatte. Sie enthält, wie schon die erste Sammlung, fast ausschliesslich Urwaldspflanzen und war von zahlreichen Früchten, Hölzern, Sämereien u. s. w. begleitet.

Aus dem Hinterlande von Kamerun überwies Herr Dr. Passarge dem botanischen Museum eine kleine, 185 Nummern umfassende Sammlung, deren Exemplare allerdings zum grossen Teile nur aus Fragmenten bestehen, da der Reisende nicht im Stande war, längere Zeit auf das Sammeln zu verwenden. Jedoch sind die Pflanzen, zu deren Ergänzung Herr Passarge vielfach Skizzen angefertigt hat, für das Museum von Wert, da dasselbe Sammlungen aus jener Gegend noch nicht besitzt. Der Reisende sammelte zunächst im Bennethal, besonders in der Umgegend von Yola, dann im mittleren Adamaua, welches bei einer durchschnittlichen Höhe von 4—500 m von Steppen, unterbrochen von offenem Buschwald, und nur an den Flüssen entlang von Galleriewäldern bedeckt ist, und auf dem 1200—1500 m hohen, von Grasflächen mit spärlicher Buschvegetation besetzten Hochplateau von Ngaundere.

Aus Ostafrika erhielt das Museum mehrere, gegen 2000 Nummern umfassende Sammlungen aus Usaramo und der Umgegend von Dar-es-Salâm, die Herr Dr. Stuhlmann einsandte. Leider fehlen bei den Pflanzen genauere Angaben über die Standortsverhältnisse, wodurch der Wert der Sammlung erheblich beeinträchtigt wird; denn in dem schon ziemlich durchforschten Küstengebiete ist auf ein Bekanntwerden von Novitäten weniger zu rechnen, dagegen würde durch ausführliche Standortsangaben unsere Kenntniss der Vegetationsverhältnisse wesentlich gefördert werden.

Herr Dr. Volkens, der seine umfangreichen Sammlungen getrockneter Pflanzen nebst zahlreichen Früchten, Sämereien, Hölzern und anderen Museumsobjecten dem botanischen Museum zur Bearbeitung überliess, ist seit einigen Monaten von seiner Forschungsreise im Kilimandscharogebiet zurückgekehrt; er ist jetzt mit der Ausarbeitung der Ergebnisse seiner Reise beschäftigt, während der er auch zuletzt die bisher botanisch noch gänzlich unbekannte Nordseite des Berges durchforschte, so dass wir von ihm eine vollständige Darstellung der Vegetation des Kilimandscharo erwarten können.

VI. Diagnosen neuer Arten und kleinere Mitteilungen.

Pavonia Schwackei Gürke n. sp. — Suffrutex ramis subtomentosis; foliis longiuscule petiolatis lanceolatis, apice acutis, basi obtusis vel rotundatis, margine ad apicem versus obsolete serratis, utrinque subvelutinis; stipulis subulato-filiformibus, acutis; floribus in axillis foliorum superiorum vel ad apices ramulorum 5—8-aggregatis; involucro 11—12-phyllo, phyllis subulato-filiformibus acutis tomentosis; calyce quam involucrum breviore, cupuliformi, usque ad medium 5-lobo, lobis deltoideis acutis, 3-nervibus, nervis lateralibus loborum vicinorum inferiore parte calycis confluentibus; petalis calyce paullo longioribus, rubris; carpellis apice muticis, dorso carina intermedia perpendiculari costisque transversis distinctis rugosis, pilis sparsis hirtulis.

Suffrutex subramosus. Caulis ramique teretes, superne pilulis stellatis flavescentibus subtomentosi, inferne glabrescentes. Folia 1-nervia, nervo subtus prominente, utrinque, subtus densius, pilulis stellatis flavescentibus subvelutina, 4—7 cm longa, 10—15 mm lata, superiora sensim longitudine decrescentia, suprema vix 2—3 cm longa. Petioli 2—3 cm longi, tomentoso-velutini. Stipulae 3—5 mm longae. Pedunculi 1—2 cm longi, teretes crassi, petiolorum more pilosi. Involucri phylla 11—12 mm longa. Calyx 9—10 mm longus, extus pilulis stellatis flavescentibus, secundum nervos densius velutinus, intus subpubescens. Petala 11—12 mm longa, inaequilatera, breviter unguiculata, apice obtusa, flabellato-nervia, extus pilulis stellatis sparsis obsita. Tubus stamineus 18 mm, stylus 20 mm longus. Carpella trigono-obovata, membranacea, apice obtusa, basi acuta, dorso convexa, lateribus plana, rugosa, 3—3,5 mm longa. Semina 2,5—3 mm longa, trigono-reniformia, apice obtusa, basi acuta, fusca.

Brasilia, Prov. Minas-Geraës: prope Diamantina (Schwacke n. 8329, 26. März 1892).

Die Art gehört zur Sect. Eupavonia. Durch ihre lanzettlichen Blätter hat sie einige Aehnlichkeit mit P. angustifolia Benth., welche sich aber durch 4—5mal so grosse Blüten, sowie durch eine geringere Anzahl von Involucralblätter unterscheidet; auch ist bei jener Art der Kelch länger als das Involucrum, während hier das umgekehrte Verhältniss stattfindet.   Gürke.

Crinum Braunii Harms n. sp.; bulbo crasso globoso; foliis linearibus profundo latoque sulco praeditis versus superiorem partem abrupte recurvis, ad apicem non raro duobus sulcis parvis instructis et sensim attenuatis, 75—100 cm longis, medio circ. 5—5,5 cm latis; scapo 70 cm longo, a foliis paullulo superato, compresso, 18:12 cm diam.; umbella 6-flora alabastris floribusque erectis; bracteis involucrantibus postea recurvis membrauaceis deltoideis 5 cm longis; tubo anguste cylindraceo viridescenti, 14—16 cm longo, 6—7 mm diam.; laciniis linearibus quam tubus $^1/_3$ circ. brevioribus, albis, at extus versus apicem nec non ad marginem superioris partis leviter gracillimeque roseis; staminibus quam perigonii laciniae brevioribus, majore longitudinis parte purpureis; stylo circ. 20—21 cm longo, parte perigonii tubum superante purpurea.

Aus Madagascar von J. Braun eingeführt, blühte im botan. Garten Ende Juli 1894.

Die grosse, über die Erde tretende Zwiebel ist von kugeliger Gestalt und besitzt einen Durchmesser von 13—14 cm; sie ist mit schmutzigroten, dicken, festen Schuppen bedeckt. Die im Allgemeinen linealen Blätter werden 75 bis 100 cm lang und besitzen in der Mitte ihrer Länge eine Breite von 5—5½ cm. Der Rand ist scharf; er erscheint als schmaler weisslicher Streifen; bei oberflächlicher Betrachtung scheint er zahnlos zu sein, bei genauerem Zusehen erblickt man unter der Lupe zahlreiche, sehr kleine, zerstreut und unregelmässig angebrachte Zähnchen. Die Blätter zeigen in dem grössten Teile ihrer Länge eine tiefe, breite Mittelfurche, nach oben biegen sie sich scharf, doch graziös um. Nach der Spitze zu, gegen welche sie sich allmählich verschmälern, zeigen sie oft zwei Furchen. Unser Exemplar besass etwa zwölf entwickelte Blätter. Der Blütenschaft ist etwa 70 cm lang, er besitzt einen elliptischen Querschnitt, dessen grosse und kleine Achse etwa 18 und 12 cm betragen; seine Dicke ist überall ziemlich gleichbleibend. An seinem Ende trägt er eine sechsblütige Dolde. Es sind zwei breite, etwa 5 cm lange Involucralbracteen vorhanden, von bräunlichgelber Farbe und häutiger Beschaffenheit. Die aufrechten, vollkommen sitzenden Blüten sind geruchlos. Das Perigon besitzt eine mit dem Fruchtknoten etwa 16 cm lange, schmale, mit etwa drei Furchen versehene, cylindrische Röhre. Diese Röhre ist hellgrün gefärbt und setzt sich von dem ein etwas dunkleres Grün besitzenden Fruchtknoten nicht scharf ab; erst im oberen Teile wird die Färbung weisslich, besonders an den unterhalb der äusseren Perigonblätter gelegenen Längslinien. Der Durchmesser der Perigonröhre beträgt etwa 6—7 mm. Die sechs Perigonblätter sind lineal, 10—10,5 cm lang, in der Mitte etwa 1 cm breit; sie biegen sich in graziösem Bogen nach aussen. Auf der Innenseite sind sie hellweiss gefärbt, ebenso auch auf dem grössten Teile der Aussenseite, doch tritt hier nach der Spitze, besonders am Rande ein zarter hellroter Hauch auf. Die Staubfäden sind etwa 6—6,5 cm lang, ihr unteres Drittel hellweiss, das obere $^2/_3$ dunkelrot gefärbt; die Antheren sind etwa 1,5 cm lang. Der auf dem 2 cm langen Fruchtknoten sich erhebende Griffel besitzt eine Länge von etwa 20—20,5 cm.

Dieses schöne Crinum kann ich mit keiner der bisher bekannten Arten recht vereinigen. Wegen der linealen Blumenblätter gehört es offenbar in die Section Stenaster (vergl. Baker, Amaryll. 74). Unter den von Madagascar bekannten, zu dieser Section gehörigen Arten weicht das mir unbekannte Crinum firmifolium Baker (vergl. Amaryll. 78) durch offenbar schmälere Blätter (1½ inch. to 3 feet) ab, auch giebt Baker an, dass die Staubblätter etwa ebenso lang sind wie die Abschnitte des Perigons, während dieselben bei unserer Pflanze entschieden kürzer als diese sind, ferner scheint das Verhältniss zwischen der Länge der Perigonabschnitte und der Perigonröhre ein anderes zu sein (nach Baker bei C. firmifolium wie 2—2½ : 5—6, bei unsrer Pflanze wie 2 : 3—3½). Crinum ligulatum Baker (Journ. Linn. Soc. XX, 270; Amaryll. 78) besitzt zahlreichere Blüten (20—30) in dichter Dolde, und längere Perigonröhre, sowie Perigonabschnitte, die im Verhältniss zur Perigonlänge kürzer sind. Eine auffallende Aehnlichkeit besteht in mancher Beziehung zwischen Crinum mauritianum Loddiges (Bot. Cabinet t. 650) und unserer Pflanze.

Diese Aehnlichkeit tritt vor allem in der Blattform uns entgegen, wir finden dieselbe Farbe, dieselbe Länge, dieselbe Breite, soweit man nach einer Abbildung urteilen darf, dieselben scharf zurückgebogenen Blattenden; ferner gleichen sich beide Pflanzen gar sehr in der Gestalt und Färbung des Perigons. Die Unterschiede sind folgende: 1. Ist die Rosa-Färbung der Spitzen der Perigonabschnitte stärker als bei unserer Pflanze. 2. Steckt die Zwiebel bei der von Loddiges abgebildeten Pflanze unter der Erde. 3. Sind hier nur wenige Blüten vorhanden. 4. Vor allem ist der Schaft viel kürzer und eigentümlich gebogen; er scheint krankhaft verändert zu sein. Bezüglich des Verhältnisses zwischen der Länge der Perigonabschnitte und Perigonröhre scheint die Abbildung kein sicheres Urteil zu erlauben; die vorderste Blüte berechtigt zu dem Baker'schen Ausdruck: segments rather shorter than the tube; bei den hinteren Blüten ist das Verhältniss sehr ähnlich dem bei unserer Pflanze. Beide stimmen übrigens auch darin überein, dass die Staubblätter kürzer als die Perigonabschnitte sind. Jene Pflanze von Loddiges ist jetzt nur in der Abbildung vorhanden, wie Baker (Amaryll. 78) angiebt. Sie soll aus Mauritius stammen, von woher keine ähnliche Pflanze bis jetzt bekannt geworden ist. Ich halte es nun in Anbetracht gewisser, wenn auch recht unbedeutender Unterschiede zwischen unsrer Pflanze und der von Loddiges für besser, das Braun'sche Crinum als neu zu beschreiben, als dasselbe ohne weiteres mit jener angeblich von Mauritius stammenden, höchst unvollkommen bekannten Art zu vereinigen.

Hypoxis villosa L. var. Schweinfurthii Harms. Durch die Forschungen von Herrn Prof. Schweinfurth in der Eritrea sind wir mit einer sehr schönen Hypoxis-Form aus jenem Gebiete bekannt gemacht worden, welche sich von der weit verbreiteten H. villosa L. in mehreren Punkten unterscheidet und jedenfalls eine gute Varietät dieser Art darstellt, wenn sie sich nicht bei genauerer Kenntniss der schwer zu unterscheidenden Hypoxis-Arten als eigene Art herausstellen sollte. Herr Prof. Schweinfurth hat eine Knolle mitgebracht, die Ende October 1894 zur Blüte kam. Ich gebe zunächst eine Beschreibung der blühenden Pflanze. Schon die Knolle besitzt eine auffallende Form. Sie ist sehr gross, fast kugelförmig, mit vielen schwärzlichen Schuppen besetzt. Ihr Durchmesser beträgt etwa 6—10 cm. Von den unteren Blättern sind nur die schwarzen, trockenen, breiten Blattbasen erhalten. Die frischen, grünen Blätter besitzen eine Länge von 27—30 cm. Sie besitzen eine Mittelfurche, die nach der Spitze zu allmählich weniger tief wird. Ihre Breite beträgt in der Mitte etwa 1,8—2,2 cm. Sie sind mit abstehenden, rauhen Haaren besetzt. Die Behaarung ist nach der Spitze auf Ober- und Unterseite ziemlich gleichmässig dicht, während nach dem Blattgrunde zu eine Verschiedenheit zwischen Ober- und Unterseite auftritt, insofern als die Behaarung auf der Unterseite eine ziemlich gleichmässige bleibt, während die Oberseite nach dem Grunde zu allmählich fast kahl wird und nur am Rande kurze, weniger dicht stehende Haare aufweist. Diese Haare werden 2—3 mm lang. Die Pflanze besitzt zur Zeit drei Blütenschäfte, die von den Blättern überragt werden. Dieselben besitzen bis zur Insertion der untersten Blüten eine Länge von 12—13 cm. Der Schaft ist flach gedrückt und zeigt einen Breitendurchmesser von etwa 3 mm. Nach oben verbreitert sich der Schaft noch etwas, so dass er unterhalb der ersten Blüten eine Breite von 4—5 mm zeigt. Der Blütenschaft trägt wie die Blätter abstehende, rauhe Haare. Die Behaarung ist oberwärts stärker als unten. Die Blüten sind in der Zahl 6 oder 7 vorhanden. Die vier untersten

Blüten stehen zu je zwei einander gegenüber, die drei oder zwei oberen sind wechselständig angeordnet. Die Bracteen der untersten Blüten sind lineal, pfriemlich, 12—14 mm lang, während die oberen Bracteen nur 7—10 mm lang sind; die Stiele der unteren Blätter sind etwa 10 bis 15 mm lang, die der oberen etwas kürzer; Blütenstiele, Fruchtknoten, Aussenseite der äusseren Perigonblätter, weniger dagegen die Aussenseite der inneren Perigonblätter sind mit rauhen, mehr oder minder abstehenden Haaren bekleidet. Die äusseren Perigonblätter sind etwa 12 mm lang, 6—6,5 mm breit, die inneren Perigonblätter sind ebenso lang oder nur wenig kürzer. Alle Perigonblätter sind innenseits lebhaft gelb gefärbt. — Was die Stellung dieser Pflanze innerhalb der Gattung Hypoxis anbelangt, so gehört sie jedenfalls in die Verwandtschaft der von Baker sehr weit gefassten H. villosa L. (Baker, Journ. Linn. Soc. XIII. 113, 114); hält man sich an diese monographische Uebersicht, so wird man der Pflanze jedenfalls eine besondere Stellung unter den Varietäten einräumen müssen. Mit H. sobolifera Jacq. (Jc. Rar. Pl. t. 372) kann ich sie nicht identificieren, da jene Pflanze viel längere Blütenstiele als unsere Varietät besitzt; auch bei der in Bot. Mag. t. 711 abgebildeten und als H. sobolifera bestimmten Pflanze sind die Blütenstiele viel länger. Nach der Abbildung scheint H. sobolifera einen im Querschnitt rundlichen Blütenschaft zu besitzen, während er bei unserer Pflanze vollkommen flach gedrückt ist. Die Blätter beider Pflanzen sind ähnlich, auch in der Behaarung. H. obliqua Jacq. l. c. t. 371 weicht schon durch die Behaarung und die kurzen Blätter ab. H. pannosa Bak. (l. c. 114) scheint ebenfalls längere Blütenstiele zu besitzen, ebenso vielleicht H. scabra Lodd. Bot. Cab. t. 970, die ausserdem fast kahle Blätter besitzt. H. villosa var. recurva Hook. fil. in Journ. Linn. Soc. VII. 223 ist eine kleinere Form, die von unserer Pflanze vollkommen abweicht. Alle diese Formen vereinigt Baker unter H. villosa L. Innerhalb derselben scheint mir die var. Schweinfurthii eine besondere Stellung einzunehmen wegen folgender Merkmale: Die Knolle ist sehr gross, von fast kugelförmiger Gestalt; die Blätter sind relativ breit und kräftig, der Blütenschaft ist verhältnissmässig breit und flach gedrückt, die Blütenstiele auch der unteren Blüten sind ziemlich kurz. Am nächsten käme sie wohl der Form sobolifera (Jacq., als Art). Harms.

Traunia K. Schumann nov. **genus Asclepiadacearum.** Calyx ad basin quinquepartitus; sepala cum glaudulis solitariis alternantia. Corolla campanulata, usque ad trientem inferiorem in lacinias 5 angustas obliquas dextrorsum obtegentes divisa; gynostegium prope basin corollae affixum, coronae lobi pro stamine solitarii dorsofixi lingulati antheram at non connectivum superantes; connec-

tiva inter se fere ad basin in calyptram conicam quinquelobu-
latam connata, membranacea, hyalina; ovarium dense hirsutum,
caput stigmatis longe rostratum.

Diese Gattung gehört zu den Marsdenieae, weil sich die nach
oben zusammengeneigten Pollinien im Endkörper des Staubblattes befinden. Wegen des kegelförmig verlängerten Narbenkopfes war ich
geneigt, die interessante Pflanze bei Rhynchostigma unterzubringen,
nahm sie aber doch als Typus einer eigenen Gattung, weil sie sich
durch die vollkommen verwachsenen, sehr langen, den Narbenkopf um-
hüllenden Mittelbandanhänge ausgezeichnet unterscheidet; ausserdem ist
die Knospenlage rechts und nicht links gedreht, wie es die Gattungsdiagnose fordert; sehr bemerkenswert erscheint mir sonst noch die
dichte Behaarung des Fruchtknotens, eine für die Asclepiadaceae
ausserordentlich auffallende Erscheinung.

Ich nenne die Gattung zu Ehren des Herrn Dr. Heinrich Traun
in Hamburg, der sich durch seine Arbeiten über den Kautschuk und
die Bemühungen, die Stammpflanzen des Kautschuks in Senegambien
zu ermitteln, grosse Verdienste um die Botanik erworben hat, als ein
Zeichen meiner Hochschätzung und Verehrung.

Traunia albiflora K. Sch.; frutex altissime scandens, ramis elongatis teretibus puberulis demum glabratis, novellis complanatis; foliis
longe petiolatis, petiolis gracilibus, lamina elliptica breviter at
obtuse acuminata basi late acuta vel obtusa, nunc breviter
acuminata, herbacea utrinque in nervis majoribus puberula, statu
juvenili molli; pannicula pedunculata ex axilla folii unius vel utriusque
cujusque paris, ambitu subglobosa puberula; bracteis bracteolisque
parvis squamosis ovatis acutis; pedicellis longiusculis; sepalis ovatis
acutis puberulis, corolla extus glabra vel subglabra, tubo intus pilis
longiusculis unicellularibus deorsum directis piloso, lobis
intus prope apicem puberulis, staminibus medio inferiore connatis, tubo
corollae dimidio brevioribus; capite stigmatis truncatis limbum tubi
attingente.

Die schlanken Zweige haben bei einer Länge von 20—25 cm am
Grunde einen Durchmesser von 3,5—4 mm; sie sind mit gelbgrüner
Rinde bedeckt, während die verholzten von einer bräunlichen Rinde
umgeben sind; angeschnitten geben sie einen wasserhellen, sehr kleb-
rigen Milchsaft. Der Battstiel ist 4—5 (2,5—6,5) cm lang, ziemlich
dünn und besitzt nur eine sehr undeutliche Regenrinne; die Spreite ist
10—12 (5—13) cm lang und in der Mitte 5—6 (3,5—7,5) cm breit; sie
wird jederseits des Medianus von 6—7 oben wie unten vortretenden
Nerven durchzogen. Der Stiel der Rispe ist 2—4 cm lang und oliv-
farben behaart wie auch die jüngeren Triebe; er spaltet sich mehrfach

dichotom und zuletzt tragen die Zweige gebüschelte Blüten auf 10 bis
12 mm langen Stielen. Die grünen Kelchblätter haben eine Länge von
4 mm. Die Blumenkrone misst in der ganzen Länge 11,5—12 mm,
wovon auf die Zipfel 8—8,5 mm kommen. Das Gynostegium ist 2 mm
lang; die Mittelbandanhängsel bilden einen Hohlkegel von
2,5 mm Länge, während die Coronazipfel nur 1 mm messen. Der
Fruchtknoten ist 1,5 mm hoch und von 3—4 zelligen, weissen
Haaren zottig; der Schnabel des Narbenkopfes misst 3 mm.

Kilimandscharo: In einer Schambenhecke beim Markte von
Marangu, 1500 m hoch (Volkens, n. 2110, blühend am 16. April
1894). K. Schumann.

Landolphia lucida K. Sch. n. sp.; ramis gracilibus elongatis teretibus, junioribus compressis ipsis glaberrimis; foliis breviter petiolatis vel subsessilibus oblongis vel subobovato-oblongis acutis vel obtusiusculis mucronulatis basi attenuatis et demum manifeste cordatis
utrinque glaberrimis lucidis papyraceis dissite nervosis; infflores-
centia terminali panniculata saepius cirrhosa glaberrima, floribus apice ramulorum congestis, sepalis lanceolato-triangularibus secus
medianam subcomplicatis glabris eglandulosis; corolla ad medium in
lacinias angustissimas lineares latere tecto ciliatis divisa, glabra;
staminibus altius supra basin corollae affixis; stilo basi incrassato sensim in ovarium glabrum desinente.

Die Zweige dieser hoch in die Bäume steigenden Liane sind mit
einer rothen, durch Lenticellen hell punktirten Rinde bedeckt. Die
Blattstiele messen höchstens 7 mm, meist sind sie kürzer; die Spreite
ist 8,5—10,5 (6—13) cm lang und in der Mitte oder weiter oben 4—5
(2,5—6,5) cm breit, sie wird jederseits des Medianus von 8—10 unterseits vorspringenden, oberseits eingesenkten, grösseren Seitennerven durchzogen, die durch einen scharf vorspringenden Randnerven verbunden werden; die eigentümliche Nervatur der Apocynaceen ist
nicht deutlich ausgebildet. Die Blütenstände sind streng terminal,
werden aber später durch einen oder zwei Seitenzweige übergipfelt;
sie sind stark reizbar, wie daraus hervorgeht, dass der eine eng spiralig
in mehreren Windungen aufgerollt ist. Die Blüten stehen gebüschelt
und sind mit kleinen, schuppenförmigen Bracteen bez. Bracteolen versehen. Die spitzen Kelchblätter sind 1,5—2 mm lang; die Blumenkrone
misst 2,0 cm, wovon auf die sehr enge Röhre die Hälfte kommt, sie
ist weiss und riecht schwach, aber sehr angenehm nach Maiglöckchen.
Die Staubblätter sind 9 mm über der Basis befestigt und 2 mm lang.
Der Fruchtknoten hat eine Länge von 1—1,5 mm, er ist nicht eingesenkt und geht allmählich in den 1,1—1,2 cm langen Stempel
über, dessen 1,5 mm lange Narbe scharf abgesetzt ist. Die essbare

Frucht ist grün und hat nach Art der Aepfel rote oder bräunliche Backen.

Baschilange-Gebiet: Mukenge im Bachwald (Poggo n. 1038 und n. 1236, blühend am 14. Januar 1882, fruchtend am 22. Juni 1882); tubulo-bulo der Eingeborenen.

Diese Art kennzeichnet sich auf den ersten Blick durch die glänzenden, am Grunde herzförmigen Blätter und die sehr dünnen Blumenkronenröhren; die hohe Insertion der Staubblätter nähert sie zwar der Gattung Carpodinus; ich habe sie aber doch, da diese Insertion auch bei L. owariensis P. de B. vorkommt, wegen der deutlich endständigen gestielten Blütenstände bei Landolphia belassen. Sie enthält übrigens in ihren Früchten nach den Angaben Pogge's Kautschuk, der auch in den Zweigen und den Stämmen zweifellos enthalten ist, so dass sie nach dieser Rücksicht hin Beachtung verdient.

Landolphia angustifolia K. Sch. n. sp.; frutex erectus ramis divaricatis, novellis ferrugineo- vel fusco-puberulis subteretibus, mox glabratis; foliis pro rata parvis breviter petiolatis, petiolis sub lente puberulis, lamina pro rata parva lanceolata vel lanceolato-oblonga acuta vel obtusiuscula vix mucronulata brevi acuta vel rarius rotundata utrinque glaberrima subtus pallidiore margine recurvata; inflorescentia breviter pedunculata in ramis brevibus foliatis terminali parva, panniculata trichotoma, ramis alternantibus, floribus aggregatis onustis; pedunculo, bracteis et bracteolis parvis ovatis calyceque ferrugineo- vel fuscopuberulis; floribus sessilibus, sepalis ovatis obtusis; coralla hypocraterimorpha ad medium vel paulo ultra in lacinias obtusas latere utroque tecto et tegente densius ciliolatas divisa, tubo ad medium inflato superne intus hinc inde pilulo uno alterove insperso; staminibus prope basin affixis; ovario vix immerso glabro, stilo brevissimo supra basin valde incrassato oviformi apice bilobo.

Den Angaben Holst's zufolge ist diese Art ein 4 m hoher Strauch mit sparrigen, ausgebreiteten Zweigen, die mit einer grauen, lenticellenreichen Rinde bedeckt sind; die jährigen Blütentriebe aber sind schön rostfarben oder fuchsig behaart. Die Blätter sind 2,5—3,5, seltener bis 4 cm lang und in der Mitte 0,7—1,3, seltener bis 1,5 cm breit, oberseits stark glänzend dunkelgrün, unterseits matt und heller, sie werden jederseits des Medianus von sechs Seitennerven durchlaufen; ihre 2—3, höchstens 4 mm langen, wenig behaarten Blattstiele haben eine seichte Regenrinne. Die blühenden Zweige sind 2—6 cm lang; die Bracteen messen, wie die Bracteolen, kaum 1 mm. Der Kelch ist 2 mm lang und rostrot behaart. Die Blumenkrone misst 8—9 mm, davon kommen auf die Röhre 4 mm. Die Staubblätter sind 1 mm über dem Grunde der Röhre angeheftet und messen wenig über 1 mm in der

Länge. Der Fruchtknoten ist 0,7 mm lang; der äusserst kurze Griffel hat mit der dicken Narbe eine Länge von 1,3—1,5 mm. Die Früchte werden von den Eingeborenen gegessen.

Usambara: Mizozue, auf fruchtbarem Boden des Vorlandes häufig im Gesträuch (Holst n. 2220, blühend am 19. Februar 1893), Mtole der Eingeborenen.

Auf den ersten Anblick macht die Pflanze den Eindruck, als ob sie in einer näheren Verwandtschaft zu den kleinblütigen Arten der Gattung, zu L. Kirkii Th. Dyer und L. parvifolia K. Sch. stehe; bei genaueren Untersuchungen findet man aber doch, dass sie von jenen wegen der nicht blattartigen, breiten Kelchblätter zu trennen und nur mit der so ausserordentlich variablen L. Petersiana (Kl.) Th. Dyer zu vergleichen ist. Von ihr wird sie mühelos durch die kleinen, lanzettlichen Blätter, die gedrängten Inflorescenzen, die niemals ranken, durch viel kleinere Blüten und den kahlen Fruchtknoten geschieden.

K. Schumann.

Aponogeton Stuhlmannii Engl. n. sp.; foliis submersis, petiolo tenui quam lamina pluries longiore, lamina lineari utrinque obtusiuscula nervis circ. 7 percursa; inflorescentia monostachya laxiflora; tepalis 2 oblongis obtusis uninerviis; staminibus plerumque 6 dimidium tepalorum aequantibus; carpidiis plerumque 3; ovario ovoideo in stylum subulatum contracto, semina circ. 4 cylindrica leviter curvata includente.

Die 1—1,5 dcm langen Stiele tragen etwa 3 cm lange und 3 mm breite, dünne Spreiten. Die Blütenstände sind nur 2 cm lang, die Blüten locker angeordnet, aber häufig zu zweien beisammen stehend. Die Tepalen sind nur 3 mm lang und 1,5 mm breit, weiss oder blass rötlich. Die reifen Carpelle sind 1,5—2 mm lang und enthalten etwa vier Samen von 1 mm Länge.

Centralafrikan. Seengebiet, Usindscha: Bugando (Stuhlmann n. 3541. — 6. März 1892, blühend und fruchtend).

Diese Art ist die erste afrikanische mit einfacher endständiger, nicht dorsiventraler Ähre.

Aponogeton Boehmii Engl. n. sp.; rhizomate tuberoso; foliis submersis, petiolo sensim in laminam tenuem lineari-lanceolatam obtusiusculam 5-nerviam dilatato; inflorescentia dichotoma densiflora, tepalis plerumque 3 obovato-spathulatis purpurascentibus et purpureo-punctatis; staminibus 6; carpidiis plerumque 3 ovula, 4—5 brevia prope basin nascentia includentibus.

Die 1—1,5 dcm langen Stiele gehen in 7—8 cm lange, 1 cm breite, dünne Spreiten über. Die Blütenschäfte sind etwa 2 dcm lang und tragen zwei zur Blütezeit nur 1 cm lange, später 2 cm erreichende Blütenähren. Die Tepalen sind kaum 1,5 mm lang und kaum 1 mm breit, purpurn bis violett. Die Carpelle und die Staubfäden mit ihren violetten Antheren sind zur Blütezeit etwa 1,5 mm lang.

Centralafrikanisches Seengebiet, am Wala-Fluss, im seichten Wasser überschwemmter Wiesen (R. Böhm n. 98. — Blühend im März 1882).

Diese Art repräsentirt einen Typus, der bisher in Afrika nicht vertreten ist, ausgezeichnet durch die untergetauchten Blätter ohne deutlich abgegrenzte Spreite. Im übrigen schliesst sie sich zunächst an A. abyssinicus Hochst. und A. Heudelotii (Kunth.) Engl. an.

Von den in meiner Übersicht von Aponogeton (Botan. Jahrb., VIII, 269 ff.) noch nicht enthaltenen neueren Arten gehören A. nataensis Oliv. (Hook. Icon., t. 1471) und A. Rehmannii Oliv. (Hook. Icon., t. 1471) beide in die Nähe des A. leptostachyus E. Mey. und somit auch der A. abyssinicus Hochst., A. Holubii Oliv. (Hook. Icon., t. 1420) neben A. distachyus Thunb., während A. vallisnerioides Bak. (Transact. Linn. Soc., XXIX [1875], 158) eine neue Gruppe repräsentirt, welche durch einfache dorsiventrale Ähre ausgezeichnet ist.   A. Engler.

Callopsis Engl. nov. gen. Aracearum-Pothoidearum. Flores nudi unisexuales. Flores masculi 2—3-andri omnino sessiles. Stamina depressa subquadrata thecis oppositis, loculis subovoideis apice in porum verticalem ovalem confluentibus. Flores feminei monogyni: Ovarium uniloculare conoideum in stylum sensim attenuatum, uniovulatum; ovulum basale anatropum micropyli basin ovarii et spadicis spectante. Stylus conoideus; stigma parvum discoideum ultra verticem styli vix dilatatum.

Herba caudice sympodiali repente internodiis abbreviatis, turionibus modo Anthurii cataphylla, folium et inflorescentiam emittentibus. Folium petiolatum (in nostra specie adhuc sola cordatum). Pedunculus folii petiolum aequans. Spatha ovata acuminata alba, demum expansa. Spadicis inflorescentia feminea tota longitudine fere usque ad medium spathae illi adnata unilateralis, pistillis subbiseriatis, inflorescentia mascula femineae contigua et aequilonga cylindrica densiflora.

Callopsis Volkensii Engl. n. sp.; foliorum petiolo quam lamina cordato-ovata obtusa longiore, lobis posticis quam anticus circ. 5—6-plo brevioribus, nervis lateralibus I utrinque 2 basi et uno paullum supra basin nascentibus cum nervis II transversis subtus prominentibus.

Stämmchen an Bäumen kriechend. Niederblätter 3—4 cm lang. Blätter mit 8—9 cm langem Stiel und 8 cm langer, 5—6 cm breiter Spreite. Stiel der Inflorescenz 8—9 cm lang. Spatha 3 cm lang, 2 bis 2,5 cm breit, schneeweiss. Männliche und weibliche Inflorescenz je

1 cm lang. Pistille 2 mm lang, mit kaum 1 mm dickem Ovarium. Staubblätter fast 1 mm dick.

Usambara, im Urwald von Nderema am Sigi, noch bei 800 m am Grunde von Bäumen (Volkens n. 49. — Blühend im Januar 1893).

A. Engler.

Limonia Preussii Engl. n. sp.; ramulis glabris; foliis magnis petiolo medio latissime alato instructis, trifoliolatis; foliolis lateralibus sessilibus oblongis basi acutis, brevissime et obtusiuscule acuminatis, terminali aut oblongo-lanceolato basin versus cuneatim angustato aut ovato et late petiolulato, omnibus margine remote serrulatis, nervis lateralibus cujusque folioli utrinque circ. 5 inter se remotiusculis procul a margine conjunctis; spinis axillaribus tenuibus et brevibus; floribus 4-meris paucis in racemum terminalem petioli dimidium vel tertiam partem aequantem digestis; calycis dentibus breviter triangularibus acutis; petalis lineari-oblongis; staminibus late linearibus; antheris linearibus paullum supra basin affixis; gynophoro crasso ovarii dimidium aequante, 8-lobo; ovario oblongo in stylum triplo longiorem attenuato, stigmate crasso 4-lobo.

An den Zweigen stehen die Blätter ziemlich dicht, nur 2 cm von einander entfernt. Die Blätter erreichen mehr als 2 dcm Länge; der Blattstiel ist bis 8 cm lang und bis 2,5 cm breit; das Endblättchen ist 1,5—1,8 dcm lang; bisweilen ist davon am Grunde ein 3 cm langer Blattstiel abgesondert und das Endblättchen selbst, so wie die Seitenblättchen 1,2—1,5 dcm lang. Der Blütenstand ist etwa 3 cm lang, mit kaum 1 mm langen Bracteen, 2 mm langen Blütenstielen, 4 mm breiten Kelchen, 1,8 cm langen und 4 mm breiten Blumenblättern. Die 3,5 mm langen Antheren stehen auf 8 mm langen und 1 mm breiten Staubfäden. Der 2,5 mm lange Fruchtknoten steht auf einem Gynophor von 1 mm Länge und geht in einen 1 cm langen Griffel mit 2,5 mm breiter Narbe über.

Kamerun, bei der Barombi-Station am Nordufer des Elephanten-Sees (Preuss n. 548. — Blühend im September 1890).

Limonia gabunensis Engl. n. sp.; ramulis tenuibus glabris; foliis tenuibus, petiolo alato cuneiformi instructis, unifoliolatis vel trifoliolatis vel pinnatis bijugis; foliolo terminali elongato-oblongo, lateralibus ovatis vel oblongis longe acuminatis, margine levissime crenato-serratis; nervis lateralibus cujusque folioli utrinque 4—6-patentibus; spinis axillaribus dimidium petioli superantibus vel aequantibus leviter curvatis; baccis subglobosis, uno loculo fertili monospermo.

1—3 m hoher Strauch. Die Internodien der Zweige sind etwa 5 cm lang. Die Blätter sind 1—1,5 dcm lang, mit höchstens 1 cm breitem, 3 cm langem Blattstiel versehen; die Endblättchen sind meist 7 cm lang mit 1,5 cm langer Spitze und etwa 3,5 cm breit. Die Seitenblättchen sind durchschnittlich 5 cm lang, mit 1 cm langer Spitze. Die Dornen sind 1—2 cm lang. Die Früchte haben 1 cm Durchmesser, der Same ist etwa 8 mm lang und 5 mm dick.

Gabun, Sibange-Farm (Soyaux n. 105. Fruchtend im Juli 1880).

Limonia Poggei Engl. n. sp.; ramulis tenuibus; foliis magnis impari-pinnatis bijugis; petiolo et rhachi late alatis, medio latissimis; foliolis lanceolatis obtusiusculis, margine remote crenato-serratis, nervis lateralibus cujusque folioli circ. 5 utrinque procul a margine conjunctis; spinis in axillis plerumque binis; bacca globosa 4-loculari 3—4-spermo; seminibus ovoideis testa pallide brunnea nitidula.

Die Zweige haben etwa 2—2,5 cm lange Internodien. Die Blätter sind bis 2 dcm lang. Der Blattstiel ist 5—6 cm lang und in der Mitte 2 cm breit; ebenso breit ist der zwischen den Blättchen befindliche geflügelte Teil der Rhachis; die Blättchen selbst sind 7—8 cm lang und 3—4 cm breit. Die Beere hat 1,7 cm Durchmesser und enthält vier 1 cm lange, 5 mm dicke Samen.

Oberes Congogebiet, am Lulua, um 6° n. Br. (Pogge n. 668. — Fruchtend im Juni 1882).

Limonia Schweinfurthii Engl. n. sp.; ramulis tenuibus; foliis petiolo latissimo oblongo instructis trifoliolatis; foliolis lateralibus oblongis utrinque aequaliter angustatis acutis, terminali lanceolato, basin versus cuncatim angustato, omnibus margine brevissime et remotiuscule serratis, nervis lateralibus utrinque 4—5 procul a margine conjunctis, spinis plerumque ad basin folii binis petioli dimidium aequantibus.

Die Blattstiele werden 5—7 cm lang und 2,5—3 cm breit; die Seitenblättchen sind 6—7 cm lang und etwa 3 cm breit; das Endblättchen ist 1 dcm lang und etwa 4 cm breit. Die Dornen sind 2 bis 2,5 cm lang.

Ghasalquellengebiet, in Galleriewaldungen bei Uando (Schweinfurth n. 3656. — April 1870, ohne Blüten und Früchte).

A. Engler.

Juglans jamaicensis C. DC. — Im Kew Bullet. of miscell. inform. No. 88 (1894), p. 138 liest man, dass eine echte Juglans von Puerto-Rico (Sintenis n. 4000) von Urban als J. jamaicensis C. DC. bestimmt worden sei, „though how he arrived at this is difficult to conceive ... We have no hesitation in referring it to J. insularis Grisb." Da meine Entgegnung den Verfasser nicht völlig zu überzeugen vermochte, weil Früchte sowohl von der Cubensischen als der Portoricensischen Art im Kew Herbarium fehlen (vergl. Kew Bull. No. 94, p. 371), so will ich unter Beifügung von Abbildungen noch einmal auf diesen Gegenstand zurückkommen und die Unterschiede in den Früchten hervorheben.

J. insularis Grisb. (Fig. A, B): fructus ovato-globosi, putamine (B) cr. 2,5 cm longo et crasso, basi subtruncato, antice obsolete apiculato.

J. jamaicensis C. DC. (Fig. C—E): fructus (D) obverse piriformes, putamine (E) 3—3,5 cm longo, 2,7—3 cm crasso, basi concavo, antice acuminato.

Diese Differenzen sind schon in den abgeblühten Fruchtknoten (A, C) angedeutet.

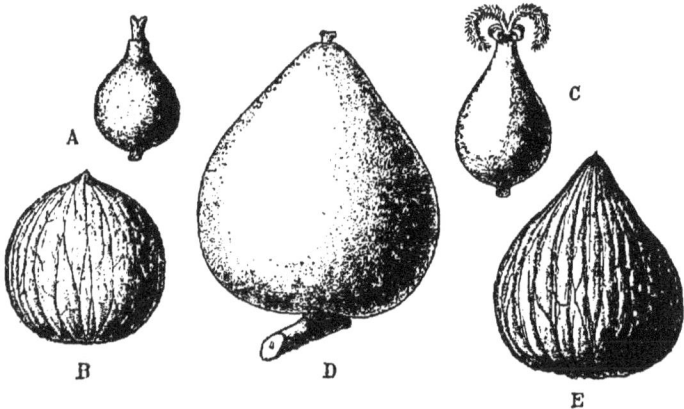

Die Pflanze von Puerto-Rico stimmt recht gut mit der Abbildung des „Noyer de la Jamaique" bei Descourtilz (Flor. des Antill. VII. tab. 453) und mit der Beschreibung überein, welche Cas. de Candolle (Prodr. XVI. II. p. 138) nach jenem Autor von J. jamaicensis entworfen hat. Grisebach (1866) sagt nun zwar: „Nomen J. jamaicensis C. DC., ex sola icone Desc. t. 453 formatum, quoniam Descourtilz suas icones ex aliis operibus mutuare solebat, non admitto, verum inter incerta relinquo"; allein er ist den Nachweis schuldig geblieben, aus welchem Werke Descourtilz seine Abbildung entnommen hat. Es ist mir nicht der geringste Zweifel, dass ein solches Werk gar nicht existirt, dass vielmehr Descourtilz's Abbildung Original ist. Zu diesem Ergebnisse ist offenbar auch C. de Candolle gekommen, welcher der bis dahin (1864) botanisch noch nicht benannten Art einen Namen gab, ohne die Pflanze selbst gesehen zu haben, dem Beispiele Linné's folgend, der die Sloane' und Plumier'schen Arten auf Grund der Beschreibungen und Abbildungen mit Gattungs- und Artnamen versah. Die J. jamaicensis ist in Puerto-Rico einheimisch, wo sie in

Urwäldern bei Arecibo, Utuado, Peñuelas und Adjuntas von Sintenis
(n. 4000, 6298, 6349, 6390) und Stahl (n. 1127) gefunden wurde, nachdem sie schon vorher von Krug und Bello (Apunt. II. p. 113) in den
Bergen des Innern constatirt, aber für J. cinerea L. gehalten war;
den Einwohnern ist sie unter dem Namen „Nogal" oder „Palo de Nuez"
wohl bekannt. Ohne Zweifel wächst sie auch in Sto. Domingo, wo
Baron Eggers sie (freilich nur in Blättern) bei Yarabacoa sammelte;
in den höheren Regionen soll sie nach Aussage der Bewohner sehr
häufig sein. Von Jamaica ist bis jetzt kein Exemplar in die Museen
gelangt, trotzdem die Insel im Laufe der letzten beiden Jahrhunderte
von sehr zahlreichen Botanikern und Sammlern eingehend untersucht
worden ist. Man braucht darum aber durchaus nicht an Descourtilz's
Angabe, dass das Original zu seiner Beschreibung und Abbildung von
Jamaica stamme, zu zweifeln, da in den gebirgigen Teilen der Insel
sicher nicht alle Schluchten und Abhänge planmässig erforscht worden
sind. Hat doch ein einziger Mann (W. Harris) in einem sehr beschränkten Bezirke der Insel im Laufe des vergangenen Jahres ca. zehn
neue Arten entdeckt und halb so viele, die bisher von der Insel nicht
bekannt waren, für dieselbe nachgewiesen! I. Urban.

Streptopetalum graminifolium Urb. n. sp.; annuum, caule practer
pubem longiorem et brevissimam superne setulas crassitie caulis cr. duplo
breviores basi bulboso-incrassatas flavescentes gerentibus; foliis linearibus
sensim et longe acuminatis integris; inflorescentiis terminalibus postremo
usque 20 cm longis, prophyllis non conspicuis, pedicellis 1—2 mm longis;
calyce 10—11 mm longo; fructu obovato-globoso, vix dimidio longiore
quam crassiore.

Planta cr. 40 cm alta. Radix palaris simplex tortuosa fibrillosa.
Caulis erectus 1,5—2 mm crassus, pube triplice vestitus, nempe pilis
simplicibus crassitiem caulis subaequantibus patentibus flavis et aliis
brevissimis curvulis pallidis et praeterea superne, praesertim in inflorescentiae axi, setulis nunc parcissimis nunc crebrioribus e strato valde
bulbiformi-incrassato flavido prodeuntibus, simplex v. parce ramosus.
Folia subsessilia v. usque 1,5 mm longe petiolata, omnia anguste linearia
sensim et longe acuminata, inferiora et intermedia cr. 10 cm longa,
2—3 mm lata, 30—40-plo longiora quam latiora, superiora sensim decrescentia et in bracteas transeuntia, integra, sed sub lente ad marginem
glandulis minutis substipitatis obsita, utrinque pubescentia, setulis deficientibus. Inflorescentiae postremo usque 18-florae, ut videtur racemum
verum simplicem efformantes; bractea ima evoluta anguste linearis 5 —
8 mm longa, 0,2—0,3 mm lata, caeterae deficientes; pedicelli fructiferi
erecti. Flores dimorphi? Calyx extrinsecus setulis brevibus et pilis
longioribus subparce obsitus; tubus fere $= \frac{2}{3}$ calycis, 1 mm crassus,

intus e basi 2 mm longe dense pubescens; lobi oblongi obtusi, interiores margine membranacei glabri. Petala (integra non visa) ad basin cuncata nuda glabra. Filamenta longiora tubo calycino 0,5 mm longe adnata, quoad libera glabra, omnia aequilonga 7 mm longa; antherae ad faucem calycis sitae, defloratae oblongo-lineares. Styli breviores glabri aequilongi vix 2 mm longi; stigmata lacero-divisa, a basi antherarum 2,5 mm longe distantia. Ovarium ellipticum pilis erectis obsitum, 9-ovulatum. Fructus 6 mm longus, 4,5—5 mm crassus, brevissime apiculatus, dorso setis inferne incrassatis brevibus satis dense obsitus. Semina oblonga inferne attenuata curvata, 2,5—2,8 mm longa 1 mm crassa, postremo brunnescentia, chalaza prominula concaviuscula, hilo breviter conico, arillo unilaterali supra medium ascendente.

Habitat in Africa orientali in territorio lacuum ad Gonda locis inundatis, m. Aprili flor. et fruct. : Böhm (a. 1882) n. 260.

Obs. Species foliis angustissimis et inflorescentiis terminalibus insignis.   I. Urban.

Verlag von **Wilhelm Engelmann** in Leipzig.

Buchenau, Franz, Monographia Juncacearum. Mit 3 Tafeln und
9 Holzschnitten. (Sep.-Abdr. aus Engler's Botanischen Jahrbüchern.
Bd. XII.) gr. 8. 1890.   12. —.

—— Flora der nordwestdeutschen Tiefebene. 8. 1894. geb.
                                                                         7. —; geb. 7. 75.

Frank, A. B., Lehrbuch der Botanik. Nach dem gegenwärtigen
Stand der Wissenschaft bearbeitet. Zwei Bände. Mit 644 Abbildungen
in Holzschnitt. gr. 8.   geh. 26. —; geb. 30. —.

  Erster Band: Zellenlehre, Anatomie und Physiologie. Mit 227 Abbildungen in Holzschnitt. 1892. . . . . geb. 15. —; geb. 17. —.

  Zweiter Band: Allgemeine und specielle Morphologie. Mit 417 Abbildungen in Holzschnitt nebst einem Sach- und Pflanzennamen-Register zum I u. II. Band. 1893.
                                                                      geb. 11. —; geb. 13. —.

Garten, Der botanische, „'S Lands Plantentuin" zu Buitenzorg
auf Java. Festschrift zur Feier seines 75jährigen Bestehens. (1817
bis 1892). Mit 12 Lichtdruckbildern und 4 Plänen. gr. 8. 1893.   14. —.

Haberlandt, G., Eine botanische Tropenreise. Indo-malayische
Vegetationsbilder und Reiseskizzen. Mit 51 Abbildungen. gr. 8. 1893.
                                                                         geh. 8. —; geb. 9. 25.

Klinggraeff, H. v., Die Leber- und Laubmoose West- und Ost-
preussens. Herausgegeben mit Unterstützung des Westpreussischen
Provinzial-Landtages vom Westpreussischen Botanisch-Zoologischen
Verein. 8. 1893.   geh. 5. —; geb. 5. 75.

Kölreuter's, D. Joseph Gottlieb, Vorläufige Nachricht von einigen
das Geschlecht der Pflanzen betreffenden Versuchen und Beobachtungen,
nebst Fortsetzungen 1, 2 und 3. (1761—1766.) Herausgegeben von
W. Pfeffer. (Klassiker d. exakt. Wiss. No. 41.) 8. 1893.   geb. 4. —.

Prantl, K., Lehrbuch der Botanik. Herausgegeben und neu bearbeitet von Ferdinand Pax. Neunte vermehrte und verbesserte
Auflage. Mit 355 Figuren in Holzschnitt. gr. 8. 1894. geb. 4. —; geb. 5. 30.

Sachs, Jul., Vorlesungen über Pflanzenphysiologie. Zweite,
neubearb. Auflage. Mit 391 Holzschn. gr. 8. 1887. geh. 18. —; geb. 20. —.

—— Gesammelte Abhandlungen über Pflanzenphysiologie.
2 Bände.

  I. Band: Abhandlung I bis XXIX vorwiegend über physikalische und chemische
  Vegetationserscheinungen. Mit 46 Textbildern. gr. 8. 1892. geh. 16. —;
                                                                      geb. 18. —.

  II. Band: Abhandlung XXX bis XLIII vorwiegend über Wachstum, Zellbildung
  und Reizbarkeit. Mit 10 lithographischen Tafeln und 80 Textbildern. gr. 8.
  1893.   geh. 13. —; geb. 15. —.

Sprengel, Christian Konrad, Das entdeckte Geheimniss der Natur
im Bau und in der Befruchtung der Blumen. (1793). Herausgegeben
von Paul Knuth. In vier Bändchen. Mit 25 Taf. (Klassiker d.
exakt. Wissensch. Nr. 48—51.) 8. 1894.   geb. à Bdchen. 2. —.

Druck von E. Buchbinder in Neu-Ruppin.

Notizblatt

des

Königl. botanischen Gartens und Museums zu Berlin.

No. 2.   Ausgegeben am   **5. Juni 1895.**

———— ✳ ————

In Commission bei Wilhelm Engelmann in Leipzig.

1895.

Preis 1,50 Mk.

Notizblatt

des

Königl. botanischen Gartens und Museums zu Berlin.

No. 2.   Ausgegeben am   5. Juni 1895.

I. Bemerkenswerte seltenere oder bisher noch nicht in den Gärten verbreitete Pflanzen des Berliner Gartens, welche in denselben in letzter Zeit aus ihrer Heimat eingeführt wurden.

a. Freilandpflanzen.

I. Aus den europäischen Hochgebirgen.

(Vergl. Notizblatt No. 1. S. 2.)

Arenaria purpurascens Ram., reichlich vermehrt und abgebbar.	— Pyrenäen (Engler 1892).
„ Armeriastrum Boiss. var. frigida.	— Sierra Nevada (Engler 1892).
„ pungens Clem.	— Sierra Nevada (Engler 1892).
Lepidium stylatum Lag.et Rodr.	— Sierra Nevada (Engler 1892).
Linum capitatum W. Kit.	— Bosnien (Engler 1893).
Campanula Herminii Lk. et Hffmgg.	— Sierra Nevada (Engler 1892).
Leontodon microcephalus Bss.	— Sierra Nevada (Engler 1892).
Scabiosa leucophylla Borb.	— Bosnien (Engler 1883).

II. Aus Persien.

Arum conophalloides Kotschy.

Die Knollen dieser interessanten Art, welche einen 7—8 cm langen Blütenschaft entwickelt und einen 2 cm langen, dicken Kolbenanhang besitzt, erhielt der botanische Garten von Herrn Leichtlin.

b. Gewächshauspflanzen.

Eucrosia Lehmannii Hieron. n. spec. — Amaryllidaceae aus Ecuador, 200—1200 m. Wir verdanken diese Pflanze der Güte des Herrn Konsul

3

F. C. Lehmann. Blätter eiförmig-lanzettlich, gestielt, an diejenigen von Eucharis erinnernd. Blütenschaft ca. 30 cm hoch, Blüten karminrot. Die Pflanze wird demnächst von Prof. Dr. Hieronymus beschrieben werden.

Phaedranassa Carmioli Baker in Saund. Refug. Bot. t. 46. — Amaryllidacee aus Columbien, 2800—2900 m. Wurde von Konsul Lehmann eingeführt und blühte im hiesigen Garten im Jahre 1894 zum ersten Male. Die dunkelgrünen lanzettförmigen gestielten Blätter sind ca. 30—35 cm lang, der Blütenschaft ca. 35—40 cm. Die röhrigen Blüten sind glänzend rot mit grünen Segmenten.

II. Seltenere Pflanzen, welche in den letzten Jahren im Königlichen botanischen Garten zu Berlin zur Blüte gelangt sind.

Aristea Ecklonii Baker in Journ. Linn. Soc. XVI. 112. — Iridacee aus den östlichen Provinzen der Cap-Colonie. Die Samen wurden 1892 aus dem botanischen Garten zu Edinburgh eingeführt; es gingen aus ihnen eine Anzahl Pflanzen hervor, von denen die ersten im Frühjahr 1894 zur Blüte gelangten. Die Exemplare haben sich vorzüglich entwickelt, das grösste besitzt jetzt einen Durchmesser von ca. 40 cm und hat 12 Blütenschäfte getrieben. Die kleinen tief dunkelblauen sternförmigen Blüten stehen knäuelartig an den Enden der traubigen Rispen und öffnen sich nur am Tage bei Sonnenschein.

Acacia hastulata Sm. (A. cordata Hort.). — Aus West-Australien 1894 von Hugh Low in London bezogen. Die kleinen blassgelben Blüten stehen in den Achseln der herzförmigen stachelspitzigen Blätter. Eine der schönsten, interessantesten und reichblühendsten Acacien.

Euphorbia pentagona Haw. — Aus Süd-Afrika. 1889 von dem Kunst- und Handelsgärtner Hildmann in Birkenwerder durch Tausch erworben. Die goldgelben Blüten sitzen auf den Kanten der jüngsten Zweige.

Pultenaea rosea F. Müll. — Kleiner Strauch aus Südwest-Australien. Im Jahre 1894 wurde die Pflanze von Hugh Low in London bezogen und blühte im April 1895 zum ersten Male. Die purpurroten Blüten stehen in Köpfchen an den Enden der Zweige; die kleinen zusammengerollten lanzettförmigen Blättchen, sowie die Zweige sind weich behaart.

Pimelea Preissii Meissn. — Thymelaeacee aus West-Australien. Im Jahre 1894 von Hugh Low in London bezogen. Wegen der ausserordentlich zahlreichen, an den Enden der Zweige in Köpfchen stehenden weissen Blüten ist die Pflanze eine der schönsten ihrer Gattung.

Pimelea rosea R. Br. var. Hendersonii (Grah.) Meissn. — Aus West-Australien. Mit der vorstehenden Art gleichzeitig von Low in London bezogen, entwickelte prächtig rosenrote Blüten.

Darwinia macrostegia (Turcz.) Benth. (Genethyllis tulipifera Hort.). — Myrtacee aus West-Australien. Diese sehr schwer zu cultivirende Art entwickelte sich vortrefflich. Die schmutzig weissen, rot gestreiften Deckblätter umschliessen kleine, in Köpfchen stehende weisse Blüten, aus denen die langen weissen, an der Spitze roten Griffel hervorragen.

Vriesea regina (Vell.) Beer Brom. p. 97; Mez in Mart. Flor. Brasil. Vol. III. Pars III. p. 569. — Nach letzterem Autor ist die Pflanze in folgenden Werken abgebildet: Antoine, Brom. p. 12. t. IX, X; Gard. Chron. 1875, fig. 41. als Vriesea Glaziouana in Lem. Ill. hort. 1867, t. 516; Misc. p. 43, fig. 2; Flor. et Pomol. 1882, p. 335 c. fig.; als Tillandsia regina Vell. in Flor. Flum. III. t. 142. — Dr. A. Glaziou, General-Director der öffentlichen Gärten in Rio de Janeiro, schickte diese Pflanze zuerst an das Etablissement des Herrn Verschaffelt in Gent. Sie wächst nach Aussage Glaziou's auf Felsen der kalten Region des Orgelgebirges und blüht in der Heimat von October bis December. Im hiesigen Garten steht dieselbe gegenwärtig im Mai 1895 in voller Blüte. Sie ist ca. 1,80 m breit, die Gesammthöhe der Pflanze incl. Blütenschaft beträgt 2,30 m. Der ca. 2 m hohe Blütenschaft unserer Pflanze, der bis zur äussersten Spitze mit an der Basis breiten lanzett-förmigen Hochblättern besetzt ist, trägt auf seiner oberen Hälfte in den Achseln dieser Hochblätter ca. 25—30 Seitenäste, an denen je 12—15 weisse, gelblich schimmernde, wohlriechende Blumen sitzen.

Der hiesige Garten erwarb dieses Exemplar im October 1883 von dem Handelsgärtner Heinrich Strauss in Ehrenfeld bei Köln. Ein zweites Exemplar wurde einige Jahre später von der Wittwe des verstorbenen Prof. Morren in Lüttich angekauft, welches wahrscheinlich im nächsten Jahre zur Blüte gelangen wird.

Von Cactaceae blühten im Laufe des Sommers ausser den gewöhnlichen jedes Jahr ihre Blüten entfaltenden folgende Arten (zusammengestellt von Prof. Dr. K. Schumann).

Echinocactus Ourselianus Cels. — Eine prachtvoll blühende Art, die von vielen mit E. multiflorus Hook. für gleich erachtet wird.

Echinocactus glaucus K. Sch. n. sp. — Von Herrn Purpus in Colorado gesammelt, gehört zu jenen äusserst interessanten Formen, welche in den höheren Regionen bis zu 2500 m wachsen und welche dort jedes Jahr den niedrigsten Temperaturen ausgesetzt sind. Culturversuche haben erwiesen, dass diese, die unten erwähnte Mamillaria

3*

Purpusii K. Sch., sowie die nach unbeschriebene M. Spaethiana K. Sch. unseren Winter sehr gut im Freien aushalten.

Echinocactus gibbosus P. DC. — Diese Pflanze ist wahrscheinlich mit Cereus reductus P. DC., vielleicht sogar mit C. nobilis Haw. synonym.

Echinocactus Monvillei Lem.

Echinocactus Cumingii S.-Dyck. — Eine der schönsten Arten, die zahllose mohrrübenfarbige Blüten von ziemlich langer Dauer erzeugt.

Echinocactus tulensis Pos. — Eines der wenigen Exemplare, die noch existiren, mit kirschroten bis carmoisinfarbenen Blumenblättern.

Echinocactus texensis Jac. — Mit rosaroten Blüten, deren Blätter an der Spitze, wie an den Seiten tief gefranzt und zerschlitzt sind.

Echinocactus horripilus Lem. — Diese Art ist gegenwärtig in den Sammlungen äusserst selten und scheint auch, wenigstens vorläufig nicht mehr eingeführt zu werden.

Echinocactus Pfersdorffii Hildm. — Meines Wissens ist diese schöne Pflanze bis heute noch nicht beschrieben worden, ich werde aber in Kurzem Gelegenheit nehmen, eine von einer Abbildung begleitete Beschreibung in der Monatsschrift für Kakteenkunde zu bringen. Sie gehört zu den Formen mit grossen Warzen, welche auf der Oberseite eine starke Längsfurche zeigen. Diese nehmen dann dieselbe Stellung in der Gattung ein, wie Coryphantha in Mamillaria.

Echinocereus subinermis S.-Dyck. — Zwei der schönsten Exemplare, die überhaupt in den Sammlungen vorhanden sind; sie bringen jährlich Dutzende von prachtvollen gelben, seidenglänzenden Blüten hervor.

Echinocereus Salm-Dyckianus Scheer. — Durch die grossen mohrrübenfarbenen Blüten sehr auffällig.

Cereus pentaedrophorus Lab. — Auch diese Pflanze gehört zu den besonderen Seltenheiten unseres Gartens; sie ist durch die schöne blaue Reiffarbe, sowie die Linienzeichnungen um die Warzen auffällig.

Cereus tortuosus Forb.

Pilocereus Houlletii Lem. — Vergl. Monatsschr. für Kakteenkunde 1893. p. 145.

Pilocereus exerens (Lk.) K. Sch. = Cereus virens P. DC.

Mamillaria Purpusii K. Sch. in Monatsschr. für Kakteenk. 1893. p. 165. — Gehört zu den bei uns winterharten Kakteen aus Colorado, die Purpus für die Firma Späth-Rixdorf gesammelt hat.

Ausserdem müssen noch erwähnt werden die zahlreichen Arten der Gattung Rhipsalis, welche in einer sonst unerreichten Vollständigkeit im Königl. bot. Garten cultivirt werden; von seltener gesehenen Arten blühten Rhipsalis dissimilis (Lindb.) K. Sch., R. Regnellii G. A. Lindb., R. Neves Armondii K. Sch., R. pulvinigera G. A. Lindb., R. floccosa

G. A. Lindb., die ersterwähnte durch die aussen purpurroten Blüten-
hüllblätter höchst eigentümlich.
Von succulenten Asclepiadaceen seien noch erwähnt:
Echidnopsis cereiformis Hook. u. **E. Virchowii** K. Sch. in Monats-
schrift für Kakteenk. 1893. p. 98., **Ceropegia Thwaitesii** Hook., **C.
Sandersonii** Dene.

III. Versuchskulturen im Berliner Garten, Anzuchten und Sendungen nach den Kolonien.

1. Über die Entwicklung des Canaigre.

Rumex hymenosepalus Torr. — Syn. **Rumex Saxii** Kell.,
Pacific rural press 1879; R. arizonicus Britt. in Trans. N. Y. Academy
VIII. (1889). — Blüht gegenwärtig (Mai 1895) im bot. Garten auf dem
Nutzpflanzenstück in der Abteilung der Färbe- und Gerberpflanzen. Durch
Vermittlung des Auswärtigen Amtes hatte der botanische Garten im April
1894 3 Knollen dieser neuerdings als Gerbstoffpflanze gerühmten, in den
Ebenen und dem Hügelland Kaliforniens und Centralamerikas heimischen
Art erhalten. Zwei derselben wurden im Mai 1894 ausgepflanzt und
entwickelten bald ihre graugrünen, dick lederartigen Blätter. Im Juli
zeigten sich auf den Blättern grosse braune Flecken, und Anfang August
waren sämmtliche Blätter abgestorben. Die Pflanze zeigte also hier
ein ähnliches Verhalten, wie in Chicago, wo nach den Mitteilungen von
Herrn Bernard D. Thorner bald nach der im Mai erfolgten Samen-
reife die oberirdischen Teile der Pflanze abstarben. Als im Herbst die
Pflanzen herausgenommen wurden, zeigte jede derselben einige in den
Achseln der unterirdischen Niederblätter entstandene Seitenknospen mit
etwa 1—1,5 dm langen und 1,5—2 cm dicken Pfahlwurzeln. Diese von
der Mutterpflanze sehr leicht ohne Schaden abzutrennenden jungen
Pflänzchen wurden während des Winters trocken aufbewahrt und im
April dieses Jahres ausgesteckt. An einer dieser Pflanzen, welche jetzt,
Mitte Mai, einen Laubspross mit nur 5 kleinen Laubblättern entwickelt
hatte, sind bereits wieder 2 Brutknospen von nur 4 mm Länge ent-
standen, welche die Niederblätter durchbrochen und schon 8 cm lange,
5 — 6 mm dicke Pfahlwurzeln erzeugt haben. Die Vermehrung durch
Brutknospen geht also sehr rasch vor sich, und ich hoffe, im nächsten
Jahre bereits so viel junge Pflanzen zu haben, dass mit denselben

Culturversuche auf grösserem Terrain vorgenommen werden können. Ob wir reife Samen erhalten werden, ist fraglich, da in Nordamerika diese proterogyne und anemophile Pflanzen auch nur wenig Samen hervorbringt und die Blüten frühzeitig abfallen. Weitere Mitteilungen über die Entwicklung und Cultur des Canaigre werden später erfolgen. Pflanzen können vorläufig nicht abgegeben werden.   Engler.

2. Über die Keimung von Samen tropischer Nutzpflanzen im Königl. botanischen Garten zu Berlin,

berichtet vom

Obergärtner **Strauss.**

Da in den deutschen Kolonien jetzt mehrfach tropische Nutzpflanzen aus Samen zu ziehen versucht wird, so sollen hier nach und nach die Erfahrungen mitgeteilt werden, welche im Königl. botanischen Garten zu Berlin gemacht wurden. Für denselben wurden einesteils Samen von William Brothers auf Ceylon und aus Westindien durch Kauf bezogen, anderenteils erhielt der Garten zahlreiche Samen durch das freundliche Entgegenkommen der Directionen der botanischen Gärten in Buitenzorg, Calcutta, Madras und Saigun. Nicht wenige der bezogenen Samen hatten ihre Keimfähigkeit eingebüsst, doch war im Allgemeinen die Zahl der keimfähigen Samen grösser, als bei den Samen tropischer Pflanzen, welche man aus südeuropäischen botanischen Gärten erhält, da von den letzteren nicht selten bereits abgestorbene Samen älterer Ernten versendet werden.

1. **Albizzia moluccana** Miq. Molukken. Aus den Tropen bezogene Samen haben im Allgemeinen ihre Keimfähigkeit behalten. So sind die aus Buitenzorg bezogenen, am 27. Mai 1892 ausgesäeten Samen am 13. Juni 1892 fast alle gekeimt und zu kräftigen Pflanzen ausgewachsen, welche nach Ost- und Westafrika gesendet wurden.

2. **Coffea liberica** Hiern. Liberia-Kaffeebaum. Die Samen wurden aus Buitenzorg bezogen und am 6. Mai 1892 ausgesäet. Von 225 Samen keimten in der Zeit vom 2.—19. Juli 1892 80, mithin 35,55 %.

3. **Thea chinensis** Sims. Die Samen wurden aus verschiedenen Bezugsquellen bezogen:

a) Von den aus Buitenzorg erhaltenen, am 6. Mai 1892 ausgesäeten 30 Samen keimte am 2. Juli 1892 nur 1 Same;

b) Von William Brothers-Ceylon. Von der Varietät „Assam indigena" wurden am 14. September 1892 50 Samen ausgesäet, von denen am 10. October 1892 30 Samen, mithin 60 % keimten;

von der Varietät „Assam hybrida" wurden an demselben

Tage 75 Samen ausgesäet, von denen ebenfalls am 10. October 1892 50 Samen keimten, also 66,66 %;
desgleichen wurden am 6. Juni 1894 30 Samen von Thea chinensis var. assamica ausgesäet, von denen am 9. Juli 1894 12 Samen, also 40 % keimten.

4. **Hevea brasiliensis** Willd. Brasilien. Die von William Brothers-Ceylon bezogenen 23 Samen wurden am 25. August 1892 ausgesäet, es keimten davon am 3. September 1892 20 Samen, mithin 86,95 %; die Pflanzen gediehen ausserordentlich gut, so dass sie vor der Versendung nach Kamerun noch etwas beschnitten werden mussten.

5. **Piper nigrum** L. Die Samen wurden von William Brothers-Ceylon bezogen; am 29. Juni 1893 wurden drei Schalen voll ausgesäet, die am 10. August 1893 fast alle keimten und ca. 150 Stück kräftige Pflanzen lieferten.

6. **Bixa Orellana** L. Orlean- oder Rukubaum. Samen dieser Pflanze wurden vom botanischen Garten in Buitenzorg-Java bezogen und im Mai 1891 ausgesäet. Sie keimten nach kurzer Zeit sämmtlich und lieferten ca. 200 Stück kräftige, gesunde Pflanzen.

7. **Garcinia Xanthochymus** Hook. fil. Ostindien. Am 14. September 1892 wurden 30 Stück von William Brothers-Ceylon bezogene Samen ausgesäet, von denen am 10. October 1892 18 Samen, also 60 % keimten; desgleichen von eben derselben Bezugsquelle am 6. Juni 1894 24 Samen, die sämmtlich am 19. Juli 1894, also 100 %, keimten.

8. **Caryophyllus aromaticus** L. Die Samen wurden ebenfalls von der Firma William Brothers-Ceylon geliefert. Von den 80 am 14. September 1892 ausgesäeten Samen keimten am 10. October 1892 8 Stück, also nur 10 %.

9. **Cassia Fistula** L. Von den aus Buitenzorg bezogenen, am 6. Mai 1892 ausgesäeten 40 Samen keimten vom 27. Mai bis 13. Juni desselben Jahres 30 Samen, mithin 75 %, die zu kräftigen Pflanzen heranwuchsen.

10. **Oreodoxa regia** H. B. K. Antillen. „Königspalme." Die Samen wurden ebenfalls aus Buitenzorg bezogen und am 6. Mai 1892 ausgesäet. Von den ausgesäeten 100 Samen keimten in der Zeit vom 5.—19. Juli 1892 50 Samen, also 50 %.

11. **Areca Catechu** L. Betelnuss-Palme. Die von William Brothers-Ceylon bezogenen 200 Samen wurden am 29. Juni 1893 ausgesäet, von denen am 10. Juli 1893 60 Samen und am 20. August 1893 noch 10 Samen keimten, im Ganzen 35 %, die jetzt zu kräftigen Exemplaren herangewachsen sind.

12. **Uragoga Ipecacuanha** (Willd.) Baill. Brechwurzel. Die Samen

stammten aus dem botanischen Garten zu Saigun; am 12. September 1893 gingen ca. 50 Pflanzen auf. Leider sind im Laufe der Zeit mehrere Pflanzen wieder zu Grunde gegangen.

13. **Cassia florida** Vahl. Ostindien, Malay. Archipel. Es wurden ca. 150 Samen aus dem botanischen Garten in Madras bezogen, die am 6. Januar 1892 ausgesäet wurden. Am 20. Januar 1892 keimten 15 Samen, also nur 10 %.

14. **Eriodendron anfractuosum** DC. Die Samen wurden ebenfalls aus dem botanischen Garten in Madras bezogen. Es wurden am 5. Januar 1892 130 Samen ausgesäet, von denen am 15. Januar 1892 85 Samen, also 65,38 % keimten.

15. **Calophyllum Inophyllum** L. Ostindien. Von den aus dem botanischen Garten in Manila erhaltenen, am 18. Juli 1892 ausgesäeten vier Samen keimte am 11. October 1892 nur einer. Bessere Resultate ergaben die von William Brothers zu verschiedenen Zeiten bezogenen Samen. Am 14. September 1892 wurden 25 Samen ausgesäet, von denen am 20. October 1892 15 Samen = 60 % keimten. Dann: am 21. October 1892 15 Samen, von denen am 3. Januar 1893 10 Samen = 66,60 % keimten. Ferner wurden ausgesäet am 29. Juni 1893 11 Töpfe voll, in denen am 18. August 1893 20 Samen keimten.

16. **Anacardium occidentale** L. Trop. Amerika. Von ca. 50 Stück von William Brothers-Ceylon bezogenen, am 29. Juni 1893 aus-
.gesäeten Samen keimten bereits am 4. Juli 1893 33 Samen = 66 %; fast 1 Jahr später, am 6. Juni 1894, wurden aus derselben Bezugs- quelle wiederum 18 Samen ausgesäet, von denen jedoch am 2. Juli 1894 nur einer aufging.

Eine Varietät mit grossen Früchten wurde ebenfalls von William Brothers-Ceylon bezogen; von dieser wurden 30 Samen am 14. Sep- tember 1892 ausgesäet, es keimten am 4. October 1892 15 Samen, mithin 50 %.

3. Sendungen nach den Kolonien.

Während der kälteren Jahreszeit können lebende Pflanzen natur- gemäss nicht nach den Kolonien geschickt werden; der Versandt be- schränkte sich in dem verflossenen Vierteljahre daher auf Sämereien: die Station Lolodorf im Kamerungebiete erhielt eine grössere Menge Gemüsesamen in 30 Sorten, und die Yaúnde-Station Samen von 24 Arten tropischer Gewächse.

IV. Bemerkenswerte Eingänge für das botanische Museum.

Aus dem tropischen Afrika erhielt das botanische Museum in den letzten Monaten drei wichtige und interessante Sammlungen.

Die eine derselben wurde von Herrn Graf v. Götzen dem Museum übergeben und stammt von dem Kirunga-Vulkan in Ruhanda, den derselbe auf seiner vorjährigen grossen Reise durch Centralafrika bestieg. Ruhanda ist ein Bergland von 1500—1800 m durchschnittlicher Höhe, auf dem sich eine Vulkankette bis über 4000 m erhebt; einer der höchsten dieser Berge ist der noch thätige Kirunga. Die Flora des Berges, soweit sie sich aus der vorliegenden Sammlung, die allerdings nur etwa 140 Nummern umfasst, erkennen lässt, zeigt die engsten Beziehungen zu derjenigen des Kilimandscharo; die Mehrzahl der Arten ist auch schon von dort bekannt; verhältnissmässig wenige haben sich bei der ersten Durchsicht der Sammlung als Novitäten ergeben, so u. a. eine Schefflera, ein Trifolium, Pycnostachys und Aeolanthus.

Die zweite Sammlung ist von Dr. Stuhlmann auf seiner Reise von Dar-es-Salâm nach dem Uluguru-Gebirge in den Monaten September bis December 1894 angelegt worden. Sie ist wieder, wie die früher von dem Reisenden übersandten Sammlungen, sehr umfangreich und in Folge von zahlreichen Novitäten von hervorragendem Interesse. Ausserdem ist sie aber besonders wertvoll durch die genaue Angabe der Standortsverhältnisse und durch eine zu gleicher Zeit übersandte zusammenfassende Übersicht über die Bodenverhältnisse und die Zusammensetzung der Vegetation des durchreisten Gebietes. Diese letztere wird in kürzester Zeit in den botanischen Jahrbüchern abgedruckt werden.

Von der Station Yaúnde im Kamerungebiet kam wiederum eine von den Herren Zenker und Staudt zusammengebrachte Sammlung von beträchtlicher Artenzahl an, welche begleitet war von gegen 100 farbigen, von Herrn Zenker ausgeführten Abbildungen von Pflanzen, die in vortrefflicher Weise den Habitus und zum Teil Blütenanalysen der gesammelten Pflanzen wiedergeben und bei der Bestimmung und Beschreibung der Pflanzen von grossem Werte sein werden.

Herr Staudt befindet sich jetzt in der Station Lolodorf und ist bereits auch dort für das botanische Museum thätig, was um so erfreulicher ist, als der bisher daselbst stationirte Gärtner aus diesem vielversprechenden Gebiet nichts eingesendet hat.   Gürke.

V. Über den ostafrikanischen Fettbaum Stearodendron Stuhlmannii Engl.

Dr. Stuhlmann hat bei einer Bereisung der Landschaft Uluguru das häufige Vorkommen eines von den Eingeborenen Mkani genannten Baumes festgestellt, aus dessen Früchten die Wakami ein talgartiges Fett herstellen, welches nach Bayamoyo zum Verkauf gebracht wird. Die 3 cm dicken tetraedrischen und sehr zahlreichen Samen der mächtigen Früchte sind so reich an Fett, dass 4 Früchte etwa 1—1,5 Kilogramm Fett ergeben. Um den Baum, welcher wegen des Fettgehaltes seiner Früchte möglicherweise mit Aussicht auf Gewinn kultivirt werden kann, wissenschaftlich zu bestimmen, sind von Dr. Stuhlmann Blätter und Früchte eingesandt worden, auf Grund deren im März d. J. festgestellt werden konnte, dass die Pflanze mit einer bis dahin unbeschriebenen, von dem verstorbenen Forscher C. Holst bei Nguelo in Usambara reichlich wildwachsend beobachteten Guttifere identisch ist. Holst schrieb darüber, dass der Baum zu den mächtigsten und grössten des dortigen Tropenwaldes gehöre: „Nicht allein seiner Grösse und Schönheit wegen ist der Baum interessant, es sind dies Blüten sowohl wie Frucht. Erstere liegen um diese Zeit (24. Februar) zu Hunderten zerstreut auf dem Boden; alle Augenblicke begegnet man, durch den Waldpfad gehend, mehr oder weniger solchen Blütenkomplexen. Die Früchte sind mächtig gross und schwer, messen 1 Fuss Länge mit einem Durchmesser, der oberhalb der Mitte etwas weniger als $\frac{1}{2}$ Fuss beträgt. Es kommen verhältnissmässig nur wenig Früchte zur Entwicklung, die bei ihrer Verletzung einen dicken goldgelben Saft von sich geben. Im Allgemeinen ist der Baum im Wald sofort zu erkennen durch seine eigenartige, von der der anderen Bäume abweichende Art und Zweigstellung; namentlich die Zweige sind es, welche eine unregelmässige, quirlförmige Stellung besitzen und dann gehen diese fast immer im rechten Winkel ab.“

Leider konnten in der Holst'schen Sammlung, ebenso wenig wie in der Stuhlmann'schen, Blüten dieses Baumes nicht aufgefunden werden; da jedoch eine baldige Benennung der interessanten Pflanze wünschenswert war, so habe ich dieselbe im Deutschen Kolonialblatt 1895 No. 8 als Stearodendron Stuhlmannii eingeführt und lasse nun hier die lateinische Diagnose folgen.

Stearodendron Engl. nov. gen. — Flores adhuc ignoti. Fructus magnus baccatus, pericarpio resina aurea instructo, 5-locularis. Semina in quoque loculo ca. 20—24 biseriata in angulo centrali affixa, tetraedra, obtusangula, angulo uno arillo carnoso instructa, testa crustacea tenui, pallide brunnea. Embryo semen implens, acotyledoneus, valde oleosus. — Arbor altissima, ramis fere rectangule patentibus oppositis; foliis petiolatis lanceolatis acumine acuto instructis, nervis lateralibus numerosis patentibus.

St. Stuhlmannii Engl.; arbor altissima, foliis petiolo 1—1,5 cm lg., supra leviter canaliculato suffultis, foliis subcoriaceis nitidis, lanceolatis, ca. 1,5 dm lg., superne 4 cm lt., acumine 1 cm lg. acuto instructis, margine revoluto, costa subtus purpurea, nervis lateralibus numerosis patentibus, fructu maximo fere 3 dm lg., supra medium 1,5 crasso; seminibus tetraedris ca. 3 cm diametientibus. — 13 (Usb., Nderema, in Bachwaldungen — Holst n. 2293, Nquelo — Holst n. 2296, N.O.-Uluguru, Tegetero — Stuhlm. n. 9029). — Msambo in Usambara, Mkani in Uluguru.

Es war mir von vornherein klar, dass diese Guttifere mit Pentadesma butyraceum Don verwandt ist, doch konnte ich dieselbe nicht gut mit dieser Gattung in Verbindung bringen, da nach den mir bekannten Beschreibungen Pentadesma butyraceum eiförmige, etwa 1 dm lange und 6—7 cm dicke Früchte trägt, welche in ihren Fächern nur 1 bis 2 Samen einschliessen sollen, während Stearodendron in jedem Fach über 20 Samen enthält. Nun habe ich aber kürzlich Gelegenheit gehabt, in dem der Leitung des Herrn Prof. Dr. E. Heckel unterstehenden Kolonialmuseum zu Marseille Früchte von Pentadesma butyraceum am Gabun zu sehen und Dr. Heckel's Abhandlung „sur les Kolas africains" zu lesen, in welcher diese Früchte nebst den Samen abgebildet und beschrieben sind; ich habe daraus ersehen, dass die bisherigen Beschreibungen der Frucht von Pentadesma unrichtig waren, dass dieselbe bis 1,5 dm Länge erreicht und in jedem Fache 3 bis 9 und 10 Samen enthält. Dieselben sind doppelt so lang als breit, 1½ mal breiter als dick, mit leicht gekrümmter Innenfläche und stark gekrümmter Aussenfläche versehen. Es ist vollständig ausgeschlossen, dass die ostafrikanische Pflanze zu Pentadesma butyraceum gehört; aber es ist sehr wohl möglich, dass die Gattung Stearodendron, trotzdem in einem Fach der Frucht zweimal so viel Samen vorhanden sind, als bei Pentadesma höchstens vorkommen, später mit letzterer Gattung vereinigt werden muss.

Jedenfalls sollten die Besitzer und Verwalter der Plantagen in Usambara und die künftigen Ansiedler in Uluguru dem merkwürdigen Baum sorgfältige Beachtung schenken. Da der Baum mit den Gummigutti-Bäumen entfernt verwandt ist, und das aus dem Samen in Nordost-

Uluguru gewonnene Fett znm mindesten technisch verwertbar ist, so empfiehlt es sich:
1. den Baum möglichst zu schonen,
2. denselben auch anzubauen.

A. Engler.

IV. Plantae Bammlerianae.

Von

K. Schumann.

Einleitung.

Im Januar dieses Jahres gelangte eine kleine Sammlung Pflanzen aus Kaiser Wilhelmsland in das Königliche botanische Museum zu Berlin, welche von den Tami-Inseln stammte und von dem Missionar Herrn Bammler gesammelt worden war. Die erste Anweisung zum Sammeln und Aufbewahren der Pflanzen war ihm durch Herrn Kärnbach zu Teil geworden, welcher sich durch die Berücksichtigung der kryptogamischen Gewächse in Kaiser Wilhelmsland ein entschiedenes Verdienst um die Kenntniss der Flora dieser interessanten und pflanzengeographisch so wichtigen Insel erworben hat. Das Königliche botanische Museum verdankt ihm eine umfangreiche Sammlung und es hegt die gewisse Zuversicht, dass er auch künftig sein Interesse dem Studium dieser, bisher leider auf der Insel so vernachlässigten Gruppen des Gewächsreiches bewahren wird. Dann wird sich durch seine Thätigkeit der ausserordentlichen reichen Vertretung der Siphonogamen eine kryptogamische Sammlung von gleicher Bedeutung würdig an die Seite stellen.

Die Unterweisungen Kärnbach's sind bei Herrn Bammler auf einen fruchtbaren Boden gefallen, denn die von ihm hierher geschickte Sammlung ist in doppelter Hinsicht von grossem Werte; einmal nämlich giebt sie bei fast allen Pflanzen den einheimischen Namen an, anderseits ist bei sehr vielen über die praktische Verwendung sorgfältig berichtet. Dadurch erhält dieselbe auch eine Bedeutung, die über das wissenschaftliche Interesse herausgeht; mancher Fingerzeig wird für die technische und ökonomische Verwertung der Producte aus dem Pflanzenreich beherzigenswert sein.

Unsere Kenntnis über die Siphonogamen-Flora von Kaiser Wilhelmsland beruht auf den zum Teil sehr umfangreichen Sammlungen, welche

wir dem Eifer der Herren Finsch und Kubary, besonders aber Holl-
rung, Hellwig und Warburg verdanken. Die der ersten drei habe
ich in zwei Arbeiten*) veröffentlicht, während Herr Dr. Warburg**)
seine eigene Ausbeute und die des leider ebenfalls als Opfer seiner Be-
rufsthätigkeit dort gestorbenen Hellwig bearbeitet hat. Die Pflanzen,
welche als Grundlagen dieser Arbeiten dienten, befinden sich grossenteils im hiesigen Königlichen botanischen Museum, denn auch Herr
Warburg hat eine erhebliche Menge seiner neuen Arten in dankenswerter Weise diesem Institut überwiesen.

Der Zuwachs, welcher an neuen Arten durch die Bammler'sche
Sammlung erbracht wurde, ist nicht sehr gross; mit Ausnahme der
überhaupt noch nicht bearbeiteten Arten der Gattung Ficus aus Kaiser
Wilhelmsland, sind nur drei neue, bisher nicht beschriebene Pflanzen
aufgefunden worden; die Ursache, dass nur diese geringe Zahl von
Novitäten gewonnen wurde, liegt darin, dass entweder der Primärwald,
diese noch heute unerschöpfte Fundgrube specifischer Besonderheiten,
entweder auf der Insel durch die Kultur geschwunden ist, oder von
Herrn Bammler nicht berührt wurde. Trotzdem ist aber neben den
oben berührten Vorzügen die Sammlung deswegen von hoher Bedeutung,
weil mannigfache Streiflichter auf die Verbreitung gewisser Arten fallen
und weil eine ganze Anzahl von Gewächsen in ihr enthalten ist, die
bisher nicht aus dem deutschen Schutzgebiete vorlagen.

Der Direktor des Museums, Herr Geheimrat Prof. Dr. Engler,
hat mich beauftragt, diese Sammlung zu bearbeiten, eine Aufgabe, die
ich um so lieber ausführte, da ich mich schon früher viel mit der Flora
beschäftigt hatte; die Pilze hat Herr Hennings, die Acanthaceae
Herr Dr. Lindau bestimmt, die Pteridophyta Herr Prof. Hieronymus einer Kontrole unterworfen.

Fungi.

Stemonites ferruginea Ehrb. Silvae Berol. 20. Fig. 6.

Polyporus ciliatus Fries, Syst. mycol. I. 349.

Lentinus Tanghiniae Lev. Champ. améric. 110.

Auricularia Auricula Judae (Linn.) Schroet. Pilze Schles. I. 386.

Flammula penetrans Fries, Observ. I. 23.

Crepidotus spec.

---

*) K. Schumann, Die Flora der deutschen ostasiatischen Schutzgebiete in
Engler's Bot. Jahrb. IX, 189, und Die Flora von Kaiser Wilhelmsland, Berlin 1889.

**) Warburg, Plantae Papuanae in Engler's Bot. Jahrb. XIII, 230; Berg-
pflanzen aus Kaiser Wilhelmsland, ebendort XVI, 1; Plantae Hellwigiana, ebendort
XVIII, 184.

Pteridophyta.

Pteris tripartita Sw. Syst. fil. 100. 293. — n. 64. — Dadadschil mbiangom der Eingeb.

Asplenum macrophyllum Sw. Syst. fil. 77. 261. — n. 69. — ohne Namen.

Aspidium dissectum Mett. Ann. Mus. Lugd.- Bat. I. 232. — n. 63. — Dadadschil Lamboan der Eingeb.

Polypodium phymatodes Linn. Mant. 360. — n. 67. — Dadadschil der Eingeb.

Nephrolepis radicans Kuhn in Ann. Mus. Lugd.-Bat. IV. 285. — n. 62a. — Dadadschil der Eingeb.

Lygodium cincinnatum Sw. Syn. 153. — n. 50. — Dipi der Eingeb. — Aus der Rinde der Internodien werden Flechtarbeiten gemacht, es giebt Internodien von 2 m Länge.

Polybotrya tenuifolia (Desv.) Kuhn, Fil. Afr. 52. — n. 81. — Woing der Eingeb. — Im sumpfigen Terrain; sie dient zum Binden der Boote und wird vom Festlande geholt; besonders gute Seile sollen die Pflanzen der Rook-Insel mit sehr sumpfigem Vorlande geben; sie wird an der Sonne getrocknet und trocken aufbewahrt; vor dem Gebrauch wird sie eingeweicht.

Lycopodium Phlegmaria Linn. Spec. pl. ed. I. 1101. — n. 96. — Karakai mbul der Eingeb. — 50 cm hoch, an Bäumen. — Ist bis jetzt nicht aus dem Gebiete bekannt.

Siphonogamae-Monocotyledoneae.

Erianthus pedicellaris Hack. in A. DC. Suit. au prodr. VI. 137. — n. 39. — Non kai der Eingeb. — Bisher nicht in Kaiser Wilhelmsland gefunden. Wächst an Wassertümpeln. Die im Feuer gerade gerichteten und gehärteten Halme dienen als Pfeilschäfte; zu den Spitzen verwendet man hartes Holz, Bambus oder Knochen. — Pflanzengeographisch ist das Vorkommen dieses sehr seltenen, vielleicht aber häufig mit dem wilden Zuckerrohr verwechselten Grases deswegen, weil es bisher nur von Nukahiva auf den Markesas-Inseln bekannt war; im Berliner Herbar liegt ausserdem ein Exemplar aus der Sammlung von Bennett, das auch von dort stammen kann; die Tami-Inseln sind also der zweite gut verbürgte Standort auf der Erde.

Panicum sanguinale Linn. Spec. pl. ed. I. 67. — n. 60. — Dschidschili der Eingeb. — Gras auf Feldern.

Centotheca lappacea Desv. im Journ. bot. 1813. p. 70. — n. 73. — Dschidschili der Eingeb. — Gras auf Feldern. Die vorliegenden Exemplare zeigen die Spelzen mit Borsten besetzt; das verbreitete Gras wird als Futterpflanze empfohlen.

Kyllinga monocephala Rttb. Icon. et descr. 13. t. 4. fig. 4. — n. 16. — Dschidschili pa der Eingeb. — Gras an Wegen. Der Saft wird mit Kalk vermischt und dient dann als Mittel gegen den Ringwurm.

Fimbristylis diphylla Vahl, Enum. II. 289. — n. 42. — Dschidschili sapu der Eingeb. — Gras auf Feldern und an Wegen. Die Pflanze wird wie die vorhergehende verwendet.

Alocasia spec. prob. nova. — Wuas oder Wuat der Eingeb. — 2 m hohe Staude auf Feldern gebaut; durch Bammler von der Rook-Insel zwischen Neu-Guinea und Neu-Pommern eingeführt; wird mit Fleisch und Fisch gekocht als Gemüse gegessen.

Commelina nudiflora Linn. Spec. pl. ed. I. 41, nec Mant., nec al. n. 77. — Dschidschili pum der Eingeb. — Unkraut im Dorfe. — Obschon in Malesien und Papuasien weit verbreitet, doch erst jetzt aus Kaiser Wilhelmsland nachgewiesen.

Cordyline terminalis Kth. in Act. acad. Berol. 1820. p. 30. — n. 17. — Kama der Eingeb. — n. 95. — Kama lunka der Eingeb. — Diese von Ostindien bis zu den Fidschi-Inseln verbreitete strauchartige Pflanze wird auf den Tami-Inseln in der grünblättrigen Form (Kama lunka), wie in einer rotblättrigen (Kama) gepflanzt. Bammler erwähnt, dass auch noch mehrere andere dort vorkommen. Die Blätter der letzteren dienen als Schmuck bei Tanzfesten; der ausgedrückte Saft der Kama lunka gilt als blutstillend, er wird auf Schnitt- und Quetschwunden geträufelt. Übrigens ist die Art schon von Kaiser Wilhelmsland wild aus dem Primärwalde nachgewiesen worden.

Tacca pinnatifida Forst. Plant. escul. n. 28 (excl. syn. Rumph.). — n. 17. — Tawuli pum der Eingeb. — Die Pflanze wird bei Constantinhafen von der Neu-Guinea-Compagnie als Nahrungsmittel für die Arbeiter gebaut; sie wurde bisher, obschon sie in Malesien und Papuasien vielfach wild vorkommt, in Kaiser Wilhelmsland nicht beobachtet; auf den Tami-Inseln scheint sie nicht in Kultur zu sein, wenigstens giebt Bammler dies nicht an.

Zingiber amaricans Bl. Enum. I. 43. — n. 47. — Lagi lagi der Eingeb. — Blüten rot; Staude auf Feldern; die Blätter werden gern in die Armringe gesteckt.

Siphonogamae-Dicotyledoneae.

Casuarina equisetifolia Forst. Gen. pl. austr. 103. fig. 52. — Woim der Eingeb. — Blüht im Mai, fruchtet im Januar; ist ein bis 30 m hoher Baum der Wälder in der Nähe des Strandes und liefert sehr gutes Holz.

Peperomia adscendens (Endl. Prodr. Norfolk. 36) K. Sch. (P.

Baueriana Miq.). — Ngalo ngat der Eingeb. — Unkraut an Felsen. Bisher wurde von Kaiser Wilhelmsland keine Peperomia genannt.

Piper fragile Benth. in Journ. bot. II. 234. — Buwul kani der Eingeb. — Kletterpflanze an Felsen.

Fatoua japonica (Thbg.) Bl. Mus. bot. Lugd.-Bat. II. t. 38. — n. 51. — Unkraut im Feld. — Bisher von Kaiser Wilhelmsland noch nicht beobachtet.

Artocarpus venenosa Zoll. et Mor. in Natur- en Geneesk. Arch. Nederl. Ind. II. 213? — n. 113. — Ndeg der Eingeb. — Blüht im September; 20 m hoher Baum im Gebüsch; Früchte essbar, aber in Menge ungesund; Samen giftig. — Wenn die Bestimmung richtig ist, was bei den nicht genügend entwickelten Blüten zweifelhaft bleiben muss, dann ist die Art neu für Kaiser Wilhelmsland.

Ficus spec. — Kaiyan damo der Eingeb. — Auf den drei Inseln nur ein Baum.

Ficus spec. — Kaiyan der Eingeb. — Am Strande, an Felsen; steigt nach Bammler an anderen Bäumen auf und erstickt sie endlich. — Wahrscheinlich keimt sie aber auf anderen und schickt Luftwurzeln nach dem Boden.

Ficus spec. — Ngolewei der Eingeb. — Strauch am Felsen; aus dem Baste werden kurze, dünne Stricke geflochten.

Ficus spec. — Gul der Eingeb. — Strauch im Gebüsch; die frischen Schösslinge und die Früchte werden als Gemüse mit Fischen und Schweinefleisch gekocht und auch zu Taro gegessen.

Ficus spec. — Dschoadscho der Eingeb. — Baum bis 5 m hoch, im Gebüsch; fruchtet im März; Früchte und Blätter mit Fischen und Weichtieren gekocht gegessen.

Ficus spec. — Liwul der Eingeb. — Strauch im Gebüsch.

Pipturus incanus (Bl.) Wedd. in DC. Prodr. XVI (1). 235 [18]. — n. 19. — Alama diwi der Eingeb. — Strauch von 4 m Höhe im Gebüsch.

P. melastomatifolius K. Sch. Fl. Kaiser Wilh.-Land 37. — n. 15. — Liwul der Eingeb. — Schlingpflanze im Gebüsch; die grauen Blüten im März.

Pouzolzia hirta (Bl.) Hassk. Cat. hort. bogor. 80. — n. 89. — Waluwal dschidschili der Eingeb. — Unkraut zwischen Steinen; dient als Betelsurrogat.

Boehmeria platyphylla G. Don, Prodr. fl. nepal. 60. — n. 20. — Gadá äpu der Eingeb. — Strauch von 4 m Höhe im Gebüsch; auch als Zierstrauch in Feldern; Blüten rot.

Cypholophus heterophyllus Wedd. in DC. Prodr. XVI (1). 235 [11]. — n. 7A. — Alamo dama der Eingeb. — Kleiner Strauch an Felsen, wird als die weibliche Pflanze von Pipturus incanus (Bl.) Wedd. angesehen.

Fleurya ruderalis (Forst.) Gaud. Voy. Uran. 497. — n. 48. — Wowalat pum der Eingeb. — Unkraut auf Feldern und an Wegen. — Diese in Malesien und Polynesien, auch auf den deutschen Marschalls-Inseln verbreitete und sonst in Neu-Guinea beobachtete Pflanze ist hiermit durch Bammler zuerst für Kaiser Wilhelmsland nachgewiesen.

Fleurya interrupta (Linn.) Gaud. Voy. Uran. p. 497. — n. 66. — Wowalat. — Unkraut bis 50 cm Höhe, im Dorfe; vor Aderlass wird die schmerzende Stelle damit geschlagen.

Celosia argentea Linn. Spec. pl. ed. I. 296. — n. 114. — Koung gu. — Zierpflanze in Feldern, es giebt auch eine rote Form. — Die letztere ist sicher C. cristata Linn., von der wir längst überzeugt sind, dass sie sich der Art nach von jener nicht trennen lässt.

Boerhaavia diffusa Linn. Spec. pl. ed. I. 3. — n. 52. — Unkraut auf Feldern, scheint von den Eingeborenen nicht besonders benannt zu werden.

Pisonia umbellifera (Forst.) Seem.*) in Nadeaud, Pl. Tait. 46. — n. 6. — Kalulu der Eingeb. — Blüten weiss, im Januar; Strauch im Gebüsch. — Sie ist offenbar von der P. Brunoniana Endl. und P. excelsa Bl., wie schon Bentham glaubte, durchaus nicht verschieden, so dass die Verbreitung der Pflanze nach P. aculeata L. die weiteste in der Gattung ist, denn sie findet sich von den Mascarenen- und Seychellen- über die Andamanen-, Sunda-Inseln bis zu den Philippinen einer- und Tasmanien, sowie den Sandwich-Inseln andererseits. Der Priorität zufolge muss der oben gewählte Name eingesetzt werden. Für Kaiser Wilhelmsland, ja für ganz Neu-Guinea zum ersten Male erwähnt.

Portulaca quadrifida Linn. Mant. I. 73. — n. 87. — Seb pum der Eingeb. — Blüten gelb; Unkraut zwischen Steinen und an Wegen. — In den Tropen der alten Welt weit verbreitet; auf den Marschalls-Inseln schon beobachtet, für Kaiser Wilhelmsland zuerst nachgewiesen.

Myristica Schleinitzii Engl. in Bot. Jahrb. VIII. 455. — n. 7. — Buapu der Eingeb. — Blüten gelblich im Februar; Strauch von 4 m Höhe im steinigen Terrain. Die frischen Triebe werden gegessen und gelten als Betelsurrogat. Der rote Arillus giebt eine gute Farbe.

Cassytha filiformis Linn. Spec. pl. ed. I. 35. — n. 79. — Lagi pum der Eingeb. — In felsigem und sandigem Terrain; erstickt die Pflanzen vollständig, an denen sie schmarotzt.

Parinarium glaberrimum Hassk. Adn. et Cat. hort. bogor. 1184.

---

*) Heimerl schreibt in den Nat. Pflanzenfam. III 1 b, 29 Seaman, das wir hier zu verbessern nicht unterlassen wollen.

1., Flora 1844. p. 583. — Früchte dieser Pflanze oder einer verwandten Art wurden mir schon vor mehreren Jahren von der Neu-Guinea-Compagnie zur Bestimmung vorgelegt. Bammler schreibt jetzt wieder über dieselbe: Eine aus dem Huongolfe angeschwemmte Baumfrucht, welche gerieben, mit dem Harze des Brotfruchtbaumes vermischt und heiss gemacht, einen vorzüglichen Kitt für Holzsachen liefert, selbst Blechgefässe können damit gedichtet werden. Der Brei muss heiss aufgetragen werden und gut trocknen. — Früher sagte man mir, sie diente vortrefflich zum Kalfatern der Bote; sie enthält sehr grosse Mengen Fett und verdient gewiss eine höhere Berücksichtigung.

Piptadenia novoguineensis Warb. in Engl. Jahrb. XIII. 453 (Schleinitzia microphylla Warb. l. c. 336). — n. 90. — Lilim der Eingeb. — Blüten weiss mit roten Staubbeuteln im September; Baum von 8 m Höhe im Gebüsch; das sehr leichte Holz dient zu Ausliegern.

Caesalpinia Bonducella Flem. As. Research. XI. 159. — n. 29. — Ndschundschun der Eingeb. — Blüten gelb im Mai gesammelt, klettert im felsigen Terrain. — Die abgekochte Blattbrühe wird bei der ersten Menstruation getrunken. — Obschon in Malesien und Papuasien weit verbreitet, wird sie hier doch zum ersten Male aus Kaiser Wilhelmsland erwähnt.

Afzelia bijuga (Colebr.) A. Gray, Bot. Wilk. expl. exped. 467. t. 51. — n. 97. — Mboan der Eingeb. — Die lilafarbenen Blüten im Mai gesammelt; Baum bis 15 m Höhe im Gebüsch. — Ausgezeichnetes Nutzholz, das die besten Pfosten für den Häuserbau liefert, weil es die Ameisen nicht angreifen; auch zu Mulden und Rudern bezw. Paddeln wird es gebraucht.

Inocarpus edulis Forst. Gen. t. 33. — n. 94. — Leider ist der Name der Eingeborenen bei dieser wichtigen Nutzpflanze vergessen worden. — Die weissen Blüten im September gesammelt; Baum bis 20 m Höhe im Dorfe. — Die abgeschälten Früchte werden geröstet und gekocht und allein oder als Zugabe zum Fleische, auch von den Weissen gern gegessen.

Erythrina indica Lam. Encycl. II. 391. var. α. — n. 103. — Malatum der Eingeb. — Blüten rot im September gesammelt; Baum von dem Aussehen einer Pappel, bis 15 m Höhe im Dorfe; die Blätter und geschabte Rinde werden nach der Kastration den Schweinen auf die Wunde gelegt.

Canavalia obtusifolia P. DC. Prodr. II. 404. — n. 115. — Datalet der Eingeb. — Rankende Staude am Strande im Ufersande; die lilafarbenen Blüten im September gesammelt.

Desmodium umbellatum (Linn.) P. DC. Prodr. II. 325. — Singising der Eingeb. — Die weissgelben Blüten im April gesammelt; Strauch von 4 m Höhe im Gebüsch, an Felsen.

Crotalaria quinquefolia Linn. Spec. pl. ed. I. 716. — n. 75. — Gelong gelong der Eingeb. — Die gelben Blüten das ganze Jahr hindurch; Unkraut im Felde.

Soulamea amara Lam. Encycl. I. 449. — n. 68. — Dschiri pangpang der Eingeb. — Früchte im Juli gesammelt; Strauch an Felsen; der aus den heissgemachten Blättern gepresste Saft ist ein wirkungsvolles Mittel gegen die Läuse. — Die Pflanze kann so wie gegen das Ungeziefer gewiss auch sonst der Quassia ähnlich gebraucht werden.

Hearnia sapindina F. v. Müll. Fragm. phytogr. V. 56. — n. 85. — Namalel der Eingeb. — Blüten im August gesammelt; der Waldbaum liefert ein gutes Holz; Wöchnerinnen trinken den Thee aus den abgekochten Blättern.

Euphorbia pilulifera Linn. Spec. pl. ed. I. 454. — n. 41. — Der Name der Eingeborenen fehlt. — Unkraut.

E. serrulata Reinw. in Bl. Bijdr. 635. — n. 82. — Labólabo der Eingeb. — Unkraut auf Feldern. — Das Kraut wird in Kokosnusswasser gekocht und gegen Katarrh getrunken.

Codiaeum variegatum Bl. Bijdr. 606. — n. 38. — Kalikali der Eingeb. — n. 102. — Sembun mbog der Eingeb. — Strauch im Gebüsch und an Felsen, auch als Zierstrauch im Dorf; die wilde Pflanze als Abortivmittel; Bammler sah etwa 10 Formen dieser in unseren Warmhäusern unter dem Namen Croton bekannten, in den Blättern form- und farbenreichen Pflanze; beim Tanz stecken sich die Eingeborenen die Zweige in Gürtel und Armringe.

Acalypha grandis Benth. in Hook. Lond. journ. bot. II. 232. — n. 43. — Wie Boehmeria platyphylla G. Don Gadä apu der Eingeb. — Die grünen Kätzchen im Mai; niedriger Baum im Gebüsch.

Excoecaria Agallocha Linn. Spec. pl. ed. I. 1288. — n. 32. — Mbanal der Eingeb. — Strauch im Strandgebüsch; der frische, aus der geschabten Rinde gepresste Saft, mit Kokosnusswasser vermischt und getrunken, ist ein starkes Brech- und Abführmittel. — Wenn auch die Pflanze recht giftig ist, so kommen ihr doch sicher nicht die schweren Wirkungen zu, die man ihr früher zuschrieb und namentlich sind die Erzählungen von Erblindungen, die durch den in das Auge gespritzten Saft herbeigeführt werden sollen, wohl als Fabeln anzusehen; so viel glaube ich, kann man schon aus der obigen Verwendung erkennen. Beim Roden des Landes sind in Kaiser Wilhelmsland gefährliche Augenerkrankungen vorgekommen, die durch den Saft einer Gluta verursacht wurden. Die Art konnte ich aus den mir von der Neu-Guinea-Compagnie übergebenen Blättern nicht bestimmen.

Aleurites molluccana (Linn.) Willd. Spec. pl. W. 590. — n. 99. —
Samboal der Eingeb. — Baum bis 25 m Höhe im Gebüsch; Blüten weiss
im September gesammelt; der Same ist essbar; sehr häufig presst man das
Öl aus und reibt sich, besonders nach dem Baden, die Haut damit ein.
Macaranga tamiana K. Sch. arbor ramis modice crassis, sicc.
quidem angulatis glabris; foliis modice petiolatis oblongo-lanceolatis
obtusiusculis vel attenuato — at obtuse acuminatis basi cuneatis utrinque
glabris rigidiuscule herbaceis; panuicula masculina interrupta spiciformi,
rachide gracili subangulata, supra glomerata pilosula; glomerulis
6—9-floris; flore masculino pedunculato, pedunculo pilosulo; calyce di-
phyllo, sepalis concavis; staminibus plurimis quadrilocellatis.
Die Pflanze gehört wahrscheinlich in die Section Mappa, von der
schon eine grössere Zahl in dem Gebiet nachgewiesen sind; doch lässt
sich erst mit Sicherheit sagen, ob sie nicht bei Eumacaranga unterzubringen ist, wenn die weiblichen Blüten bekannt sind. Die Blattstiele
sind gewöhnlich 2—3 cm lang; die Spreite schwankt zwischen 12 und
15 cm in der Länge und 3,5—5 cm in der mittleren Breite, sie wird
jederseits des Medianus von meist 6 stärkeren Seitennerven durchzogen,
die ebenso wie die transversalen Verbindungsnerven und das Venennetz
beidseitig vorspringen. Die sehr schmalen ährenförmigen Rispen werden
bis 15 cm lang. Die Blüten messen 3 mm, die Beutel 0,3 mm im
Durchmesser. — N. 4 — Schattenbaum im Dorfe; Blüten weiss, im
Januar gesammelt.
Macaranga spec. — n. 14. — Akaso der Eingeb. — Blüten grünlich im April; Strauch bis 5 m Höhe; giebt gutes Stangenholz für Segel.
— Die Pflanze ist wahrscheinlich ebenfalls neu, aber zu wenig ent-
wickelt, so dass ich die Beschreibung lieber unterlasse.
Phyllanthus philippinensis Müll. Arg. in Flor. 1865. p. 376. —
n. 25. — Mundschim ndschim der Eingeb. — Strauch von 3 m
Höhe im Gebüsch; Blüten gelb im April, Früchte rot.
Mangifera minor Bl. Mus. Lugd.-Bat. I. 198. — n. 5. —
Wowai der Eingeb. — Die gelblichen Blüten im December. — Man
hat hier zwei Sorten der Mango, eine mit mehr länglicher, eine mit
mehr gerundeter Frucht; Hauptblütezeit von August bis September,
Fruchtzeit Januar bis März; in gewissen Jahren folgt sogleich von April
bis Mai eine zweite Blütezeit; dann setzt aber dafür der Baum, wie es
scheint, den folgenden Sommer aus.
Allophylus littoralis Bl. Rumphia III. 124. — n. 92. — Parling
parlang der Eingeb. — Kletterstrauch an Felsen, im Juni blühend.
Colubrina asiatica Brongn. et Rich. in Ann. sc. nat. I. sér. X.
368. — n. 83. — Waluwalelei der Eingeb. — Kletternder Strauch
am Strande; liefert Reifenholz.

Cissus repens Lam. Encycl. I. 31. — n. 33. — Dschin der Eingeb. — Schlingpflanze im Gebüsch.

Leea sambucina Willd. Spec. pl. 1177. — n. 111. — Abapa der Eingeb. — Strauch im Gebüsch, blüht im September.

Sida rhombifolia Linn. Spec. pl. ed. I. 684. — n. 35. — Unkraut ohne Namen der Eingeborenen.

Urena lobata Linn. Spec. pl. ed. I. 692. — n. 34. — Sisi der Eingeb. — Die hellroten Blüten das ganze Jahr; kleiner Strauch von 1 m Höhe im Gebüsch und Feld.

Abelmoschus moschatus Mnch. Malv. 45. — n. 72. — Wosna pum der Eingeb. — Die grosse gelbe Blüte sehr lange im Jahre; Unkraut bis 1,50 m in Feldern.

Hibiscus tiliaceus Linn. Spec. pl. ed. I. 694. — n. 107. — Papalau der Eingeb. — Blüten gelb, im September gesammelt; ein niedriger Baum des Strandgebüsches; die Blätter werden als Deckblätter für Cigarren benützt, aus dem Baste dreht man Stricke.

Thespesia macrophylla Bl. Bijdr. 73. — n. 100. — Bilbil matá Kanong der Eingeb. — Blüten zuerst rot, dann gelb, im September gesammelt; Baum am Strande, der sehr gutes Nutzholz liefert, ähnlich der Afzelia bijuga (Col.) A. Gr.

Sterculia Bammleri K. Sch. ramis modice validis glabris novellis ipsis; foliis simplicibus petiolatis oblongis vel obovato-oblongis acutis basi cuneatis, ima rotundatis utrinque glabris subnitidis, basi trinerviis herbaceis; paniculis prope apicem ramulorum congestis foliis brevioribus glaberrimis; floribus breviter petiolulatis; calyce urceolato glabro; laciniis brevibus vix tubum medium aequantibus apice arctissime cohaerentibus intus pubescentibus, ut prior coriaceis; androgynophoro recto glabro brevi; disco haud evoluto; folliculis coriaceis utrinque glaberrimis.

Diese Art ist verwandt mit Sterculia nobilis R. Br., unterscheidet sich aber auf den ersten Blick durch die sehr kurzen Zipfel des Kelches, welche der Blüte ein eigentümliches Aussehen gewähren. Der Baum wird 6 m hoch. Die Blattstiele sind 2,5—3,5 cm, die Spreite ist 10—15 cm lang und meist oberhalb der Mitte 5—6,5 cm breit, getrocknet gelblich grün. Die Rispen messen 6—8 cm in der Länge und sind verhältnissmässig schmal, am Grunde wenig, oben überhaupt nicht verzweigt. Der weisse Kelch misst im ganzen 7 mm, die Zipfel sind 2 mm lang; das Androcoeum ist 3 mm lang, wovon auf den Stiel die Hälfte kommt. — n. 9. — Mbinau der Eingeb. — Im Dorfe; die frischen Triebe werden als Gemüse zu Fisch gegessen.

Abroma mollis P. DC. Prodr. I. 485. — n. 86. — Wasua der Eingeb. — Die gelben Blüten im August gesammelt. — Staude im Dorfe; der Bast giebt Schnüre.

Kleinhofia Hospita Linn. Spec. pl. ed. II. 1365. — n. 55. — Kabong der Eingeb. — Die violetten Blüten im April; ein 10 m hoher Baum im Gebüsch; das Holz ist leicht und weich.

Flacourtia Rukam Zoll. et Mor. Syst. — Verz. 33. — n. 12. — Lombolom der Eingeb. — Die weissen Blüten im März, die Früchte vom Juli bis September, ein 5 m hoher Baum im Gebüsch; die kirschgrossen, sehr herben Früchte werden gegessen; das harte Holz wird geschätzt. — Bisher noch nicht von Kaiser Wilhelmsland erwähnt.

Barringtonia speciosa Linn. fil. Suppl. 312. — n. 108. — Mbalingan der Eingeb. — Blüten weiss mit roten Staubblättern; der Baum wird bis 15 m hoch, er wächst im Dorfe, der Same ist mandelartig und essbar.

Barringtonia Schuchardtiana K. Sch. Fl. Kais. Wilh.-Land 92. — n. 46. — Mbalingan lewo der Eingeb. — Die weissen Blüten mit den roten Staubblättern sehen aus wie eine Cocarde, im Juli gesammelt, erscheinen mehrmals im Jahre; der Baum wird 10 m hoch, im Dorfe; der mandelartige Same wird ebenfalls gegessen.

Bruguiera gymnorrhiza Lam. Encycl. IV. 696. — n. 56. — Dong der Eingeb. — Baum im Brakwasser; er liefert gutes Bauholz; der Same wird öfter ausgewässert und dann mit Kokos vermischt gegessen.

Jambosa malaccensis (Linn.) DC. Prodr. III. 286. — n. 44. — Kapig der Eingeb. — Die roten Blüten im Mai; der Baum wird 25 m hoch und findet sich im Feld und im Dorf. — Die essbare Frucht wird 4—6 cm lang und 3—4 cm dick; man unterscheidet drei Formen: eine mit hellroter, eine mit weisser (Kapig pinal) und eine mit etwas kleinerer dunkelroter Frucht (Kapig mandschinan), die vielleicht eigene Arten von Jambosa sind.

Terminalia Catappa Linn. Mant. 519. — n. 10. — Dalit der Eingeb. — Die weissen Blüten im Februar gesammelt; der Baum wird bis 10 m hoch, am Strande. Die mandelartigen Samen werden gegessen, sie werden zweimal im Jahre gesammelt. Der aus der Wurzelrinde ausgepresste Saft dient zum Anrühren einer manganhaltigen Erde (Netal), die zum Schwarzfärben der hölzernen Mulden gebraucht wird.

Lumnitzera coccinea Wight et Arn. Prodr. 316. — n. 118. — Singa der Eingeb. — Die schönen roten Blüten im September gesammelt; Baum am Strande; das sehr gute schwere Holz wird zum Bootbau verwendet. Bisher war die Pflanze, welche in der Mangroveformation von den Nicobaren über Malesien bis Nord-Australien und Polynesien verbreitet ist, von Kaiser Wilhelmsland nicht bekannt.

Polyscias pinnata Forst. Char. gen. 63. t. 32. — n. 112. — Lala der Eingeb. — n. 84. — Borigeleng der Eingeb. — Strauch oder Baum im Gebüsch.

P. fruticosa (Linn.) Harms in Nat. Pflanzenfam. III (8). 45. — n. 76. — Sankala der Eingeb. — Zierstrauch im Dorfe.

Illipe Hollrungii K. Sch. Flora Kais. Wilh.-Land 107. — n. 3. — Na der Eingeb. — Die weissen Blüten im Januar, die Frucht im April; der Baum wird 15—20 m hoch, im Dorfe. Die Frucht ist essbar. Die Kohle des frischen Holzes dient zum Bemalen der Boote, da sie gut klebt; das Pulver wird mit dem Safte der Cerbera Manghas Linn. angerührt.

Cerbera Manghas Linn. Spec. pl. ed. I. 208. — n. 37. — Kámbi mákambom der Eingeb. — Die weissen Blüten sehr lange im Jahre; Strauch und Baum am Strande; der Saft mit Seewasser verdünnt zum Anrühren der Kohle und des Röthels, die dann auch im Freien gut halten.

Tabernaemontana longipedunculata K. Sch. Flor. Kais. Wilh.-Land 113. — n. 22. — Kauakana der Eingeb. — Die weissen Blüten im April; ein niedriger Baum im Gebüsch.

Ipomoea Pes caprae (Linn.) Rth. Nov. spec. pl. 109. — n. 120. — Datalet der Eingeb. — Die rote Blüte das ganze Jahr hindurch, im Ufersande rankend.

I. denticulata Choisy in P. DC. Prodr. IX. 379. — n. 105. — Dschadschalo der Eingeb. — Die lila Blüten im September gesammelt; in Strandgebüschen an Sträuchern.

Cordia subcordata Lam. Ill. gen. II. 421. — n. 23. — Kindong der Eingeb. — Die gelbroten Blüten im April gesammelt; ein Baum von 8 m Höhe am Strande; das gute, feste Holz wird zu Trommeln und Pfählen verwendet, der Same wird gegessen.

Clerodendron fallax Lindl. Bot. Reg. 1844. t. 19. — n. 40. — Nadiwa der Eingeb. — Die roten Blüten im Mai gesammelt; ein oben krautiger Strauch von 2 m Höhe, im Gebüsch.

Premna integrifolia Linn. Mant. 252. — n. 21. — Kal der Eingeb. — 5 m hoher Strauch, der gutes Stangenholz liefert.

Vitex trifolia Linn. fil. Suppl. 293. — n. 13. — Monong Kalal der Eingeb. — Die blauen Blüten das ganze Jahr hindurch; 3 m hoher Strauch im Gebüsch.

Ocimum sanctum Linn. Mant. I. 85. — n. 1. — Wotayat der Eingeb. — Blüht das ganze Jahr; 50 cm hohe Staude im Felde. Dient zu Riechsträusschen, welche in die Armringe gesteckt werden.

O. canum Sims, Bot. Mag. t. 2452. — n. 30. — Wambon der Eingeb. — Die blaue Blüte im Mai gesammelt; 1 m hohes Unkraut im Felde; der frische ausgepresste Saft wird gegen Katarrh in die Nase gezogen; gekocht gilt er als Abortivmittel.

Justicia Chalmersii Lind. in Engl. Jahrb. XVIII. Beibl. 6. — n. 57. — Die weisse Blüte im Juli gesammelt; Unkraut an Waldwegen. — Neu für das Gebiet, aber auf den Inseln um Neu-Guinea verbreitet.

Acanthus ilicifolius Linn. Spec. pl. ed. I. 939. — Lakólake der Eingeb. — Kletterpflanze an feuchten Plätzen.

Hemigraphis reptans (Forst.) Engl. in Jahrb. VII. 473. — n. 53. — Monong tibari der Eingeb. — Die hellblauen Blüten im Mai; Unkraut im Feld; wird zu Riechsträusschen verwendet.

Ruellia aruensis S. Moore in Journ. bot. XVI. 134. — *β*. glabrisepala K. Sch. Fl. Kais. Wilh.-Land 123. — n. 18. — Papalan damo der Eingeb. — Die weissen Blüten im März; die Staude wird 50 cm hoch im Gebüsch.

Ixora timorensis Dcne. Hb. timor. 90. — n. 2. — Patot der Eingeb. — Die weissgelben, wohlriechenden Blüten von December bis Januar, Früchte im April; der 2 m hohe Strauch an Felsen; das gute, harte Holz wird zu Auslegerpflöcken benutzt.

Morinda citrifolia Linn. Spec. pl. ed. I. 176. — n. 101. — Non der Eingeb. — Die weissen Blüten im September gesammelt; Strauch an Felsen, gilt für giftig; die Wurzel dient zum Gelbfärben des Tapazeuges.

Timonius Bammleri K. Sch. Fruticosa ramis gracilibus subtetragonis ad nodos modice incrassatis; foliis breviter petiolatis oblongis vel oblongo-lanceolatis attenuato-acuminatis vel subrostratis basi acutis, nervis strigulosis ceterum glabris; pannicula axillari bis dichotoma puberula, in cincinnos laxos desinente; calyce ad medium lobato utrinque sericeo-tomentello; corolla gracili sericea.

Die Pflanze steht T. cuneatus Warb. nahe, unterscheidet sich aber durch tief geteilte Kelche und viel lockerere Cymen, auch die Textur des Blattes ist erheblich verschieden. Der Blattstiel misst 4—6 mm, die Spreite 8—16 cm in der Länge bei einer Breite von 2—5 cm, sie wird von 7—8 stärkeren Seitennerven durchlaufen, transversale Verbindungsnervchen sind nur schwach zu sehen. Die graubehaarten Inflorescenzäste werden bis 4 cm lang und tragen etwa 12—14 Blüten in fast einreihigen Borragoiden. Der Kelch und Fruchtknoten der sitzenden Blüten messen 2—2,5 mm; die trocken gelb behaarte Blumenkrone ist 1 cm lang. — n. 26. — Kung kakai der Eingeb. — Die Blüten wurden im April gesammelt; der 2 m hohe Strauch wächst an Felsen.

Oldenlandia panniculata Linn. Spec. pl. ed. II. 1667. — n. 70. — Asapo pum der Eingeb. — Unkraut im Sande; wird als Surrogat für Betel benutzt.

Melothria indica Lour. Fl. cochinch. 43. — Mbol Kakasut der Eingeb. — Die weissen Blüten im September gesammelt; rankt im Gebüsch an Sträuchern. — Das Material ist ziemlich mangelhaft und die Art desshalb nicht ganz sicher bestimmbar.

Lagenaria vulgaris Sér. in DC. Prodr. III. 299. — n. 88. —
Kapop Kapop der Eingeb. — Die Blüten im August gesammelt;
klettert im Gebüsch.

Adenostemma viscosum Forst. Nov. gen. n. 15. — n. 78. —
Buyamdai der Eingeb. — Die weissen Blüten im August gesammelt;
Unkraut im Dorfe.

Emilia sonchifolia (Linn.) Cass. P. DC. Prodr. VI. 302. — n. 14. —
Die roten Blüten das ganze Jahr; Unkraut bis 30 cm hoch, im Felde;
ein Name der Eingeborenen ist nicht mitgeteilt.

Bidens pilosus Linn. Spec. pl. ed. I. 832. — n. 49. — Unkraut
bis 50 cm hoch; erst kürzlich auf den Inseln eingeführt.

Siegesbeckia orientalis Linn. Spec. pl. ed. I. 900. — n. 36. —
Mbudamdai der Eingeb. — Die weissen Blüten im Mai gesammelt;
Unkraut in Feld und Dorf.

Wedelia strigulosa (P. DC). K. Sch. in Engl. Jahrb. IX. 223. —
n. 27. — Gagaia der Eingeb. — Die gelben Blüten im April gesammelt; bis 1 m hohes Unkraut im Feld.

VII. Diagnosen neuer Arten und kleinere Mitteilungen.

1. Diagnosen afrikanischer Arten.

Harrisonia occidentalis Engl. n. sp.; ramulis novellis atque foliis
cum inflorescentiis breviter pilosis, ramulis adultis glabris purpureis;
foliis impari-pinnatis, 3—4-jugis, petiolo semiterete angustissime alato;
foliolis ellipticis utrinque acutis vel subspathulatis, apice obtusis; inflorescentiis corymbosis multifloris in axillis foliorum superiorum atque
pluribus paniculam terminalem folia superantem componentibus; pedicellis et floribus cinereo-tomentosis; floribus ceterum cum illis Harrisoniae
orientalis congruentibus.

Die Blätter haben eine Länge von 7—10 cm; ihre Blättchen sind
von einander durch 1—1,5 cm lange, sehr schmal geflügelte Teile des
Blattstieles geschieden, die Blättchen sind 3—4,5 cm lang und 1,2 bis
2 cm breit; sie sind an ihren Mittelrippen beiderseits kurz weichhaarig.
Die Trugdolden haben bis 20 und mehr Blüten, welche von denen der
H. orientalis nur durch dichtere Behaarung abweichen.

Ober-Guinea: West-Lagos (Rowland in Herb. Kew).

Sowohl H. Bennetii (Planch.) Hook. f. im tropischen Asien, wie
auch H. abyssinica Oliv. sind in der Gestalt der Blättchen ausser-

ordentlich veränderlich, namentlich aber die letztere. So giebt es
Formen mit Dornen, welche durch Umwandlung eines grundständigen
Blättchenpaares entstanden sein müssen, und andere ohne Dornen,
Formen mit gekerbten Blättchen, welche sich von H. Bennetii nur
durch halb so grosse Früchte unterscheiden, anderseits Formen mit
ganzrandigen spatelförmigen Blättchen, welche der H. occidentalis
nahe kommen. Es ist auch kein Zweifel, dass H. occidentalis und
H. abyssinica von derselben Stammart abzuleiten sind; aber der
schmal geflügelte Blattstiel und namentlich die dünne Consistenz der
Blätter zusammen mit der starken Behaarung der Inflorescenzen scheinen
mir ausreichend zur Trennung der beiden Arten.   Engler.

Cordia Dusenii Gürke n. sp.; arbor ramis glabris; foliis breviter petiolatis, oblongis vel ovatis, basi obtusis, apice
longe acuminatis vel mucronatis, margine integris, membranaceis utrinque glabris; paniculis paucifloris laxis, in axillis
foliorum superiorum; floribus longiuscule pedunculatis; calyce campanulato extus fusco tomentoso, 10-sulcato, 5-dentato, dentibus
deltoideis, longissime acuminatis; coralla quam calyx 1½-plo.
longiore, petalis apice longissime mucronatis; staminibus petalis acquilongis vel paullo longioribus, filamentis basi pilosis; ovario globoso sparsim piloso, stylo glabro; fructo ovato-conico glabro.

Die Äste sind bis zur Spitze völlig kahl. Die bis 18 cm langen,
bis 8 cm breiten und 1—2 cm lang gestielten Blätter sind beiderseits
kahl; nur die Hauptnerven sind an der Blattoberseite zuweilen mit
spärlichen, kurzen, anliegenden, rotgelben Haaren besetzt; sie gehen allmählich in eine sehr lange Spitze über, die sich zuweilen deutlich von
der Blattlamina absetzt, so dass sie als weiche Stachelspitze erscheint.
Die einzelnen Blüten sind bis 1 cm lang gestielt. Der 12—15 mm lange
lange Kelch besitzt im Knospenzustande verkehrt kegelförmige Gestalt
und ist von einer aus den eng zusammengepressten Spitzen der Kelchblätter bestehenden, 3—4 mm langen Spitze gekrönt. Die Blumenkrone
ist 18—20 mm lang; die spatelförmigen Zipfel endigen in eine 2 mm
lange, deutlich abgesetzte weiche Spitze. Die bis 2 cm langen Staubfäden sind an der Basis abstehend behaart. Die eiförmig-kegeligen,
völlig kahlen Früchte sind 15—20 cm lang und zugespitzt.

Kamerun; (Dusen n. 359a); im lichten Wald zwischen Victoria
und Bimbia (Preuss n. 1256, 1. Mai 1894, blühend).

Die Art gehört zur Section Gerascanthus und ist nahe verwandt
mit C. aurantiaca Bak., welche sich besonders durch die stärkere
Behaarung der Zweige und Blätter unterscheidet. Baker beschreibt
in Kew Bull. 1894 p. 26 die Petalen seiner Art als kreisrund. Nach
den mir vorliegenden, von Welwitsch gesammelten und vom Autor

citirten Exemplaren (n. 5430 und n. 5466), deren Blüten allerdings
noch im Knospenzustand sich befinden, gehen die Zipfel der Blumenkrone ebenfalls in eine lange Spitze aus, wie bei C. Dusenii.

C. odorata Gürke n. sp.; arbor ramis superne puberulis; foliis
longe petiolatis, late ovatis vel fere suborbicularibus; basi
obtusis apice acuminatis, margine grosse dentatis, coriaceis,
supra glabris, subtus canescente - pubescentibus; paniculis
laxis multifloris; floribus brevissime pedunculatis, polygamis;
florum ♂ calyce post anthesin coriaceo, extus pubescente, corolla
4-loba, staminibus 4 corolla brevioribus, ovario ovato glabro;
florum ♂ corolla majore, 4-loba, staminibus 4 corolla longioribus.

Der 10—25 m hohe Baum besitzt eine buschige Krone und einen
Stamm mit graubrauner, aufgerissener Rinde. Nach oben zu sind die
Zweige, sowie die Inflorescenzachsen mit kurzen gelblichen Haaren bedeckt. Die Blätter sind bis 14 cm lang, bis 11 cm breit und 8 cm
lang gestielt; auf der dunkelgrünen Oberseite sind sie kahl, die Unterseite ist grau behaart. Die in den Achseln der oberen Blätter stehenden Rispen sind sehr locker, verzweigt und vielblütig; die zwitter-
blütigen und die männlichen Rispen sind in ihrer Form nicht verschieden. Die männlichen Blüten sind sehr kurz gestielt, fast
sitzend. Der Kelch ist glockig-kegelförmig; beim Aufblühen reisst er
unregelmässig circumsciss auf, und der obere haubenförmige Teil bleibt
meist an dem unteren Teile hängen; er ist ca. 6 mm lang, von häutiger
Consistenz und aussen flaumig behaart. Die blassgelbe wohlriechende
Blumenkrone besitzt eine trichterförmige Röhre, die ungefähr so lang
als der Kelch ist; die 4, seltener 5 lanzettlichen Zipfel sind etwa von
gleicher Länge wie die Röhre und nach aussen zurückgeschlagen. Die
4 oder 5 Staubfäden sind bis zum Saume der Blumenkronenröhre angewachsen, überragen dieselbe um 5—6 mm und sind an der Basis
ihres freien Teiles spärlich behaart. Von dem Fruchtknoten ist nur ein
fast kugeliges, niedriges Rudiment vorhanden. Die Zwitterblüten,
welche an den Exemplaren nur in fast abgeblühtem Zustande vorhanden
sind, besitzen einen Kelch, der sich nach der Blütezeit erweitert und in
dem den Fruchtknoten umgebenden Teile dicke lederartige Consistenz
annimmt, während die Zipfel häutig bleiben. Die Blumenkrone scheint
von ähnlicher Form zu sein, als bei den männlichen Blüten; die Staubfäden sind erheblich kürzer. Der Fruchtknoten ist eiförmig kahl, der
Griffel ist sehr tief, bis fast an die Basis 4-spaltig.

Kamerun: Yaúnde-Station, im Urwald (Zenker n. 247, August
1890, blühend; auf sonnigem, halbfeuchtem Standort in der Nähe der
Station, auf Laterit (Zenker und Staudt n. 340, 22. Mai 1894, blühend).

Gabun: Sibange-Farm (Soyaux n. 390, 20. April 1882, mit jungen Früchten; und n. 451).

Die Art gehört zur Sect. Varronia.

C. stenoloba Gürke n. sp.; frutex ramis superne fulvo-tomentosis; foliis breviter petiolatis, oblongis vel obovato-oblongis, basi obtusis, apice longe acuminatis, margine ad apicem versus irregulariter dentatis, coriaceis, supra glabris, subtus secundum nervos sparsim pilosis; panicula laxa; floribus breviter petiolatis; calyce cylindraceo, 10-sulcato, extus piloso, 3—5-dentato, dentibus longissime deltoideis, apice acuminatis, rigidis; corolla quam calyx fere duplo-longiore, tubo angusto, lobis lanceolatis, apice obtusis, staminibus corolla brevioribus glabris; ovario styloque glabro; fructu ovato-conico acuto glabro.

Die unteren Blätter erreichen eine Länge von 20 cm, eine Breite von 8—10 cm und sind 1—2,5 cm lang gestielt; die oberen Blätter sind von geringeren Dimensionen, im Durchschnitt 10 cm lang und 4—6 cm breit. Die Blattstiele sind ebenso wie die oberen Zweige mit starren braunen Haaren ziemlich dicht besetzt, eine Behaarung, die sich auf die Nerven der Blattunterseite fortsetzt, während die Oberseite der Blätter ganz kahl ist oder sich höchstens etwas rauh anfühlt. Sämmtliche Blätter sind in eine lange, ziemlich starre Spitze ausgezogen. Die 1—2 mm lang gestielten Blüten sind zu lockeren kürzeren Rispen angeordnet, die meist am Ende der Zweige, weniger in den Achseln der unteren Blätter stehen. Der Kelch ist schmal, cylindrisch 14—16 mm lang, 3 mm breit, von lederartiger derber Consistenz, mit 10 deutlich hervortretenden Längsrippen und mit bräunlichen kurzen anliegenden Haaren ziemlich dicht bedeckt; die Zähne sind sehr schmal, an der Basis 1—2 mm breit, aber 3—4 mm lang und in eine starre lange Spitze ausgehend. Zur Fruchtzeit verbreitert sich der Kelch erheblich und reisst schliesslich bei der Reife der Frucht der Länge nach auf. Die Blumenkrone ist im Ganzen 25 mm lang; davon kommt ungefähr die Hälfte auf die sehr enge Röhre; die sich nach unten sehr verschmälernden Zipfel sind lanzettlich, an der Spitze abgerundet. Die Staubfäden sind bis nahe an die Trennungsstelle der Petalen der Röhre angewachsen; die Staubbeutel sind länglich. Der Griffel ist ungefähr 15 mm lang, ebenso wie der eiförmige Fruchtknoten kahl, und trennt sich über der halben Höhe in 2 Äste, die dann erst direct unter den Narben sich zum zweiten Male teilen. Die Frucht ist 23—25 mm lang und ca. 10 mm breit; sie wird an der Basis von dem aufgeschlitzten Kelche umgeben.

Kamerungebiet: Yaünde-Station (Zenker n. 502, 505, 510, März-April; blühend und fruchtend).

Diese zur Sect. Gerascanthus gehörende Art ist durch die langen schmalen Kelche sehr ausgezeichnet. Sie ist nahe verwandt mit C. aurantiaca Bak., der sie besonders in der Form der Blätter ähnlich ist. Es fehlen ihr aber die Behaarung der Staubfäden und die in eine lange Spitze ausgezogenen Petalen, die für jene Art charakteristisch sind.

Trichodesma Hildebrandtii Gürke n. sp.; foliis breviter petiolatis vel subsessilibus, ovatis vel oblongo-ovatis, apice acutiusculis, margine integris, in petiolum angustatis, asperis; calycis lobis ovato-lanceolatis, acuminatis, basi profunde cordatis, hirtis, post anthesin accrescentibus; nuculis ovatis, a dorso ad ventrem compressis, marginatis, margine spinoso-dentatis, dorso spinis rigidis retrorsum pilosis patentibus dense obsitis, ventre brevissime incanopubescentibus.

Ein sehr ästiger Halbstrauch mit abstehenden, starren Zweigen und hellbrauner oder weisslicher Rinde; die Zweige besetzt mit vereinzelten, weissen, an der Basis verdickten, auf Knötchen sitzenden starken Haaren, die jüngeren ausserdem von kurzen weichen Härchen pubescent. Die meist gegenständigen Blätter sind 2—4 cm lang und 1—2 cm breit, die oberen meist von geringeren Dimensionen; sie sind beiderseits mit weissen, an der Basis verdickten, auf Knötchen sitzenden, der Blattfläche anliegenden, etwas gebogenen Haaren sparsam besetzt; nach dem Abfallen der Haare bleibt ihre knötchenartig verdickte Basis zurück, wodurch die Oberfläche der älteren Blätter rauh erscheint. Die Blüten entspringen aus den Achseln der oberen Blätter und bilden an der Spitze der Zweige 2—5-blütige Inflorescenzen. Die 10—15 mm langen schlanken Blütenstiele sind in derselben Weise wie die jüngeren Zweige behaart. Der Kelch ist 10—12 mm lang, seine aussen angedrückt-kurzhaarigen, an den Rändern gewimperten 1-nervigen Abschnitte sind 4—5 mm breit, vergrössern sich aber zur Fruchtzeit bis auf 15 mm Länge und 10 mm Breite. Die Blumenkronenabschnitte sind an ihrer Spitze lang zugespitzt und gedreht. Die am Rücken behaarten Staubbeutel tragen lang zugespitzte, spiralig gedrehte Anhänge. Die Nüsschen sind 6—7 mm lang.

Somali-Land: Ahlgebirge, ca. 1000 m hoch. Hildebrandt n. 847 a.

Die vorliegende, wegen der mit gezähntem Rande versehenen Nüsschen zur Section Friedrichsthalia gehörende Art ist am nächsten mit T. africanum verwandt. Die Carpelle dieser Art besitzen einen ebenso gezähnten Rand, sind aber auf der Rückenfläche nur ganz kurz behaart, während hier der Rücken mit ziemlich langen und rückwärts behaarten Stacheln dicht besetzt ist. T. calathiforme Hochst. ist durch den dicken, wulstigen Rand der Carpelle unter-

schieden, und T. physaloides (Fenzl) A. DC. hat doppelt so grosse
und auf dem Rücken weichbehaarte Früchtchen, und weicht auch durch
den nach der Blütezeit sich stark vergrössernden Kelch ab. Letztere
Art hat jedoch nicht, wie A. DC. (Prodr. X. p. 173) angiebt, am Grunde
herzförmige Kelchzipfel, sondern dieselben sind, wie die von Schweinfurth im Lande der Bongo, bei Ssabbi (n. III. 56), und im Lande der
Mittu, zw. Ngama und Mogo (n. 2776a) gesammelten Exemplare zeigen,
zur Blütezeit an der Basis abgerundet, während die Kelchabschnitte
von T. Hildebrandtii auch zur Blütezeit am Grunde tief herzförmig sind.   Gürke.

Cleome Schweinfurthii Gilg n. sp.; annua, erecta, caule petiolis
inflorescentiis pilis glanduligeris densissime obtecta; foliis trifoliatis,
adultis petiolo 1,4—1,6 cm longo instructis, foliolis sessilibus vel brevissime petiolulatis, oblongis, cr. triplo longioribus quam latioribus,
membranaceis, integris, lateralibus subobliquis, utrinque subglabris, sed
marginibus nervisque pilis brevissimis glanduligeris laxe obsitis; floribus
foetidissimis ad apicem caulis in axillis foliorum trifoliatorum vel saepius
simplicium solitariis 1,3—1,5 cm longe pedicellatis; sepalis 4 lanceolatis,
densissime glandulosis; petalis 4 lanceolatis, longe unguiculatis, glabris,
sepala subduplo longitudine superantibus; staminibus 6, omnibus fertilibus
aequalibusque; antheris sagittatis, dorso inter crura affixis; ovarium
sessile, minimum, glabrum.

Die Pflanze, welche ich lebend untersuchen konnte, ist etwa 20
bis 25 cm hoch und überall, mit Ausnahme der Blattspreiten und der
inneren Blumenteile, mit langen, dicke Drüsenköpfe tragenden und stark
secernirenden Haaren besetzt. Die unteren Blätter sind sämmtlich ge-
dreit, werden nach oben (in der Blütenstandsregion) zu allmählich
kleiner und sind zuletzt einfach. Die grössten mir vorliegenden Blättchen sind 1,6—1,7 cm lang und 6—7 mm breit. Die Blüten stehen
einzeln axillär, sind aber dadurch, dass die oberen Blätter kleiner werden,
in der That zu einer endständigen Traube vereinigt. Die 4 Blumenblätter sind sämmtlich nach oben gewendet, so dass die Blüte deutlich
zygomorph wird, werden etwa 6 mm lang, 2,5 mm breit und laufen
ziemlich spitz zu. Ihr Nagel beträgt etwa 3 mm. Sie sind von gold-
gelber Grundfarbe, werden jedoch von zahlreichen violetten Nerven
durchlaufen, und die beiden mittleren Blumenblätter zeigen etwa in ihrer
Mitte je einen hellvioletten Fleck. Die 6 Staubblätter, welche nach
einander zum Ausstäuben gelangen und auch beim Öffnen der Blüte
von sehr ungleicher Länge sind, sind sämmtlich fruchtbar und werden auch
in der ausgewachsenen Blüte völlig gleichartig. Ein Gynophor findet
sich gar nicht, doch erkennen wir im oberen Teil der Blüte, unterhalb
der 4 Blumenblätter, einen deutlichen, schiefen Discus, welcher sehr

reichlich Nectar absondert. Der Fruchtknoten ist fast sitzend und winzig klein.

Colonie Eritrea (Schweinfurth a. 1894, blühte im botanischen Garten zu Berlin im März 1895).

Ist verwandt mit Cleome arabica L. und C. brachycarpa Vahl, jedoch von beiden sehr stark unterschieden.

Capparis Stuhlmannii Gilg n. sp.; frutex saepius parce volubilis, glaberrimus, spinis stipularibus manifestis retroflexis instructus; ramis dense foliatis; foliis breviter petiolatis, ovalibus vel ovali-oblongis, basi apiceque subrotundatis, coriaceis vel subcoriaceis, margine in sicco subrevolutis, nervis secundariis utrinque 4—5 supra subtusque parce prominentibus, venis omnino inconspicuis; floribus albidis apice ramorum in umbellas terminales densas vel densissimas multifloras dispositis, breviter crasse pedicellatis; sepalis subaequalibus, glaberrimis, suborbicularibus, coriaceis; petalis calyce sesquilongioribus, rotundatis, extrinsecus glabellis, intus dense et longe sericeo-pilosis; staminibus ∞, longe exsertis; gynophoro staminibus breviore, cr. ²/₃ eorum longit. adaequante, crasso, cylindrico; ovario ovato, stigmate parvo sessili coronato; fructu gynophoro elongato incrassato stipitato, mole cerasi minoris, coriaceo, nigro, 1—2-spermo.

Blattstiel 3—5 mm lang. Blätter 4—5,5 cm lang, 2—2,5 cm breit. Blütenstiel 6—8 mm lang, dick. Kelchblätter 5—6 mm im Durchmesser. Blumenblätter 8—9 cm lang. Gynophor zur Blütezeit 6—7 mm lang, fruchttragend bis 1 cm lang, auffallend dick. Frucht 8—9 mm im Durchmesser, schwarz, lederartig.

Sansibarküste, Nkonje, im Steppenwald des N. W. Usaramo (Stuhlmann n. 8659), Pangani (Stuhlmann I. 90); Kilimandscharo, Landschaft Kahe, 750 m ü. M., in der Dumsteppe (Volkens n. 2210).

Ist mit C. corymbosa Lam. verwandt, weicht jedoch stark ab durch lederartige Blätter, die kurzen dicken Blütenstiele, das kurze und dicke Gynophor und die hartlederartige Frucht. Auch schon von Prof. Schweinfurth als neu erkannt.

Tylachium macrophyllum Gilg n. sp.; frutex ramis fuscis glabris; foliis simplicibus, petiolo crasso paullo infra laminam et ad basin articulato 1,5—2 cm longo instructis, oblongis vel oblongo-lanceolatis, subcoriaceis, glaberrimis, basin versus sensim angustatis, breviter late apiculatis, apice ipso subacutis, integris, opacis, nervis utrinque 6—8 supra subtusque manifeste prominentibus, venis inaequaliter dense reticulatis supra solemniter prominentibus, subtus conspicue impressis; floribus apice ramorum in spicam densem multifloram dispositis, albidis (ex Stuhlmann) pedicellatis, basi bracteam minimam linearem gerentibus; receptaculo cylindraceo elongato; calyce globoso clauso breviter apiculato dein calyptrato-rumpente, parte superiore lateraliter abaerente; petalis nullis; staminibus ∞; gynophoro elongato filiformi; ovario oblongo, glabro.

Blätter 15—24 cm lang, 8—11 cm breit. Blütenstiel 7—8 mm lang. Receptaculum ungefähr 6 mm lang, 2,5 mm dick. Kelch vor der Öffnung 4—5 mm im Durchmesser. Staubblätter 11—12 mm lang. Gynophor 2—2,4 cm lang. Fruchtknoten 3 mm lang, 1,5 mm dick.

Usaramo, Vindili, östliche Vorberge des Uluguru-Gebirges, im Buchwald um 500 m (Stuhlmann n. 8985 — im October blühend).

Keiner der bisher bekannten Arten der Gattung wirklich als verwandt zu bezeichnen. Dürfte sich vielleicht, wenn Früchte bekannt sein werden, als neue Gattung herausstellen.

Tylachium alboviolaceum Gilg n. sp.; frutescens, glabrum; foliis simplicibus, petiolo crasso paullo infra laminam et ad basim articulato 8—9 mm longo instructis, oblongis vel ovato-oblongis vel obovato-oblongis, coriaceis, glaberrimis, basi rotundatis vel subrotundatis, longe et late apiculatis, apice ipso acutis vel acutissimis, integris, opacis, nervis utrinque 5—6 supra paullo subtus valde prominentibus, venis paucis et inaequaliter laxissime reticulatis supra subtusque subaequaliter prominulis; floribus apice ramorum in spicam densissimam multifloram dispositis, albidis violaceo-maculatis (ex Stuhlmann), pedicellatis, basi bracteam minimam linearem gerentibus; receptaculo cylindraceo, elongato; calyce globoso, clauso, breviter apiculato, dein calyptrato-rumpente, parte superiore lateraliter adhaerente; petalis nullis; staminibus ∞ gynophoro elongato-filiformi; ovario oblongo, glabro, uniloculari, placentis 2 ovula pauca gerentibus.

Blätter 8—12 cm lang, 4—6 cm breit. Blütenstiel 4—5 mm lang. Receptaculum 3—3,5 mm lang, 2 mm dick. Kelch vor der Öffnung ca. 4 mm im Durchmesser. Staubblätter 7—8 mm lang. Gynophor 1,2—1,4 cm lang. Fruchtknoten 2,5 mm lang, 1,5 mm dick.

Usaramo, Tununguo, auf Hügeln (Stuhlmann n. 8970, im October blühend).

Steht der vorigen Art nahe und bildet mit ihr zusammen zweifellos eine eigene Section innerhalb der Gattung. Beide stehen madagaskarischen Arten näher, als der einzigen bisher vom Festlande bekannten T. africanum Lour.

Connarus luluensis Gilg n. sp.; foliis imparipinnatis, (quae vidi) glaberrimis, 5-vel rarissime 4-jugis, foliolis coriaceis oblongis, basi rotundatis vel subrotundatis, apice acutius-culis sed apice ipso obtusis, utrinque nitidulis, nervis venisque supra obsolete subtus valde pulcherrimeque reticulatim prominentibus; inflorescentiis semper axillaribus, paniculatis, multifloris,

pedunculis pedicellis calycibus parco brunneo-velutinis; petalis calyce
2½-plo longioribus, brunneo-velutinis, punctulatis; staminibus 10 inaequilongis . . . .; carpidio ab initio 1, hirsuto; stylo brevi, crasso;
capsula eximie obliqua, matura glabra, immatura brunneo-tomentosa,
subobovata, coriacea, sub parte media laterali acuto-apiculato, inferne
subsensim in stipitem capsulae ca. $\frac{1}{5}$ adaequantem contracto; semine
oblongo, testa in sicco nigra, tenui, arillo carnoso laterali seminis
medium subamplectente.

Blattstiel 2,5—3 cm lang, der mit Blättchen besetzte Teil der
Spindel 3,5—6 cm. Blättchenstiel 3 mm lang. Blättchen 5—9 cm lang,
1,8—2,5 cm breit. Blütenrispe 6—15 cm lang, 3—6 cm dick. Blütenstiele ca. 2 mm lang. Kelchblätter ca. 2,5 mm lang. Blumenblätter ca.
7 mm lang. Kapsel 2,2—2,3 cm lang (wovon ca. 2,5 mm auf den Stiel
kommen), 1,6 mm breit, 1 cm dick. Samen 1,4 cm lang, 7—8 mm dick,
Arillus 7—8 mm hoch.

Oberes Congogebiet, Bachwald am Lulua, 6° s. Br. (Pogge
n. 741, im Sept. 1882 mit reifen Früchten).

Von dem nächststehenden C. Smeathmanni DC. vor allem durch
mehrzähligere, kleinere Blätter und die Gestalt der Blättchen verschieden.

Agelaea Poggeana Gilg n. sp.; ramis junioribus, petiolis, pedunculis, pedicellis, calycibus dense brunneo-villosis; foliis trifoliatis,
petiolulis valde incrassatis longe villosis, foliolis subcoriaceis,
supra glaberrimis nitidulis, subtus in junioribus densissime
villosis, demum glabrescentibus sed ad nervos villosis, nervis lateralibus supra vix conspicuis subimpressis, subtus
7—8 curvatis marginem petentibus valde prominentibus,
venis numerosissimis pulcherrime manifeste reticulatis,
terminali lateralibus vix majore late ovali, lateralibus oblique ovatis,
omnibus basi subrotundatis, apice breviter acuminatis; inflorescentiis
terminalibus paniculatis, thyrsoideis, multifloris; floribus . . . .; capsulis
solitariis, brunneo-villosis, coriaceo-lignosis, oblique oblongis.

„Blüht weiss, die Kelchblätter und Staubfäden grünlich-gelb; riecht
etwas wie Rapsblüte, aber unangenehm streng" (Pogge). Blättchen
5—12 cm lang, 3—6 cm breit, Blattstiel 5—7 cm lang, von dem Blattpaar bis zur Spitze ist die Spindel ca. 1 cm lang. Blütenstand bis zu
15 cm im Durchmesser. Kapsel 1,2—1,4 cm lang, ca. 4 mm dick.
Samen 7—8 mm lang, 3 mm dick.

Oberes Congogebiet, Bachwald bei Mukenge, 6° s. Br. (Baschilange) (Pogge n. 726 und 734, im August mit unreifen, im December mit reifen Früchten), Bachwald am Lulua, 6° s. Br. (Pogge
n. 737, im September 1882 mit reifen Früchten).

Von der nächststehenden A. trifoliata (Lam.) (= A. villosa Sol.) durch Form und Nervatur der Blätter auf das beste getrennt.

Agelaea heterophylla Gilg n. sp.; frutex scandens (?) ramis junioribus longitudinaliter striatis brevissime flavescenti-tomentosis; foliis trifoliatis, inferioribus 4—5 cm longe petiolatis, coriaceis vel subcoriaceis ovato-oblongis, terminali usque ad 9 cm longo, 4—5 cm lato, lateralibus subobliquis usque ad 7 cm longis, 3,5 cm latis, omnibus breviter acuminatis, apice ipso subrotundatis, supra glaberrimis, lavibus subtus dense pilis stellatis minimis obsitis, nervis venisque densissime elevato-reticulatis; foliis superioribus, id est prophyllis ceteris forma aequalibus, sed membranaceis, rubescentibus vel purpureis, supra subtusque pilis minimis stellatis dense obtectis; inflorescentiis axillaribus terminalibusque paniculatis, multifloris, subconfertis; sepalis ovato-oblongis acutiusculis, extrinsecus densissime brunneo-tomentosis, ca. 4 mm longis; petalis lanceolatis calyce $1\frac{1}{2}$ plo longioribus, glabris; staminibus 10, 5 epipetalis minimis, 5 episepalis petalorum $\frac{2}{3}$ longit. adaequantibus; carpidiis 5 sensim in stylos filiformes petalorum $\frac{4}{5}$ longit. adaequantes attennatis.

Usagara, Uluguru-Berge (Stuhlmann a. 1894).

Ist von allen bisher bekannten Arten dieser Gattung durch die auffallenden, rosa oder purpurn gefärbten, membranösen, den übrigen, lederartigen Laubblättern an Form und Grösse fast gleichen Hochblätter scharf geschieden.

Jaundea Gilg (nov. gen. Connaracearum). Calyx 5-partitus, laciniis quincuncialiter late imbricatis. Petala calycem triplo superantia sub anthesi patentia. Stamina 10 inaequilonga, 5 longioribus petalis alternantibus quam oppositipetala subduplo longioribus sepalorum $\frac{2}{3}$ vix adaequantibus, omnibus basi brevissime inter sese connatis, fertilibus. Aetherae didymae, ab apice visae 4-globosae, i. e. locellis pro loculo quovis 2 stellatim dispositis, quadrato-globosae, lateraliter dehiscentes, apice subpeltatae. Ovaria 5 unilocularia, pilosa, ovula 2 anatropa erecta ferentia, in stylos elongatos petala valde superantes filiformes capitellato-stigmatosos producta. — Frutex erectus, foliis impari-pinnatis; inflorescentiis fasciculatoracemosis, multifloris, racemis ad nodos valde accretos in axillis foliorum plerumque delapsorum confertis brevibus, floribus ideoque dense vel densissime conglomeratis.

J. Zenkeri Gilg n. sp.; ramis nigris, glabris longitudinaliter striatis; foliis impari-pinnatis, 3-jugis, rachide glabra, foliolis distincte articulatis, breviter petiolulatis subcoriaceis, glaberrimis, obscuris, obovato-oblongis, basi rotundatis, vel subsensim in petiolulum cuneatim angustatis, apice longe acuminatis, acumine ipso acutis, terminali ceteris

non vel vix majore, nervo medio supra impresso, subtus valde prominente, lateralibus 4—5 arcuatis marginem petentibus, venis utrinque
manifesto prominentibus pulcherrime reticulatis; sepalis ovatis acutis, extrinsecus tomentosis, intus glabris; petalis glabris lanceolatis acutissimis.

„Strauch von 3—5 m Höhe." Blattstiel 10—13 cm lang, davon beträgt der mit Blättchen besetzte Teil 5—6 cm. Blättchenstiele 5—6 mm
lang. Blättchen 8—13 cm lang, 4,5—6 cm breit. Blütentrauben 1,6
bis 2,4 cm lang. „Blüte weiss, wohlriechend". Kelchblätter ca. 2,5 mm
hoch, 2 mm breit. Blumenblätter 7—8 mm lang, 2,5 mm breit. Längere
Staubfäden 1,7—1,8 mm lang. Griffel mit Fruchtknoten ca. 9 mm lang.

Kamerun, Yaúndestation, Savanne (Zenker n. 613, im September 1891 blühend).

Jaundea ist hauptsächlich charakterisirt durch den eigenartigen
Blütenstand und die Form der Antheren. Sie gehört wegen ihrer sich
breit dachig deckenden Kelchblätter zu den Connareae. Ihre genauere
Stellung kann zur Zeit noch nicht angegeben werden, da leider Früchte
noch nicht gesammelt worden sind. Blütenstände von der soeben beschriebenen Gestalt sind bisher nur von einzelnen Gattungen der Cuestideae
bekannt, so von Cnestis, Spiropetalum und Taeniochlaena.

Rourea Dinklagei Gilg n. sp.; foliis impari - pinnatis, rachide
tenuissima, glabra, 2-jugis, glaberrimis, foliolis membranaceis ovato-
ovalibus, supra nitidulis, subtus opacis basi rotundatis vel subsensim
cuneato-angustatis, apice longissime acuminatis, apice ipso acutis, nervis
lateralibus curvatis marginem petentibus venisque inaequaliter laxe reticulatis supra subiuconspicuis, subtus manifeste prominentibus; inflorescentiis axillaribus racemosis, racemis 2—3-floris, pedunculis (2—3 cm longis) pedicellisque (1,5—1,8 cm longis)
elongatis glaberrimis, tenuissimis; calycis quiquepartiti lobis
ovatis, ciliolatis, acutis, late imbricatis; petalis . . . . .; capsulis solitariis, immaturis.

Blattstiel 5—6 cm lang, davon beträgt der mit Blättchen besetzte
Teil 3,5—4 cm. Blättchenstiele ca. 2,5 mm lang. Blättchen 3,5 bis
9 cm lang, 2,2—5 cm breit. Kelchblätter zur Fruchtzeit ca. 3 mm lang,
ebenso breit.

Kamerun, Gross-Batanga (Dinklage n. 908, im October mit
unreifen Früchten).

Gehört in die Verwandtschaft von R. santaloides W. et Arn.,
ist aber durch die sehr dünnen Blattstiele, die membranösen Blätter
und vor allem durch die sehr langen, dünnen, zierlichen Blütenstiele
und -Stielchen scharf von derselben getrennt.

Rourea Buchholzii Gilg n. sp.; foliis impari - pinnatis 3-jugis,
rachide glabra, foliolis chartaceis, glabris supra nitidulis,

subtus opacis, oblongis vel obovato-oblongis, basi rotundatis, apice acuminatis, acumine acuto, terminali cetoris
non acquilongis, venis utrinque manifeste prominentibus
marginem rectangulari-potentibus; inflorescentiis axillaribus, paniculatis, paniculis solitariis a basi valde ramosis,
6—10 cm longis; pedunculis pedicellis calycibus subglabris vel tomento laxo brunneo brevissimo instructis; calycis quinquepartiti laciniis
ovatis acutis; petalis calyce 3—3,5-plo longioribus lanceolatis, acutissimis, glabris; staminibus 10, 5 alternantibus calycis $^2/_3$ vix adaequantibus quam epipetala paullo longioribus, omnibus fertilibus; antheris
parvis rotundatis; carpidiis 5 hirsutis, in stylos longos filiformes calycem
valde superantes productis.

Zweige schwarz oder schwärzlich. Blattstiel 10—13 cm lang, davon beträgt der mit Blättchen besetzte Teil 4,5—7 cm. Blättchenstiele
ca. 3 mm lang. Blättchen 7—9 cm lang, 3—4,3 cm breit. Kelchblätter
ca. 2,5 mm hoch, 2 mm breit. Blumenblätter 8—9 mm lang, 2,5 mm
breit. „Blüten weiss."

Kamerun, Abo (Buchholz, März 1874 blühend).

Steht der R. Soyauxii Gilg nahe, unterscheidet sich aber von derselben sehr leicht vor allem durch Blatttextur, Nervatur und Blütenstand.

Rourea monticola Gilg n. sp.; arbor (ex Stuhlmann) ramis
teretibus, dense lenticellatis glabris; foliis petiolo usque ad 5 cm longo
glabro rachideque 5—6 cm longa instructis, impari-pinnatis, foliolis
utrinque 2—3, lamina oblonga vel ovato-oblonga, 7—10 cm longa,
3—4,5 cm lata, subcoriacea, glaberrima, basi rotundata, apice breviter
apiculata, sed apice ipso rotundata, terminali ceteris subaequali sed
paullo longiore basique subsensim angustato, omnibus ca. 3—4 mm longe
petiolulatis, venis utrinque parce prominentibus densissime reticulatis;
floribus flavescentibus (ex Stuhlmann), paniculatis, paniculis axillaribus solitariis vel usque ad 6 fasciculatis, multifloris, usque ad 9 cm
longis; calyce in parte $^2/_5$ infer. connato, lobis ovato-triangulibus acutiusculis margine albido-ciliatis; petalis calyce ca. 3,5-plo longioribus
(7—8 mm longis) lanceolatis vel lineari-lanceolatis, apice rotundatis;
staminibus 10, 5 longioribus petalorum $^1/_3$, 5 brevioribus ca. $^1/_4$ longit.
adaequantibus; carpidiis 5 minimis dense hirsutis, superne in stamina
brevissima abeuntibus ideoque stigmatibus subsessilibus.

Usagara, Ulugurugebirge, Nglewenu, Waldgrenze im Rodungs-
gebiet (Stuhlmann n. 8857); Kifuru, Central-Uluguru, im Bergwald,
1500 m (Stuhlmann n. 9071).

Vielleicht der westafrikanischen R. Buchholzii Gilg am nächsten
stehend, aber durch Blattform, Blütenstand und Blütenausbildung auf
das beste charakterisirt.

Spiropetalum polyanthum Gilg n. sp.; frutex auxilio inflorescentiarum elongatarum tenuissimarum alte scandens; foliis impari-
pinnatis, 3-jugis, rachide glabra, foliolis distincte articulatis, breviter
petiolulatis, rigide chartaceis, glaberrimis, nitidulis, oblongis
vel ovato-oblongis, basi rotundatis, apice acutatis, terminali ceteris vix majore; inflorescentiis axillaribus multifloris
fasciculato-racemosis, racemis brevibus, ideoque floribus
dense confertis, bracteis brevibus linearibus, pedunculis,
pedicellis calycibusque tomento brevi brunneo vestitis; calycis alteconnati laciniis brevibus subobtusis; petalis calyce quintuplo
vel sextuplo longioribus, in aestivatione spiraliter involutis glabris,
lineari-ligulatis; staminibus 10, 5 alternantibus calycis dimidium vix
adaequantibus basi dilatatis quam epipetala $\frac{1}{3}$ longioribus.

Inflorescenzklimmer mit schwarzen Zweigen. Blattstiel 15—17 cm
lang, davon beträgt der mit Blättchen besetzte Teil ungefähr 7—8 cm.
Blättchenstiele ca. 3 mm lang. Blättchen 4—8 cm lang, 2,2—4 cm breit.
Nerven 2. Grades und Venen beiderseits deutlich netzartig angeordnet.
Blütentraube 1,5—2 cm lang. Kelch 2,5—3 mm hoch, davon betragen
die Kelchzähne etwa $\frac{3}{4}$—1 mm. Blumenblätter 1,5—1,6 cm lang,
1,5 mm breit.

Kamerun, Abo (Buchholz, im März 1874 blühend).

Ist von Sp. odoratum Gilg durch die längeren Blattstiele, die
viel kleineren, spitzen, nicht lang acuminaten, dünneren Blättchen und
die viel reichblütigeren Trauben auf das Beste verschieden.

Cnestis iomalla Gilg n. sp.; frutex alte scandens, foliis impari-
pinnatis, 10—12-jugis, rachide terete, ferrugineo-villosa,
foliolis membranacis, brevissime petiolulatis, supra glabris
nitidulis, subtus dense ferrugineo-tomentosis vel villosis,
ovato-oblongis, basi rotundatis vel obtusis apice cuneato-angustatis
acutis; inflorescentiis racemosis, racemis 2,5—3 cm longis
ad nodos in axillis foliorum delapsorum fasciculatis, pedunculis, pedicellis, calycibus dense longe flavescenti-villosis; floribus breviter pedicellatis, „albidis"; sepalis lanceolatis, acutis; petalis calyce
subtriplo longioribus, linearibus, pilis longiusculis ciliatis;
staminibus 10, 5 alternantibus sepala subduplo superantibus quam epipetala subsesquilongioribus; carpidiis 5 minimis hirsutis; stylis brevibus.

Blätter 20—25 cm lang. Blattstiel 2,5—3 cm lang. Blättchen 1,5
bis 4,5 cm lang, 1,2—2 cm breit. Blättchenstiel ca. 1 mm lang. Blütenstielchen ca. 2 mm lang. Kelchzipfel ca. 2 mm lang, 1,2 mm breit.
Blumenblätter 5—6 mm lang, 1,5 mm breit.

Oberes Congogebiet (Baschilange), Bachwald bei Mukenge,
6° s. Br. (Pogge n. 930, im Mai 1883 blühend).

Ausgezeichnete Art, von den entfernt verwandten C. grisea Bak. und C. corniculata Lam. gleich weit durch die angegebenen Merkmale getrennt.

Cnestis setosa Gilg n. spec.; frutex scandens foliis impari-pinnatis, petiolo rachideque densissime pilis fulvis longis tomentosis, foliolis 10—11-jugis, oblongis vel ovato-oblongis, brevissime petiolulatis, basi subcordatis, apice breviter acuminatis, apice ipso acutiusculis, membranaceis, supra hinc inde pilis asperis crassis modice longis obsitis, subtus pilis longis flavescentibus mollibus densius praesertim ad nervos venulosque obtectis; floribus in racemos breves axillares (solitarios vel fasciculatos?) dispositis; fructibus oblongis vel obovato-oblongis, paullo infra apicem cornu longum et crassum retroflexum emittentibus, pilis brevissimis brunneo-flavescentibus densissime vestitis, aliis longis acutissimis fragilibus verosimiliter urentibus dense intermixtis.

Blattstiel 2,5—3 cm lang, Blattspindel 15—18 cm lang. Blättchen 3—5 cm lang, 1—1,3 cm breit. Blütentraube (fruchttragend!) 1,3 bis 1,5 cm lang. Kapsel 2,5 cm lang, 8—9 mm dick, das nach rückwärts gekrümmte Horn ca. 2 cm lang und an der Basis 4 mm dick. Brennoder Stachelhaare ungefähr 3 mm lang.

Unteres Congogebiet, Luculla, in Wäldern als Liane (Herb. Bruxelles).

Steht der C. iomalla Gilg. am nächsten, unterscheidet sich aber sofort durch Behaarung und Form der Blätter und Blättchen.

Cnestis grandiflora Gilg n. sp.; frutex an volubilis (?); foliis imparipinnatis, petiolo rachideque parce longo pilosis, foliolis 6-jugis, ovatooblongis, breviter petiolulatis, lateralibus subobliquis, basi rotundatis vel rarius cordato-emarginatis, apice breviter acuminatis, apice ipso acutiusculis, rigide chartaceis, supra glaberrimis nitentibus, subtus opacis et praesertim ad nervos pilis longis fuscis laxe obsitis; floribus in racemos breves densifloros in axillis foliorum fasciculatos dispositis; sepalis densissime fulvo-tomentosis ovato-triangularibus; petalis lanceolatis vel lineari-lanceolatis sepala triplo superantibus, glabris; staminibus 10 minimis; carpidiis 5 liberis superne sensim in stylos filiformes petalorum cr. $^3/_4$ longit. adaequantes abeuntibus.

Blattstiel ungefähr 7 cm lang, Blattspindel 11—12 cm lang. Blättchen 4—6 cm lang, 1,5—2,5 cm breit. Blütentrauben 2,5—3 cm lang. Kelchblätter ungefähr 2 mm lang. Blumenblätter 6 mm lang, 1,5 mm breit.

Congogebiet, in Thälern zwischen den Flüssen Luachim und Chicapa (Marques n. 268, im Januar 1886 blühend).

Ist von allen mit langen Blumenblättern versehenen Arten dieser Gattung durch die Zusammensetzung des Blattes, die Form der Blättchen und die grossen Blüten aufs beste getrennt.

Manotes Staudtii Gilg n. sp.; frutex alte scandens ramis junioribus brunneo-tomentosis glabrescentibus, foliis impari-pinnatis 4 jugis, foliolis 3—4 mm longe petiolulatis oblongis vel obovato-oblongis glaberrimis, subcoriaceis, basi subrotundatis, apice breviter acuminatis, apice ipso obtusis, utrinque subnitidis, nervis utrinque 9—10 atque venis densissime et angustissime reticulatis supra subtusque subaequaliter prominentibus; inflorescentia terminali ampla thyrsoidea, multiflora, densissime ramosa, ramis elongatis iterum ramosis, pedunculis pedicellis calycibus densissime brunneo-tomentosis; sepalis lineari-lanceolatis acutis; petalis flavescentibus, extrinsecus denso et breviter pilosis sepala 2,5-plo longitudine superantibus, linearibus; staminibus 10,5 episepalis petalorum $^2/_5$ longit. adaequantibus fertilibus, 5 epipetalis episepalorum vix $^1/_3$ longit. adaequantibus, sterilibus, antheris minutis vel saepissime omnino abortivis; carpidio solitario, crasso, superne sensim in stylum longum filiforme abeunte.

Blattstiel etwa 8 cm lang, Spindel 9—10 cm lang. Blättchen 8 bis 9 cm lang, 3—4 cm breit. Blütenstand bis zu 45 cm lang, 30 cm breit. Blumenblätter ca. 5 mm lang.

Kamerun, Yaündestation, 800 m ü. M., im Urwald (Zenker et Staudt n. 122, im December 1893 blühend).

Ist durch Blattform und die eigenartigen Blütenverhältnisse von allen bisher bekannten Arten dieser Gattung scharf getrennt.

Tetracera Poggei Gilg n. sp.; ramis glabris; foliis ovali-oblongis vel elliptico-oblongis, glaberrimis, rigide membranaceis, integris, basi subsensim in petiolum brevissimum angustatis, apice breviter apiculatis, apice ipso acutis, laevibus vel parcissime scaberalis utrinque nitidulis, nervis venisque utrinque paullo prominentibus; floribus in paniculas vel racemos paucifloros, plerumque breves, sed saepius folia superantes dispositis, magnis, pulchris; pedicellis elongatis, sepala longitudine superantibus; sepalis late ovatis, extrinsecus glaberrimis, intus sericeo-puberulis, rotundatis, late imbricatis; petalis obovato-oblongis, rotundatis, sepala duplo longitudine superantibus; staminibus 40—60; ovariis glabris.

Blätter 4—8 cm lang, 2,5—4 cm breit. Blattstiel 2—3 mm lang. Blütenstielchen 6—7 mm lang. Kelchblätter cr. 7 mm lang, ebenso breit. Blumenblätter 1,3—1,4 cm lang, 6—7 mm breit.

Oberes Congogebiet, Mukenge (Pogge n. 605, im November 1881 blühend).

Diese Art ist die vierte bisher aus Afrika bekannt gewordene Dilleniacee. Schon durch ihre kahlen, glatten, dünnen, fast nervenlosen Blätter ist sie scharf von den übrigen afrikanischen Tetraceraarten geschieden. Bezüglich der Blütengrösse steht sie nicht viel hinter T. Boiviniana Baill. zurück.

Maesa Welwitschii Gilg n. sp.; frutex vel fruticulus (?) ramis junioribus flavescenti-pilosis, teretibus; foliis obovatis vel ovalibus, junioribus
puberulis, demun glabris, basi sensim in petiolum longum angustatis,
apice breviter acuminatis, apice ipso acutis, manifeste acuto-serratis vel
saepius dentatis, membranaceis; floribus racemosis, racemis axillaribus
paucifloris brevibus foliorum $\frac{1}{3}$—$\frac{1}{2}$ longit. adaequantibus saepiusque
petiolum longit. non superantibus; calycis tubo subcampanulato ovario
adnato, lobis ovato-triangularibus tubo subaequilongis; petalis quam
sepala sesquilongioribus.

Blattstiel 1,5—2 cm lang. Spreite 5—7,5 cm lang, 4—5 cm breit.
Blütentrauben höchstens 4 cm lang. Blütenstielchen 2—3 mm lang.

Angola (oder Benguella?) (Welwitsch n. 4794 und 4792).
Steht der M. lanceolata Forsk. nahe, ist aber von ihr durch die
kurzen, wenigblütigen Trauben gut verschieden.

Maesa angolensis Gilg n. sp.; frutex vel arbor glaber; foliis oblongo-
lanceolatis, subcoriaceis, integris vel obsolete emarginatis, basin versus
sensim in petiolum attenuatis apice acutis vel acutiusculis, nervis utrinque
7—8 supra paullo impressis, subtus manifeste prominentibus, venis omnino inconspicuis vel rarissime subtus prominulis; inflorescentiis axillaribus racemosis vel rarius paniculatis, paniculis parce ramosis brevibus
pro genere paucifloris; calyce (in fructu nondum satis maturo) ovario
adnato, dentibus liberis linearibus acutissimis cr. 1,5 mm longis.

Blätter 4—6 cm lang, 1,5—2,2 cm breit. Blattstiel 1—1,5 cm
lang. Inflorescenzen 4—5 cm lang. Blütenstiele 2,5—3 mm lang.

Angola (oder Benguella?) (Welwitsch n. 4797). — Vielleicht
gehört hierher auch Welwitsch n. 4798, welche mir leider nur in
Blattexemplaren vorlag.

Ist von der nächststehenden M. lanceolata Forsk. durch Blattform und Blütenstand gut geschieden.

Jasminum Schweinfurthii Gilg n. sp.; „frutex scandens“, dense
ramosus, ramis florigeris abbreviatis; junioribus flavescenti-pubes-
centibus, demum glabrescentibus; foliis oppositis petiolo laminae
$\frac{1}{5}$—$\frac{1}{7}$ longitudine adaequante instructis, ovatis vel oblongis
vel obovato-oblongis, basi rotundatis, apicem versus sensim longe acuminatis acutissimis, membranaceis, supra subtusque praesertim ad nervos
puberulis, opacis, nervis 5—6-lateralibus curvatis marginem petentibus;
floribus 6-meris aut solitariis axillaribus, pedunculo nullo, pedicellis
1,2—1,6 cm longis, aut geminatis (cymosis, flore intermedio abortivo),
pedunculo 1,1—1,2 cm longo, pedicellis 1—1,5 cm longis, tenuissimis,
subglabris; bracteolis minimis setaceis cr. 2 mm longis; calycis tubo
urceolato, laciniis lineari-setaceis $1\frac{1}{3}$-plo longioribus; corollae glabrae

tubo terete valde elongato quam laciniae lineares acutae subduplo longiore.

Blätter 3—4,2 cm lang, 1,4—2,3 cm breit, Blattstiel 5—6 mm lang. Kelchtubus 2,5 mm hoch, Zähne 3—3,3 mm lang. Krontubus 2,5 bis 2,8 cm lang, cr. 1 mm dick, Zipfel 1,3—1,4 cm lang, 1,5 mm breit.

Ghasalquellengebiet, Land der Monbuttu, bei Munsa (Schweinfurth n. 3419 [Nachtrag!], im April 1870 blühend.

Im Habitus und den Blättern der J. pauciflorum Bth. sehr ähnlich, jedoch sehr gut von derselben verschieden durch die doppelt so grossen Blüten und die längeren Blattstiele.

Jasminum dschuricum Gilg n. sp.; „frutex humilis erectus, cr. 20—40 cm altus, ramosus", ramis flavescenti-villosulis brevibus, flore vel floribus terminatis; foliis oppositis, petiolo laminae $\frac{1}{10}$—$\frac{1}{12}$ longitudine adaequante villoso instructis, ovalibus vel ovato-ovalibus, apice basique plerumque sensim angustatis, rarius apice longe acuminatis, apice ipso acutis, membranaceis, supra laxe subtus dense vel densissime flavescenti-tomentosis, nervis 3—4 lateralibus curvatis marginem petentibus; floribus 6—8-meris, plerumque ad apices ramorum solitariis, longipedunculatis (5—6 mm), rarius vel rarissime in cymam 3-floram dispositis, pedunculis brevioribus (2— 3 mm), „candidis vel albido-flavescentibus, suaveolentibus"; calycis tubo urceolato, laciniis lineari-setaceis 5—6 mm longis, tomentosis, tubo 2,5 vel 3-plo longioribus; corollae glabrae tubo terete elongato quam laciniae lineares acutae 1$\frac{4}{5}$-plo longiore; baccis globosis, nigris.

Blätter 1,5—3 cm lang, 1—1,5 cm breit, Blattstiel 1,5—2 mm lang. Kelchtubus cr. 2 mm hoch, Zähne 4—5 mm lang. Krontubus 2,2 bis 2,3 cm lang, cr. 1,5 mm dick, Zipfel 1,2—1,3 cm lang, 2 mm breit. Beeren 8—9 mm im Durchmesser.

Ghasalquellengebiet, Land der Dschur, Seriba Ghattas (Schweinfurth Ser. III. n. 99 und Ser. III. n. 252, im Mai 1871 blühend, im September mit unreifen Früchten), Gr. Seriba Agad in Wau (Schweinfurth n. 1668, im Mai 1869 blühend), schattige Waldstellen südl. von Kutschuk Ali's Gr. Seriba (Schweinfurth n. 1753, im Mai 1869 blühend), Felsabhang bei Dimo's Dorf (Schweinfurth n. 4258, im October 1870 mit reifen Früchten); Land der Dinka (Lao-District) (Schweinfurth Ser. III. n. 98, im Juni 1871 blühend).

Gehört wie die Vorige in die Verwandtschaft von J. pauciflorum Benth., ist aber von derselben habituell als aufrechter, niedriger Strauch, ferner durch die doppelt längeren Kelchzähne und die grösseren Blüten verschieden.

Mostuea Zenkeri Gilg n. sp.; frutex ramis junioribus pube-

rulis, demum glabris, teretiusculis; foliis ovalibus vel ovali-ellipticis,
apice rotundatis, basi sensim longe in petiolum laminae
6—8-plo breviorem angustatis membranaceis integris, supra
glabris sed margine ciliolatis, opacis, subtus praesertim ad
nervos modice dense pilosis, junioribus rubro-fuscescentibus utrinque
densius pilosis; floribus in apice ramulorum et in foliorum axillis in
cymas paucifloras (3—6-floras) dispositis, pedunculo er 1 cm longo,
pedicellis brevissimis 2—2,5 mm longis; calycis 5-partiti dentibus brevibus, aequalibus, ovato-triangularibus, acutissimis, parcissime pilosis;
corolla calyce 5—6-plo longiore, infundibuliformi; staminibus 5 aequilongis, corollae $^3/_5$ alt. adaequantibus.

„Niedriger Strauch." Blätter 2—4,5 cm lang, 1,2—2,2 cm breit.
Blattstiel 3—3,5 mm lang. Kelch ca. 2,5 mm hoch, davon betragen die
Kelchzähne ca. $^3/_4$ mm. Krone ca. 1,1 cm lang, Kronlappen 3—4 mm
hoch frei. Staubblätter (der untersuchten Blüten) 4—5 mm lang.

Kamerun, Yaundestation, Helendile Nordabhang (Zenker n. 211,
im März 1890 blühend).

Der M. Buchholzii Engl. am nächsten stehend, unterscheidet sie
sich von derselben hauptsächlich durch die abgerundeten, unterseits behaarten Blätter und die länger gestielten Cymen.

Nuxia pseudodentata Gilg n. sp.; foliis oppositis et decussatis, petiolatis, petiolo laminae $^1/_5$—$^1/_6$ longitudine adaequante,
late ovalibus usque ovali-lanceolatis, subcoriaceis, glaberrimis, opacis, in parte $^1/_3$ inferiore integris, apicem versus
manifeste dentatis, late acuminatis, apice ipso rotundatis, basi
sensim in petiolum angustatis; floribus in inflorescentiam cymosam valde
dichotome-ramosam, laxam, multifloram, thyrsoideam, folia superiora
multo superantem dispositis; pedicellis subglabris, glandulis microscopicis sessilibus hinc inde aspersis; calyce cano, revera glandulis microscopicis sessilibus in sicco albidis densissime
obtecto, campanulato; antheris longe exsertis.

Blätter 7—14 cm lang, 2,5—6 cm breit. Blattstiel 1—2 cm lang.
Blütenstand ca. 10 cm lang, 12—13 cm breit. Kelch 2,5 mm lang,
1,5 mm dick, Zähne etwa $^1/_2$ mm lang. Blumenblätter ca. 1,5 mm hoch,
Staubblätter ca. 3 mm hoch den Kelch überragend.

Comoren (Humblot n. 44).

Gehört in die Verwandtschaft der N. dentata R. Br., unterscheidet
sich aber von derselben ausser anderem durch die viel breiteren Blätter
und den ausgebreiteten Blütenstand.

Nuxia angolensis Gilg n. sp.; ramis angulosis, longitudinaliter
striatis; foliis subverticillatis, ternis, petiolatis, petiolo
laminae $^1/_7$—$^1/_8$ longitudine adaequantibus, subcoriaceis vel potius

coriaceis, lato ovali-oblongis vel saepius ovato-oblongis, basi sensim in petiolum angustatis, apice subacutis sed apice ipso brevissime apiculatis, integris vel obsolete emarginulatis, supra glaberrimis, laevibus, subnitidulis, subtus laxe pilosis, nervis venisque supra vix conspicuis, subtus distincte reticulatis; inflorescentiis cymosis, multifloris confertis, folia superiora sensim minora longe superantibus; antheris longissime exsertis.

Blätter 7—10 cm lang, 4—5 cm breit. Blattstiel 7—11 mm lang. Blütenstände 4—5 cm lang, 7—8 cm breit. Kelch ca. 4 mm lang, 2 mm dick, Zähne etwa 1 mm lang. Blumenblätter den Kelch etwa 2 mm hoch überragend.

Angola (oder Benguella?) (Welwitsch n. 5670 in herb. Berol.)

Unterscheidet sich von der nächststehenden über das ganze tropische Afrika verbreiteten N. congesta R. Br. vor allem durch die dickere Consistenz und die Breite der unterseits behaarten Blätter, ferner auch durch die kürzeren Kelche.

Nuxia neurophylla Gilg n. sp.; ramis nigrescentibus glabris; foliis oppositis et decussatis, petiolatis, petiolo lamina 5—6-plo breviore, ovali-oblongis, coriaceis vel rigide coriaceis, glaberrimis, integris, basi sensim in petiolum angustatis, apice acutis vel acutiusculis, supra nitentibus, venis secundariis impressis, tertiariis manifeste reticulatis, subtus opacis, venis secundariis late prominentibus arcuato-marginatis, tertiariis subinconspicuis; floribus in inflorescentiam cymosam valde dichotome-ramosam, multifloram thyrsoideam folia superiora longitudine subadaequantem dispositis; pedicellis glabrescentibus; calyce glabro laevi, campanulato; corollae fauce dense villoso; antheris longe exsertis.

Blätter 6—9 cm lang, 1,5—3 cm breit. Blattstiel 1,5—2 cm lang. Blütenstand 5—6 cm lang, 9—10 cm breit. Kelch ca. 2,5 mm lang, 1,5 mm dick, Zähne kaum $\frac{1}{2}$ mm lang. Blumenblätter ca. 1,5 mm hoch, Staubblätter 2—2,5 mm hoch den Kelch überragend.

Comoren (Humblot n. 1569).

Habituell sich am nächsten an N. congesta R. Br. anschliessend, aber durch Textur und Form des Blattes, Blütenstand und Kleinheit der Blüten auch von dieser leicht geschieden.

Strychnos Henriquesiana Gilg n. sp.; frutex (an volubilis?) glaber, ramis teretibus; foliis oblongis vel oblongo-lanceolatis, basi sensim in petiolum brevem attenuatis, apice longe acuminatis, apice ipso acutissimis, utrinque subnitentibus, margine parce revolutis, subcoriaceis, elasticis, nervis 3, 2 lateralibus paullo supra laminae basin abeuntibus semperque margini stricte parallelis supra non vel vix subtus valde prominentibus, nervis tertiariis venisque numerosis fere omnibus sub-

parallelis costa subrectangulis marginem petentibus supra paullo impressis, subtus manifeste prominentibus; floribus in cymulas axillares
solitarias vel 2—3 fasciculatas paucifloras semel vel rarissime bis divisas
dispositis; calyce brevissimo vix 1 mm alto lobis triangularibus acutis;
corollae tubo cylindraceo superne paullo ampliato, lobis tubi $^1/_3$ sub
adaequantibus ovato-triangularibus, intus ad tubi faucem barbatis.

Blattstiel 6—7 mm lang. Spreite 8—10 cm lang, 3,5—4 cm breit.
Inflorescenzen höchstens 1,4 cm lang. Blütenstielchen ca. 3 mm lang.
Kronröhre ca. 3 mm lang, Lappen ungefähr 1 mm lang.

Congogebiet, in Thälern längs des Flusses Lüachim (Marques
u. 273, im Januar 1886 blühend). — Mona n'gama der Eingeborenen.

Steht der Str. longicaudata Gilg am nächsten, ist aber von ihr
sehr stark verschieden. — Str. Henriquesiana Rolfe ist, wie ich an
Originalexemplaren feststellen konnte, nichts anderes als Str. pungens
Solereder. Ich konnte also ersteren Namen einer anderen Art dieser Gattung beilegen.

Strychnos Volkensii Gilg n. sp.; frutex excelsa, ramosa, ramis
subtragonis, albescentibus, glabris, hinc inde spinis curvatis axillaribus
evolutis; foliis late ovalibus vel elliptico-ovalibus, sub anthesi chartaceis, glaberrimis, petiolo laminae $^1/_6$—$^1/_8$ longitudine
adaequante instructis, apice subrotundatis vel acutiusculis, basin versus
sensim in petiolum angustatis, 5-nerviis, nervis lateralibus subaequalibus
supra immersis, subtus manifeste prominentibus, margini subparallelis,
jugo superiore in parte $^1/_4$ laminae longitudinis abeunte, venis inaequaliter
laxissime reticulatis; floribus 5-meris, „viridibus" in apice ramorum
in cymas amplas laxissimas multifloras pluries dicho-
tome divisas saepius in monochasia 3—5-flora abeuntes
dispositis; bracteis minimis, triangularibus, acutis; sepalis liberis
linearibus vel triangulari-linearibus acutissimis corollae $^2/_5$ longitudine vix adaequantibus; corollae tubo cylindraceo, segmentis triangularibus, tubi $^1/_3$ paullo superantibus.

„Bis 7 (oder 10 m?) hoher Strauch." Blätter (ausgewachsen) 4 bis
6 cm lang, 2—3 cm breit. Blütenstand 2—3 cm lang, 2—4 cm breit.
Blütenstiel ca. 1 cm lang, Blütenstielchen 4—6 mm lang. Kelchblätter
ca. 1,5 mm lang. Blumenkrone ca. 3 mm lang, davon betragen die
Zipfel etwa 1 mm.

Sansibarküste, Tanga, im Buschwald (Volkens n. 103, Holst
n. 2095, im Januar blühend). (Vielleicht gehört hierher auch Holst
n. 2670, in der Buschvegetation des Küstenlandes bei Amboni gesammelt. Genau entscheiden lässt sich dies jedoch nicht, da die
Exemplare in schlechtem Zustande und nur mit unreifen Früchten gesammelt sind!)

Ist durch Blattform, Nervatur und die kurzen Kelchblätter von der nahestehenden Str. laxa Solered. getrennt.

Anm. Es unterliegt mir kaum einem Zweifel, dass Strychnos spinosa Lam. aus der Flora des continentalen Afrika zu streichen sein wird und dass sich die sämmtlichen bisher hierher gestellten Exemplare aus dem tropischen Afrika als gut davon verschiedene Arten herausstellen werden. — Str. spinosa Lam. ist auf Madagascar und Mauritius sehr verbreitet und ist dort in seinen Merkmalen ausserordentlich constant, hauptsächlich durch seine geraden Dornen, die Blattform, die dichtgedrängten Cymen und die die Blumenkrone weit überragenden Kelchzähne characterisirt. Bei keiner einzigen der zahlreichen mir vorliegenden Exemplare des continentalen Afrika aus dieser Gruppe finden sich jene Merkmale wieder, so dass ich annehme, dass man auch hier — wie im tropischen Amerika bei der Gruppe der Str. Martii — gezwungen sein wird, bei Eintreffen von vollständigerem Material noch mehrere Arten aufzustellen!

Strychnos Miniungansamba Gilg n. sp.; frutex, ramis subtotragonis, albido-flavescentibus vel griseis, spinis recurvatis axillaribus non raro evolutis; foliis (sub anthesi) obovatis, apice rotundatis, basin versus in petiolum laminae er $^1/_4$ longitudine adaequante longe cuneatim angustatis, membranaceis, glaberrimis, 5-nerviis, nervis utrinque subaequaliter paullo prominentibus, lateralibus inferne margini subparallelis, apicem versus cum venis inaequaliter laxe reticulatis et evanescentibus; floribus 5-meris, ad apicem ramulorum brevissimorum 3—10 mm longorum, axillarium, aphyllorum vel foliis 2 oppositis instructorum in pseudoracemos paucifloros (8—15-floros) dispositis, racemi ramis plerumque unifloris, rarius monochasialiter 2-floris vel rarississime in cymam 3-floram evolutis; bracteis linearibus acutissimis 4—5 mm longis aeque ac pedunculis pedicellis dense tomentosis; sepalis liberis linearibus ciliolatis, ceterum glabris, corollam subaequantibus; corollae tubo urceolato, segmentis triangularibus, tubo $^2/_5$ adaequantibus.

„Miniungansamba incol." (d. h. Uebelkeit des Elephanten!) Blätter (noch jung!) 2—3 cm lang, 1,3—1,6 cm breit. Blütenstand (samt seinem Zweig!) 1—2,6 cm lang, 2 cm dick. Blütenstiel 3—5 mm lang, Blütenstielchen 3—5 mm lang. Kelchblätter ca. 3,5 mm lang. Blumenkrone 3,5—4 mm lang, davon betragen die Zipfel etwa 1,6 mm. „Frucht von Kindskopfgrösse."

Angola, Kahungula, Savannenstrauch (Buchner n. 617, im August 1880 blühend).

Durch Blütenstand und Blütenverhältnisse auf das beste von den

hierher gehörigen Arten der Gruppe der Str. spinosa Lam. getrennt.
Dem Eingeborenennamen nach zu schliessen ein gifthaltiger Strauch.

E. Gilg.

2. Diagnosen westindischer Arten.

Maytenus jamaicensis Kr. et Urb. n. sp.; ramulis hornotinis
superne plus minus compressis non angulatis; foliis 5—10 mm longe
petiolatis orbicularibus usque elliptico-oblongis, basi subtruncatis v.
rotundatis v. acutis, vix v. brevissime v. breviter et obtuse acuminatis,
5—17 cm longis, 3—8 cm latis aequilongis ac latis usque 3-plo longioribus, nervo medio supra prominente, lateralibus supra obsolete impressis v. parum v. obsolete, subtus magis prominentibus et tenuiter
v. obsolete reticulato-anastomosantibus coriaceis v. chartaceo-coriaceis,
non lineolatis, margine integro recurvatis v. revolutis; floribus fasciculatis, pedicellis floriferis 4—5 mm, fructiferis 5—6 mm longis; petalis
1,8—2,5 mm longis; fructibus cum stipite 12—15 mm longis.

Forma α. **orbicularis** Kr. et Urb. foliis orbicularibus usque ovatis
5—10 cm longis, aequilongis ac latis v. dimidio longioribus; petalis
breviter ovatis 1,8—2 mm longis.

Forma β. **longifolia** Kr. et Urb. foliis ovalibus, ovato-oblongis v.
elliptico-oblongis, ad apicem plerumque magis angustatis, 8—17 cm
longis, 2—3-plo longioribus quam latioribus; petalis ovalibus 2,5 mm
longis.

Habitat in Jamaica: Bot. Dep. Herb. (W. Harris) forma α.
n. 5331, 5420, 5430, 5460, forma β. n. 5470, 5505, 5570.

Maytenus Harrisii Kr. et Urb. n. sp.; ramulis hornotinis subteretibus; foliis 5—8 mm longe petiolatis ovatis v. ovalibus, basi acutis in
petiolum protractis, apice satis longe et anguste acuminatis, acumine
ipso plerumque obtusiusculo, 6—9 cm longis, 3—5 cm latis, cr. duplo
longioribus quam latioribus, nervo medio supra prominente, lateralibus
supra tenuissime prominulis non anastomosantibus, subtus tenuiter prominulis et tenuissime v. obsolete reticulato-anastomosantibus, chartaceis,
non v. obsoletissime lineolatis, margine integris v. superne subundu-
latis, planis v. anguste subrecurvatis; floribus fasciculatis, pedicellis
fructiferis 6—10 mm longis; fructibus obovatis v. anguste obovatis
15—17 mm longis.

Habitat in Jamaica Bot. Dep. Herb. (W. Harris) n. 5266.

Mosquitoxylum Kr. et Urb. (nov. genus Anacardiacearum). Flores
dioeci, regulares 5-meri. Sepala inter sese libera quincuncialiter imbricata persistentia. Petala aequalia imbricata suberecta calyce longiora. Stamina 5, margine disci carnosi medio inserta; filamenta

subulata, in fcm. minima; antherae dorsifixae, introrsum dehiscentes, in fl. fem. minimae cassae. Ovarium sessile, suboblique globulosum; ovulum lateraliter supra loculi basin punctiformi-affixum, appendice basali curvata ampla ultra insertionem producta (funiculo Rhois analoga) instructum et suspensum, micropyle sublaterali; stylus centralis brevis apice 3-fidus, lobis subcapitatis extrinsecus stigmatiferis. Capsula breviter oblique ovalis, compressa, exocarpio tenui non resinifero, endocarpio tenuiter osseo, paullo dehiscens. Semen.... — Arbor jamaicensis. Folia alterna, imparipinnata, foliolis integris. Flores parvi sessiles in panniculas e spicis compositas laterales collecti.

Obs. A Rhoe, cui arcte affine, fabrica ovuli et fructus dehiscentia diversum.

Mosquitoxylum jamaicense Kr. et Urb.; ramis glabratis; foliis 5—8-jugis, foliolis lateralibus 5—7 mm longe petiolulatis, obovato-ellipticis v. obovato-oblongis, basi valde inaequilatera in petiolulum protractis, apice brevissime et obtuse acuminatis, 5—7,5 cm longis, 2—2,5 cm latis, $2\frac{1}{2}$—3-plo longioribus quam latioribus, inferioribus sensim brevioribus et minoribus, nervo medio supra prominente, lateralibus supra vix prominulis v. subimpressis et parum impresso-anastomosantibus, subtus prominulis, minutissime pilosulis; floribus sessilibus; sepalis breviter ovatis v. suborbicularibus, apice obtusissimis; petalis ovatis; ovario glabro laevi; capsula glabra 7—8 mm oblique longa, 5—6 mm lata.

Habitat in Jamaica occid. distr. Hanover: Bot. Dep. Herb. (J. H. Hart) n. 1287, B. Spencer Heaven. — Mosquito wood Jamaic.

Myrsine acrantha Kr. et Urb. n. sp.; ramis junioribus glabris; foliis 7—10 mm longe petiolatis, obovatis v. obovato-oblongis, inferne subcuneatis, basi paullum in petiolum protractis, apice obtusissimis v. rotundatis, saepius emarginatis, 5—7 cm longis, 2,5—3,5 cm latis, 2—$2\frac{1}{2}$-plo longioribus quam latioribus, utrinque tenuiter nervosis, subpellucido-punctatis, chartaceis; florum fasciculis ad apicem ramorum dense spiciformi-dispositis, pedicellis 1 mm longis; floribus 4-meris; petalis liberis oblongo-lanceolatis obtusis 2,2 mm longis; stigmate minuto sessili.

Habitat in Jamaica: Bot. Dep. Herb. (W. Harris) n. 5398.

Ardisia densiflora Kr. et Urb. n. sp. ramis junioribus ad apicem ferrugineo-pulverulentis; foliis 5—8 mm longe petiolatis, obovato-oblongis usque oblongis, ad basin sensim angustatis, apice obtusis v. brevissime et obtuse acuminatis, 8—12 cm longis, 3—4 cm latis, cr. 3-plo longioribus quam latioribus, utrinque tenuiter nervosis; panniculis terminalibus 5—7 cm longis, pedicellis 2—3 mm longis; sepalis 1,8—2 mm longis; petalis 5 mm longis, in $\frac{1}{4}$ alt. connatis, lobis ovali-oblongis; antheris triangulari-oblongis apiculatis, quam filamenta 2½-plo brevioribus, fere ad basin dehiscentibus; stylo 3 mm longo; fructu o basi subtruncata globuloso brevissime apiculato, 10—13 mm diametro.

Habitat in Jamaica: Bot. Dep. Herb. (W. Harris) n. 5227, 5431.

Macrocarpaea Hartii Kr. et Urb. n. sp.; foliis inferioribus 3—5 cm longe petiolatis, obovato-cuneatis, breviter acuminatis, basi valde sensim in petiolum angustatis, 30—40 cm longis, 12—15 cm latis, superioribus 3—1 cm longe petiolatis, obovato-spathulatis, brevissime nunc abrupte acuminatis, 12—25 cm longis, 6—10 cm latis, ramealibus 5—2 mm longe petiolatis, pluries minoribus obovato-ellipticis; inflorescentiis panniculatis multifloris, pedicellis 5—10 mm longis; calyce obovato 8—9 mm longo, lobis semiovalibus v. suborbicularibus; corolla calycem duplo superante, 25—28 mm longa, lobis ovatis; filamentis et stylo tubum corollae subaequantibus; capsula anguste oblonga sensim et longe acuminata, 20 ad 25 mm longa, cr. 5 mm crassa.

Habitat in Jamaica: Bot. Dep. Herb. (J. H. Hart et W. Harris) n. 1417, 5352.

Cordia Fawcettii Kr. et Urb. n. sp. (e sectione Myxae); ramis teretibus sicut foliis, inflorescentiis, calyce brevissime pilosis; foliis 12—15 mm longe petiolatis, ovatis basi obsolete cordatis, apice breviter et subabrupte acuminatis, 12—17 cm longis, 7—10 cm latis, margine subplano crenulatis v. subintegris, chartaceis; corymbo terminali bis ter dichotomo, floribus secus ramulos extremos unilateraliter dispositis sessilibus; calyce in alabastro plane clauso ovali 6—7 mm longo, sub anthesi 5-lobo, coriaceo; corollae tubo calyci subaequilongo, lobis oblongis; staminibus ad basin setulosis, exsertis, drupa breviter oblique globulosa, 12—15 mm diametro.

Habitat in Jamaica: Bot. Dep. Herb. (W. Harris) n. 5342.

Saracha antillana Kr. et Urb. n. sp.; annua, caule inferne obtuse 5-, superne 3—4-angulo, pilis articulatis cito collabentibus et crispulis vestito; foliis 5—2 cm longe petiolatis, ambitu ovatis, basi rotundata v. subtruncata abrupte et longe in petiolum protractis, apice breviter v. mediocriter acuminatis, 12—6 cm longis, 9—4 cm latis, ca. dimidio longioribus quam latioribus, grosse sinuato-dentatis, dentibus utrinque ca. 4 triangularibus obtusis integris, sinubus rotundatis, utrinque puberulis; inflorescentiis 3—5-floris, pedunculis 5—15 mm, pedicellis 6—10 mm longis, rectis; calyce in ⅓—⅖ alt. coalito, sub anthesi 4—4,5 mm, sub fructu 7—9 mm longo, lobis ovatis obtusiusculis; corolla ca. 5 mm longa; stylo 3 mm longo; bacca 6—7 mm diametro.

Habitat in Jamaica: Bot. Dep. Herb. (W. Harris) n. 5109, 5522.

I. Urban.

Im Verlag der **M. Rieger'schen Universitäts-Buchhandlung (Gustav Himmer)** in München erschien jetzt eine billigere Ausgabe der

Monographie der Abietineen
des Japanischen Reiches
(Tannen, Fichten, Tsugen, Lärchen und Kiefern)

in systematischer, geographischer und forstlicher Beziehung.

Bearbeitet von

Dr. Heinrich Mayr,
Professor an der Universität München.

4. Mit 7 uncolorirten Originaltafeln.

Preis cart. Mk. 10.—, color. Ausgabe Mk. 20.—.

Im Druck befindet sich:

Die Vegetation der Erde.
Sammlung pflanzengeographischer Monographieen

herausgegeben von

A. Engler und O. Drude.
I.
Grundzüge der Pflanzenverbreitung auf der iberischen Halbinsel
von
Moritz Willkomm.

Ein Band von etwa 20 Bogen in gr. 8. mit 2 Karten.

Soeben erschien:

Handbuch
für
botanische Bestimmungsübungen
von
Dr. Franz Niedenzu
o. ö. Professor und Leiter des botanischen Gartens am Kgl. Lyceum Hosianum
zu Braunsberg, O.-Pr.

Mit 15 Figuren im Text.

8. Geh. Mk. 4.—; geb. (in Ganzleinen) Mk. 4.75.

Druck von E. Buchbinder in Neu-Ruppin.

Notizblatt

des

Königl. botanischen Gartens und Museums zu Berlin.

No. 3. Ausgegeben am **26. Novbr. 1895.**

Nur durch den Buchhandel zu beziehen.

✱

In Commission bei Wilhelm Engelmann in Leipzig.

1895.

Preis 1,20 Mk.

Notizblatt

des

Königl. botanischen Gartens und Museums zu Berlin.

No. 3. Ausgegeben am **26. Novbr. 1895.**

I. Bemerkenswerte seltenere Pflanzen des Berliner Gartens, welche in denselben in letzter Zeit aus ihrer Heimat eingeführt wurden.

Zephyranthes Taubertiana Harms n. sp.; foliis anguste linearibus, supra ± canaliculatis vel subplanis, apice acutis vel obtusis; pedunculo longo tereti unifloro fistuloso; spatha membranacea apice bifida, pedicelli longitudinem $\frac{1}{2}$-plo vel rarius $\frac{2}{3}$-plo aequante; pedicello tereti; floris leviter inclinati tubo brevissimo, perigonio pedicellum paullulo longitudine superante, sepalis dorso ad basin inter se solutis oblongis vel lanceolatis, basin versus viridescentibus ceterum alborosaceis, apice acutis vel obtusis basin versus paullo angustatis 3 exterioribus quam interiores paullo latioribus exteriorum supremo eorum latissimo, interiorum infimo eorum angustissimo; corona ad tubi brevissimi faucem minuta e laminis lacerato-fimbriatis composita, supra filamentorum basin e tepalis emergentibus; staminibus deflexis, filamentis versus tubi faucem insertis filiformibus inter se longitudine diversis, antheris versatilibus semilunatis stigma non attingentibus; stylo declinato filiformi stigmate trilobo, lobis filiformibus recurvis.

Das vorliegende, im Topf kultivierte Exemplar besteht aus mehreren Knollen, aus der Erde ragen nur die häutigen, vertrockneten Blattbasen als cylindrische braune Stümpfe hervor. Die Blätter erreichen eine Länge von etwa 20—30 cm, an jeder Knollenspitze, d. h. an jedem der herausragenden Stümpfe, steht meist nur ein einziges, selten 2—3 Blätter, die meisten sind etwa 3—4 mm breit, das längste der vorhandenen Blätter, welches fast 30 cm lang ist, besitzt eine Breite von 9 mm. Die Blätter sind ziemlich dunkelgrün, auf der Oberseite meist mit einer

6

Furche versehen, oder seltener fast flach. Die Blütenschäfte treten
seitlich an den grösseren der aus der Erde herausragenden Stümpfe
auf; dieselben Stümpfe, welche Blütenschäfte zeigen, besitzen keine
frischen Blätter. Von den beiden augenblicklich vorhandenen Blütenschäften besitzt der eine eine Länge von 20, der andere von 27 cm
bis zur Insertion der Spatha; diese selbst ist 4—4,5 cm lang. Der
Pedicellus ist 7,3—7,5 cm lang, der Fruchtknoten besitzt eine Länge
von 7—9 mm. Der Blütenschaft zeigt etwas oberhalb des Grundes
einen Durchmesser von 5—7 mm; der Durchmesser des Blütenstieles
beträgt 3—3,5 mm. Die Blüte ist schwach geneigt; durch Abwärts-
biegung der Geschlechtsorgane, sowie durch ungleiche Grösse der
Perigonzipfel ist sie schwach zygomorph. Die Stellung der Blüte ist
so, dass von den drei äusseren Perigonblättern das breiteste nach oben
gerichtet ist, während das unterste Blatt, das zugleich das schmälste
ist, dem inneren Kreise angehört. Die Perigonblätter sind etwa 8,5 cm
lang, in der Breite derselben bestehen einige Verschiedenheiten, zunächst
sind die drei äusseren etwas breiter als die drei inneren, und von den
drei äusseren ist das nach oben liegende am breitesten (fast 3 cm breit);
die beiden seitlichen der äusseren Perigonblätter sind etwa 2,5 cm breit,
von den drei inneren ist das unten liegende das schmälste (1,7 cm breit),
die anderen beiden sind etwa 2 cm breit. Die Perigonblätter sind am
Grunde zu einem sehr kurzen gemeinsamen Tubus vereint, welcher indessen nicht scharf abgesetzt ist, die seitlichen Teile der Perigonblätter
sind bis zum Fruchtknoten herab frei von einander. Am Rande dieses
Tubus sind die Staubfäden inseriert, und jedes Perigonblatt trägt oberhalb der Insertion der Staubfäden eine schwache, aus einigen kurzen
Fransen bestehende Nebenkronenbildung, welche 2—3 mm lang ist.
Der Griffel ist etwa 5,5 cm lang. Die Färbung der Perigonblätter ist
am Grunde eine hellgrüne; dieses Hellgrün geht allmählich in Weiss
über, der obere grössere Teil derselben zeigt eine ausserordentlich zarte
Rosafärbung. Ein ausgeprägter Geruch ist nicht wahrzunehmen.

Diese Pflanze gehört wegen des einblütigen Schaftes zur Gattung
Zephyranthes; nach der von Baker (Handb. of Amaryll., p. 30)
gegebenen Einteilung müsste sie wegen der schwach geneigten, nicht
aufrechten Blüten in die Section Zephyrites zu rechnen sein; da das
Perianth mindestens 3 inches lang ist, so kämen für nähere Vergleichung
die Arten 19—23 (l. c. p. 35—36) in Betracht; bei Sp. 19—22 ist jedoch
das Verhältnis zwischen Spatha und Blütenstiel ein anderes, da jene
länger, ebenso lang oder nur wenig kürzer als dieser ist. Z. concolor
S. Wats. weicht ab durch gelbe Färbung des kürzeren Perianths; auch
bei Z. andicola Baker ist die Farbe eine andere („bright violet"),
wie auch das Perianth kürzer ist.

Aus der Gattung Hippeastrum (Baker, Amaryll. p. 41) könnte
man eine der zur Section Habranthus (Herb.) gestellten Arten mit
1—2blütiger Dolde zum Vergleich mit unserer Pflanze heranziehen
(Sp. 1—5, l. c. p. 42—43); nach der Beschreibung, sowie nach Trocken-
material weicht jedoch jede dieser Arten von unserer Art ab. — Baker
(l. c. p. 31) erwähnt eine Zephyranthes lilacina Liebm. (vergl.
Linnaea XVIII. 509), welche in der Länge des Perianths (3poll.) unserer
Art gleicht; diese Art, welche ganz unvollkommen bekannt ist, wird
auch von Baker nur beiläufig erwähnt, so dass sie keine eingehendere
Berücksichtigung verdient, die Spatha soll nur „pollicaris" gewesen
sein, was auf unsere Pflanze gleichfalls nicht passt, die Heimat von
Z. lilacina ist unbekannt, sie wurde nach einem im Kopenhagener
Garten kultivierten Exemplar beschrieben. — Die hier beschriebene
Pflanze wurde aus Knollen gezogen, welche Herr Dr. Fritz Müller
in Blumenau eingesandt hatte.

Masdevallia calyptrata Kränzl. n. sp.; foliis longe petiolatis pedicello
saepius folium aequante, lanceolato in petiolum contracto apice obtuso,
scapis unifloris folia aequantibus v. brevioribus, bractea maxima ovarium
et basin cyathii supra dimidium usque amplectante carinata acuta, cyatho
2 cm longo compresso subclauso v. antice angustato, labii superioris v.
sepali dorsalis parte libera triangula in caudam filiformem 3,5 cm longam
protracto, labio inferiore multo longiore sepalis lateralibus apice tantum
liberis ibi triangulis in caudas 3 cm longas protractis, toto cyathio
aurantiaco sc. luteo dense purpureo-suffuso; petalis transsectione triangulis
longe rhombeis apice oblique resectis erosalis; labello dimidium usque
late lineari v. oblongo deinde subito angustato oblongo antice obtuse
acutato, gynostemio labello aequilongo, margine androclinii profundi
integro.

Die Blätter der Pflanze sind auffällig lang gestielt und ziemlich
dünn, der Blattstiel ist bis zur Basis herunter gerillt, die Blattfläche
ist bis zu 12 cm lang und nicht voll 3 cm breit. Die Blütenstiele sind
drehrund, ebenso lang oder wenig länger als die Blätter und tragen
oben ein sehr grosses, kapuzenförmiges Deckblatt, welches den sehr
kurzen Fruchtknoten und die ganze Basis der Blüte scheidenartig um-
giebt. Der Blütenstiel war bei allen Exemplaren, welche ich sah, stets
einblütig und niemals succesiv mehrblütig. Die Oberlippe der Blüte
hat einen kurzen, freien, dreieckigen Teil nebst einem 3 cm langen
Schwanz, die sehr viel längere Unterlippe ist weithin verwachsen, ihre
freien Teile sind der Oberlippe sehr ähnlich, nur etwas kürzer, der
ganze Sepalenkelch ist vorn etwas verengt und seitlich zusammengedrückt, seine Farbe ist ein eigentümliches Mittelding zwischen gelb
und orangerot, die Schwänze sind gelb; die sehr kleinen Petalen sind

6*

weiss, im Querschnitt dreieckig und an der Spitze etwas gezähnelt. Die Lippe hat zwei wenig entwickelte Seitenlappen, welche wie seitliche Ausbuchtungen aussehen; der Mittellappen ist länglich und stumpf, die Spitzen der Petalen und Lippe sind stark verdickt; auch die Lippe ist weiss, mit ein wenig Rot an der Spitze; die Säule ist ebenso lang als die Lippe und hat einen auffällig breiten Saum um das Androclinium.

Es liegt natürlich nahe, an Masdevallia cucullata Lindl. zu denken, deren Deckblatt ebenfalls in derselben Weise den Fruchtknoten und die Basis des Sepalenkelches umhüllt, ebenfalls gerillte Blattstiele und streng einblütige Blütenschäfte hat.

Lobelia Volkensii Engl. var. **ulugurensis** Engl. Siehe am Schluss unter X.

II. Versuchskulturen im Berliner Garten, Anzuchten und Sendungen nach den Kolonien.

Von den im botanischen Garten herangezogenen tropischen Nutzpflanzen wurde in letzter Zeit eine grössere Anzahl Exemplare, die für die neu zu begründende landwirtschaftliche und wissenschaftliche Station zu Korogwe bestimmt sind, abgegeben. Es waren im Ganzen 165 Exemplare von folgenden Arten:

Agave rigida var. Sisalana, Amomum Meleguetta, Maranta arundinacea, Piper nigrum, Boehmeria nivea, Chlorophora tinctoria, Anona Cherimolia, A. muricata, A. squamosa, Michelia Champaca, Persea gratissima, Quillaja Saponaria, Haematoxylon campechianum, Hymenaea Courbaril, Parkia biglandulosa, Pterocarpus santalinus, Toluifera balsamum, Averrhoa Carambola, Erythroxylon Coca, Amyris balsamifera, Cedrela odorata, Aleurites triloba, Croton Tiglium, Hevea brasiliensis, Spondias dulcis, S. Mombin, Paullinia sorbilis, Schleichera trijuga, Thea chinensis, Garcinia Xanthochymus, Bixa Orellana, Passiflora edulis, Jambosa vulgaris, Terminalia Belerica, T. Catappa, Achras Sapota, Chrysophyllum Cainito, Jllipe latifolia, Mimusops Balata, M. Elengi, Landolphia florida, L. Watsoni, Strophanthus Ledienii, S. scandens, Crescentia Cujete, Jacaranda ovalifolia, Tecoma grandis, Cinchona Calisaya, C. robusta, Psychotria emetica, Uragoga Ipecacuanha.

III. Über Krankheiten von Kulturpflanzen.

Von

P. Hennings.

1. Über zwei sehr schädliche, durch Pestalozzia-Arten verursachte Baumkrankheiten im Berliner botanischen Garten.

Seit mehreren Jahren zeigen sich zahlreiche Weidenarten im Salicetum mit merkwürdigen gallenartigen Auswüchsen und Krebsgeschwüren an den Zweigen behaftet, wodurch die Sträucher ein eigentümliches, abnormes Aussehen erhalten. Diese Gallenbildungen werden durch einen Pilz, Pestalozzia gongrogena Temme, in Thiels Landwirth. Jahrb. XVI. (1887) p. 437, hervorgerufen.

Nachweislich ist dieser Pilz mit einer hochstämmigen Salix Caprea L. f. pendula aus den Späth'schen Baumschulen etwa im Jahre 1887 in den botanischen Garten eingeschleppt worden. Es traten an den Zweigen dieser Pflanze mehr oder weniger grosse, kropfartige Beulen auf, die sich von Jahr zu Jahr vermehrten und durch Dickenwachstum vergrösserten. Schon nach einigen Jahren wurde die infolge dieser Krankheit sehr verunstaltete und zum Theil abgestorbene Pflanze entfernt.

Derzeitig hielt ich Gallwespenlarven für die Ursache der Gallenbildung und legte der Krankheit keine weitere Bedeutung bei. Aber nach und nach zeigten die in der Umgebung stehenden Weidenbüsche, und zwar die verschiedensten Arten, diese Kropfbildung mehr oder weniger. Die im Frühlinge austreibenden Triebe und Blütenkätzchen waren in grosser Zahl verbildet, stark angeschwollen, und nahmen sowohl die Blätter als auch die Kätzchen eine abnorme Form an. Von Jahr zu Jahr steigerte sich diese krankhafte Erscheinung und breitete sich mehr und mehr aus. Die anfangs grünen, durch übermässige Sprossentwickelung ausgezeichneten Gallenbildungen, die meist in grosser Zahl an den vorjährigen Längstrieben auftreten, pflegen bereits gegen Herbst zu verholzen und eine braune Färbung anzunehmen. Die Blätter und zahlreichen Triebe, welche sie bedecken, sterben dann allmählich ab. Im nächsten Jahre vergrössert sich die Galle beträchtlich, sie ist völlig verholzt und runzelig, und tritt dann bei feuchtem Wetter wohl der Conidienpilz hervor. Oft wird die Galle von Insektenlarven bewohnt, ebenso die jungen Blätter von einer Phytoptus-Art.

Im vorigen Sommer wurden von den befallenen Büschen die mit Gallen behafteten Zweige abgeschnitten und hat sich seitdem die Krankheit in weit geringerem Grade bemerkbar gemacht. Einzelne, früher völlig mit Gallen besetzte Büsche sind diesjährig völlig frei von Gallen geblieben. —

In ähnlicher Weise tritt im botanischen Garten seit etwa 4 bis 5 Jahren eine Gallenkrankheit auf nordamerikanischen Abies-Arten auf. Diese zeigte sich zuerst auf einer reichlich 2 m hohen Abies nobilis, die etwa 1890 aus einer Tempelhofer Baumschule bezogen wurde. Die jungen Triebe, die im Frühjahr aus den Endknospen der Zweige hervorgehen, zeigen sich stark verdickt und oft sehr verkürzt. Später fallen die Nadeln ab, die Gallenbildung verdickt sich mehr und mehr und nimmt im Innern eine fast fleischige, dabei körnige Beschaffenheit an. Gegen Herbst beginnen sie mehr zu verholzen und im Innern oft bräunlich zu werden. Aus diesen Gallen gehen im nächsten Frühling meist wieder gallenartig angeschwollene Triebe hervor. Die älteren Gallen wachsen dabei meist in die Breite weiter aus. Diese Gallenbildung wiederholt sich nun von Jahr zu Jahr und nehmen die gallentragenden Zweige schliesslich ein fast rosenkranzartiges Aussehen an.

Oft tritt aus den Spitzen der einjährigen Gallen im nächsten Frühling Harzausfluss hervor; es vermögen sich diese dann nicht weiter zu entwickeln und sterben schliesslich ab.

Die Grösse der Gallen variiert zwischen 1—5 cm im Durchmesser. Die Gestalt derselben ist gewöhnlich sehr verschieden, bald breitlappig, bald kugelig, bald rosenkranzförmig, bald hakenförmig. Die Berindung ist in der Färbung von der der Zweige kaum verschieden, die Gallen sind meist etwas runzelig oder warzig, mit den Narben der abgefallenen Nadeln bedeckt. Leider hat sich diese Krankheit auf verschiedene in der Nähe stehende, meist junge Abies-Exemplare, so auf A. subalpina, nobilis, balsamea, Pichta, ausgebreitet, und sind bei diesen häufig die Zweigspitzen gallenartig angeschwollen und oft schon abgestorben.

Für die Ursache dieser Krankheit hielt ich mit Rücksicht auf die vorherbeschriebene Weidenkropfkrankheit von Anfang an eine Pestalozzia-Art. Bei der Untersuchung älterer Gallen im Mai d. J. fand ich innerhalb der Zellen wohl Mycel, nirgends aber eine Spur des Pilz-Fruchtkörpers. Einige Gallenzweige wurden von mir angefeuchtet und in ein Glasgefäss verschlossen. Erst nach Verlauf von ca. 8 Wochen bemerkte ich auf der Rinde der Gallen zahlreiche kleine, schwarzviolette Pusteln, die aus dieser hervorgebrochen waren. Die mikroskopische Untersuchung ergab nun, dass diese Pusteln aus zahllosen Sporen einer Pestalozzia bestanden.

Diese Sporen besitzen eine länglich walzenförmige Gestalt und sind durch drei Wände quergeteilt. Die beiden gleichgrossen mittleren Zellen sind dunkelbraun gefärbt, die beiden Endzellen sind farblos, sehr kurz, von fast warzenförmiger Form. Die obere hyaline Zelle trägt 3, meist seitlich abstehende, farblose Borsten. Die Grösse der Spore ohne diese ist 10—17 × 5—6 μ im Durchmesser, während die sehr dünnen Borsten ca. 25 μ lang sind.

Der Pilz ist von den beschriebenen Pestalozzia-Arten, deren es über 140 giebt, jedenfalls verschieden, zumal keine der auf Nadelhölzern beobachteten 12 Arten gallenartige Bildungen hervorruft. Am nächsten steht die Art wohl der P. Hartigii Tubeuf (Beitr. Baumkrankh. p. 40, t. V.), die auf Rinde von Stämmen der Abies pectinata in Bayern beobachtet worden ist.

Die Beschreibung der Art, die ich Pestalozzia tumefaciens bezeichne, lautet: acervulis gregariis pulvinatis, violaceo-aterrimis, dein saepe confluentibus, applanatis; conidiis cylindraceo-oblongis, 3 septatis, rectis vel subcurvulis 14—17 × 5—6 μ loculis mediis atrofuscis ca. 10—12 μ longis, loculis extinis hyalinis, minimis, subpapilliformibus, superiore setis tribus filiformibus, hyalinis usque ad 25 μ longis.

Habitat: in ramis Abietis nobilis, subalpinae, balsameae, Pichtae in quibus tumores efficit.

Um eine weitere Ausbreitung der verderblichen Krankheit zu verhindern, dürfte ein Ausroden der kranken Stämme und das Verbrennen derselben das sicherste Mittel sein.

2. Die Pilzkrankheiten kultivierter Vanille-Arten.

In den Vanille-Kulturen tropischer Kolonien, so besonders auf Mauritius, den Seychellen, Réunion u. s. w. ist während der letzten Jahre eine Pilzkrankheit beobachtet worden, welche den Pflanzen äusserst schädlich ist und den Ertrag derselben hervorragend geschädigt hat. Diese Krankheit, die jedoch ebenfalls in Venezuela und N.-Granada vorkommt, wird durch einen Schlauchpilz, Calospora Vanillae Massee, sowie durch dessen Conidienformen hervorgerufen. Die Krankheit tritt sowohl an den Blättern als an den jungen Früchten auf, letztere werden gewöhnlich in der Mitte oder an den Enden schwarz und fallen binnen wenigen Tagen ab.

Auf der Oberseite, seltener auf der Unterseite der grünen Blätter zeigen sich in kleinen Gruppen kleine hellfleischfarbige, später bräunliche Pusteln in bleichen Flecken. Die Pusteln bestehen aus länglichelliptischen, graden, beiderseits abgerundeten, farblosen, 9—10 μ langen, $3^{1}/_{2}$—4 μ breiten Conidien, die von fadenförmigen Trägern (14—16 × 3 μ)

abgeschnürt werden. Hin und wieder treten die Pusteln auch auf
Stengeln und Luftwurzeln auf.

Die Blätter sterben nach und nach ab, und tritt auf ihnen alsdann
eine zweite Pilzform, ein Pycnidenstadium hervor. Dieses macht sich
in runden, bis 5 cm grossen Gruppen in punktförmigen, schwarzen,
kugeligen, oben geöffneten Pusteln auf der Blattoberseite bemerkbar.
Die reifen Pyncidensporen, welche länglich-elliptisch, farblos, 14—16 μ
lang, 5—7 μ breit sind, werden in hellgelben, wachsartig aussehenden
Ranken, die oft in unregelmässiger Masse zusammenfliessen, entleert.
Diese beiden Fruchtformen des Pilzes entstehen aus einem unter der
Epidermis wuchernden Mycel, welches bei der Pycnidenform in die Zell-
substanz der Blätter eindringt und diese zerstört. Aus den abgestorbenen und feucht gehaltenen Blättern entwickelt sich schliesslich die
Askenform des Pilzes. Die Perithecien enthalten cylindrisch-keulen-
förmige Schläuche, die 90—100 μ lang, 12—14 μ breit sind und
zwischen denen sich fadenförmige, ungeteilte Paraphysen finden. Im
Innern der Schläuche bilden sich acht rundlich-cylindrische, schwach
gekrümmte, mit drei Scheidewänden versehene, 15—16 × 5 μ grosse
farblose Sporen, die in zwei Reihen liegen. — Bei Feuchtigkeit vermögen diese binnen kurzer Zeit zu keimen, und entwickelt sich auf
Vanilleblättern hieraus die zuerst beschriebene Conidiengeneration.
Durch Übertragung der Sporen auf Blätter von Oncidium- und Dendro-
bium-Arten in Warmhäusern des Kew-Gartens wurde der Pilz von
G. Massée daselbst in allen Stadien zur Entwickelung gebracht.

Ein Verbrennen sämtlicher von dem Pilz befallenen Pflanzenteile,
sowie überhaupt aller trockenen Blätter ist durchaus notwendig, um
eine Verbreitung der Krankheit zu verhüten. —

Neuerdings erhielt das botanische Museum eine Vanillefrucht aus
Kamerun, von der Yaúnde-Station, von Zenker zugesandt, die anscheinend
von diesem Pilz befallen war.

Eine eigentümliche, bisher unbekannte Blattkrankheit findet sich
auf Blättern kultivierter Vanille, die ich neuerdings durch Herrn
Dr. Bussé, der sie aus Colima in Mexiko erhalten hatte, empfing. Es
ist dies eine Stictidee, die ich Ocellaria Vanillae nenne.

Der Pilz tritt in unregelmässigen dunklen Flecken auf der Blattoberseite auf. Die Epidermis erscheint wie durch zahlreiche feine
Nadelstiche verletzt. Unter der Loupe erscheinen diese Vertiefungen
als schwärzliche Schüsseln mit etwas verdicktem, bleichem Rand, die
fast eingesenkt sind. Unterhalb der Epidermis zeigt sich das Zell-
gewebe zerstört, bei trockenen Blättern von schwärzlicher Färbung.
Die sehr kleinen Fruchtkörper enthalten keulig-cylindrische Schläuche,
die meist ungestielt, 45—60 μ lang, 9—11 μ breit sind. Jeder Schlauch

entwickelt acht oblonge, schwach gekrümmte, ungeteilte, farblose, beiderseits abgerundete, mit zwei Öltröpfchen versehene, 13—14 μ lange,
4½—5½ μ breite Sporen.

Der Pilz ist jedenfalls der Pflanze sehr nachteilig, und sind die
von diesem befallenen Blätter gleichfalls durch Verbrennen zu zerstören.
Ob sich der Pilz ebenfalls auf Stengeln und Früchten findet, habe ich
nicht feststellen können.

In Blättern derselben Pflanze, die ich durch Dr. Bussé aus
Colima erhielt, tritt ausserdem noch ein Gloeosporium auf, welches
von Gl. Vanillae Cooke und Masse verschieden zu sein scheint.

Dasselbe zeigt sich auf der Unterseite der Blätter in kleinen
Flecken herdenweise als sehr kleine, fleischrote Pusteln von rundlich
polsterförmiger Gestalt und fast wachsartiger Beschaffenheit. Diese
bestehen aus oblong-cylindrischen, meist gekrümmten, beiderseits abgerundeten, ungeteilten, farblosen Conidien, die beiderseits einen grossen
Öltropfen besitzen, 11—15 μ lang und 4½—5½ μ breit sind. Sie entstehen an fadenförmigen, am Grunde büschelig miteinander verbundenen,
ungeteilten, ca. 30 μ langen und 3—4 μ dicken Trägern. — Auch dieser
Pilz, den ich Gloeosporium Bussei nenne, dürfte höchst wahrscheinlich in gleicher Weise wie Gl. Vanillae Cooke den Pflanzen verderblich sein.

Auf Blättern der in Warmhäusern des Berliner botanischen Gartens
kultivierten Vanillepflanzen macht sich recht oft Gloeosporium affine
Sacc. bemerkbar, welcher schwarze Flecke hervorruft, die sich schliesslich über das ganze Blatt verbreiten und dieses töten.

Eine andere, den Vanille-Kulturen verderbliche Rostpilzart ist
Uredo Scabies Cooke, welche sich auf Blättern in Columbien findet.
Sowohl auf der Oberseite als der Unterseite dieser entstehen rundliche
oder unregelmässige, aufgetrieben verdickte, braune, von einem
schwarzen Rande umgebene Flecke, in denen sich zerstreute oder
kreisförmig gestellte, erhabene, glänzende Pusteln bilden, die sehr
lange geschlossen bleiben und endlich aufbrechen. Die Sporen sind
rundlich oder eiförmig, kurz gestielt, braun, 35—40 μ lang, 28—30 μ
breit, mit warzigem Epispor. Der Pilz verleiht den Blättern ein krätz-
artiges Aussehen.

Auf den aus Colima erhaltenen Blättern zeigen sich ebenfalls die
eigentümlich verdickten, schwarzumrandeten Flecke, doch sind in diesen
bisher keine Sporenhäufchen entwickelt, so dass sich die Identität mit
obiger Art leider nicht sicher feststellen lässt.

Auch bei dieser Rostkrankheit ist ein Verbrennen der befallenen
Pflanzenteile durchaus notwendig; vielleicht dürfte ein Besprengen derselben mit Kupfervitriol-Lösung ebenfalls von Nutzen sein.

3. Eine den Kakaokulturen sehr schädliche Thelephoracee.

Von dem Direktor der deutschen Handels- und Plantagen-Gesellschaft der Südsee-Inseln, Herrn Konsul Meyer-Delius in Hamburg, erhielt ich neuerdings mehrere Wurzel- und Rindenstücke von Kakaostämmen aus Samoa, die durch Pilze getötet worden sind. Diese meist mit dünnen Wurzeln besetzten Stücke sind auf der Oberseite mit einem krustenförmigen Stereum dicht bewachsen. Bei einzelnen derselben ist das Holz durch das Pilzmycel stark zerstört, bei anderen anscheinend wenig angegriffen. Unterhalb der Rinde zeigt sich ein filziges, weissliches oder ockergelbes Mycel, welches die Höhlungen und Risse derselben durchsetzt und dessen Fäden gelbbraun bis farblos, schwach verzweigt, meist 4—6 μ dick sind. Die krustenförmigen Fruchtkörper sind je nach der Oberfläche der Substrate bald fast glatt, bald runzelig, anfangs heller und oberseits filzig, im Alter kastanienbraun gefärbt und meist kahl, jedoch nicht rissig. Die Krusten sind papierartig dünn, im Innern braun, unterseits gelbbraun. Leider sind dieselben zu alt, als dass sich mit Sicherheit die Art feststellen lässt. Der Pilz hat jedoch mit Hymenochaete leonina B. et C., welche auf Cuba, Ceylon, sowie auch in Usambara an alten Baumstämmen vorkommt, grosse Ähnlichkeit.

Jedenfalls ist der Pilz den von ihm befallenen Stämmen äusserst schädlich und dies umsomehr, wenn er, wie im vorliegenden Falle, auf Wurzeln auftritt. Durch dieses Auftreten wird seine Ausbreitung ungemein gefördert, da die Mycelien jedenfalls im Erdboden von den Wurzeln der kranken Stämme auf die der benachbarten gesunden Stämme übergehen und zwischen Rinde und Holzkörper eindringen, welches ein baldiges Erkranken sowie späteres Absterben der befallenen Stämme zur Folge hat.

Es ist einleuchtend, dass durch diesen Pilz ganze Kulturen zu Grunde gehen können. Ein tiefes Ausroden der erkrankten Stämme mit sämtlichen Wurzeln ist daher durchaus notwendig, wenn der Verbreitung des schädlichen Parasiten Einhalt geboten werden soll.

Bei einzelnen Rindenstücken zeigen sich auf der Unterseite die mäandrich gewundenen, flachen, ca. 1½ mm breiten Larvengänge einer Bostrychus-Art, die ebenfalls ein bösartiger Baumzerstörer ist. Diese Gänge sind stellenweise vom Mycel des Pilzes durchwuchert worden.

Die Kakaopflanzen scheinen nur von wenigen parasitischen Pilzen angegriffen zu werden, häufiger dürften dieselben durch verschiedenartige Insektenlarven zu leiden haben.

Durch Herrn Dr. Preuss gingen dem Königl. botanischen Museum Zweigstücke kranker Kakaostämme aus dem Stationsgarten Victoria in Kamerun zu, an denen stellenweise die Rinde abgenagt, sodass der Holz-

körper blossgelegt war. Es hatte an diesen Stellen ein starker Gummi-
ausfluss stattgefunden und fanden sich in den Rindenfasern einzelne
Larven vor, die wohl den Frass bewirkt haben dürften. Ob die in
einem Glase beigefügten Blattwanzen ebenfalls den Pflanzen schädlich
sind, ist nicht erweislich.

In Kakaokulturen der Insel St. Thomé tritt an der Rinde der
Stämme ein höchst wahrscheinlich diesen schädlicher Pilz, Melanomma
Henriquesianum Bres. et Roum. auf. Die schwarzen, polster-
förmigen oder fast halbkugeligen, kohligen Perithecien brechen aus
der Rinde hervor. Dieselben besitzen an der Spitze einen Porus und
im Innern cylindrische, an der Basis gestielte, 120—140 μ lange,
13—16 μ breite Schläuche mit 8 Sporen und sind von fadenförmigen
Paraphysen umgeben. Die gelblichen Sporen sind elliptisch, 22—30 μ
lang und 9—12 μ breit, im Innern viertröpfig und durch vier Scheide-
wände quergeteilt und schwach eingeschnürt.

Auf der Schale reifer Kakaofrüchte aus Venezuela und aus Kamerun,
die sich in der Sammlung des botanischen Museums befinden, zeigt sich
herdenweise ein schwarzer, kohliger Pilz, dessen kleine, polsterförmige
Perithecien meist dichtgedrängt und zusammenfliessend aus der Rinde
der Früchte hervorbrechen. Diese sind dunkelkastanienbraun oder
schwärzlich. Die Conidien sind elliptisch oder eiförmig, anfangs farblos
und ungeteilt, im Innern granulirt, später in der Mitte durch eine
Scheidewand geteilt, nicht zusammengeschnürt, braun bis dunkelbraun
werdend, 20—26 μ lang und 12—14 μ breit. Es ist dies eine bisher
unbeschriebene Sphaeropsidacee, die ich Botryodiplodia Theo-
bromae nenne.

Auf Blättern junger, im botanischen Garten kultivierter Kakaopflanzen treten hin und wieder in unregelmässig ausgebreiteten gelben
Flecken, die den Rand derselben zum Absterben bringen, zerstreut
stehende, flache Pusteln auf, die aus länglich-cylindrischen, beiderseits
abgerundeten, hyalinen, etwa 14—20 μ langen, 4—6 μ breiten Conidien,
und am Grunde aus kurzen, fadenförmigen, farblosen Sterigmen bestehen.
Diese Art scheint von Gloeosporium affine Sacc., die häufig auf
Blättern verschiedenartiger Warmhauspflanzen auftritt, nicht verschieden
zu sein. Jedenfalls ist der Pilz den Pflanzen schädlich, und sind die
damit behafteten Blätter zu verbrennen.

Verschiedene Arten des sogenannten schwarzen Russthaus (Fumago
vagans Pers. und Alternaria spec.) überziehen die Oberseite der
Blätter mit schwarzen, filzigen oder krustigen Häuten und sind der
Pflanzenentwickelung selbstfolglich schädlich. — Bespritzen derselben
mit Kupfervitriollösung dürfte anzuempfehlen sein behufs Vernichtung
dieser Pilze.

IV. Bemerkenswerte Eingänge für das botanische Museum.

Eine höchst wertvolle Bereicherung der Sammlungen erfuhr das botanische Museum durch das Herbar Ascherson, welches in den Besitz des Museums übergegangen ist, ohne vorläufig in die Räume des Museums übergeführt zu werden, da es bei der Bearbeitung der von Herrn Prof. Ascherson jetzt in Angriff genommenen Flora von Centraleuropa als Grundlage dienen soll.

Ferner ist von der Witwe des verstorbenen Prof. Max Kuhn das reichhaltige und so äusserst wertvolle Herbar von Gefässkryptogamen, welches der Verstorbene während seiner 30jährigen Beschäftigung mit dieser Pflanzengruppe zusammengebracht hat, dem Museum zum Geschenk gemacht worden. Zugleich sind auch diejenigen Werke aus Kuhn's Bibliothek, welche dem Museum fehlten, erworben worden.

Auch aus dem tropischen Afrika sind in dem verflossenen Vierteljahr die Sammlungen vermehrt worden:

Eine ungefähr 300 Nummern umfassende und wieder sehr wichtige Collection verdanken wir dem Sammeleifer Baumann's, der leider, anscheinend in völliger Gesundheit nach Deutschland zurückgekehrt, bald nach seiner Ankunft auf heimatlichem Boden einem Anfalle von Schwarzwasserfieber erlegen ist. Die Sammlung stammt aus dem Gebirgslande in der Umgebung der Station Misahöhe in Togoland und enthält, wie sich bei der ersten Durchsicht schon herausstellte, zahlreiche und interessante Novitäten.

Herr Zenker, der Leiter der Yaünde-Station im Hinterlande von Süd-Kamerun, welcher nach 6jährigem Aufenthalt im tropischen Westafrika jetzt zurückgekehrt ist, brachte eine aus etwa 300 Nummern bestehende höchst wertvolle Sammlung trockener Pflanzen mit, welche, wie seine früheren Collectionen, von colorierten Handzeichnungen, sowie von zahlreichem Alkoholmaterial und anderen pflanzlichen Objecten begleitet war. Sie erweitert in höchst dankenswerter Weise unsere Kenntnis von der Zusammensetzung der Urwaldflora Westafrika's. Hoffentlich wird dem erfahrenen und kenntnisreichen Sammler später Gelegenheit gegeben, auch die Flora der höheren Berge in der weiteren Umgebung der Yaünde-Station zu durchforschen, da dieselbe eine hochinteressante Ausbeute zu geben verspricht.

Ferner sandte Herr Staudt von der Station Lolodorf eine schöne Sammlung getrockneter Pflanzen (etwa 400 Nummern), darunter auch reichlich Kryptogamen, welche aus der etwa 500—700 m ü. d. M.

liogenden Umgebung der Station stammt; ausserdem eine Anzahl Hölzer und ca. 20 Nummern lebender Orchideen und Liliaceen in zahlreichen Exemplaren, die zum grösseren Teil noch gut erhalten waren und voraussichtlich zur Entwickelung kommen werden.

Aus Ostafrika erhielt das Museum durch Herrn Dr. Stuhlmann eine geringere Anzahl von ihm in der Umgegend von Dar-es-Salâm aufgenommenen Pflanzen.

Von Herrn Kärnbach ist eine wertvolle Sammlung von Guttapercha- und Kautschuk-Proben eingetroffen, die er auf seiner Informationsreise nach Borneo und von seiner eigenen Plantage in Kaiser-Wilhelmsland aufgenommen hat. Zugleich hat er die getrockneten Pflanzen als Belegexemplare den meisten Proben beigefügt, so dass sich die Bäume, von welchen die Proben herstammten, in vielen Fällen bestimmen liessen. (Vergl. S. 101).

Ferner übergab dem Museum Herr Dr. O. Kuntze eine grössere Sammlung aus seiner in den letzten Jahren auf Reisen durch Capland und Natal, und andererseits durch Südamerika gemachten Ausbeute.

Ein sehr schönes Schaustück erhielt das Museum durch die Güte des Herrn Fabrikanten Adolph Brehmer in Berlin; derselbe übergab als Geschenk zwei Fruchtkolben von Phytelophas microcarpa nebst einer grossen Collection der verschiedenartigsten, aus Steinnuss hergestellten Knöpfe. Gürke.

V. Untersuchung des Fettes von Stearodendron Stuhlmannii Engl. (Mkanifett).[1]

Von
Dr. R. Heise.

Der von Engler[2] beschriebene ostafrikanische Fettbaum, Stearodendron Stuhlmannii Engl., welcher in Uluguru Mkani genannt wird, enthält in seinem Samen ein festes Fett in reichlicher Menge. Dieses bildet im Heimatlande ein Handelsprodukt.

Die braunen, unregelmässig tetraëdrisch geformten Samen wiegen durchschnittlich 9—12 g. In einer mässig harten Schale sitzt der aus

---

[1]) Eine ausführlichere Abhandlung wird in den „Arbeiten aus dem Kaiserlichen Gesundheitsamte" (Julius Springer, Berlin, 1895) Bd. 12, Heft 2, veröffentlicht werden.

[2]) Dieses Notizblatt Heft 2. Seite 42.

den beiden Kotyledonen bestehende weiche Kern. Der Fettgehalt
beträgt, auf den vollständigen Samen berechnet, 55,5%.
Unter den Materialien, welche Dr. Stuhlmann dem Königl.
botanischen Museum hatte zugehen lassen, befand sich auch eine kleine
Quantität Mkanifett, welches auf dem Markte in Bagamoyo gekauft
worden war und in seiner Zusammensetzung mit dem aus den Samen
extrahierten Fette übereinstimmte.

Dieses von den Bewohnern Uluguru's hergestellte Produkt war
von bröckliger, teilweise pulvriger Beschaffenheit und gelblich weisser
Farbe. Es enthielt noch 0,8—1,4% Verunreinigungen. Beim schnellen
Abkühlen erstarrte das geschmolzene Fett zu einer cacaobutterartigen
Masse, die bei 40—41° schmolz und den Erstarrungspunkt 38° hatte.
Es wurden in dem Fette nachgewiesen: Stearinsäure 52,75%, Ölsäure
42,90%, flüchtige Fettsäuren (? Laurinsäure) 0,58% und Glycerin.
Die Säuren sind zu ca. 12% in freiem Zustande vorhanden; zum kleinen
Teil bilden sie ein flüssiges Glycerid. Der Hauptanteil des Fettes aber
besteht aus einem schneeweissen, in feinen Nädelchen krystallisierenden
Körper, der gleichzeitig Stearinsäure und Ölsäure an Glycerin gebunden
enthält. Er ist als Oleodistearin zu bezeichnen und hat die Formel
$C_3 H_5 C_{18} H_{33} O_2 (C_{18} H_{35} O_2)_2$.

Das Vorkommen gemischter Glyceride in Pflanzenfetten ist bis jetzt
nicht bekannt gewesen, und auch bei tierischen Fetten ist nur in der
Kuhbutter eine derartige Verbindung aufgefunden worden. Dieselben
sind, abgesehen vom rein chemischen Interesse, auch in physiologischer
Beziehung beachtenswert, da ihnen möglicherweise eine wesentlich andere
Resorbirbarkeit zukommt, als den mechanischen Mischungen der einzelnen
Glyceride. In technischer Hinsicht haben sie in sofern eine Bedeutung,
als die Scheidung der festen und flüssigen Säuren nur nach vorangegangener Zerlegung der betreffenden Verbindungen möglich ist.

Zur Beurteilung des Mkanifettes in bezug auf seine Verwendbarkeit,
insbesondere zu technischen Zwecken, würden Versuche erforderlich
sein, die mit den bis jetzt zur Verfügung stehenden bescheidenen
Materialmengen nicht durchführbar sind. Es können deshalb nur Rück-
schlüsse aus dem Verhalten bereits bekannter Fettsorten gemacht werden.
Als solche sind von pflanzlichen Fetten diejenigen anderer Guttiferen,
zumal die sog. Kokumbutter von Garcinia indica Chois. zu nennen.

Die Verwendung des Mkanifettes zu Genusszwecken dürfte wohl
ausschliesslich für das Vaterland desselben in Frage kommen. Im
Nährwert wird es dem Hammeltalge nahe stehen.

In industrieller Hinsicht ist besonders die Fabrikation von Kerzen
und Seife von Wichtigkeit.

Ein Fett ist zur Kerzenfabrikation um so wertvoller, je mehr feste

Fettsäuren aus diesem gewonnen werden können; ferner ist ein hoher Erstarrungspunkt der letzteren wünschenswert.

In ersterer Beziehung kommt das Mkanifett einer besseren Talgsorte gleich; der Erstarrungspunkt der freigemachten Fettsäuren liegt bei 57,5°, während die Talgsäuren um 10—15° niedriger schmelzen.

In der Seifenfabrikation finden zunächst die flüssigen Anteile der Fette Verwendung, die bei der Kerzenfabrikation abgepresst werden. Zur direkten Verarbeitung auf Seife dürfte das Mkanifett nicht geeignet sein, da es voraussichtlich zu harte Produkte liefern wird.

Geruchlose, harte Fette sind aber ein geschätztes Material zur Darstellung der sog. Grundseifen für feine Toiletteseifen. Auch kann das Fett vielleicht an Stelle des Talges in den Transparentseifen Verwendung finden. —

Da der Fettbaum nach Stuhlmann und C. Holst in Deutsch-Ostafrika in grosser Menge vorkommt, so dürfte das Mkanifett Aussicht haben, ein Exportartikel zu werden. Zunächst wäre jedoch erforderlich, durch umfassendere praktische Versuche seine Verwendbarkeit zu bestätigen.

VI. Identifizierung der sog. Ochoconüsse aus Gabun mit Scyphocephalium, einer neuen Muskatnuss-Gattung.

Von

O. Warburg.

In einer Arbeit über „afrikanische Ölsamen",[1] macht J. Möller folgende Angabe: „Dryobalanops sp. Eine nicht bestimmte Art dieser Dipterocarpeen-Gattung liefert die unter dem Namen Ochoco im Gabungebiete bekannten Ölsamen. Sie sind kuchenförmig, platt kugelig mit breiten meridionalen Wülsten, haben bei der Dicke von 15 mm einen Durchmesser von 3 cm und ein mittleres Gewicht von 6 gr. An der Basis befindet sich in einer seichten Vertiefung der kreisrunde, etwa 1 cm breite Nabel. Die hell zimmtbraune Oberhaut ist etwas schülferig; in ihr verlaufen zahlreiche dunkler gefärbte Gefäss-stränge, vom Rande des Nabels ausstrahlend und gegen den gleichfalls etwas vertieften Scheitel am entgegengesetzten Pol konvergierend. Der vertikale Durchschnitt (Fig. 4) zeigt unter der dünnen Oberhaut den eiweisslosen Embryo mit dem aufrechten Würzelchen und den grosslappigen Keimblättern, deren Zwischenräume durch dunkelbraunes, vom

---

[1] Dinglers polytechn. Journal 1880 (vol. 238) p. 432.

Nabel in Begleitung der Gefässe eintretendes Gewebe ausgefüllt werden.
Die Keimblätter sind hellbraun bis wachsgelb und lassen sich wie hartes
Stearin schneiden und schaben." Es folgt dann ein anatomischer Ex-
curs, in dem es heisst, dass die Samenhaut aus mehreren Lagen stark
abgeplatteter, dunkel rotbraun gefärbter, dünnwandiger Zellen besteht,
und dass das polyëdrische Parenchym der Cotyledonen dicht erfüllt
sei von farblosem Fett; unter Terpentin oder fettem Öl sind zahlreiche
spiessige Krystalle von Fettsäure sichtbar, sowie gelblich gefärbte
Körner (nicht Fett) von verschiedener Grösse und Form, und gut aus-
gebildete Eiweisskrystalle."

Ochoco ist nach Möller von allen von ihm untersuchten
Fettsamen Gabuns der reichste an Fett.[1] „Erwärmt man einige
feine Schnitte in Alkohol auf dem Deckglas, so ist dieses nach dem Ver-
dunsten des Lösungsmittels von einer überraschenden Menge eines feinen
weissen krystallinischen Pulvers bedeckt, das aus reinem Fett besteht.
Der Wert der Samen wird wesentlich beeinträchtigt durch das tief und
und in der Dicke von mehreren Millimetern in den Falten der Keim-
lappen eindringende rotbraun gefärbte, gerbsäurehaltige Gewebe der
Samenhaut. Es nimmt fast die Hälfte des Volumens (nicht des Gewichtes) des Samens in Anspruch und erschwert voraussichtlich die
technische Ausbeutung desselben."

Abgesehen von der an sich schon auffälligen, aus dem französischen
Katalog übernommenen Angabe, dass eine Dryobalanops, also eine
Art einer sonst nur aus Malesien bekannten Gattung, in Westafrika
vorkomme, stimmte die von Möller wiedergegebene Abbildung so
wenig mit dem thatsächlichen Verhalten von Dryobalanops oder gar
der übrigen Dipterocarpaceen, dass man sofort zu der Ansicht gelangen
musste, dass hier in der Bestimmung ein Irrtum vorliege. Namentlich
stellen sich die sog. Keimblätter als eine einheitliche Masse dar, bei
welcher man keine Spur einer Zusammensetzung aus zwei verschiedenen
Cotyledonen bemerkt; zwar findet sich zuweilen auch bei Dipterocarpaceen
eine teilweise Verwachsung der Keimblätter; aber dann ist wenigstens
an den Falten das Ineinandergreifen sichtbar, und man würde doch
irgendwo, wenigstens im Durchschnitt, das hypocotyle Glied erkennen
müssen; Möller spricht zwar von einem aufrechten Würzelchen, doch
findet man davon nichts in der Figur. Was dieser rätselhafte Same
aber sei, konnte aus der Abbildung allein nicht erkannt werden.

Vor einiger Zeit nun wurde Verf. auf grosse, im Querdurchmesser
9 cm breite, im Längsdurchmesser etwas kürzere, von Braun in

---

[1] Nach dem Catalogue des colonies françaises enthalten sie 61 % eines bei
70° schmelzenden Fettes.

Kamerun gesammelte Früchte aufmerksam, die seit lange im Berliner botanischen Museum lagen, ohne dass irgend jemand etwas damit anfangen konnte. Die eigentümliche Haarbildung veranlasste Verf. dieselben vorzunehmen, und gleich bei der ersten mikroskopischen Untersuchung stellten sie sich als typisch monopodiale Myristicaceenhaare heraus. Die daraufhin geöffneten Früchte zeigten, dass das auffallend dicke fleischige Pericarp zweiklappig war. Die Samen waren von einem dicken roten typischen Myristicaceen-Arillus völlig bedeckt, die 2 bis 2½ cm hohen, 3½ cm breiten Samen aber entsprachen im Aussehen und in der Form, speziell aber im Durchschnitt, durchaus der Zeichnung und Beschreibung Möllers, so dass es keinem Zweifel unterliegt, dass die Ochoconüsse wenn nicht derselben Art, so doch derselben Gattung angehören. Auch die mikroskopische Untersuchung bestätigte es durchaus. Die Gefässbündel der obersten Schicht der Testa sind eine bei den Myristicaceen durchgehende Erscheinung; das sehr fettreiche Parenchym ist vorhanden, die gelbgefärbten, nicht aus Fett bestehenden Körner (es sind die Aleuronkörner), sowie die Eiweisskrystalle, endlich die stark abgeplatteten rotbraunen dünnwandigen Zellen der Samenhaut, sowie das rotbraune tief eindringende Ruminationsgewebe, alles stimmte genau. Dass das weisse fetthaltige Gewebe des Samens keine Cotyledonen sein konnte, wie Müller meint, war demgemäss keinen Augenblick zweifelhaft; dagegen war es nicht leicht, den Keimling zu finden, was erst nach einigen vergeblichen Versuchen gelang. Der Keimling ist nämlich von einer für einen derartig grossen Samen so winzigen, fast mikroskopischen Kleinheit, wie es wohl kaum irgendwo beobachtet worden ist, selbst nicht bei den Santalaceen und verwandten Familien; er liegt in unmittelbarer Nähe des Nabels direkt unter der Samenhaut, und stellt sich dar als ein recht flaches, mit blossem Auge nur als Pünktchen erkennbares Gebilde, dessen grösster Teil aus zwei an den Rändern schwach aufgekrümmten Keimblättern besteht. Die Hauptmasse des Samens besteht demnach aus dem weissen Nährgewebe und dem von der Chalaza aus tief eindringenden Ruminationsgewebe. Letzteres unterscheidet sich durch sein massenhaftes Auftreten von sämtlichen übrigen bekannten Myristicaceen; als sehr starker Strang dringt es ein, indem die Samenschale eine weite Lücke an der Chalaza aufweist und der Rand derselben sich sogar bogig in den Samen einbiegt. Während der eine Längsschnitt des Samens (derjenige in der Richtung der grössten Breite) das Sameninnere von einer nur zweilappigen Ruminationsmasse erfüllt zeigt, lässt der dazu rechtwinklige Längsschnitt die Ruminationsmasse mehrlappig erscheinen. Der Querschnitt hingegen zeigt eine abweichende Anordnung, indem die Ruminationsmasse einen aussen gelappten, innen von weissem Nährgewebe erfüllten sternförmigen Ring darstellt. Das Ruminationsgewebe besitzt, abweichend von den meisten Myristicaceen, keine deutlichen Ölzellen, es besteht fast ganz aus dünnwandigen Zellen, die mit rotgelber, sowohl in Säuren, als in verdünnten Alkalien unlöslicher Masse (die demnach keine Gerbsäure sein kann, sondern vielmehr wohl eine harzige oder phlobaphenartige Substanz darstellt) angefüllt sind; nur eingestreut finden sich Gruppen oder Stränge ähnlicher Zellen, aber mit durchsichtigem Inhalt. Die Zellen des Nährgewebes enthalten keine Stärke, sondern nur Fett, sowie Aleuron und Krystalloïde; Ölzellen oder Zellen mit gelbem Inhalt sind nicht im Nährgewebe zu bemerken, ebenso wenig konnte Verf. eine Differenzierung durch das Dazwischentreten einer Schicht mit platteren Zellen, wie bei Myristica fragrans, entdecken, dagegen fand sich mehrmals ein hohler Raum in der Nähe des Keimlings, der wohl als Rest des Embryosacklumens aufzufassen sein dürfte.

Es fanden sich nun bei den erwähnten Früchten auch einige Blätter, und diese erlaubten es, mit ziemlicher Sicherheit den Platz dieser merkwürdigen Myristicaceenfrüchte im System festzustellen. Blattform und Nervatur wiesen nämlich auf nahe Verwandtschaft zu einigen westafrikanischen Arten, die Verf. als Gattung Scyphocephalium abgegliedert hatte, hin, nämlich zu S. Kombo (Baill.) Warb., und S. Mannii (Benth.) Warb., und Verf. belegte diese Art deshalb der schönen grossen goldenen Haarbekleidung der Früchte wegen mit dem Namen Scyphocephalium chrysothrix. Die Blätter sind denen von S. Mannii weniger ähnlich, als denen von S. Kombo, doch glaube ich nicht, dass die Art mit letzterer identisch ist, da deren Blätter an der Basis herzförmig sind, was bei unserer Art nicht der Fall ist. S. Mannii ist aus Kamerun und Calabar bekannt, S. Kombo ist eine Art aus Gabun, und dürfte wohl die Stammpflanze der von Möller beschriebenen Ochocosamen sein. Es scheint mir hier aber eine Art Verwechselung vorzuliegen, indem der Name der Eingeborenen Kombo sich wahrscheinlich gar nicht, wie Baillon angiebt, auf die von ihm Myristica Kombo genannte Art bezieht, sondern vielmehr auf eine dort sehr häufige Pycnanthusart (Pycnanthus microcephalus (Benth.) Warb., oder P. angolensis (Welw.) Warb., die nach dem Catalogue des colonies françaises in der That Kombo heissen soll, was auch ein vom Verf. eingesehenes Exemplar des Pariser Herbars bestätigt, wobei auf der Originaletiquette „Kombo" steht. Wahrscheinlich ist übrigens Soyaux Schuld an dem Irrtum, der nach einer bei einem männlichen Scyphocephalium-Exemplar liegenden Etiquette offenbar der Meinung war, dass die kleinen, in jener Gegend (Gabun) häufigen Pycnanthus-Muskatnüsse die Früchte dieser Scyphocephalium-Art seien.

VII. Über eine neue Muskat-Fettnuss aus Kamerun.

Von

O. Warburg.

Dr. Preuss, dem wir schon so viele wichtige Sendungen nützlicher und wissenschaftlich interessanter Pflanzenprodukte verdanken, hat dem botanischen Museum kürzlich sehr eigentümliche Muskatnüsse überwiesen, die derart von den bisher bekannten afrikanischen und sonstigen Myristicaceenfrüchten abweichen, dass es sicher erscheint, dass dieselben einen neuen Typus, also nach der Auffassung des Verf. eine neue Gattung repräsentieren.

Während bisher aus Afrika drei Typen bekannt geworden sind, die Verf. mit den Namen Pycnanthus, Scyphocephalium und Brochoneura zu fixieren versucht hat, würde diese Pflanze, Coelocaryon, einen vierten Typus darstellen. Was die Blätter betrifft, so ähneln sie am meisten denjenigen von Scyphocephalium; es fehlt die eigentümlich netzförmige Verzweigung der Hauptnerven wie bei Brochoneura, andererseits stehen die Nerven lange nicht so dicht und parallel wie bei Pycnanthus; nur 9—11 Nerven durchziehen das lang-eiförmige Blatt, und verbinden sich, schräg aufstrebend, nur undeutlich nahe dem Rande; die pergamentartigen kahlen Blätter sind im übrigen an der Basis und oben zugespitzt. — Was die länglich-eiförmigen Früchte betrifft, so ähneln sie in der Form so sehr den Pycnanthus-früchten, dass man sie dafür halten könnte, nur sind sie grösser; aber einerseits stehen sie einzeln auf den relativ langen Fruchtstielchen, welch letztere doldenförmig aus den Fruchtstandsaxen entspringen, was bei den an den Fruchtstandsaxen sitzenden Pycnanthusfrüchten nicht der Fall ist, andererseits ist das Innere der Samen anders gebaut; die Ruminationsvorsprünge nämlich reichen nur ausserordentlich wenig tief in das Nährgewebe des Samens hinein, während das Centrum des Samens von einem Hohlraum eingenommen wird. Im übrigen sind die Verhältnisse sehr ähnlich wie bei Pycnanthus; der Arillus bis fast auf den Grund zerschlitzt, das Pericarp nicht übermässig dick, kahl und fleischig, die Keimblätter nicht mit einander verwachsen, schmal aufstrebend; das Nährgewebe nicht stärke-, sondern fetthaltig mit vielen Aleuronkörnern und Krystalloiden. Wir haben die Gattung nach dem Hohlraum im Samen **Coelocaryon** benannt, und die Art nach dem Entdecker als **C. Preussii**. Allem Anschein nach besitzt die Art Blüten

7*

von einer für die Familie der Myristicaceen hervorragenden Grösse,
denn sonst würden die Früchte nicht einzeln sich auf so langen Stielchen erheben.

Der eben erwähnte Fettreichtum des Nährgewebes macht diese Art
zu einer ev. wichtigen Nutzpflanze. Das Fett der Muskatnüsse ist
stets von derartiger Zusammensetzung, dass es sich zur Kerzen- und
Seifenbereitung gut verwerten lässt; je weniger Stärke damit vermischt
ist, desto besser ist es natürlich. Wie bei den amerikanischen Virola-
arten, von denen die Virola surinamensis (Rol.) Warb. jetzt vielfach
als Ölnuss von Para aus in den Handel kommt, so findet sich auch in
den meisten afrikanischen Myristicaceen (nur Brochoneura macht eine
Ausnahme) keine Stärke im Nährgewebe, weshalb sich die Arten für
den Fettnusshandel gut eignen würden, wenn man sie nur in guter
Qualität, genügenden Mengen und billig an der Küste erlangen könnte.
Ein anderes Hindernis ist die Ausdehnung des Ruminationsgewebes.
Wir sahen eben bei den Ochocontissen, dass trotz des Fettreichtums des
Nährgewebes grade die ausserordentliche Massenhaftigkeit dieses braunen
Ruminationsgewebes der Verarbeitung möglicherweise hinderlich sein
dürfte, jedenfalls aber den Transport unnütz verteuern muss. Mit den
Pycnanthusarten ist es schon besser, und in der That kommen (oder
kamen wenigstens) verschiedentlich grössere Partieen derselben (P. micro-
cephalus (Benth.) Warb., resp. P. angolensis (Welw.) Warb. von
St. Thomé und den französischen Distrikten (Gabun) in den Handel.
Sie sollen 72% Fett enthalten (nach dem Catalogue des Colonies
francaises 1867, p. 90) und brennen, wenn man einen Faden hindurch-
zieht, wie eine Kerze.

Noch günstiger dürfte sich die neue Gattung Coelocaryon darstellen, nämlich dadurch, dass das Ruminationsgewebe nur wenig tief
in den Samen hineinragt. Quantitave Untersuchungen liegen zwar noch
nicht vor, das eingesandte Material war nicht allzu reichlich, auch
scheint der Baum nicht gerade häufig zu sein. Immerhin würde es
wünschenswert sein, nähere Recherchen darüber anzustellen, ob es nicht
möglich wäre, grössere Mengen zu schaffen, und auf welchen Preis sie
an der Küste zu stehen kommen würden.

VIII. Über einige Guttapercha-Bäume von Kaiser-Wilhelmsland.

Von

A. Engler.

Herr Kärnbach, der schon mehrere wertvolle Beiträge zur Kenntnis der Flora von Deutsch-Neu-Guinea geliefert hat, hat an das Königl. botanische Museum einige Proben von Getah nebst Zweigen der dieselben liefernden Bäume gesendet. Eine 4 tägige Tour nach dem Sattelberg bei Finschhafen hat ergeben, dass dort namentlich in einer Höhe von etwa 900 Meter Sapotaceen in grösserer Artenzahl und reichlich vorkommen. Eine genauere Untersuchung der eingesendeten Proben wird ergeben, in wie weit die Gewinnung von „Getah" lohnend ist; doch ist Herr Kärnbach der Meinung, dass der Verkauf der Samen zur Ölbereitung nutzbringender sein dürfte, als das Fällen der Bäume zur Guttapercha-Gewinnung. Die gesammelten Sapotaceen, welche später in den botanischen Jahrbüchern abgebildet werden sollen, sind folgende:

Palaquium Sussu Engl. n. sp.; ramulis minute ferrugineo-puberulis; foliis petiolo laminae circ. $^1/_4$ aequante semiterete supra canaliculato suffultis coriaceis utrinque glabris subtus nitidis, oblongis vel oblongo-lanceolatis, basi acutis vel subacutis apice breviter et obtuse acuminatis, nervis lateralibus utrinque 9—11 patentibus prope marginem sursum versis, utrinque imprimis subtus distincte prominentibus, venis inter nervos laterales obliquis densissimis et tenuissimis; pedicellis in axillis 1—2, crassiusculis calyce triplo longioribus, cum illo minute cinereo-puberulis; sepalis 5—6 breviter ovatis obtusis coriaceis; corolla (valde vetusta tantum suppetente) 6-loba. lobis oblongis; staminibus 12 glabris; antheris elongato-triangularibus; ovario subgloboso dense ferrugineo-piloso, 5—6-loculari, stylo aequilongo coronato.

Nur aus einer ganz vertrockneten Blüte ist die Zugehörigkeit zu Palaquium zu erkennen. Die am Ende der Zweige ziemlich dicht stehenden Blätter sind mit 3 cm langen Blattstielen versehen und haben 13—14 cm lange, 3—6 cm breite Spreiten, an denen die unter einem Winkel von etwa 75° von der Mittelrippe abgehenden Seitennerven von einander etwa um je 1 cm abstehen. Die Blütenstiele sind 1,5 cm lang, die Kelchblätter 5 mm lang und breit. Der Fruchtknoten hat 5 mm Durchmesser.

Neu-Guinea, Kaiser-Wilhelmsland, am Sattelberg bei Finschhafen im Hochwald am Bergesabhang von 900 m (Kärnbach. — Verblüht im Januar 1895). — Sussu.

Der Milchsaft dieser nur im gebirgigen Inland vorkommenden Art gerinnt in der Rinde. Herr Kärnbach hält die hiervon gewonnene Guttapercha-Masse, „Getah Sussu" für die beste des Landes.

Payena Bawun Scheffer in Ann. Jard. Bot. de Buitenzorg I, 93. Neu-Guinea, Kaiser-Wilhelmsland, Berlinhafen, auf Korallensand mit wenig Humus, nur 1 m über dem Meere, auf der Insel Salás (Kärnbach. — November 1894).

Der Baum ist häufig und liefert die Masse „Getah Marau", welche jedoch weniger gut zu sein scheint, als Getah Sussu. Die Kotyledonen dieser Art sind blutrot und werden an der Luft karminrot.

Payena Mentzelii K. Sch. n. sp.; arbor elata, ramis teretibus breviter pubescentibus; foliis modice petiolatis, oblongo-obovatis acutis basi attenuatis utrinque glaberrimis, coriaceis; floribus prope apicem ramulosum congestis, longiuscule pedicellatis; sepalis extus pubescentibus, apice ciliolatis; corolla calycem subdimidio superante, staminibus hirsutis, stylo corolla $2^1/_2$—3-plo longiore.

Die Blätter stehen an den Enden der graubcrindeten Kurztriebe; die abschliessende Knospe ist goldig behaart. Der 1,5—3,5 cm lange Blattstiel ist von einer ziemlich tiefen Regenrinne durchlaufen; Spreite 9—12 (8—14) cm lang, im oberen Drittel oder tiefer 4—5 cm breit, im getrockneten Zustande graubraun. Blütenstiele 1,5—2 cm, kantig; nach oben verdickte Kelchblätter in zwei Reihen 2 mm; Blumenkrone 4 mm; Griffel mit Fruchtknoten 12 mm lang.

Gehört in die Pierre'sche Gattung Burckella und ist verwandt mit Burckella obovata (Forst.) Pierre aus Polynesien.

Natu bom (bom bedeutet so viel als im Urwald wachsend).

Neu-Guinea, Kaiser-Wilhelmsland, Finschhafen (Mentzel; n. 13, 1886); im Strandwald der Langemackbucht (Kärnbach. — Januar 1895).

Enthält viel weisslichen Saft, aus dem die Getah Natu gewonnen wird. Die Kotyledonen dieser der vorigen etwas ähnlichen Art sind weiss.

Sideroxylon (Pierrisideroxylon) Kaernbachianum Engl. n. sp.; arbor, ramulis foliorumque costa et nervis lateralibus dense et breviter fuscopilosis; foliis petiolo brevi semiterete suffultis, irgidis subcoriaceis supra glabris obovato-oblongis a medio basin versus cuneatim angustatis, costa semiterete, nervis lateralibus utrinque circ. 20 patentibus, prope marginem arcuatim connexis, venis inter nervos laterales numerosis transversis tenuibus subtus prominentibus; pedicellis in axillis foliorum fasciculatis cum calyce ferrugineo-pilosis; sepalis 6 breviter ovatis fere ad medium usque connexis; corollae glabrae lobis brevibus rotundatis; staminum filamentis brevibus, antheris elongato-cordiformibus acutis;

staminodiis e basi latiore in partem superiorem angustissimo linearem contractis; ovario globoso dense ferrugineo-piloso, 5 – 6-loculari, stylo tenui columnari.

Die Blätter stehen von den etwa 8 mm dicken Zweigen horizontal ab, haben einen 1 cm langen Blattstiel und eine 22 cm lange, 10—12 cm breite, fast lederartige, unterseits dunkelbraune behaarte Spreite mit 8—10 mm von einander abstehenden Seitennerven. Die Blütenstiele sind 6—8 mm lang, die Kelchblätter 4 mm. Die Blumenkrone ist nur etwa 3 mm lang.

Neu-Guinea, Kaiser-Wilhelmsland, auf dem Sattelberg bei Finschhafen am Bergesabhang von 900 m im dichten Hochwald (Kärnbach. — Blühend im Januar 1895).

Enthält viel weissen Milchsaft und liefert „Getah Nalu".

IX. Der Jbo-Kaffee.
Von
K. Schumann.

Schon seit längerer Zeit wird in Ostafrika ein Kaffee verwendet, welcher unter dem Namen Jbo-Kaffee bekannt ist. Der Name leitet sich von einer kleinen Insel ab, welche unter ca. 12° s. Br. bei der Stadt Kissanga in Portugiesisch-Ostafrika liegt. Neuerdings wird, wie mir berichtet worden ist, dieser Kaffee auf den deutschen Küstendampfern benutzt und ist auch an das Auswärtige Amt gesendet worden. Durch dieses erhielt das botanische Museum eine grössere Menge, welche ich nach ihrem botanischen Ursprung untersuchte.

Die Waare ist ein Gemisch von offenbar mehreren Varietäten einer Art oder mehreren Arten der Gattung Coffea L. Samen von anderen Gattungen der Rubiaceae, wie z. B. Polysphaeria, sind darin nicht nachweisbar; diese Angabe erscheint deswegen wichtig, weil man geglaubt hat, dass die Samen derselben gelegentlich zur Verwendung gelangten. Ihre Anwesenheit würde durch das zerklüftete Eiweiss, welches die Samen auf dem Querbruch weiss und braun marmoriert erscheinen lässt, leicht nachzuweisen sein.

Dem äusseren Ansehen nach stimmt der grösste Teil der Samen mit Bohnen geringerer und mittlerer Grösse von Coffea arabica, dem echten Kaffee, überein; viele haben die sogenannte Moccaform, d. h. sie sind rein elliptisch, nicht planconvex; sie stammen aus einsamigen Beeren her. Im übrigen sind sie von recht verschiedener Grösse, so dass die Firma Zunz sel. Wittwe, welcher der Kaffee zur Taxierung übergeben worden war, die Meinung gewann, dass wohl Bohnen von Liberia-Kaffee untergemengt seien. Dieser Vermutung möchte ich nicht zustimmen, da es so gut wie ausgeschlossen erscheint, dass die Stammpflanze dieses Kaffees in Ostafrika wild wächst; mit einem Produkte aber dürften wir es sicher zu thun haben, das nicht aus eingehegten und kultivierten Pflanzungen herstammt.

Sehr auffallend sind unter den Bohnen solche von schlanker Gestalt, welche an beiden Seiten zugespitzt sind oder nur an einer Seite eine deutliche Spitze zeigen. Diese Formen erinnern, allerdings in vergrössertem Masse, an die Samen einer wilden Kaffee-Art, welche Herr Dr. Stuhlmann aus Usambara, und zwar aus Marui, eingesandt hat, und welche ich für die schon von Loureiro aus Ostafrika beschriebene Coffea Zanguebariae gehalten habe.

Es würde recht erwünscht sein, die Stammpflanzen des Jbo-Kaffees in blühenden Zweigen prüfen zu können, denn erst dann würde es möglich sein, ein letztes Wort über die pflanzliche Herkunft dieser Kaffeesorte zu sprechen.

X. Diagnosen neuer Arten.

Chloris mossambicensis K. Sch. n. sp.; caespitosa, culmis erectis vel inferne subgenuflexis complanatis; foliis pro rata brevibus, vagina complanata dorso subcarinata striata glabra prope ligulam glabram brevissimam truncatam fimbriolatam calloso-incrassata, lamina angusta lineari obtusa vel (in foliis superioribus) acuta margine serrulato-ciliolata, plus minus complicata, pallidius marginata; spicis terminalibus 3 laxiusculis; spiculis 30—45 inferne saepius secundis superius regulariter distichis; glumis vacuis subulatis acutis hyalinis, fertili solitaria complanata obtusa margine et carina dorsali convexa dense et stricte pilosa, infra apicem arista recta vel inferne geniculata donata, gluma summa vacua priore duplo breviore apice truncata inflexa aristata, margine nervo superne trifurcato percursa, rudimento floris et rachilla vix visibili; caryopside trigona nitidula obscuro succineo-flavida, area embryonali mediam superante.

Der Halm ist 50—60 cm lang und getrocknet, wie viele Steppengräser, bleich grün. Die Blattscheiden erreichen eine Länge von 6 cm, die Spreiten von 9 cm, wobei die grösste Breite 2 mm nicht übertrifft,

vielmehr häufig noch darunter bleibt. Dio Ligula ist kaum 0,5 mm
lang. Die Ähren messen 5—8 cm; die Spindel ist dünn und häufig
gebogen. — Die Ährchen sind sehr kurz gestielt, die untere leere
Gluma misst 2, die obere 3 mm; jene ist nach Ausfall des Ährchens
so dicht an die Spindel gepresst, dass sie bei oberflächlicher Betrachtung
leicht übersehen wird. Die fertile Gluma von gelblichweisser Farbe und
ins rötliche spielender Randbekleidung ist ebenfalls 3 mm lang und
trägt unterhalb der Spitze eine 6—7 mm lange rötliche Granne. Die
oberste sterile Gluma ist deutlich gestielt, von der gleichen Farbe der
vorigen, aber nicht steif behaart. Der durchscheinende Same ist 1,5 mm
lang und 0,5 mm breit.

Bei Cabaceira grande auf der Mossambik-Küste (Prelado n. 88;
im März blühend).

Diese Art steht der Chloris brachystachya Anders.[1]) von
Mossambik nahe, unterscheidet sich aber durch die gestreckten, lockeren
Ähren und dadurch, dass bei jener über der vierten Gluma noch eine
fünfte leere vorhanden ist.

Die Pflanze sieht in ihrem Äusseren bei der ersten Betrachtung
der Chloris tenella Roxb. ähnlich, unterscheidet sich aber sehr leicht
durch die gedreiten Ähren und bei sorgfältiger Untersuchung durch
die einblütigen Ährchen, während die letztere einzelne Ähren und
mehrblütige Ährchen besitzt. Die letzterwähnte Pflanze scheint nicht
eben häufig gefunden worden zu sein; sie wurde zuerst von Roxburgh
aufgestellt; im Königlichen Herbar zu Berlin finde ich auf dem Zettel,
welcher die Pflanze aus der Wight'schen Sammlung begleitet, von Nees
v. Esenbeck selbst geschrieben, den Namen Codonachne Neesiana
Wight et Arn. Diese Gattung läuft in allen Werken nur nach einem
Steudel'schen Citat[2]), demzufolge sie Wight et Arnott zugeschrieben
wird. Ich habe den Ort nicht gefunden, wo die letzteren die Gattung
veröffentlicht haben, und doch wäre es von einiger Bedeutung, festzustellen, ob dieselbe mit einer Diagnose bekannt gemacht worden ist.
Sie collidiert nämlich mit Lepidopironia Rich., indem sie nicht bloss
die oben erwähnten zahlreicheren fruchtbaren Blüten in einem Ährchen
aufweist, sondern auch Grannen besitzt, welche unterhalb der Spitze der
Gluma inseriert sind.

Bei einem genaueren Studium dieser Pflanzen und ihrer Verwandten
habe ich nun ermittelt, dass die Lepidopironia oder Codonachne

---

[1]) Neuerdings habe ich diese ausgezeichnete Art im Königl. Herbar zu Berlin
wieder aufgefunden, sie steht der C. breviseta Benth. am nächsten und ist von
C. alba Prsl. wahrscheinlich durchaus verschieden.

[2]) Steudel Nomencl. I. 353, 393.

tenella völlig übereinstimmt mit Chloris triangularis Hochst., die
ich[1]) zuerst aus dieser Gattung zu Lepidopironia herübergenommen
habe. Sie war bisher nur aus Abyssinien bekannt; ich habe aber im
Ehrenberg'schen Herbar Exemplare gefunden, welche dieser ausgezeichnete Sammler aus Arabien (vom Wadi Djara) mitgebracht hatte.
Durch diese Funde wird die Lücke, die zwischen dem indischen und
abyssinischen Vorkommen der Lepidopironia tenella (Roxb.)
K. Sch. besteht, in der glücklichsten Weise ausgefüllt.

Lobelia (Rhynchopetalum) Volkensii Engl. var. ulugurensis Engl.;
planta gigantea; foliis herbaceis, inferioribus sessilibus lanceolato-
spathulatis, dimidio superiore oblongo acuto in dimidium inferius
linea leviter incurva angustato, dimidio inferiore quam superius duplo
usque quadruplo angustiore basin versus valde angustato, margine
duplicato-serratis, serraturis patentibus (haud falcatim sursum
versis), margine et subtus nervis minutissime puberulis, supra laete
viridi, costa subtus valde prominente utrinque atque nervis lateralibus
numerosis subtus valde prominentibus subtus purpureis; foliis cau-
linis superioribus lanceolatis a triente superiore basim versus angustatis, summis numerosis inflorescentiae antecedentibus lanceolatis
sessilibus, longissime acuminatis, margine dense serratis,
serraturis angustis falcatim sursum versis, subtus nervis
minutissime et sparse puberulis, haud canescentibus; inflorescentia
maxima crassa racemosa densissima; bracteis viridibus angustissime
linearibus caudatim acuminatis ultra alabastra et flores dependentibus;
floribus breviter pedicellatis; calycis laciniis lanceolatis quam tubus
breviter campaniformis circa 3$\frac{1}{2}$-plo longioribus, minutissime puberulis,
haud canescentibus; corona breviter pilosa, androecco et stylo ut in
L. Volkensii; fructibus breviter ovoideis polyspermis, seminibus minutis
ovatis compressis anguste marginatis, pallide brunneis.

Wie von den meisten riesigen Lobelia-Arten der Section
Rhynchopetalum liegt auch von dieser nur unvollständiges Herbarmaterial vor; der botanische Garten besitzt aber junge lebende Pflanzen,
welche sich aus den von Dr. Stuhlmann eingeschickten Samen entwickelt haben. Diese jetzt 0,5 m hohen Exemplare besitzen Blätter,
wie sie oben beschrieben sind und wie sie auch von Dr. Stuhlmann
von 1—1,5 m hohen Exemplaren mit 6 cm dickem Stamm gesammelt
wurden. Diese Blätter sind von denen der am Kilimandscharo vorkommenden Lobelia Volkensii Engl. offenbar verschieden; denn
diese sind fast lineal-lanzettlich, vom oberen Drittel bis nach unten
gleichmässig verschmälert und ausserdem mit nach oben gerichteten,

---

[1]) K. Schumann in Pflanzenwelt von Ostafrika. C. 111.

sichelförmig gekrümmten Zähnen versehen, auch unterseits wie die oberen Stengelblätter und die Bracteen ziemlich dicht grau behaart. Dagegen stimmen die später auftretenden Schopfblätter mit denen der Kilimandscharo-Pflanze insofern mehr überein, als sie lanzettlich und vom oberen Drittel nach unten allmählich verschmälert sind. Die unteren Blätter unserer Pflanze werden 3—4 dm lang und sind oben etwa 1 dm, in der unteren Hälfte nicht über 4—5 cm breit und nach der Basis hin stark verschmälert, während die oberen Blätter bis 6 dm lang und an der breitesten Stelle im oberen Drittel 1,6 dm breit sind. Die unterhalb des Blütenstandes dicht stehenden Stengelblätter erreichen eine Länge von 1,5 dm bei einer Breite von etwa 2 cm; sie sind hellgrün und im Gegensatz zu der Kilimandscharo-Pflanze unterseits nicht grau behaart. Der Blütenstand erreicht fast 2 m Länge und erscheint 6—7 cm dick; er trägt viele Hundert dicht zusammengedrängter Blüten in den Achseln von 5—7 cm langen, nur 2—3 mm breiten geneigten Bracteen. Wie bei L. Volkensii sind die Kelchabschnitte etwa 2 cm lang und 3 mm breit, an der reifen Frucht etwa 2,5 cm lang. Die Frucht ist bis 7 mm lang und 6 mm dick; die hellbraunen Samen sind kaum 1 mm lang.

Uluguru, im Thalkessel der Mvua-Quellen und im Bergwald auf dem Pass zum Mgeta, im Bachthal Kibiri, zusammen mit wilden Bananen (Stuhlmann n. 8791, 9124 — blühend und fruchtend im Oktober 1894), am Zusammenfluss des Mgasi- und Mwedu-Baches (Stuhlmann n. 9321).

Die im Berliner botanischen Garten kultivierten Exemplare sind vorläufig gesund und dürften vielleicht zur Blüte gelangen; es würde diese Pflanze jedenfalls eine sehr wertvolle Bereicherung für unsere Gärten abgeben. Schon im nicht blühenden Zustande ist dieselbe durch ihre grossen, leuchtend grünen, mit purpurroten Rippen versehenen älteren und die purpurroten jungen Blätter sehr decorativ; Dr. Stuhlmann vergleicht die von ihm gesehenen 1,5—2 m hohen Exemplare nach ihrer Tracht mit Dracaenen. Die blühenden Exemplare hatten eine Höhe von 4 m. Am Kilimandscharo, wo die stärker behaarte, zuerst bekannt gewordene Pflanze vorkommt, entwickelt dieselbe nach den Angaben von Prof. Volkens einen 3—4 m hohen Stamm, der bis zu 2—3 m Höhe entblättert ist, und dann einen bis 2 m langen Blütenstand.

Lobelia (Rhynchopetalum) lukwangulensis Engl. n. sp.; planta gigantea; foliis arrectis, lineari-lanceolatis obtusiusculis, basim versus sensim angustatis, dimidio vel triente superiore margine minute serratis, serraturis porrectis, dimidio inferiore margine integris, supra nitidulis, glabris, ramis floriferis pluribus (an semper?) dense foliatis; foliis ra-

morum et bracteis lineari-oblongis apice interdum pauciserratis, ceterum
integerrimis, utrinque glaberrimis; bracteis flores paullo superantibus
vel aequantibus, pedicellis prophyllis 2 linearibus instructis, calycis
dimidium aequantibus; calycis laciniis linearibus acutis quam tubus
breviter campaniformis 5-plo longioribus glaberrimis nitidis; corolla
sepala aequante glaberrima; capsula semiovata.

Nach Dr. Stuhlmann's Angabe wird der armsdicke, hohle Stamm
2—4 m hoch und treibt dann aus den nach dem Abfallen der meisten
3—4 dm langen und oben nur 3—4 cm breiten Blätter mehrere dicht
beblätterte Schosse mit 6—7 cm langen und 1,5 cm breiten Blättern,
an welche sich die 4—3 cm langen Bracteen anschliessen. Die etwa
1,2 cm langen Blütenstiele sind mit zwei etwa 8 mm langen und 1,5 mm
breiten Bracteen versehen. Der Kelch hat eine etwa 4 mm lange und
6 mm breite Röhre, und 2—2,5 cm lange, 3 mm breite Abschnitte.
Die rote Blumenkrone ist 2,5 cm lang. Die reifen, 1 cm dicken Kapseln
stehen auf 1,5—2 cm langen Stielen.

Uluguru, im Bezirk von Lukwangulu, im Berghochwald um 2500 m.
(Stuhlmann n. 9142. — Blühend und fruchtend im Oktober 1894.)

Lobelia Gilgii Engl. n. sp.; herba humilis multicaulis, ramulis
tenuibus atque foliis sparse cinereo-pilosis; foliis sparsis linearibus vel
lineari-lanceolatis in petiolum brevem cuneatim angustatis, margine
integris vel paucidentatis; pedicellis tenuibus horizontaliter patentibus
quam folia pluries longioribus; calycis tubo breviter cupuliformi, laciniis
linearibus quam tubus 5—6-plo longioribus, sparse pilosis; corollae
tubo calycis lacinias superante limbo aequilongo, limbi laciniis posticis
oblongis, anticis paullo brevioribus anguste linearibus; corollae coeruleae
fauce saturatius coerulea atque albo-maculata; tubo staminali tubum
corollae paullum superante, antheris posticis breviter barbatis.

Die Stengel sind etwa 5—10 cm lang, mit nur 3—4 mm langen
Internodien und 6—8 mm langen, 1—2 mm breiten abstehenden Blättern.
Die Blütenstiele sind 4—5 cm lang. Die Kelchabschnitte haben 5 mm
Länge. Die Röhre der Blumenkrone ist etwa 7 mm lang und die Ab-
schnitte des Samens sind 6 mm lang und 3 mm breit.

Central-Uluguru, im Bezirk Lukwangulu, auf Hochweiden um
2400 m an Bachrändern Polster bildend (Stuhlmann n. 9202. —
Blühend im November 1894.)

Capparis dioica Gilg n. sp.; frutex (?) ramis junioribus subteretibus
flavescenti-pilosis, ceterum glaber, spinis stipularibus brevibus instructus,
dense foliatus; foliis breviter petiolatis, ovalibus vel ovali-ovatis, basi
rotundatis, apice rotundatis vel saepius acutiusculis, membranaceis vel
chartaceis, integris; floribus ♂ (mihi tantum suppetentibus) in umbellas
6—9-floras dispositis, umbellis ad apices ramorum racemoso-collectis,

4-meris; sepalis subaequalibus, ovato-oblongis, obtusis; petalis lanceolato-oblongis, margine saepius denticulatis, quam sepala paullo brevioribus, sed multo angustioribus; staminibus numerosis exsertis; ovario fere omnino abortivo.

Es lagen mir von dieser Pflanze etwa 20 grössere Zweige vor, welche mit unzähligen Blüten besetzt waren, und doch gelang es mir nicht, auch nur eine einzige Blüte mit entwickeltem Fruchtknoten zu finden. Es scheint mir deshalb nicht zweifelhaft zu sein, dass diese Art diöcisch ist. — Die Blätter sind 2—4 cm lang, 1—2 cm breit. Die Blüten sind etwa 8—10 mm lang und dünn gestielt. Kelchblätter 4—5 mm lang, 2—3 mm breit. Staubfäden 6—7 mm lang.

Dahomé: (Newton a. 1886).

Meines Wissens die einzige Capparis-Art mit getrennt-geschlecht-lichen Blüten, aber sonst in keiner Hinsicht — wenigstens in den ♂ Blüten — von dieser Gattung abweichend.

Boscia polyantha Gilg n. sp.; frutex vel arbor ramis teretibus, junioribus flavescenti-tomentosis, demum glabris; foliis breviter petiolatis lanceolatis vel lineari-lanceolatis, apicem basimque versus sensim angustatis, subcoriaceis vel coriaceis, glabris, integris, opacis; floribus in racemos breves confertos 15—20-floros dispositis, racemis iterum ad ramos numerosis saepiusque confertis; floribus 5-meris, 4—5 mm longe pedicellatis; sepalis 5 aequalibus extrinsecus flavescenti-tomentosis, ovato-orbicularibus, obtusis; petalis 0; staminibus ∞; disco intra-staminali inaequaliter sulcato maximo evoluto; gynophoro elongato; ovario uniloculari, placentis 2 parietalibus instructo.

Die vorliegende Pflanze weicht in mancher Hinsicht, auch im Habitus, von der Gattung Boscia ab und dürfte sich vielleicht, wenn Früchte bekannt sein werden, als Vertreter einer neuen Gattung heraus-stellen. Die Blätter sind 4—6 cm lang, 7—8 mm breit. Die Blüten-trauben sind etwa 1,5—2 cm lang. Die Kelchblätter sind etwa 3 mm lang und fast ebenso breit, die Staubfäden etwa 5—6 mm, das Gynophor etwa 4 mm lang.

Huilla (Antunes n. A. 100).

Keiner der bisher bekannten Boscia-Arten als verwandt zu be-zeichnen.

Boscia Welwitschii Gilg n. sp.; frutex vel arbor glabra, ramis teretibus, nigrescentibus; foliis longiuscule petiolatis, obovato-oblongis, subcoriaceis, margine non incrassatis, integris, apice 2—3 mm longe et tenuissime apiculatis, basin versus sensim cuneatim-angustatis, utrinque opacis, costa supra impressa, subtus manifeste prominente, nervis venisque utrinque valde impressis inaequaliter reticulatis; floribus cr. 1,5 cm longe pedicellatis, in racemos (pro genere) elongatos, laxos, 10—15-floros collectis, magnis, cr. 1,1—1,2 cm diametro; staminibus 20—25; gynophoro elongato, terete, stamina paullo superanto.

Blätter 8—10 cm lang gestielt, 4—6 cm lang, 1,5—2,3 cm breit. Blütenstände 6—8 cm lang. Kelchblätter länglich-eiförmig, 5—6 cm lang, 3 mm breit. Staubfäden 8—9 cm lang.

Angola (oder Huilla?) (Welwitsch n. 980).

Ist mit B. Hildebrandtii Gilg verwandt, aber durch die Form und Nervatur der Blätter, sowie durch die Blütenstände aufs beste geschieden.

Verlag von Wilhelm Engelmann in Leipzig.

Die natürlichen Pflanzenfamilien

nebst ihren Gattungen und wichtigeren Arten insbesondere den Nutzpflanzen

unter Mitwirkung zahlreicher hervorragender Fachgelehrten

begründet von

A. Engler und K. Prantl,

fortgesetzt von

A. Engler

ord. Prof. der Botanik und Direktor des botanischen Gartens zu Berlin.

☞ Bisher erschienen 125 Lieferungen. ☜

Lex.-8. Zum Subskriptionspreis à M. 1,50. Einzelpreis à M. 3,—.
☞ Zur Erleichterung der Anschaffung wird das Werk künftig auch in Partien von je 5—10 Lieferungen bei Verpflichtung
zur Abnahme des ganzen Werkes zum Subskriptionspreis von
M. 1,50 pro Lieferung abgegeben. Diese Vergünstigung erstreckt
sich auch auf die Band- und die Abteilungsausgabe, die ebenfalls nach und nach zum Subskriptionspreis (also zu 50 Pf. pro
Bogen) bezogen werden können. Diejenigen Interessenten,
denen die Anschaffung sämmtlicher erschienenen Lieferungen
auf einmal bisher zu viel war, werden auf diese Bezugsweisen
besonders aufmerksam gemacht. **☜**

Engler, Ad., Versuch einer **Entwicklungsgeschichte der Pflanzenwelt,** insbesondere der Florengebiete seit der Tertiärperiode. 1. Theil. Die extratropischen Gebiete der nördlichen Hemisphäre. Mit 1 chromolith. Karte
gr. 8. 1879. 7,—.
— — 2. Theil. Die extratropischen **Gebiete der südlichen Hemisphäre** und
die tropischen Gebiete. Mit einer pflanzengeographischen Erdkarte.
gr. 8. 1882. 11,—.
Grisebach, A., Die Vegetation der Erde nach ihrer klimatischen Anordnung.
Ein Abriss der vergleichenden Geographie der Pflanzen. Zweite vermehrte und berichtigte Auflage. 2 Bände mit Register und 1 Karte.
gr. 8. 1884. geh. 20,—, geb. 24,50.
Haberlandt, G., Das reizleitende **Gewebesystem der Sinnpflanze.** Eine anatomisch-physiologische Untersuchung. Mit 3 lithographierten Tafeln.
gr. 8. 1890. 4,—.
Klinggraeff, H. von, Die Leber- und Laubmoose West- und Ostpreussens.
Herausgegeben mit Unterstützung des Westpreussischen Provinzial-Land-
tages vom Westpreussischen Botanisch-Zoologischen Verein. 8. 1893.
geh. 5,—, geb. 5,75.
Kölreuter's, D. Joseph Gottlieb, Vorläufige Nachricht von einigen das Ge-
schlecht der Pflanzen betreffenden Versuchen und Beobachtungen, nebst
Fortsetzungen 1, 2 und 3. (1761—1766). Herausgegeben von **W. Pfeffer.**
(Klassiker d. exakt. Wiss. Nr. 41.) 8. 1893. geb. 4,—.
Kraus, Gregor, Der botanische Garten der Universität Halle. Erstes Heft.
Mit 5 Photolithographien und 2 Holzschn. 8. 1888. 5,—.
— — Zweites Heft: **Kurt Sprengel.** Mit 2 Bildnissen und 1 Plan. gr. 8.
1893. 8,—.
— Grundlinien zu einer **Physiologie des Gerbstoffes.** gr. 8. 1888. 3,—.
— **Geschichte der Pflanzeneinführungen** in die europäischen botanischen
Gärten. gr. 8. 1893. 3,—.
Noll, F., Ueber **heterogene Induktion.** Versuch eines Beitrags zur Kenntnis
der Reizerscheinungen der Pflanzen. Mit 8 Figuren in Holzschnitt. gr. 8.
1892. 3,—.
Richter, K., Plantae Europeae. Enumeratio systematica et synonymica plantarum phanerogamicarum in Europa sponte crescentium vel mere inquilinarum. Tomus I. gr. 8. 1890. geh. 10, -, geb. 11,—.
Schumann, Karl, Neue **Untersuchungen** über den **Blüthenanschluss.** Mit 10
lithographirten Tafeln. gr. 8. 1890. 20,—.
— **Morphologische Studien.** 1. Heft. Mit 6 lithograph. Tafeln. gr. 8. 1892.
10,—.

Druck von E. Buchbinder in Neu-Ruppin.

Notizblatt

des

Königl. botanischen Gartens und Museums zu Berlin.

No. 4.　　　　Ausgegeben am　　　**10. Juni 1896.**

Nur durch den Buchhandel zu beziehen.

———— ✳ ————

In Commission bei Wilhelm Engelmann in Leipzig.

1896.

Preis 1,50 Mk.

Notizblatt

des

Königl. botanischen Gartens und Museums zu Berlin.

No. 4.   Ausgegeben am   10. Juni 1896.

I. Bemerkenswerte seltenere Pflanzen des Berliner Gartens, welche in denselben in letzter Zeit aus ihrer Heimat eingeführt wurden.

Coelogyne Lauterbachiana Krzl. n. sp.; sympodiis longe prorepentibus, internodiis 2—2,5 cm longis, bulbis vix 1 cm diam. quadrisulcatis 10 cm altis, bifoliis, foliis oblongis acutis tenuibus ad 12 cm longis, ad 5 cm latis; scapo breviore nudo, rhachi fractiflexa internodiis fere 1 cm longis bracteis deciduis sub anthesi nullis alabastra omnino amplectentibus acuminatis. Sepalis ovatis acutis, lateralibus basi paulum excavatis obscure carinatis; petalis e basi paulum latiore anguste linearibus acutis fere aequilongis; labello cymbiformi flexo apice ipso in apiculos 3 — quorum medius maximus — diviso, lamellis 2 majoribus per discum interposito minore; gynostemio apice tantum paulum dilatato, ceterum omnino generis. — Sepala et labellum 1 cm longa, petala vix breviora, ovarium et flos salmonicoloria omnia glutine scatentes aphidibus perniciosa.

Neu-Guinea (Dr. Lauterbach). Blühte im April 1896 im Königl. bot. Garten zu Berlin.

Die nächstverwandte Art ist Coel. carnea Hook. f., und die Abbildung Icon. plant. tab. 2107 zeigt eine Pflanze, welche nur in zwei wesentlichen Punkten abweicht, erstens darin, dass die Bulben bei carnea stets einblättrig sind, zweitens, in der wesentlich anderen Teilung der Lippe, welche bei C. Lauterbachiana unmittelbar auf die Spitze der Lippe vorgeschoben ist. Dazu kommen dann noch Merkmale zweiten Grades. So ist bei allen Exemplaren von C. Lauterbachiana der Blütenstand kürzer als die Blätter, bei carnea soll er stets länger sein;

sodann sind die Abmessungen bei C. carnea durchgehends etwas
grösser. — Als auffällig mag bezeichnet werden, dass die eigentümliche
„Lachsfarbe" bei einer ganzen Anzahl östlicher Coelogynen auftritt;
ich erwähne Coel. salmonicolor Rchb. f., cuprea, carnea Hook. f.
und diese letztgenannte, womit die Reihe wohl noch nicht geschlossen
ist. Alle diese Arten variieren in systematisch wichtigen Merkmalen,
wiederholen aber sonst ein und denselben Typus. Coelog. Lauterbachiana speziell ist durch reichlichen Firnissüberzug ausgezeichnet,
meine Exemplare waren mit verhungerten Blattläusen bedeckt. Welchen
Nutzen es für eine Orchidee haben mag, dass die Blütenblätter als
Fangapparat dienen, dürfte schwer zu sagen sein.

II. Über einige interessante Kakteen des Königlichen botanischen Gartens.

Von

K. Schumann.

Unter denjenigen Pflanzen, welche neuerdings aus der Familie der
Cactaceae namentlich aus Mexiko eingeführt worden sind, befinden sich
auch einige Neuheiten, welche besonders aus dem Rebut'schen Geschäft
in Chazay d'Azergues, Bouches du Rhone, ihren Weg in die Sammlungen
genommen haben. Wir können wohl sagen, dass aus dieser Quelle ganz
neue vorzügliche Sachen gekommen sind und dass noch dauernd Arten
zugänglich gemacht werden, welche seit langer Zeit nicht oder seit der
ersten Beschreibung der betreffenden Arten überhaupt nicht mehr gesehen worden sind. Eine Garantie für die Güte derselben wird dadurch
geboten, dass einer der besten Kakteenkenner überhaupt, Herr General-
arzt Weber in Paris, wenigstens früher, ich weiss nicht, ob noch
heute, seine Aufmerksamkeit den von dort kommenden Pflanzen dauernd
gewidmet hat und dass viele seiner neuen Arten von dort aus verbreitet
worden sind.

Zu den Neuheiten, welche von Rebut in der letzten Zeit eingeführt
worden sind, gehört auch eine äusserst zierliche Echinopsis von den
kleinsten Dimensionen in der Gattung, da sie die Grösse einer grossen
welschen Nuss selten übertrifft; sie wurde als Echinopsis minuscula
Web. aus der Republica Argentina eingeführt. Ich habe auf sie hin,
wegen der durchaus von Echinopsis abweichenden vegetativen Merkmale und wegen des Umstandes, dass die zahlreichen, prachtvoll

scharlach-carminroten, für Echinopsis viel zu kleinen Blüten, die nicht aus den Areolen hervortreten, die Gattung Rebutia[1]) gegründet, welche eine Mittelstellung zwischen Mamillaria und Echinocactus meiner Meinung nach einnimmt.

Eine der schönsten Arten der Gattung Echinocactus, welche ebenfalls zuerst aus dieser Handlung hervorging, ist der E. Mac Dowellii Reb. et Quehl, zuerst von Herrn Postsekretär Quehl beschrieben[2]). Er kam wohl kaum vor 1893 nach Europa, und zwar durch das in Mexiko ansässige Import-Geschäft von Mac Dowell, und zählt zu jenen eigentümlichen Arten, bei welchen die Rippen fast völlig in Warzen aufgelöst sind. Zweifellos würde er zu Mamillaria gestellt werden, wenn die rötlichen Blüten nicht aus den Areolen hervorbrächen. Durch die ungewöhnlich reiche Bewehrung mit weissen, silberglänzenden Stacheln wird man verhindert, die Natur der Rippen leicht und deutlich zu sehen.

Ebenfalls als Neuheit erschien vor etwa 2 Jahren der Echino-cactus Trollietii auf dem Markte, gleichfalls zuerst von Rebut, dann auch von anderen amerikanischen Firmen angeboten. Ich habe im vorigen Sommer zahlreiche Exemplare gesehen und konnte zunächst konstatieren, dass er völlig übereinstimmt mit jener Pflanze, die in der Juni-Sitzung der Gesellschaft der Kakteenfreunde von Herrn Heese-Steglitz vorgelegt wurde und von mir den provisorischen Namen Mamillaria Heeseana erhielt. Dieses Exemplar war noch sehr klein, eine genaue Besichtigung war wegen der dichten Bestachelung nicht möglich, und wegen der Ähnlichkeit der Bewaffnung mit einzelnen Formen aus der Gattung Mamillaria Sect. Coryphantha war ich zu dieser Beurteilung der Art gekommen. Diese Pflanze, sowie die viel grösseren, über 12 cm hohen Exemplare, die ich später sah, zeichneten sich alle durch eine grosse Zahl von weissen Randstacheln, sowie 5—6 Mittelstacheln aus, von denen 4—5 gerade aufstehen und spreizen, während ein einzelner sehr starker, auffallend blauschwarzer Mittelstachel bogenförmig nach unten gekrümmt ist.

Als ich nun diese grossen Exemplare untersuchte, erkannte ich bald, dass ich es nicht mit einer neuen Art zu thun hatte, dass vielmehr die Pflanze mit einem nur einmal gefundenen, dann verschollenen Echinocactus identisch war, den Engelmann unter dem Namen E. unguispinus[3]) beschrieben hat. Wislizenus fand denselben bei

---

[1]) Monatsschrift für Kakteenkunde V, 162 (1895) mit Abbildung.
[2]) Monatsschrift für Kakteenkunde IV, 132 (1894) mit Abbildung der Stachelbündel.
[3]) Engelmann in Wislizenus exped. 56 (1848).

Pelayo im Staate Cohahuila von Mexiko; er hat sich so weit jeder Untersuchung zu entziehen gewusst, dass er selbst Hemsly bei seiner Zusammenstellung der mittelamerikanischen Pflanzen entgangen ist.

In Hannover besah ich während meiner Sommerreise die Sammlung des Herrn Dr. David Rüst, jenes Mannes, der sich durch die Bearbeitung der fossilen Polythalamien einen so bedeutenden Namen gemacht hat und der ausserdem wegen seiner sorgfältigen Kulturen von Stapelien erwähnt zu werden verdient. Hier wurde ich auf eine Rhipsalis von neuem aufmerksam, die der hiesige Königliche botanische Garten schon seit mehreren Jahren der Güte des erwähnten Herrn verdankt. Ich hatte sie als die Rhipsalis „mit den doppelten Blattnerven" bekommen und vermutungsweise für R. rhombea Pfeiff. angesprochen. Herr Dr. Rüst setzte Zweifel in diese Meinung und begründete dieselbe namentlich damit, dass die Art ein Herbstblüher sei.

Die Pflanze entwickelte nun im Herbste vorigen Jahres Blüten und ich erkannte zu meiner grossen Überraschung, dass auch sie eine lange verschollene Art war, nämlich die Rhipsalis platycarpa Pfeiff., eine früher nur im Petersburger Garten kultivierte Pflanze, die neuerdings niemals mehr aus Brasilien eingeführt worden ist. Die zusammengeneigten Blumenblätter von grünlichgelber Farbe und der ungefähren Grösse derer von R. pachyptera Pfeiff., sowie die breite Frucht sind, verbunden mit der Blütezeit, charakteristisch für die Art.

Ich will hier noch einige Berichtigungen von Cactaceae-Arten anbringen, die gegenwärtig angeboten werden. Alle Exemplare von Cereus Pringlei Wats., einer ausgezeichneten Art (sie ist vielleicht der Typ einer neuen Gattung), welche ich hier in Deutschland gesehen habe, waren Cereus giganteus Engelm., eine zwar ebenfalls interessante Art, die aber schon längst überall kultiviert wird. Cereus Cochal Orcutt Cat., welche als Neuheit eingeführt wurde, erkannte ich, als ich sie zum erstenmale auf der Gartenbau-Ausstellung in Magdeburg sah, sogleich als Cereus geometrizans Mart. Diese Pflanze wird in allen botanischen Gärten, aus Samen gezogen, kultiviert und fällt durch die regelmässigen Linien des weisslichen Wachsreifes (woher der Name?) ebenso, wie durch die Stachellosigkeit auf. Diese besteht aber nur solange die Pflanze jung ist; wird sie älter, so verzweigt sie sich ausserordentlich und zeigt eine grosse Menge langer Stacheln; in diesem Zustande beschrieben erhielt sie den Namen Cereus pugionifer Lem. Stecklinge der bestachelten Form wachsen in derselben Weise weiter und solche Stecklinge sind eben unter dem Namen Cereus Cochal jetzt ziemlich weit verbreitet worden.

Meine Bestimmung wurde ganz zufällig bekräftigt. Ein Cereus Cochal blühte nämlich in Berlin bei Herrn Liebner. Diese Blüten haben sich nun zweifellos als die für C. geometrizans Mart. äusserst charakteristischen erwiesen; sie sind die kleinsten aller Arten der ganzen Gattung und messen kaum 2,5 cm in der vollen Länge; der Fruchtknoten und die äusseren Blütenhüllblätter sind aussen grün, die inneren rein weiss. Auch die Früchte dieser Art sind sehr merkwürdig und von denen der übrigen Arten der Gattung ganz verschieden. Sie haben die Grösse und Form von Blaubeeren und werden auf dem Markte von Mexiko unter dem Namen Garambollos (gesprochen Garamboyos) ähnlich solchen verkauft.

Cereus Ernea Brandegee ist mit derjenigen Art der Gattung übereinstimmend, welche bisher als C. gummosus hort. ging. Da nun die Pflanze unter dem ersten Namen[1]) neuerdings gut beschrieben wurde, da letztere aber als nomen nudum lief, so bin ich der Meinung, dass jener beibehalten werden muss.

Eine sehr merkwürdige Pflanze ist Pilocereus Sargentianus Orcutt von Nieder-Kalifornien. Die Abbildungen, welche davon bekannt gemacht worden sind, stellen zwei ganz verschiedene Pflanzen dar: die eine ist mit kurzen, pfriemlich-kegelförmigen Stacheln versehen, während die andere mit langen, pferdehaarähnlichen Borsten bekleidet ist. In der ersten erkannte ich sogleich, als sie mir zu Gesicht kam, den bekannten Cereus Schottii, von dem schon Engelmann[2]) sagte, dass er später ein Cephalium mit reicher Besetzung langer Borsten bildet, so dass er in meine Gattung Cephalocereus gehört; auf diese Weise ist auch der Widerspruch, der zwischen beiderlei Abbildungen besteht, vollkommen gelöst.

III. Die Pilzkrankheiten afrikanischer Getreidearten.

Von

P. Hennings.

Zu den wichtigsten Getreidearten, die im tropischen Afrika kultiviert werden, gehören die verschiedenen Varietäten der Durra (Andropogon Sorghum (L.) Brot., der Reis (Oryza Sativa L.), der Mais (Zea Mays L.), der Duchn oder Negerhirse (Pennisetum spicatum L. Kcke.), sowie Korakan (Eleusine coracana Gärtn.).

---

[1]) Zeisold in Monatsschrift für Kakteenkunde V, 73 mit Abbildung.

[2]) Engelmann, Cactaceae of the boundary 45.

Gerste und Weizen finden im tropischen Afrika bekanntlich nicht mehr Gedeihen.

In ähnlicher Weise wie unsere heimischen Getreidearten sind auch die afrikanischen den verschiedenartigsten Pilzkrankheiten mehr oder weniger unterworfen. Ganz besonders haben die zahlreichen Kulturformen des Sorghums durch mannigfaltige Krankheiten zu leiden. Am verheerendsten treten hier, ebenso wie bei uns, die Brand- und Rostkrankheiten auf. Der Ertrag der Ernte wird durch diese häufig genug sehr geschmälert und in manchen Fällen gewiss ganz in Frage gestellt. Bisher scheint man keine Schutzmittel anzuwenden, um diese Krankheiten zu bekämpfen und der Ausbreitung derselben Schranken zu setzen. Würde man das Saatkorn mit Kupfervitriollösung entsprechend beizen, so dürften hierdurch zweifellos vorzügliche Resultate erzielt werden. Allerdings wird die Negerhirse meist nur von den Eingeborenen als Getreide angebaut, welche aus der Frucht ihr Brot und Pombebier bereiten, selten dürfte sie Europäern dort zur Nahrung dienen.

Wenn es anfänglich auch schwer sein dürfte, die Neger zum Beizen des Saatgetreides anzuhalten, so werden sich diese doch vielleicht nach Jahren des Misswachses dazu verstehen und alsdann bald den grossen Nutzen dieses Verfahrens verstehen lernen.

Die übrigen Getreidearten sind zum Teil viel weniger als das Sorghum den Pilzkrankheiten unterworfen, so sind solche bisher bei Eleusine coracana und Pennisetum kaum bekannt geworden.

Nachstehend werde ich die wichtigsten Krankheiten afrikanischer Getreidearten in Kürze beschreiben.

1. Pilzkrankheiten des Sorghums
(Andropogon Sorghum (L.) Brot.)

Bei den zahlreichen Kulturformen dieses Getreides treten in Afrika 5 verschiedenartige Brandkrankheiten auf, von denen mehrere seit ca. 25 Jahren in Süd- und Mittel-Europa periodisch sich gezeigt haben.

Ustilago Sorghi (Link) Pass. befällt ausschliesslich die Fruchtknoten, sehr selten die Staubfäden des Grases und ist dadurch sehr leicht kenntlich, dass der Pilz die Fruchtknoten in cylindrische bis 1 cm lange, von einer dünnen gelbgrauen Haut überzogene Brandbeutel verwandelt, die hornförmig aus den Spelzen hervorragen. Wenn man diese Beutel öffnet, so findet man dieselben mit einem schwarzen Sporenpulver erfüllt. Die einzelnen, erst bei starker mikroskopischer Vergrösserung sichtbaren Sporen sind kugelig und breit elliptisch, $5—8 \times 5—7 \mu$ im Durchmesser, von glatter olivenbrauner Membran umgeben.

Ustilago cruenta Kühn tritt sowohl in den Blütenteilen, als auch an den Rispenästen und Blütenstielen in rotbraunen Pusteln auf, die häufig zu dicken Schwielen zusammenfliessen und Verkrüppelungen sowie Verkrümmungen der Rispen verursachen. Die die Pusteln erfüllende Sporenmasse ist dunkelolivenbraun, fast schwarz, aus kugeligen oder breitelliptischen, 5—8 × 5—7 μ grossen glatten olivenbraunen Sporen bestehend. Die Art ist, wie die vorige, in Nord- und Ost-Afrika verbreitet und findet sich hin und wieder in Süd-Europa und Deutschland.

U. Reiliana Kühn verwandelt die ganzen Blütenrispen oft in grosse Brandblasen, die anfangs von einer weisslichen Haut umgeben und mit schwarzen Sporenmassen erfüllt sind. Nach dem Zerfallen der Haut verstäuben die Sporen und bleiben die völlig verkümmerten und verbildeten schwarzen Rispenäste zurück. Die Brandbeulen werden mitunter kindskopfgross von rundlicher oder eiförmiger Gestalt, mitunter werden auch nur einzelne Teile der Rispen ergriffen. Die Sporen sind unregelmässig rundlich oder elliptisch, 9—14 μ im Durchmesser, mit brauner, kleinstacheliger Membran umgeben. Die Art tritt in Nord- und Ost-Afrika, Madagaskar und Ost-Indien auf, hin und wieder auch in Süd- und Mittel-Europa.

Sorosporium Ehrenbergii Kühn verursacht in Fruchtknoten von Sorghum ca. 1 cm lange cylindrische, von fester brauner Haut umgebene Brandpusteln, ähnlich wie von Ustilago Sorghi. Zahlreiche Sporen sind jedoch zu länglichen oder rundlichen Ballen vereinigt, die etwa 30—150 μ im Durchmesser besitzen. Die einzelnen Sporen sind unregelmässig rundlich, eckig, seltener länglich, 9—17 μ im Durchmesser, dunkelbraun, mit dicker warziger Membran umgeben.

Tolyposporium Volkensii P. Henn. wurde von Dr. G. Volkens in Sorghum-Kulturen auf dem Kilimandscharo entdeckt, wo diese Art sehr schädlich auftreten soll. Der Pilz findet sich in einzelnen Fruchtknoten, während andere Früchte derselben Ähre nicht davon befallen sind. Die Fruchtknoten schwellen beulenartig an und treten die Brandbeulen aus den Spelzen als eine ziemlich feste, fast erbsengrosse, länglich-kugelige, schwarze, querrunzelige Masse hervor, die einen Durchmesser von 5—8 mm besitzt. Die Beulen bestehen aus zahllosen Sporenkugeln, die 5—10 fest mit einander verbundenen Einzelsporen zusammengesetzt sind. Letztere sind fast kugelig oder eiförmig, von dunkelbrauner Färbung mit feingranulierter Membran, 5—11 μ im Durchmesser.

Die Rostkrankheiten sind vielleicht im geringeren Maasse schädlich, da sie wohl den Körnerertrag schmälern, aber meist nur die Blätter angreifen.

Puccinia purpurea Cooke bildet auf beiden Blattseiten purpur-rote Flecke, in denen unregelmässig geformte dunkelbraune Häufchen auftreten. Die Uredosporen sind glatt, braun, $35 \times 20 - 30$ μ; die Teleutosporen länglich-eiförmig, im obern Teil halbkugelig, im untern verkehrt-kegelig, braun, langgestielt, 40—45 μ lang, 20—20 μ breit. Dieser Pilz ist bisher besonders in Natal und in Ost-Indien beobachtet worden.

Puccinia Sorghi Schwein. ist überall in Sorghum-Kulturen ver-breitet und zeigt sich auf Blättern, Blattscheiden, sowie an Halmen. Die Uredosporen finden sich in blasig aufgetriebenen, rotbraunen Pusteln, dieselben sind kugelig oder elliptisch-eiförmig, braun mit kurzen dichtstehenden Stacheln besetzt, mit 3—4 etwas verdickten Keimporen, 24—28 μ lang und 22—24 μ breit. Die Teleutosporen bilden ziemlich feste, schwarze Lager, die oft zusammenfliessen, dieselben sind meist keulenförmig, am Scheitel abgerundet, 33—44 μ lang, 14—17 μ breit, lang gestielt, mit glatter kastanienbrauner Membran, die am Scheitel oft dunkler und etwas verdickt ist.

Uredo Sorghi Fuck. bildet auf Blättern längliche braune Häuf-chen mit eiförmigen, olivenbraunen, 40×24 μ grossen Sporen.

Von Pyrenomyceten kommen verschiedene Pilzarten auf Halmen kultivierter Sorghum-Varietäten vor, so Leptosphaeria amphi-cola Sacc., L. sorghophila Peck., L. grisea Pass., doch treten diese Arten meist an abgestorbenen Stengeln auf.

Sphaerella Ceres Sacc. ruft auf Blättern rotumzonte Flecke hervor, in denen kleine punktförmige, ca. 80 μ grosse Perithecien stehen, welche in oblong-cylindrischen Schläuchen 8 oblong-eiförmige farblose Sporen entwickeln. Diese sind in der Mitte durch eine Scheide-wand geteilt, etwas zusammengeschnürt, 4 tröpfig, 20 μ lang und 7 μ breit.

Lophionema implexum Ell. & Ev. ist bisher nur in Nord-Amerika auf Blattscheiden und in Adventivwurzeln beobachtet worden; während ein kleiner Schüsselpilz, Humaria Pedrotti Bres., auf Sten-geln in Süd-Tirol beobachtet wurde.

Von Sphaeropsideen treten mehrere Arten an lebenden Blättern ver-schiedener Sorghumformen auf.

Phyllosticta sorghina Sacc. ruft auf Blättern kleine, blutrot umsäumte Flecke mit kleinen punktförmigen Perithecien hervor, welche elliptische, farblose, 2 tröpfige, 5 μ lange, 2 μ breite Sporidien enthalten. Die Art ist in Süd-Europa und in Afrika verbreitet.

Ascochyte Sorghi Sacc. verursacht gleichfalls blasse, rotumsäumte Flecke auf Blättern mit zerstreuten punktförmigen, schwarzen Perithecien. Diese enthalten längliche oder ovale farblose, durch eine Scheidewand septierte Sporidien, die 14×3 μ im Durchmesser sind.

Ascochyta sorghina Sacc. ist ähnlich, doch sind die Flecke hier braun, rotumsäumt, die Perithecien kugelig zusammengedrückt, die Sporidien oblong-elliptisch, farblos, einseptiert, 20 × 8 μ im Durchmesser. Beide Arten sind bisher nur aus Italien bekannt, aber gewiss in Afrika heimisch.

Hendersonia eustoma Sacc. und Didymosporium culmigonum Sacc. treten an den Halmen der Pflanzen auf.

Botryodiplodia Sorghi P. Henn. findet sich an Sorghumhalmen in Ost-Afrika und ruft schwarze, krustige, tuberkulöse Überzüge auf denselben hervor. Diese Pusteln brechen beim Trockenwerden aus der Epidermis als halbkugelige Perithecien herdenweise hervor, die oft zusammenfliessen. Die Sporidien sind elliptisch oder eirund, beiderseits abgerundet, in der Mitte septiert, kaum zusammengeschnürt, braun oder schwarzbraun, 22—29 μ lang und 11—15 μ breit. Die Sterigmen sind fadenförmig, ungleich lang, farblos.

Die auf Sorghum-Arten bisher beobachteten Hyphomyceten will ich hier übergehen, zumal es zweifelhaft ist, ob diese den lebenden Pflanzen zum Nachteil gereichen. Es sind dies besonders Fusicadium Sorghi Pass., Cercospora Sorghi Ell. et Ev., Helminthosporium Cookei Sacc., H. turcicum Pass., H. Sorghi Schwein., Tubercularia pruinosa Fautr. et Lamb.

2. Die Pilzkrankheiten des Reis
(Oryza sativa L.).

Auch der Reis hat durch mehrere Pilzkrankheiten zu leiden, doch sind diese meines Wissens bisher nicht in unseren afrikanischen Kolonien beobachtet worden. Der Reisbrand Ustilago virens Cooke findet sich in Früchten, die durch den Pilz völlig zerstört werden und von einem olivenfarbigen Sporenpulver erfüllt sind. Die Sporen sind kugelig, granuliert, olivenfarbig, 5 μ im Durchmesser.

Durch Brefeld wurde neuerdings eine merkwürdige Reiskrankheit ausführlicher beschrieben, die schon seit längerer Zeit in Ost-Indien und Japan bekannt ist und von Patouillard für eine Ustilaginaceae angesehen und Tilletia Oryzae genannt wurde. — Obwohl dieser Pilz äusserlich einem Brandpilze sehr ähnlich sieht, gehört derselbe nach Brefelds Untersuchungen keineswegs zu diesen, sondern stellt er ein merkwürdiges Conidienstudium eines Mutterkornpilzes dar.

Ustilaginoidea Oryzae (Pat.) Bref. tritt meistens nur in einzelnen Früchten der Rispen auf. Diese werden zu erbsengrossen olivengrünlichen Kugeln umgebildet. Im Innern derselben findet sich ein fester Kern, der vom Sporenpulver umgeben ist. Die Conidien sind kugelig oder eirundlich, olivenfarbig, 3—5 μ im Durchmesser, mit warziger

Membran. Der innere feste Kern ist gelbgrünlich gefärbt und von Mycelfäden durchzogen. Dieser stellt das Sclerotium dar, aus dem sich bei völliger Reife Perithecienfrüchte, ähnlich denen eines Claviceps, entwickeln dürften, wie dies bei dem Mutterkorn unseres Getreides, so des Roggens, der Fall ist. Gewiss ist diese Art auch mit Ustilago virens Cooke identisch.

Metasphaeria albescens Thüm. bildet auf unreifen Früchten zerstreut stehende, sehr kleine schwarze Perithecien mit spindelförmig-cylindrischen Schläuchen, die 70—85 μ lang, 16—22 μ breit sind und 8 spindelförmige, farblose, 3—5 septierte Sporen von 18—24 μ Länge und 5—6 μ Breite enthalten.

Metasphaeria Oryzae Catt. und M. Oryzae Sacc. finden sich auf Blättern der Reispflanze und wurden bisher nur in Italien beobachtet.

Sphaerella Malliverniana Catt. tritt nur auf der Unterseite der Blätter in punktförmigen, schwarzen, kugeligen, 100—150 μ grossen Perithecien auf, deren Schläuche 8 eilängliche, in der Mitte septierte und eingeschnürte, farblose, 20 μ lange, 10 μ breite Sporen enthalten.

Sphaerella Oryzae Catt. ruft auf Stielen und Blättern in Italien die Krankheit „Carolo bianco e nervo" hervor. Die herdenweise auftretenden kugeligen Perithecien sind von kriechenden, verzweigten, septierten, fast farblosen Hyphen umgeben. Die Perithecien enthalten länglich-keulige, 8sporige Schläuche und sind 47—50 μ lang und ca. 8 μ breit. Die Sporen sind spindelförmig, fast farblos, in der Mitte septiert, nicht eingeschnürt, 14—15 μ lang und 4—4$^{1}/_{2}$ μ dick. Diese Krankheit soll den Reiskulturen oft recht verderblich sein.

Zahlreiche Sphaeropsidaceen treten auf den verschiedenen Teilen der Reispflanzen auf und sind diesen mehr oder weniger zum Nachteil. Phoma glumarum Ellis bildet auf den grünen Spelzen kleine schwarze, 90—120 μ grosse Perithecien mit fast farblosen elliptischen, 3—4 × 2$^{1}/_{2}$ μ grossen Sporen. Der Pilz ist bisher nur in Nord-Amerika beobachtet.

Phoma Oryzae Cooke et Massee findet sich in Ost-Indien und befällt die Stengel, auf denen der Pilz punktförmige schwarze Perithecien mit eiförmigen farblosen, 3 × 2 μ grossen Conidien hervorruft.

Phoma necatrix Thüm. tritt auf Halmen, Blättern und Blattscheiden in schwarzen eingesenkten Perithecien auf, welche eiförmig-elliptische, 10—12 × 6—8 μ grosse Conidien enthalten. Der schädliche Pilz wurde besonders in Italien beobachtet.

Chaetophoma Oryzae Cav., gleichfalls aus Italien bekannt, verursacht in Stengeln, Scheiden und Spelzen kleine kugelige, zusammengedrückte, dunkel-olivenfarbige, anfänglich mit byssusartigen bräunlichen, septierten, verästelten Haaren bedeckte, dann kahle, etwas glänzende

Perithecien. Diese sind 300—350 μ im Durchmesser und enthalten oblonge oder ei-elliptische, olivenfarbige, 10—13 μ lange, 1—5 μ breite Conidien, die an sehr kurzen, farblosen Sterigmen entstehen.

Sphaeropsis vaginarum (Catt.) Sacc. findet sich in Blattscheiden, wo der Pilz fast kugelige, schwarze Perithecien mit gelblichen, ei- oder birnförmigen, 15 × 9 μ grossen Conidien hervorruft.

Sphaeropsis Oryzae (Catt.) Sacc., aus Nord-Italien bekannt, ruft schwarze, punktförmige, frei hervortretende oder etwas eingesenkte Pusteln auf Blättern und Blattscheiden hervor, die fast kugelige, im Innern etwas gekörnelte, ca. 14 μ grosse Conidien erzeugen.

Ascochyte Oryzae Catt. bildet auf Blättern von der Epidermis bedeckte schwarze Perithecien mit linearisch-oblongen, beiderseits abgerundeten, in der Mitte septierten, hellgelblichen, 15 × 4 μ grossen Conidien. Die Krankheit ist bisher nur in Italien beobachtet worden.

Septoria Oryzae Catt. ruft auf Blättern und Blattscheiden punktförmige Perithecien hervor, die cylindrische, gerade oder gekrümmte, farblose, 3septierte, 21 × 3 μ grosse Conidien erzeugen.

Coniothyrium Oryzae Cav. ist bisher nur auf Blättern aus Nord-Italien bekannt und tritt auf diesen mit zerstreut stehenden, eingesenkten, fast kugeligen, braunen Perithecien auf, welche cylindrisch-elliptische, beiderseits stumpfe, 2tröpfige, hell-olivenfarbige Conidien von 11—13 × 5—6 μ Durchmesser enthalten.

Verschiedene Hyphomyceten, so Piricularia Oryzae Cav., Helminthosporium sigmoideum Cav., Cladosporium maculans Catt., treten auf Blättern und Blattscheiden, sowie an Stengeln auf. Dieselben dürften dem Gedeihen der Pflanzen jedenfalls schädlich sein. Bisher wurden auch diese Pilze nur in Italien beobachtet.

Ein Beizen des Saatkornes mit Kupfervitriollösung, das Besprengen erkrankter Pflanzen mit derselben, sowie das Verbrennen des mit Pilzen behafteten trockenen Strohes dürften die besten Schutzmittel gegen vorerwähnte, mehr oder minder schädliche Pilzkrankheiten sein.

3. Pilzkrankheiten des Mais
(Zea Mays L.).

In ähnlicher Weise wie das Sorghum wird auch der Mais von den verschiedenartigsten Pilzkrankheiten befallen, von denen einzelne den Kulturen beträchtlichen Schaden zufügen können. Auch hier sind es besonders die Brand- und Rostkrankheiten.

Der bekannte Maisbrand ist in allen Gebieten, wo Mais gebaut wird, verbreitet, ebenso der Maisrost.

Es dürfte deshalb genügen, diese Krankheiten hier nur in Kürze zu erwähnen.

Ustilago Maydis (DC.) Tul. ruft an Blütenteilen, Blättern, Stengeln, sowie selbst an oberirdischen Wurzeln mehr oder weniger grosse Brandbeulen hervor, die oft Faustgrösse erreichen. Dieselben sind von einer ziemlich derben, anfangs weisslichen Haut umschlossen und bestehen im Innern aus einer olivenbraunen, fast schwarzen Sporenmasse. Die Sporen sind kugelig oder kurz elliptisch, 8—13 μ lang, 8—10 μ breit, mit gelbbrauner, feinstacheliger Membran.

Tilletia epiphylla Berk. u. Br., bisher nur aus Australien bekannt, verursacht auf Maisblättern längliche, blasse oder braune Pusteln in gelben Flecken. Die kugeligen Sporen sind schmutzigbraun, glatt, ca. 35 μ im Durchmesser.

Die bereits bei Sorghum erwähnte Puccinia Sorghi Schw. tritt in gleicher Weise auch auf Maisblättern auf und ist häufig in Kulturen verbreitet.

Uredo glumarum Rob. findet sich auf den Blütenspelzen, wo er zerstreute, später meist zusammenfliessende, kleine rundliche, lebhaft orangegelbe Häufchen bildet, welche kugelige oder eiförmige, glatte, einzellige Sporen enthalten.

Von Pyrenomyceten, sowie von Sphaeropsidaceen, Melanconiaceen und Hyphomyceten bewohnen zahllose Arten die verschiedenen Teile der Maispflanze und sind den Kulturen mehr oder weniger nachteilig. Es würde den Raum dieser Mitteilungen überschreiten, diese Krankheiten alle namhaft zu machen, da diese durch über 60 verschiedenartige Pilze hervorgerufen werden.

Von Passerini wurde als Ustilago Fischeri in Thümen Mycotheca universalis No. 1624 und in Rabenhorst Fungi europaei No. 2500 ein Pilz herausgegeben, welcher in dem Gewebe der Fruchtspindel des Mais auftritt, die Körner jedoch nicht anzugreifen scheint. Wenn man einen reifen, mit dem Pilz befallenen Maiskolben der Länge nach aufschneidet, so zeigt sich in dem Gewebe der Spindel unterhalb der Körner ein schwarzes Sporenpulver. Die verzweigten hyalinen Hyphen tragen an der Spitze kugelige Köpfchen, an denen zahllose Conidien kettenförmig entstehen. Letztere sind kugelig von schwärzlich violetter Farbe, 3—4 μ im Durchmesser, mit dicker, fast glatter Membran.

Dieser Pilz gehört aber keineswegs zu den Brandpilzen, sondern zu den Mucedineen und ist als Sterigmatocystis Fischeri (Pass.) P. Henn. zu bezeichnen. Von St. italica Sacc., welche in Früchten des Mais auftreten soll und farblose Conidien besitzt, ist erstere Art völlig verschieden.

IV. Einige Kulturformen der Yams aus Usambara.

Von

U. Dammer.

(Mit 2 Figuren.)

Da die Kartoffeln in den Tropen leicht ausarten und für den Europäer ungeniessbare Knollen liefern, ist man gezwungen, dieselben durch andere Knollengewächse zu ersetzen. Am geeignetsten, weil im Geschmack am ähnlichsten, sind hierzu die Knollen von Dioscorea-Arten. Es unterliegt keinem Zweifel, dass durch eine planmässige Auslese Sorten von denselben gezogen werden können, welche im Geschmack unseren Kartoffeln nichts nachgeben werden. Als Ausgangspunkt für diese Neuzüchtungen wird man die von den Eingeborenen kultivierten Sorten wählen müssen. Der Umstand, dass die Eingeborenen bereits eine grössere Anzahl Sorten besitzen, spricht am besten für die Durchführbarkeit dieser Kultur. In dem Werke „Die Pflanzenwelt Deutsch-Ost-Afrikas" habe ich nach Manuskripten des leider viel zu früh verstorbenen C. Holst Beschreibungen einer Reihe von Yams-Sorten aus Usambara gegeben. In den Manuskripten des Verstorbenen befanden sich auch Handzeichnungen desselben von diesen Sorten, welche hiermit veröffentlicht werden. Die Beschreibungen Holsts beziehen sich nur auf die Sorten 1—8, während er zu den Sorten 9 und 10 nur die Namen hinterlassen hat. Über den Gebrauchswert der letzteren müssen spätere Nachrichten Auskunft geben. Holst beschreibt die Sorten, von denen er sagt, dass sie im allgemeinen alle schleimig, aber nach dem Kochen recht mehlig sind und von allen tropischen Knollengewächsen unseren Kartoffeln am nächsten kommen, folgendermassen:

Makolo, d. h. weisse Makolo, weisse unechte Bataten.

1. Moyo ya ngombe, Ochsenherz, trägt seinen Namen mit Recht, denn die senkrecht in den Boden gehende, sich aber nur oben verzweigende, lang gestreckte Knolle von Armstärke läuft an ihrer Spitze in Form eines Herzens aus, von der Grösse eines Ochsenherzens. Die Schale ist fein hellbraun, ähnlich der unserer neuen Kartoffel [Holst meint wohl die Sechswochenkartoffel, D.], so namentlich die frischgewachsene Spitze, das „Herz", während am oberen Ende die Schale etwas härter ist. Das Fleisch ist gelblich, ähnlich dem der Uetesa (s. No. 2) und hat ebenfalls viel Schleim. (Fig. A, 1.)

2. Uetesa. Die Knolle zieht sich wagerecht unter der Erdoberfläche weit hin, wodurch diese Sorte sich wesentlich von den anderen

unterscheidet. Es ist ein langer, oft bis armstarker Wurzelstock, an welchem sich jährlich knollenartig, gleichsam wie Knorpel, junge Auswüchse ansetzen. Während der alte Stock faserig und seine Rinde dunkel, fast schuppenartig und dick ist, sind die jährlichen neuen Ansätze recht schmackhaft, reich mehlig; das Fleisch ist gelblichweiss. Bei der Ernte werden fusslange Stücke des Wurzelstockes mit den jungen knollenartigen Ansätzen abgeschlagen. Das Blatt dieser Sorte ist dunkel und flügelartig nach oben gebogen, hält sich von allen Sorten am längsten. (Fig. A, 2.)

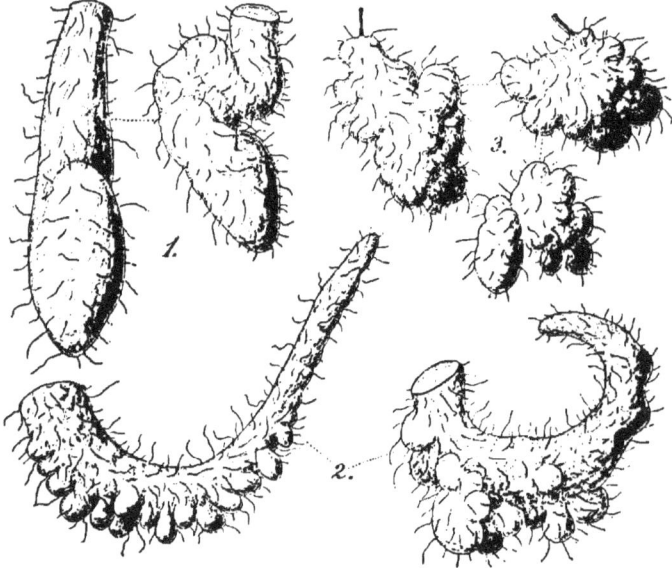

Fig. A. Vergl. den Text.

3. Ubikahehi bildet knollenartige Wülste. Letztere sind unregelmässig geformt, meist flach rundlich. Die Schale ist hart und zeigt, namentlich an alten Knollen, harte, zerrissene, blattartige Schuppen. Im allgemeinen sind die Knollen dieser Sorte klein, 10 cm breit und ebenso lang; über dieses Mass gehen sie selten hinaus. Das Fleisch ist gelblich. Die Sorte wird selten angebaut. Sie enthält überaus viel Schleim und löst sich während des Kochens zu einem wässerigen Brei auf. (Fig. A, 3.)

4. Kila ya mamba, Krokodilschwanz. Eine langgestreckte Knolle von ziemlich gleichmässiger Stärke und Länge. Je nach der

Kultur wird sie verschieden, bis zu 30 cm lang und 3—4 cm stark.
Sie unterscheidet sich von allen übrigen durch ihre eigenartige Schale,
welche abblättert; die hellglänzenden Schuppen liegen neben- und
übereinander und haben beim Ausgraben einen rötlichen Anflug. Nach
dieser eigenartigen Beschuppung haben die Eingeborenen die Knolle
benannt (Kila = Schwanz, ya mamba = das Krokodil). Das Fleisch
ist gelblichweiss und hat dicht unter der Schale mehr oder weniger
grosse rote Flecke, wie denn überhaupt das Fleisch dicht darunter
schneeweiss mit rötlichem Anfluge ist. (Fig. B, 4.)

Vilungu mazi, d. h. rote Makolo.

5. Kunguni. Eine von den bisherigen ganz abweichende Sorte.
Dieselbe trägt etwa 2—3 faustdicke Knollen, welche aus 4—6 kleinen
Knollen zusammengesetzt sind. Letztere haben durchweg eine herzförmige Form, die sich aber mit dem Alter abstumpft und dann stumpfe,
meist runde Ansätze an der Hauptknolle bilden. Im jungen Zustande
ist diese Form am meisten und deutlichsten ausgeprägt; dazu hat
dieselbe dann noch eine weissliche Spitze mit blutrotem Vorderrande,
woran diese Sorte sofort schon im ganz jungen Zustande zu erkennen
ist. Auch die alten Knollen haben eine mehr oder weniger helle freie
Spitze. Die Schale ist schuppenartig zerrissen und ähnelt noch am
meisten derjenigen der Kila ya mamba; doch ist die Beschuppung bei
weitem nicht so stark ausgebildet. Das Fleisch ist schneeweiss mit
violettrotem, dickem Rande. Manchmal findet sich auch im weissen
Fleische ein grosser roter Fleck, namentlich bei älteren Knollen, welche
lange in der Erde gelegen haben und nicht zur rechten Zeit geerntet
worden sind. Das Laub hat nur leicht rötliche Blattstiele. Diese Sorte
steht zwischen den weissen Sorten und den folgenden. Ihr Laub hält
sich von allen Sorten am längsten; ihr Wachstum ist am stärksten.
(Fig. B, 5.)

6. Pome ya quitsho[1]), Quitschoblut. Die Knolle dieser Sorte
geht senkrecht 1—1½ Fuss tief in den Erdboden und bildet oft arm-
starke, langgestreckte Knollen, die sich verzweigen und überall kleine
knollenartige Wülste tragen. Die Schale der Knolle ist glatt, das
schuppenähnliche Aussehen fehlt ganz. Unterhalb ist die Schale dunkel-
kirschrot. Das Fleisch ist nicht ganz so schleimig wie das von Cetesa,
aber schneeweiss mit einem gleichfarbigen kirschroten Anfluge, der an
manchen Stellen deutlicher hervortritt. Der Gehalt an Stärke ist bei
dieser Art gross; namentlich nach dem Kochen ist sie die mehlreichste
Knolle. Das Kraut zeichnet sich durch einen rötlichen geflügelten
Blattstiel aus; auch die Rippen des Blattes sind rot. (Fig. B. 6.)

---

[1]) Quitsho ist ein Vogel mit eigenartigen roten Flügeln.

7. Luzi, Faden-Wasserkartoffel. Die Knollen sind langgestreckt gleichmässig stark und laufen unter der Erdoberfläche lang

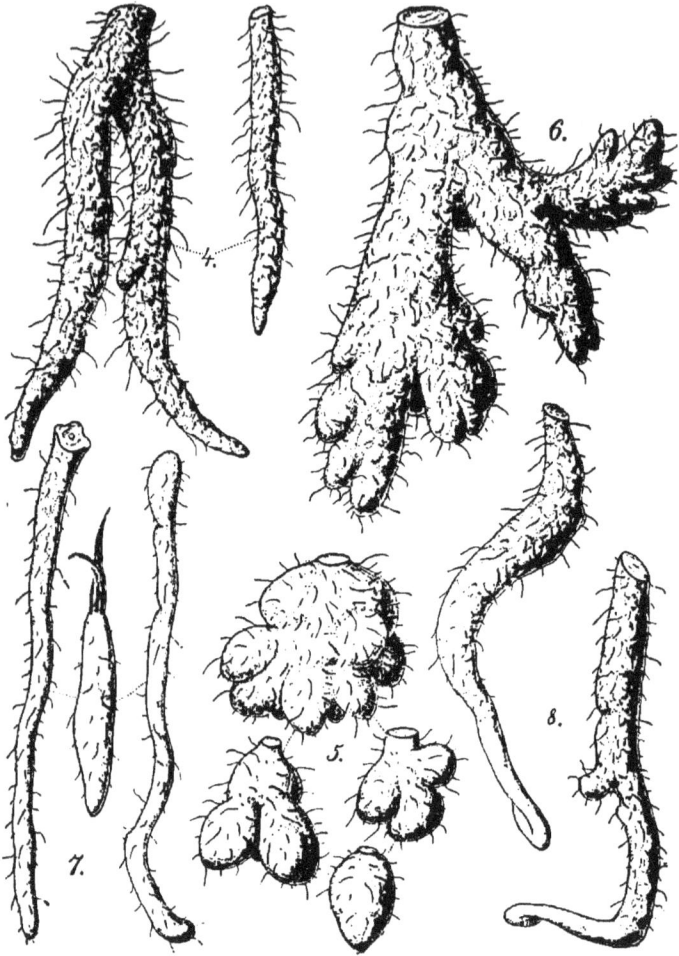

Fig. B. Vergl. den Text.

hin. Sie sind nur wenig gewunden und werden bis zu einem Meter lang. Je nach der Länge ist auch die Dicke verschieden, die grössten erreichen eine Stärke von 3—3$\frac{1}{2}$ cm. Die Schale ist schuppenlos und ähnelt der des Moya ya ngombe. Das Fleisch ist gelblichweiss und enthält viel Schleim, der beim Durchschneiden der Knollen reichlich am Messer haften bleibt. (Fig. B, 7.)

8. Angwa. Diese Sorte ähnelt der vorigen, die Knollen haben auch eine langgestreckte Form, nur ist die Stärke verschieden und es sind nach allen Richtungen hin starke Windungen vorhanden. Bei jungen Knollen ist die Spitze stets im rechten Winkel gebogen. Ferner kommen, wie bei Uetesa, Auswüchse vor. Die Schale ist schuppenartig zerrissen. Die Knollen erreichen eine Länge von 30—40 cm und eine Stärke von 4 bis höchstens 5 cm an den dicksten Stellen. Das Fleisch ist weiss mit gelblichem Anfluge und weniger schleimig. Die Sorte wird wenig kultiviert. (Fig. B, 8.)

9. Shemandern, die fingerförmige Makolo.

10. Tona, die kriechende Makolo.

V. Über bemerkenswerte Bäume des Kilimandscharo.

Von

Prof. Dr. **G. Volkens.**

Die Aufgabe, die dem Botaniker bei der wirtschaftlichen Erschliessung unserer Kolonieen zufällt, besteht im wesentlichen darin, die Aufmerksamkeit der Interessenten auf solche Gewächse zu lenken, die entweder schon eine ökonomische Bedeutung haben oder diese doch zu gewinnen versprechen. Das Studium der Flora eines Gebietes giebt nicht nur Kenntnis von dem Vorkommen und der Verbreitung technisch oder anderswie nutzbarer Pflanzen, sondern gewährt auch Anhaltspunkte, um sagen zu können: dieses oder jenes Gewächs bietet bei einer eventuellen Einführung Aussicht auf lohnende Erträge. Dem Kaufmann wie dem Forstmann und Pflanzer steht also die Botanik ratend zur Seite. Den einen wird sie namentlich auch anspornen, sich dem Aufsuchen neuer Werte zuzuwenden, den andern davor bewahren, Kapital und Arbeit zwecklosen Kulturen zu opfern. Aus solcher Anschauung heraus will ich im Folgenden, gestützt auf eine durch Autopsie gewonnene Landeskenntnis, eine Anzahl von Nutzpflanzen besprechen, die der Kilimandscharo zur Zeit birgt oder die nach meiner Meinung dorthin übergeführt zu werden verdienen. Ich will mich indessen nicht streng nur an den Kilimandscharo halten, sondern nebenher auf andere Gebiete Ost-Afrikas

9

verweisen, wenn mir von solchen auch nur das nördliche Küstenland, Usambara und ein Teil des Paregebirges durch eigenen Augenschein bekannt geworden ist. Die Reihe eröffnen mögen die Bäume.

Ehe ich indessen auf diese eingehe, seien mir ein paar Bemerkungen über den ostafrikanischen Wald im allgemeinen gestattet.

Bei der grossen Holzarmut des Landes ist in Ost-Afrika eigentlich jeder Baum schon an und für sich betrachtet eine Nutzpflanze. Im erhöhten Maasse aber wird er es, wenn sich viele Individuen zusammenschliessen und das bilden, was man einen Wald nennt. Was nennt man aber Wald? Die Reisenden ziehen in den Begriff vielfach Formationen ein, die sie auf deutschem Boden nie und nimmer als Wald bezeichnen würden. Versteht man darunter ein Areal, mit Bäumen bestanden, die so hoch sind, dass man unter ihren Kronen dahinzuwandeln vermag, und die so dicht stehen, dass man dabei ständig ihren Schatten geniesst, und verlangt man ferner für dieses Areal eine gewisse räumliche Ausdehnung nach allen Seiten hin, so schrumpfen die Waldbestände unserer Kolonie auf die der Gebirge zusammen, auf die des Kilimandscharo, Pares, Usambaras, Usagaras, Ulugurus und des Nyassa-Hochlandes. Graf Schweinitz gesteht zu, bei seinem Marsche von der Küste ins Innere auf einen eigentlichen Wald erst gestossen zu sein, als er den Victoria-Nyanza im Rücken hatte. Was man sonst noch Wald nennt, ist Steppengehölz, Steppenbusch oder Baumsteppe. Der Galleriewald der Reiseschilderungen beschränkt sich auf einen baumbestandenen Ufersaum, nicht breiter meist als wenige Schritt, und nur da und dort, wo Flüsse sehr genähert verlaufen oder in einander münden, einen grösseren Umfang gewinnend. In dieser Waldarmut liegt es begründet, dass Ost-Afrika hinter Kamerun und sein Hinterland an Wert zurücksteht, und diese Waldarmut lässt es andrerseits als ein Gebot erscheinen, immer und immer wieder auf Anbahnung einer geregelten Forstkultur hinzuweisen. Schutz und Mehrung des Waldes sollte eine der ersten Nummern des Programms sein, nach dem man Ost-Afrika in der Zukunft zu verwalten gedenkt.

Es ist nun die Ansicht verbreitet worden, dass Schutz des Waldes genüge, Schutz namentlich gegen das Niederschlagen und gegen die Brände, und dass damit eine natürliche Mehrung von selbst gegeben sei. Dem muss mit allem Nachdruck widersprochen werden. Ich kam zuerst zu der entgegengesetzten Meinung, als ich während eines zweimonatlichen Aufenthalts im Küstengebiet bei Tanga, in der Nähe der bekannten Mkulumuzi-Höhlen, ein Wäldchen kennen lernte, das dem Laien ganz den Eindruck machen muss, als ob es hier vor nicht allzu langer Zeit von selbst entstanden und in der Umbildung zu einem jener Hochwälder begriffen sei, wie sie die Höhen des nur wenige

Tagereisen entfernten Handeï-Gebirges auszeichnen. In Wahrheit verhält sich die Sache indessen gerade umgekehrt. Hier hat einmal Hochwald gestanden, das beweisen die modernden Stümpfe gewaltiger Baumriesen, und was von jungem Nachwuchs noch übrig geblieben ist, das liegt bereits im Kampfe mit allenthalben eindringenden Steppentypen, mit Euphorbien und Dornsträuchern und wird in absehbarer Zeit verschwunden sein. Ähnliches habe ich später im Innern, in Usambara und am Kilimandscharo häufiger gesehen, und so befinde ich mich nach allem in voller Übereinstimmung mit einem der wenigen naturwissenschaftlich gebildeten Kenner des Landes, mit Dr. Stuhlmann[1]), wenn ich behaupte: eine Selbstaufforstung, wie sie in anderen Gebieten der Erde besteht, ist in Ost-Afrika ganz ausgeschlossen und zwar deshalb, weil das Klima allmählich ein trockneres, d. h. in bezug auf wirtschaftliche Verhältnisse schlechteres wird. Mit dieser Thatsache ist zu rechnen und auf sie hinzuweisen, ist nicht Ausfluss einer pessimistischen Veranlagung, sondern erscheint als Pflicht, und das namentlich den vielen schönfärberischen Darstellungen gegenüber, die Berufene und Unberufene geben und die einer gesunden Entwicklung nicht minder geschadet haben, wie die von vornherein abfälligen Urteile ausgesprochener Kolonialfeinde. Wir müssen zu der Erkenntnis kommen, dass gegen die drohende Gefahr einer fortschreitenden Verschlechterung des Klimas es nur das eine Mittel giebt, einer energischen Waldkultur die Wege zu bahnen. Und wie ist diese Kultur rationell zu gestalten, so, dass sie die entstehenden Unkosten aus sich selbst heraus deckt? Ich meine mit Forstassessor Krüger[2]) in der Weise, dass man die noch bestehenden Wälder allmählich ausholzt, das Unbrauchbare entfernt, um Brauchbares an dessen Stelle aufkommen zu lassen, und dass man weiter bei Neuaufforstungen sich nicht nur auf die in Ost-Afrika heimischen Werthölzer beschränkt, sondern namentlich auch westafrikanische und indische zur Anpflanzung bringt.

Von solchen Bäumen nun, die innerhalb des Kilimandscharo-Waldes geschont und vermehrt zu werden verdienen, erwähne ich zuerst die Nutzholz, vor allem gutes Bauholz spendenden und beginne mit

Juniperus procera Hoch. Merkwürdigerweise fehlt dieser Baum am Südabhange des Berges durchaus, woraus es sich erklärt, dass keiner der Reisenden vor mir ihn erwähnt. Ich fand ihn oberhalb

---

[1]) In einem Aufsatz: Über die Ulugurnberge (Mitteil. aus den deutschen Schutzgebieten VIII, 3. Heft, p. 221) sagt Stuhlmann: „Es ist eine sehr merkwürdige Erscheinung, dass überall in Ost-Afrika dort, wo einmal der ursprüngliche Wald niedergelegt ist, kein neuer Wald nachwächst, auch wenn man das Land ganz sich selber überlässt.

[2]) Deutsches Kolonialblatt 1894, p. 623.

Useri bei 2000 m in einigen wenigen Exemplaren, zahlreicher am Nord-
fuss der Mawenzispitze bei 2600 und an der oberen Grenze des Waldes
über Schira bei fast 3000 m. Danach darf man annehmen, dass er
dem ganzen Nordabfall des Kilimandscharo eigentümlich ist. In irgend-
wie geschlossenen Beständen, die er nach Holst in Usambara, nach
Höhnel in Kikuyu, nach Schweinfurth in Abyssinien bildet, sah
ich ihn nicht, auch wich er habituell durchaus von dem Bilde ab, das
die Tafel III des Werkes: Die Pflanzenwelt Ost-Afrikas von ihm giebt.
Er zeigte einen säulengleichen, bis auf gewiss 20 m durchaus astfreien,
unten mehr als meterdicken Stamm und eine verhältnismässig kleine
Schirmkrone. Durch letztere namentlich tritt er den meisten anderen
Bäumen des Kilimandscharo-Waldes wie der Regenwälder Usambaras gegenüber, was ich betonen möchte, da Warburg[1]) die Schirm-
form der Krone gerade für ein Charakteristikum ostafrikanischer Urwald-
typen hält und andere Formen, die die Regel sind, als Ausnahmen
hinstellt.

Juniperus procera ragt durch seine Höhe, die 30 m erreichen wird,
weit über seine Umgebung hervor, und damit steht es meiner Meinung
nach im Zusammenhang, dass der Baum nicht annähernd so stark mit
lang herabhängenden Flechten und Moosen bedeckt erscheint, wie fast
alle anderen Holzgewächse. Die Überwucherung der Äste durch ein
ganzes Heer cryptogamischer Schmarotzer, die sehr bald schon auch
die jüngsten Zweige wie mit einem erstickenden Polster umgeben, lässt
nämlich nur ganz wenige von diesen ein höheres Alter erreichen und
ist Hauptgrund dafür, dass uns der ganze Wald den Eindruck des Ge-
drückten und Altersschwachen macht. Warum nun gerade der Wacholder freibleibt von solchen Schmarotzern, weiss ich nicht zu sagen;
in Abyssinien ist es nicht der Fall, denn Schweinfurth[2]) berichtet
von grossen Beständen auf dem Plateau von Kohaito, die durch ihren
Flechtenbehang der Landschaft ein gespenstisches Gepräge aufdrückten
und die dem Untergang geweiht wären.

Zweifellos ist das Holz des Junipers für Bauzwecke ein ganz
vorzügliches. Schimper nennt es „ein vortreffliches Nutzholz für vielerlei
grosse und kleine Arbeiten, Bauholz etc., enthält auch ein wohl-
riechendes Harz". Seine besondere Bedeutung aber liegt in dem ungemein gleichmässigen Gefüge und dem feinen Korn, das auf hervorragende Brauchbarkeit in der Bleistift-Fabrikation hinweist. Proben,
die mir vorlagen, freilich nicht aus Ost-Afrika, sondern aus Abyssinien
stammend, liessen sich mit dem Federmesser genau so schneiden, wie

---

[1]) Deutsche Kolonialzeitung 1895, p. 308.
[2]) Verhandl. der Gesellsch. f. Erdkunde 1894, No. 7.

nur der beste Faberstift. — Die Einsendung grösserer Stammstücke,
die die neugegründete Usambarastation bei Wuga leicht in die Wege
leiten könnte, wären dringend erwünscht, ein fachmännisches Gutachten
aber müsste bei einer Firma eingeholt werden, die ihren Bedarf an
Bleistiftholz selbst kauft, ihn nicht aus eigenen Wäldern deckt.

Der Wert, den unser afrikanischer Wacholder zu erlangen vermag, möge daraus hervorgehen, dass Nürnberg allein jährlich über
300 Millionen Bleistifte fabriziert und dazu in erster Linie das Holz
des virginischen Wacholders verwendet.

Podocarpus Mannii Hk. f. Wie der vorige zu den Nadelhölzern
gehörig, aber weder dessen Höhe, noch Stärke erreichend. Immerhin
sah ich Exemplare von 20 bis 25 m Länge und 60 bis 70 cm Dicke.
Die Krone beginnt häufig schon bei Mannshöhe und baut sich etagen-
artig zu einer Pyramide auf, ähnlich der unserer Fichten. Am Berge
ist der Baum im ganzen Gürtelwalde oberhalb 2500 m verbreitet, nur
ganz gelegentlich und, wie es scheint, allein im Osten und Norden
steigt er auch tiefer bis zu 2200 m herab. Mit die schönsten Individuen
sind den zerstreuten Baumparzellen eigentümlich, die sich am Südhange
oberhalb des Waldes in Mulden und Schluchten noch bis zu 2900 m er-
strecken. Ausser vom Kilimandscharo ist Podocarpus Manii noch vom Kenia,
Usambara und auffallenderweise vom weitentlegenen Kamerun bekannt.
Engler[1] meint, dass diese eigenartige Verbreitung aus einer Zeit da-
tiere, wo die Gebirge des schwarzen Kontinents noch mehr Zusammenhang hatten und behauptet dies namentlich, weil die Samen der Pflanze
keine Einrichtungen besässen, die auf ein Verschlepptwerden durch Wind
oder Tiere hindeuteten. Dem kann ich auf grund von Beobachtungen
am lebenden Material entgegenhalten, dass bei Podocarpus das Frucht-
blatt, welches an der Spitze 1—3 Samenanlagen trägt, nach der Befruchtung zu einer kirschenähnlichen und kirschengrossen roten Beere
anschwillt, deren Bedeutung nur in einer Lockspeise für Vögel gefunden
werden kann. Danach sind auch die meisten Bilder zu korrigieren,
die von Podocarpusfrüchten entworfen worden sind. Als Vorlage für
sie dienten gewiss in der Mehrzahl der Fälle abgefallene und das heisst
hier fehlgeschlagene Früchte, wie sie der Sammler vom Boden auf-
nimmt.

Dass sich das Holz des Baumes für Bauzwecke grade in den
Tropen besonders eignet, habe ich bei Herrichtung unseres Stations-
gebäudes und einer 1200 m höher gelegenen Unterkunftshütte selbst
erfahren. Es trotzte am besten den Angriffen der alles zerstörenden
Bohrkäfer und dies wohl darum, weil es sehr harzreich ist. Letzterer

---

[1] Die Pflanzenwelt Ost-Afrikas I, p. 141.

Umstand legte uns auch den Gedanken nahe, es zur Gewinnung von
Teer zu benutzen, eines Materials, dessen man im inneren Afrika so
dringend bedarf, um Holzbauten vor Fäulnis und Tierfras zu bewahren. —
Die Bearbeitung des Holzes mit Säge und Axt ist trotz einer bedeutenden Härte ungemein leicht und, da der Stamm stets schnurgrade in
die Höhe wächst, dürfte er wie wenige geeignet sein, tadellose Bretter
zu gewinnen. Nicht minder tauglich halte ich ihn für Eisenbahn-
schwellen.

Paxiodendron usambarense Engl. Ein Baum aus der Familie der
Lorbeergewächse, die sonst ja in unseren Kolonieen nur wenig vertreten
ist. Am Kilimandscharo gehört er im Gürtelwalde in der Höhenlage
von 1900 bis 2600 m zu den häufigsten Holzpflanzen, wird weit über
mannsdick und 20 m hoch. In der Kronenbildung wie auch in der
Belaubung gleicht er auffällig unserer echten Kastanie. Die Eingeborenen
brauchen ihn fast ausschliesslich zur Herstellung ihrer mörserartigen
Bienenröhren, wozu sein Holz, der leichten Schneidbarkeit wegen, wie
kein zweites zu verwenden ist. Auch Bohlen zimmern sie daraus, in
der bekannten verschwenderischen Weise, indem sie aus dem gefällten
Stamm eine Mittellamelle heraushauen, alles übrige in die Spähne
fallen lassen.

Der Baum ist von Holst in einer etwas abweichenden Varietät
zuerst in Usambara entdeckt worden. Ich habe ihn lebend dort nicht
gesehen, dagegen fielen mir in Sega gefällte und zu Balken verarbeitete
Stämme in die Augen, die mich durch ihre charakteristische gelbe Farbe
und gleichmässige Struktur auf die Vermutung kommen liessen, sie
rührten von Paxiodendron her. Der intelligente Halbblutaraber und
damalige Regierungsvertreter Abdallah erklärte mir das betreffende
Holz als das für Bauzwecke beste in ganz Usambara. Nun spricht
Holst von einem „Gelbholzbaum, welcher ziemlich häufig in den Urwäldern von Nguelo am Deremabach vorkommt, von den Eingeborenen
Muaka genannt wird und etwa 30 m Höhe erreicht." Blüten oder
Früchte hat er nicht eingeschickt, dagegen einige Blätter, und aus
diesen glaubt Gilg[1]) schliessen zu müssen, dass man es mit einer
Anonacee, vielleicht einer Xylopia, zu thun habe. Es muss dahingestellt
bleiben, ob sich die Annahme bewahrheitet. Unzweifelhaft denselben
Baum, den Holst meint, habe auch ich in Derema gesehen, aber bereits am Boden liegend und all seiner Äste beraubt. Er war hier sicher
der höchste, stärkste und technisch wertvollste von allen, die kurz
zuvor behufs Herrichtung der Kaffeeplantagen gefällt worden waren.
Leider wusste man mit dem kostbaren Material nichts anzufangen, da

---

[1]) Pflanzenwelt Ost-Afrikas I, p. 294.

es damals, wie noch jetzt, in der ganzen Kolonie auch nicht eine
Sägemühle gab. So liess man die Stämme verfaulen oder verbrannte
sie auch und war gleichzeitig gezwungen, von Zanzibar her aus
Schweden stammende Fichtenbretter zu beziehen, den laufenden Meter
für eine Rupie, ein Preis, der sich durch die Trägerkosten noch so erhöht, dass uns z. B. auf der Marangustation ein 3 m langes und 25 cm
breites Brett auf 10 Mark zu stehen kam. Ein Sägemüller, der mit
einer einfachen Mühle arbeitet, wie sie sich die Schwarzwaldbauern
selbst herrichten, würde, soviel wird man mir hiernach zugeben, vollkommen seine Rechnung finden. An Wasserkraft fehlt es in Usambara
und auch anderwärts nicht; dauernde Absatzgebiete sind die Plantagen,
die Küstenstädte und nicht zum wenigsten Zanzibar, selbst Aden und
andre Häfen, nach denen sich der Dhauverkehr wendet.

(Fortsetzung folgt.)

VI. Notizen über den Anbau und die Gewinnung der Fasern der Agave-, Fourcroya- und Sansevieria-Arten.

Von

M. Gürke.

I. Agave.

Unter den Faser liefernden Agave-Arten hat unstreitig für den
Welthandel die grösste Bedeutung die den Sisalhanf (Henequen,
Losquil, Mexican Grass) liefernde Agave rigida gewonnen. Ur-
sprünglich wurde die Pflanze nur in Yukatan gebaut, und der aus ihr
gewonnene Faserstoff wurde hauptsächlich in dem an der Nordküste
dieser mexikanischen Halbinsel, nordwestlich von Merida gelegenen
Hafen Sisal, von dem er seinen Namen entlehnte, zur Ausfuhr gebracht.
Jetzt ist für Yukatan Progresso der Hauptexporthafen. Seit etwa
50 Jahren verbreitete sich die Pflanze in dem übrigen Mittelamerika
und Westindien. Zuerst wurde sie von Dr. Perrine in den Jahren 1836
und 1837 in Florida als Zierpflanze eingeführt. Unter den ihr sehr
zusagenden günstigen klimatischen Bedingungen und Bodenverhältnissen
nahm ihr Anbau dort ausserordentlich schnell zu. Von dort kam sie
nach den Bahamas, und hier besonders hat ihre Kultur infolge der ein-
sichtigen Unterstützung und Förderung von Seiten der Regierung einen
ganz ungeheuren Aufschwung in den letzten Jahren genommen. Es sind

hier von einer Reihe von kapitalkräftigen Gesellschaften, die sich zu diesem Zwecke gebildet haben, enorme Länderstrecken mit Agave bebaut worden, deren Ernte jetzt schon beginnt auf dem Weltmarkte ihren Einfluss geltend zu machen. Auch auf den Turks-, den Caicos- und den Windward-Inseln, auf Trinidad, sowie auch in British Honduras macht man in den letzten Jahren grosse Anstrengungen, den Anbau der Agave zu fördern. In den Tropenländern der alten Welt hat die Kultur bisher weniger Eingang gefunden; doch beginnt man auch in Ostindien, besonders durch Vermittelung des botanischen Gartens zu Calcutta, Versuche mit der Einführung zu machen.

In Amerika werden hauptsächlich zwei Formen der Agave rigida Mill. gebaut. Es sind dies

1. A. rigida var. sisalana Engelm. Diese Form besitzt hellgrüne Blätter, welche in eine lange stechende Spitze auslaufen und deren Rand ungezähnt ist oder höchstens hier und da einen vereinzelten Zahn besitzt. In Yukatan heisst sie Yaxci (spr. Yaschki), auch Yaxci Sisal oder Yaxci Henequen, ferner auch span. Henequen verde oder engl. Green Henequen. In Yukatan ist ihr Anbau auf den östlichen und südlichen Teil der Halbinsel beschränkt; die Blätter liefern unstreitig die weichsten, geschmeidigsten und glänzendsten Fasern, welche ausschliesslich zu feineren Geweben verwendet werden. In Florida und auf den Bahamas wird nur diese Form kultiviert.

2. A. rigida var. elongata Jacobi (= var. longifolia Engelm.). Die Blätter dieser Form sind graugrün, mit wachsartigem Überzuge, am Rande mit starken Zähnen versehen, meist länger als die der vorigen Form. In Yukatan heisst sie Sacci (spr. Sacqui) oder span. Henequen blanco, engl. White Henequen; sie wird hauptsächlich im Nordwesten der Halbinsel, in der weiteren Umgebung der Stadt Merida angebaut und liefert die Hauptmasse des aus Yukatan stammenden Sisalhanf, da sie die verhältnismässig grössten Erträge giebt, wenn auch die Faser an Güte der Yaxci nachsteht.

Ausser diesen beiden hauptsächlich gebauten Formen erwähnt Semler (Trop. Agrikultur III, S. 687) noch mehrere Kulturformen, von denen aber nicht feststeht, wie sie sich zu den obengenannten verhalten, nämlich:

Chelem, wird hauptsächlich in den unfruchtbaren, felsigen Distrikten im Nordwesten von Yukatan gebaut; es ist dies vielleicht die ursprüngliche wilde Form der A. rigida. Die Faser ist wegen ihrer reinweissen Farbe und Stärke geschätzt.

Chucumci wird häufig auf sandigen, felsigen Küstenebenen gebaut und liefert eine rauhe, spröde und daher geringwertige Faser.

Babci besitzt sehr viel kleinere Blätter als die übrigen Arten; ihre Fasern sollen verhältnismässig fein sein.

Citamei hat kurze schmale Blätter mit sehr mittelmässigen Fasern.

Die Kultur. Die Agaven nehmen mit einem sehr geringwertigen felsigen oder sandigen Boden vorlieb, wenn er nur einen möglichst hohen Kalkgehalt besitzt. Sie gedeihen zwar ganz gut an trockenen, steilen Abhängen, welche kaum eine andere Kulturpflanze zu ernähren vermögen, jedoch ist es vorteilhaft, die Pflanzungen auf möglichst ebenem Gelände anzulegen. Bei dem ansehnlichen Gewicht der Blätter ist ein Transport derselben nach dem Orte ihrer Entfaserung nur mittels Feldbahnen möglich, und dieselben Erfahrungen, welche man auf Zuckerrohr-Pflanzungen gemacht hat, wo ebenfalls ein im Vergleich zu dem fertigen Produkt sehr umfangreiches Rohmaterial zu verarbeiten ist, lassen sich auch hier anwenden; die Rentabilität der Pflanzung wird in hohem Grade von der Anlage derselben abhängen. In Yukatan liegen die Agavenplantagen zum grössten Teil auf trockenen Küstenebenen, die sich nur wenige Meter über den Meeresspiegel erheben. Frisches Land pflegt man in Yukatan im ersten Jahre mit Mais, im zweiten mit Bohnen und erst im dritten Jahre mit Agaven zu bepflanzen. Die zur Kultur nötigen jungen Pflanzen gewinnt man aus Schösslingen. Vom dritten Jahre ab treiben die Agaven sehr reichlich Wurzelschösslinge, welche man nur möglichst tief auszustechen hat; man setzt sie dann auf ein Beet in Abständen von etwa $\frac{1}{2}$ m und hält sie in den ersten Wochen unter reichlicher Bewässerung in schwachem Halbschatten. Noch einfacher und bequemer erhält man die jungen Pflanzen aus den Bulbillen, die in ungeheurer Menge an den Blütenschäften erscheinen und ebenfalls in derselben Weise wie die Schösslinge ausgepflanzt werden. Wenn die jungen Pflanzen eine Höhe von 25—30 cm erreicht haben, werden sie auf ihre dauernden Standorte versetzt. Es geschieht dies in Yukatan im April oder Mai. In Abständen von $2\frac{1}{2}$—3 m werden Löcher von 25 cm Durchmesser und 50 cm Tiefe ausgehoben; dabei lässt man zwischen jeder vierten oder fünften Reihe einen etwa 5 m breiten Weg frei, welcher den die abgeschnittenen Blätter befördernden Wagen genügenden Platz lässt. Die jungen Pflanzen werden mit lockerer Erde in die Löcher gesetzt und mit kleinen Steinen, die man unter die Blätter schiebt, in senkrechter Stellung festgehalten. Es dürfen jeden Tag nur immer so viel junge Pflanzen ausgehoben werden, als man einpflanzen kann. In den ersten beiden Jahren muss möglichst oft gejätet werden, und auch im dritten Jahre, wo durch die Ausbreitung der Pflanzen das Unkraut mehr in Schranken gehalten wird, ist ein gelegentliches Ausgäten von Vorteil. Die vom dritten Jahre an sich zeigenden Schösslinge müssen unterdrückt werden; man verwendet sie in der oben angegebenen Weise zu neuen Anlagen. Im 7. bis 12. Jahre beginnen die Agaven einen 3—6 m hohen Blütenschaft zu treiben, der

ausser den zahlreichen Blüten eine ungeheure Menge der schon erwähnten Bulbillen produziert. Nach dem Blühen stirbt die Pflanze ab;
sie wird deshalb, sobald der Blütenschaft erscheint, abgehauen, und man
lässt als Ersatz den dem Stamme zunächst stehenden Schössling an
Stelle der alten Pflanze heranwachsen. In Yukatan wird vielfach mit
Vorteil zwischen den Agaven eine andere Frucht gebaut; nur muss
darauf geachtet werden, dass dieselbe nicht zu dicht steht und nicht
zu hohe Büsche entwickelt; auch darf man dazu nicht rankende Gewächse, wie etwa Bataten, wählen, weil dieselben sonst die jungen
Agavepflanzen ersticken würden. Im übrigen ist, wie jetzt mehrfach
Versuche gezeigt haben, ein leichter Schatten für diese letzteren nur
von Vorteil.

Die Ernte. Ungefähr nach Ablauf des dritten Jahres, d. h. wenn
die Blätter eine Länge von 1,5 m erreicht haben, werden die Sisalpflanzen ertragfähig; unter ungünstigen Umständen kann dieser Zeitpunkt
sich aber auch bis auf 6 Jahre verzögern. Die Ernte wird in Yukatan
dreimal im Jahre in gleichen Zwischenräumen vorgenommen. Meist
werden von jeder Pflanze die 7—10 untersten Blätter abgeschnitten,
und zwar möglichst nahe ihrem Grunde; je jünger dieselben sind, desto
bessere, aber auch um so weniger Faser werden sie liefern; keinesfalls
ist es ratsam, kürzere Blätter als von Meterlänge zu schneiden. Dem
Arbeiter, welcher die Blätter schneidet, folgt unmittelbar eine Arbeiterin,
welche die Spitze des Blattes und (bei A. rigida var. elongata) auch
die Blattzähne beseitigt. Die Blätter werden dann zu je 50 zu Bündeln
vereinigt und diese am Wege niedergelegt, wo sie auf niedrige Wagen
verladen werden, die von Maultieren oder Ochsen auf Feldbahnen nach
den Entfaserungsmaschinen gezogen werden. Jede Pflanze liefert im
Mittel jährlich 25—30 Blätter; ein Hektar trägt nach niedriger Schätzung
etwa 1200 erwachsene Pflanzen, so dass sich der jährliche Ertrag eines
Hektars auf mindestens 30000 bis 36000 Blätter beziffert.

Die Gewinnung der Faser. Nach dem Schneiden müssen die
Fasern von dem übrigen Gewebe des Blattes befreit werden. Dies
wurde in früheren Jahren allgemein durch Handarbeit, natürlich in sehr
unvollkommener Weise gethan; jetzt geschieht dies noch bei den Indianern Yutakans zur Befriedigung ihres eigenen Bedarfs, und auch auf
den Bahamas in weniger umfangreichen Pflanzungen; auf allen grösseren
Plantagen sind zu diesem Zwecke Maschinen in Gebrauch und bei
einigen Ansprüchen an die Rentabilität auch ganz unerlässlich. Nur
ist hervorzuheben, dass die bisher benutzten Maschinen durchaus noch
nicht allen Anforderungen in Bezug auf Leistungsfähigkeit genügen; dies
wird auch dadurch bewiesen, dass fortwährend neue Entfaserungsmaschinen
konstruiert werden, die aber in der Mehrzahl nicht über eine versuchs-

weise Anwendung hinausgekommen sind. Bei allen diesen Maschinen ist Dampfkraft zum Betrieb erforderlich; nur unter besonders günstigen Umständen wird dieselbe durch Wasserkraft ersetzt werden können, unter manchen Verhältnissen auch durch Göpelbetrieb. Ferner ist bei der Entfaserung Zufluss von Wasser nötig; je reichlicher dasselbe vorhanden ist, desto bessere Faser wird geliefert werden können. Es ist durchaus notwendig, dass die Entfaserung der Blätter unmittelbar nach dem Schneiden derselben vorgenommen wird, weil der Saft der Agave sehr bald dickflüssig wird, den Prozess der Entfaserung dann ausserordentlich erschwert und auch den Wert der Faser herabmindert. Es dürfen daher täglich nur soviel Blätter geschnitten werden, als von den Maschinen bewältigt werden können; auch müssen die Blätter gegen Sonne und heissen Wind geschützt werden.

Seit langer Zeit und auch jetzt noch hauptsächlich ist in Yukatan eine Maschine im Gebrauch, welche unter dem Namen Raspador bekannt ist. Diese im allgemeinen ziemlich schwerfällige und rohe Maschine besteht aus einer etwa 15 cm breiten eisernen Trommel, welche in einem schweren hölzernen Rahmen befestigt ist und sich um eine horizontal liegende Achse dreht. Auf der Peripherie der Trommel sind eine Anzahl querstehender Messer von Messing befestigt. Durch eine Öffnung in dem Rahmen werden die Blätter mit der Hand an die rotierende Trommel herangeführt und mittelst einer Klammer an dieselbe angedrückt. Die Messer schaben die Fasern des Blattes, soweit dieses unter der Trommel liegt, frei, und der ausgequetschte Saft läuft in eine darunter befindliche Grube. Das Blatt wird dann zurückgezogen, umgedreht und das andere Ende ebenso behandelt. Zur Bedienung der Maschine sind zwei Arbeiter erforderlich. Die vorhandenen Angaben über die Leistungsfähigkeit der Maschine scheinen etwas hoch gegriffen zu sein; es wird behauptet, dass zwei Arbeiter am Tage 7000 Blätter entfasern können. Wenn das der Fall ist, würde ein Raspador zur Entfaserung der von einer vollbestandenen Fläche von 60—70 ha gelieferten Blätter genügen. Es ist dabei zu beachten, dass die Leistungsfähigkeit einer solchen Maschine hauptsächlich von der grösseren oder geringeren Geschicklichkeit und Geübtheit der dabei angestellten Arbeiter abhängt.

Von den grösseren Maschinen, welche man neuerdings zur Entfaserung der Agave-Blätter konstruiert hat, ist in Yukatan neben dem Raspador vornehmlich die Barraclough-Maschine (Barraclough's Fibre Scutching Machine) im Gebrauch, und es scheint, als wenn diese in der That den übrigen, unten genannten Maschinen vorzuziehen sei. Dieselbe wird von Thos. Barraclough, 20 Bucklersbury, London E. C., angefertigt. Sie besteht im wesentlichen aus einer um eine

horizontal liegende Achse sich drehenden schmiedeeisernen, im Durchmesser ca. 1,5 m haltenden Trommel, an deren Peripherie 6—8 Schabe-
messer befestigt sind. Vor der Trommel befindet sich ein Tisch, auf
welchem die Blätter während der Bearbeitung liegen; in Verbindung mit
demselben steht ein Wasserreservoir, welches das bei der Entfaserung
notwendige fliessende Wasser zuführt, und ein Trog, in welchem die
Faser ausgespült wird. Die Entfernung der Messer von dem Tisch
kann je nach der Dicke und dem Fasergehalt der Blätter regulirt
werden. Die Trommel ist in geeigneter Weise mit einer Bedeckung
versehen, um das Umherspritzen des Saftes zu verhindern. Ebenso wie
bei dem Raspador ist es auch hier nicht möglich, das Blatt seiner ganzen
Länge nach auf einmal zu entfasern; es wird entweder nur zur Hälfte
zwischen die Messer gebracht, darauf umgedreht und durch eine zweite
Manipulation die andere Hälfte entfasert, oder, was vielleicht vorteil-
hafter ist, das Blatt wird so weit als möglich unter die Trommel gebracht, und der übrigbleibende untere Teil, welcher gewöhnlich viel
gröbere und dunkel gefärbte Fasern enthält und daher keinesfalls mit
dem besseren Faserstoff vereinigt werden kann, wird abgeschnitten und
anderweitig verwertet. Die Trommel macht in der Minute 500—700 Umdrehungen; die erstere Anzahl genügt bei kleinen und dünnen Blättern,
die letztere ist für grosse und dicke Blätter notwendig.

Von Vorteil ist es, nicht eine einfache, sondern eine Doppelmaschine
mit zwei Trommeln zu benutzen; die dazu nötige Betriebskraft ist
geringer, als bei zwei einfachen Maschinen. Sowohl bei der einfachen,
als auch bei der Doppelmaschine müssen die Blätter mit der Hand
der Trommel zugeführt werden. Dies wird vermieden bei einer anderen
Konstruktion der Maschine, wobei die Blätter durch automatischen Betrieb den Messern zugeführt werden. Zu diesem Zwecke befindet sich
vor der Trommel ein etwa 2 m langer und 1 m breiter Tisch, auf
welchem eine Rinne von langgezogener elliptischer Form verläuft. In
diese Rinne werden die Blätter gebracht und dann selbständig von der
Maschine durch Greifer zwischen die Messer und wieder zurückbewegt.
Obgleich auch hier an jeder Trommel zwei Leute thätig sein müssen,
ist doch der Vorteil ein sehr grosser gegenüber der Maschine mit nicht
automatischer Zuführung, besonders da zur Bedienung der Maschine
keine besondere Geschicklichkeit gehört, und der Betrieb von den Leuten
in wenigen Stunden erlernt wird.

Der Gebrauch des Wassers bei der Entfaserung der Blätter ist von
grosser Wichtigkeit. Es ist zwar nicht absolut notwendig, dass das
Wasser während des Entfaserungsprozesses selbst hinzufliesst; wenn
nur geringere Quantitäten Wasser vorhanden sind, kann auch das Waschen
der Faser in besonderen Behältern vorgenommen werden, wodurch Wasser

erspart wird; es ist nur dabei zu beachten, dass die ungewaschene
Faser durch den anhängenden Saft an der Luft sehr schnell dunkler
gefärbt und fleckig wird.

Wie hoch die Arbeitsleistung der geschilderten Barraclough-Maschine
sich beläuft, lässt sich, wie bei allen derartigen Maschinen, schwer sagen,
da es dabei zu sehr auf die Länge und das Gewicht der zu entfasernden
Blätter, auf ihren Gehalt an Fasern und auf die Geschicklichkeit der
dabei angestellten Arbeiter ankommt. Als Mittelsatz kann man annehmen, dass eine Doppelmaschine mit Selbstzuführung der Blätter bei
einer Bedienung von 4 Mann und 10stündiger Arbeit pro Tag ca.
1200 Blätter bewältigen kann. Diese würden, wenn man das Gewicht
eines Agaveblattes im Mittel mit 5 kg annimmt, einem Gewicht von
6000 kg gleichkommen und (bei 5 % Gehalt an trockener Faser) ca.
300 kg der fertigen getrockneten Faser pro Tag ergeben.

Da der scharfe Saft der Agave die Eisenteile der Maschine stark
angreift, ist eine sorgfältige tägliche Reinigung derselben von grösster
Wichtigkeit.

Die Maschine wird auch so konstruiert, dass sie transportabel ist
und nebst der sie treibenden Dampfmaschine jedesmal dort aufgestellt
wird, wo die zu entfasernden Blätter geschnitten werden, eine Methode,
die je nach den äusseren Verhältnissen auch ihre Vorteile besitzt.
Natürlich muss diese Frage schon bei der Anlage der Plantage und
vor der Anschaffung der Maschinen entschieden werden.

Aus der folgenden Tabelle sind die von dem Fabrikanten ange-
führten Angaben übersichtlich zusammengestellt, wobei zu bemerken ist,
dass der Preis sich neuerding durch Einführung einiger zweckmässigen
Verbesserungen um ein Geringes erhöht hat.

	Preis in Mark	Zum Betriebe nötige Pferdekräfte	Netto-Gewicht in Centnern	Brutto-Gewicht in Centnern	Kubikinhalt in Kubikmetern
Einfache Maschine mit Handzuführung . . .	600	1¹/₁	9	13	1
Einfache Maschine mit automatischer Zuführung	1200	1³/₄	23	27	2
Doppelmaschine mit Handzuführung	1000	2¹/₂	19	26	2
Doppelmaschine mit automatischer Zuführung	2200	3¹/₂	46	54	4,5

Der Preis versteht sich incl. Verpackung ab Eisenbahnstation London,
Liverpool oder Hull. Wenn die Maschine transportabel hergestellt wird,
erhöht sich derselbe um ungefähr 80—140 Mark.

Nachdem die Faser genügend gewaschen ist, muss sie getrocknet werden. Die Art dieses Prozesses richtet sich gleichfalls nach den äusseren Verhältnissen. In manchen Fällen kann man die Fasern einfach durch Aufhängen in freier Luft, in anderen unter Dächern trocknen. Ist die Luft jedoch so feucht, dass dies nicht angängig ist, und das Trocknen der Faser nicht gleichen Schritt mit der Produktion derselben hält, so muss man für Schuppen sorgen, durch welche ein Strom von trockener Luft streicht; es ist aber darauf zu achten, dass diese nicht zu heiss ist, weil sonst die Faser ihre Elastizität, Weichheit und ihren Glanz verlieren würde.

Es wird empfohlen, die getrocknete Faser zunächst noch durch eine Bürstenmaschine, wie sie ebenfalls die Firma Barraclough konstruiert hat, gehen zu lassen. Der höhere Preis, der durch das auf diese Weise behandelte Produkt erzielt wird, soll die auf die Bürstenmaschine verwendete Ausgabe, welche sich auf ca. 1000 Mark beläuft, sehr bald decken. Die getrockneten Fasern werden mit der Hand zu Bündeln von etwa 10 cm Durchmesser vereinigt und dann zu grösseren Ballen von etwa 4 Centnern zusammengepresst, am besten unter starkem hydraulischen Druck, um die Transportkosten nach Möglichkeit zu verringern. Bei dem Verpacken muss besonders darauf geachtet werden, dass die Fasern gerade liegen und nicht in Unordnung geraten; daher muss auch vermieden werden, dass verschieden lange Fasern in einem Ballen zusammen vereinigt werden. Es ist von Vorteil, schon die Blätter ihrer Länge nach zu sortieren, ehe man sie in die Maschine bringt, und nicht das Sortieren erst mit der fertigen feuchten oder trockenen Faser vorzunehmen. Aus demselben Grunde müssen die Arbeiter angehalten werden, stets die unteren Enden der Blätter zusammenzulegen und sie bei dem ganzen Prozess des Waschens, Trocknens und Verpackens in dieser Lage zu behalten. Da bei der Wertabschätzung der Faser stets die gröbste und geringwertigste in dem Ballen enthaltene Qualität zu Grunde gelegt wird, ist es auch von Nachteil, wenn man bessere und schlechtere Faser in einem Ballen vereinigt. Es muss also von vornherein auf ein Sortieren der inneren Blätter, welche eine feinere Faser geben, und der äusseren, überreifen Blätter, die eine kräftigere und gröbere Faser liefern, geachtet werden.

Ausser den beiden bisher besprochenen Maschinen sind noch folgende konstruiert worden. Dieselben sind mehrfach in Westindien versucht worden; es scheint aber, dass es zu einer allgemeineren Einführung derselben bisher nicht gekommen ist.

Die Death- und Ellwood-Maschine, konstruiert von W. E. Death in Brixton in England, erfordert 3 Pferdekräfte. Leistungsfähigkeit ca. 125 kg trockene Faser pro Tag.

Die Weicher-Maschine, konstruiert von J. J. Weicher, 108 Liberty Street, New-York, erfordert 12 Pferdekräfte.

Die Albee-Smith-Maschine, eingeführt in Jamaika durch J. C. Elliot, Hayes P. O., soll angeblich 50000 Blätter pro Tag reinigen können.

Die Villamore-Maschine, konstruiert von Krajewski und Pesant, 35 Broadway, New-York, erfordert 15 Pferdekräfte und soll 3000 kg trockene Faser pro Tag liefern.

Die Prioto-Maschine, konstruiert von Ping und Negre in Barcelona, Spanien, erfordert 16 Pferdekräfte und soll 3750 kg trockene Faser pro Tag liefern. Preis 4500 Doll.

Eine neuerdings auf den Bahamas sehr empfohlene Maschine ist die Todd-Maschine (konstruiert von J. C. Todd, Patterson, New-Yersey, U. S. A.). Nach einer im Kew Bulletin 1894, S. 189 abgedruckten Mitteilung scheint dieselbe bei den Versuchen sehr gute Resultate ergeben zu haben.

Die hier zitierten Angaben über die Leistungsfähigkeit der Maschinen sind jedoch sehr mit Vorsicht aufzunehmen; es sind teils theoretisch berechnete Zahlen der Fabrikanten selbst oder doch gewonnen bei Versuchen, die für den Gebrauch im Grossen durchaus nicht massgebend sind. Ehe diese Maschinen auf grossen Plantagen nicht in dauernde Benutzung genommen sind, haben die Zahlenangaben nur geringen Wert. Bei dem hohen Preise der Maschinen ist es jedenfalls anzuraten, zunächst nur die beiden oben ausführlicher beschriebenen Maschinen, den Raspador oder die Barraclough-Maschine, in Betracht zu ziehen und erst weitere Versuche mit den grösseren Maschinen abzuwarten.

Was nun den Ertrag betrifft, welchen eine Plantage von Sisalpflanzen giebt, so kann man etwa 1500 Pflanzen auf den Hektar rechnen; jede Pflanze giebt jährlich etwa 30 Blätter und 4% des Gewichtes der Blätter an trockener Faser, nämlich ungefähr $3/4$ kg pro Pflanze und Jahr. Ein Hektar würde demnach im Jahre ca. 1100 kg trockene Faser liefern. Der Preis für eine gute Qualität Sisalhanf beträgt jetzt 40 Pf. für 1 kg. Ein Hektar würde also einen Ertrag von 440 Mark abwerfen. In Yukatan, wo allerdings die Arbeitskräfte ausserordentlich billig sind, rechnet man als Reingewinn 80—100 Mark per acre, also ca. 200—250 Mark per Hektar.

Die Ausfuhr von Sisalhanf betrug in Yukatan

im Jahre 1878 ca. 1166000 Doll.
„ „ 1883 „ 3240000 „
„ „ 1889 „ 6872000 „

Die Preise für Sisalhanf sind in den letzten Jahren im allgemeinen infolge der grösseren Produktion gesunken. Auf dem Londoner Markt wurden gezahlt

1879 27 Lstr. per ton
1880 27 „   „   „
1881 28 „   „   „
1882 28 „   „   „
1883 27 „   „   „
1884 21 „   „   „
1885 19 „   „   „
1886 19 „   „   „
1887 27 „   „   „

Der Preis dieses letzten Jahres war ungewöhnlich hoch; seitdem ist er aber wieder gesunken, zumal jetzt die Ernte der Bahama-Inseln ihren Einfluss auf dem Markt geltend macht.

Die Benutzung des Sisalhanfes hat in der letzten Zeit fortwährend zugenommen. Er wird nicht nur zu Stricken und Tauen in der verschiedenartigsten Verwendung benützt, sondern hauptsächlich auch zu Säcken für Mais, Reis, Kaffee, Zucker, Kakao, Bohnen u. s. w. Der Hauptvorteil seiner Verwendung liegt in der Billigkeit und in dem geringen spezifischen Gewicht; man hat bei demselben Gewicht ein grösseres Quantum, als von einer schwereren Faser. Auch ist der Sisalhanf leicht zu färben und bleibt in der Kälte schmiegsamer, als der gewöhnliche Hanf oder Manilahanf, weshalb er z. B. in Nordamerika vielfach bei Schiffen verwertet wird.

Neben der **Agave rigida** treten die übrigen Agave-Arten als Faser liefernde Pflanzen weit zurück. Am wichtigsten von ihnen ist noch **Agave americana** L., die Pflanze, welche in Mexiko als **Maguey** oder **Pita** bekannt ist und hauptsächlich dort zum Hausgebrauch kultiviert wird. Es ist wahrscheinlich, dass A. mexicana hiervon nicht verschieden ist. Die Faser ist viel geringwertiger als der Sisalhanf und deshalb nicht zur Kultur zu empfehlen. Bei den Indianern von Mexiko und Arizona wird sie allerdings massenhaft zu Stricken und als Sattelzeug verwertet, aber in einer für europäische Bedürfnisse völlig ungenügenden Form, auch wohl zu Tauen für Schiffe und in Bergwerken. Viel häufiger, als zu dem Zwecke der Fasergewinnung, wird sie zur Herstellung der beiden Nationalgetränke der Mexikaner, der **Pulque** und des **Mescal**, verwendet. Auch in Ostindien wird A. americana als Faserpflanze gebaut, doch auch hier ohne bedeutenden Erfolg; es sind Versuche mit ihr gemacht worden als Material für die Papierfabrikation, und in dieser Beziehung würde sie vielleicht einige Bedeutung gewinnen können, vorausgesetzt, dass die Kultur möglichst wenig Arbeitskräfte erfordert, und die Pflanzungen auf einem

Boden angelegt werden, der für jede wertvollere Kulturpflanze ertraglos ist.

Eine andere Art, welche in einigen Gegenden Floridas unter A. rigida var. sisalana vorkommt und dieser botanisch ziemlich nahe steht, ist A. decipiens Baker, eine Pflanze, deren Faser jedoch völlig unbrauchbar für technische Zwecke ist und da, wo sie in den Plantagen mit erstgenannter Form vermischt auftritt, besser vernichtet wird, weil sie den Ertrag an guter Faser beeinträchtigt.

In Vorderindien wird auch Agave vivipara L. als Faserpflanze verwendet. Ihre Faser kommt zuweilen als Bombay Aloe Fibre auf den Markt; sie ist aber ebenfalls höchst minderwertig und würde kaum des Anbaues lohnen.

II. Fourcroya.

Die Gattung Fourcroya umfasst ebenfalls einige Arten, deren Fasern verwertet werden. Es ist dies vor allen

F. gigantea Vent. Diese Art, aus dem tropischen Amerika stammend, ist jetzt in Indien, auf Ceylon, Bourbon, besonders aber auf Mauritius und auch sonst noch in den Tropen der alten Welt verbreitet. Die Pflanze bildet einen 1—1½ m hohen Stamm unterhalb der Blattrosette und besitzt 1¼—2½ m lange und 15—20 cm breite Blätter, deren Rand ungezähnt ist. Sie ist ungefähr im Jahre 1790 auf Mauritius eingeführt worden und hat sich dort von selbst ausserordentlich verbreitet, besonders in Zuckerplantagen und auf niedrigen Küstenstrecken. Sie wird in Mauritus Aloès vert genannt, weil ihre Blätter hellgrün und nicht bereift sind im Gegensatze zu denen der Agave americana, welche dort Aloès bleu heisst. Auch nennt man sie engl. Foetid aloë, weil der Saft unangenehm riecht. Als infolge der gänzlichen Erschöpfung des Bodens durch die Zuckerrohrkultur die Notwendigkeit sich ergab, an Stelle derselben an den Anbau einer anderen Nutzpflanze zu denken, begann man, die Fourcroya anzupflanzen und zugleich die ungeheure Menge der seit Beginn des Jahrhunderts auf der Insel verwilderten Pflanzen auszunutzen.

Es ist nicht nötig, auf die Kultur und die Ernte des Mauritius-Hanf — so wird das Produkt der Fourcroya im Handel allgemein bezeichnet — näher einzugehen, da derselbe in durchaus der nämlichen Weise zu behandeln ist, wie der Sisalhanf. Nur einige Worte seien noch hinzugefügt über die auf Mauritius übliche Entfaserungsmaschine. Ebenso wie in Yukatan sich der Raspador, so hat sich auf Mauritius die Gratte, eine verhältnismässig einfache und plumpe Maschine eingebürgert, welche aber vorläufig wohl noch auf allen Plantagen benutzt und jedenfalls nur sehr langsam durch neuere und kompliziertere Maschinen verdrängt werden wird. Die Maschine wird auf Mauritius selbst angefertigt, zum grösseren Theil wohl von den „Forges et Fonderies de Maurice". Sie besteht der Hauptsache nach aus einer eisernen Trommel von etwa 60 cm Durchmesser und 30 cm Breite, deren Peripherie wie bei den bisher erwähnten Entfaserungsmaschinen mit 5 cm breiten Messern besetzt ist. Die Rotation der Trommel, welche 700 Umdrehungen in der Minute macht, wird durch Dampf- oder Wasserkraft bewirkt; sie erfordert drei Pferdekräfte. Vor der Trommel befindet sich ein Tisch, auf dem die Blätter niedergelegt werden, und dessen Entfernung von der Trommel reguliert werden kann. Der richtige Abstand der Messer von dem Tische muss sehr genau ausprobiert werden, weil hiervon hauptsächlich der Erfolg der Maschine abhängt; bei zu weiter Entfernung werden die Fasern nicht genügend von dem übrigen Gewebe des Blattes gereinigt und bei zu nahem Abstande wird von den Fasern ein Teil mit losgerissen. Jede Maschine wird von zwei Arbeitern bedient, welche zu den beiden Seiten des Tisches stehen und abwechselnd je ein Blatt unter die Trommel bringen. Dasselbe kann ebenfalls wie bei dem Raspador nicht vollständig entfasert werden, sondern muss durch eine zweite Manipulation umgekehrt und von Neuem unter die Messer gebracht werden. Es ist dabei notwendig, dass immer einer von den beiden Leuten linkshändig arbeitet. Meist sind zwei Maschinen zu einem Paar an einer Achse vereinigt. Wenn die Fasern aus der Maschine herauskommen, müssen sie möglichst bald gewaschen werden, da der sie bedeckende Saft sich sehr schnell gelb und sogar rötlich färbt und den Wert der Faser natürlich in hohem Grade beeinträchtigt. Der Saft ist sehr ätzend und greift sowohl die Eisenteile der Maschine als auch die Haut der Arbeiter an. Letztere müssen daher an den Händen durch lederne Handschuhe geschützt werden, und diese bilden eine ziemlich hohe, bei der Berechnung der Kosten stark ins Gewicht fallende Ausgabe. Der abfliessende Saft, der, wie schon erwähnt, durch unangenehmen Geruch lästig fällt, wird getrocknet und dann, mit anderen geeigneten Stoffen gemischt, als Dünger verwendet. Früher wurde auf Mauritius das Waschen in Wasser, welches eine Temperatur von 60—80° C. besitzt, vorgenommen, und die Fasern gegen zwei Stunden darin gelassen. Neuerdings wäscht man sie in kaltem Wasser, setzt aber Seife hinzu und zwar etwa zwei bis drei Gewichtstheile der feuchten Faser. Nach dem Waschen werden die Fasern an der Sonne getrocknet, darauf durch eine Maschine, welche ebenfalls auf Mauritius angefertigt wird, von Staub und anderen noch anhängenden Bestandteilen gereinigt und schliesslich zu Ballen zusammengepresst. In Bezug auf die Kosten der Maschine und den Ertrag an trockener Faser seien hier folgende Angaben gemacht:

Eine Gratte kostet auf Mauritius (excl. Mauerwerk, Rahmen u. s. w.) 250 Rupies. Jede Gratte produziert pro Tag 97 kg trockener Faser, und dies entspricht bei einem durchschnittlichen Prozentsatz von $28^1/_2$ % einem Gewicht von 340 kg feuchter Faser.

Die durchschnittlichen Kosten der gesamten Arbeit vom Schneiden der Blätter an bis zum Transport nach dem Hafenplatz, mit Einrechnung der Zinsen des Betriebskapitals berechnet man auf Mauritius für eine Tonne trockener Faser auf 225 Rupies.

Nach einer im Kew Bulletin 1890, S. 103 gegebenen Aufstellung ergab die Leistung der St. Antoine Hemp Factory im District des River du Rempart auf Mauritius im Jahre 1889 folgende Zahlen:

Es wurde gearbeitet im

Februar an	15 Tagen mit	9	Gratte-Maschinen	=	135	Tage	mit	einer	Maschine,
März	„ 18	„	„ 11	„	„	= 198	„	„	„ „
April	„ 20	„	„ 11	„	„	= 220	„	„	„ „
Mai	„ 7	„	„ 11	„	„	= 77	„	„	„ „

Summa: 60 Tage = 630 Tage mit einer Maschine.

Es sind produziert worden 213371 kg feuchter Faser, welche gegeben haben

401 Ballen trockener Faser erster Qualität,
6 „ grober Faser geringerer Qualität,
————————————————
407 Ballen im Gesamtgewicht von 61050 kg,

so dass im Durchschnitt jede Maschine pro Tag etwas über 96 kg trockener Faser produzierte. Die trockene Faser betrug 28,61% der feuchten Faser. Im allgemeinen geben die Blätter des Mauritiushanf 3% an trockener Faser, also wie es scheint, einen geringeren Prozentsatz als in Westindien und Yukatan der Sisalhanf. Dagegen werden als Ertrag des Acre Land an trockener Faser $1^1/_2$ tons angegeben. Dies würde jedoch die für Yukatan und Westindien im allgemeinen gültigen Angaben so erheblich übersteigen, dass, falls diese Zahl wirklich richtig ist, der Mauritiushanf ungleich dichter gepflanzt sein muss, als es in Amerika mit dem Sisalhanf üblich ist. Keinesfalls darf man einen solchen Ertrag als Norm unter anderen Verhältnissen betrachten. Es herrschen auf Mauritius, wo sich der Anbau der Fourcroya erst in den letzten Jahrzehnten entwickelt hat, noch exceptionelle Verhältnisse, die sich darauf zurückführen lassen, dass bisher immer noch eine ungeheure Menge der verwildert vorkommenden Bestände an Pflanzen ausgebeutet worden sind, deren Erträge von denen der wirklich kultivierten Bestände in den statistischen Angaben nicht getrennt sind. Dies ergiebt sich auch aus folgenden Zahlen. Es wurden produziert in Mauritius

10*

im Jahre 1872 214 tons trockener Faser,

    „   „   1880 662   „   „   „

    „   „   1885 255   „   „   „

Der Preis des Mauritiushanf schwankte in dem letzten Jahrzehnt zwischen 25 und 35 Lstr. per Ton, welcher Preis einem Betrage von 50—70 Pf. per kg entspricht. In den letzten Jahren ist aus denselben Gründen, die oben für Sisalhanf angeführt werden, der Preis herabgegangen, und voraussichtlich wird noch ein weiteres Sinken desselben stattfinden, denn der Preis des Sisalhanf wirkt naturgemäss auf den ihm durchaus in der Anwendung gleichen Mauritiushanf ein. Nach den neuesten, uns zugegangenen Nachrichten, soll der Anbau auf Mauritius wieder zurückgegangen sein. Wenn dies wirklich der Fall ist, so ist die Erklärung wohl darin zu suchen, dass man den Fehler eingesehen hat, dass man einen so vorzüglichen Boden, wie den auf Mauritius bisher zu Zuckerplantagen benutzten, mit Fourcroya bepflanzt hat. Alle hier in Betracht kommenden Faserpflanzen, Agave sowohl, als auch Fourcroya und Sansevieria begnügen sich mit einem so minderwertigen Boden, dass es im höchsten Grade unrationell ist, wenn man zu ihrer Kultur Boden wählt, der irgend eine andere, sich besser rentierende Nutzpflanze ernährt; und es ist ganz sicher, dass diese Faserpflanzen weniger Netto-Erträge geben, als etwa Zuckerrohr, Kakao, Kaffee oder auch Baumwolle. Diese Bedenken müssen auch massgebend sein bei der Auswahl des Terrains für etwa in Deutsch-Ostafrika anzulegende Fourcroya- oder Agave-Plantagen.

Fourcroya cubensis ist eine zweite Art, welche in Westindien häufig ist. Sie unterscheidet sich hauptsächlich von F. gigantea durch einen kürzeren Stamm und durch gezähnte Blätter (es giebt aber auch eine unbewaffnete var. inermis). In Yukatan wird sie Cajun genannt, obwohl unter dieser Bezeichnung wohl auch F. gigantea verstanden wird. Der Anbau dieser Pflanze ist sicherlich nur beschränkt; nähere Angaben darüber fehlen, weil die daraus gewonnene Faser mit dem Sisalhanf zusammen zur Ausfuhr gebracht wird.

III. Sansevieria.

Die zu den Liliaceen gehörende Gattung Sansevieria ist in mehreren Arten im tropischen Afrika, dem Kaplande, auf den ostafrikanischen Inseln und im tropischen Asien verbreitet. Die Pflanzen besitzen kurze und dicke, mit Ausläufern versehene Rhizome und grundständige, meist sehr dicke, bis 3 m lange, dunkelgrüne ganzrandige Blätter, die häufig von helleren Querbinden durchzogen sind. Ueber die afrikanischen Arten findet man näheres in Pflanzenwelt Ostafrika's, Teil C, S. 364—368. Hier seien nur noch einige kurze Bemerkungen hinzugefügt. Von den afrikanischen Arten kommen als Faser liefernde hauptsächlich S. guineensis (L.) Willd., S. longiflora Sims, S. cylindrica Boj. und S. Ehrenbergii Schweinf. in Betracht.

S. guineensis (L.) Willd. ist wohl in Afrika die häufigste Art; sie findet sich von Yemen an der ganzen Ostküste südwärts bis Sambesiland und in Westafrika von Sierra Leone bis Angola; auch in Westindien wird sie kultiviert. Näheres über ihre Ertragsfähigkeit ist nicht bekannt; es ist wohl aber sicher, dass sie darin nicht mit dem Sisalhanf konkurrieren kann.

S. longiflora Sims ist weniger verbreitet, aber kommt sowohl an der West- als an der Ostküste Afrikas vor. Nach Holst bildet sie in Usambara die Hauptfaserpflanze.

S. cylindrica Boj. unterscheidet sich von den übrigen Arten durch die cylindrischen, mit Längsriefen versehenen Blätter. Es ist nicht ganz sicher, ob nicht unter diesem Namen mehrere Arten bisher vereinigt worden sind; nach den Beobachtungen von Volkens stimmt wenigstens die im Hinterlande von Tanga vorkommende Pflanze nicht ganz mit den von S. cylindrica gegebenen Beschreibungen überein. Die im Steppengebiet im nördlichen Teil unserer ostafrikanischen Kolonie vorkommende Pflanze zeigt einen sehr auffallenden Habitus; aus den kriechenden Rhizomen erheben sich bis 2 m hohe, starre cylindrische Blätter, welche gleich eisernen Stangen in die Höhe ragen und durch ihre streckenweise gradlinige Anordnung ihren gemeinschaftlichen Ursprung aus einem kriechenden geraden Rhizom verraten. Neuerdings sind auch stattliche Exemplare dieser Art dem bot. Museum von den Brüdern Denhardt aus dem Witolande zugegangen.

S. Ehrenbergii Schweinf., durch den zusammengesetzten Blütenstand von den übrigen Arten unterschieden. Von Yemen bis nach Deutsch-Ostafrika verbreitet, wird diese Art überall von den Eingebornen zur Fasergewinnung benutzt, besonders auch in Usambara.

Die in Ceylon einheimische Art, S. zeylanica, wird dort, sowie in Ost- und in Westindien kultiviert und als Bowstring Hemp in den Handel gebracht. Diese Art hat aber den genannten, in Afrika einheimischen Arten gegenüber den Nachteil, dass sie zu kleine Blätter besitzt. Wenn es sich darum handelt, sie als wildwachsende Pflanze auszunutzen, so ist ja sicher, dass sie die auf die Fasergewinnung verwendete Mühe lohnen wird; anders steht es aber, wenn sie als Gespinnstpflanze kultiviert werden soll. Es ist kein Zweifel, dass sie dann im Ertrage nicht nur den mit grösseren Blättern versehenen Sansevieria-Arten, sondern noch mehr den Fourcroya- und Agave-Arten bei weitem nachstehen wird. Allerdings ist nicht zu übersehen, dass die von ihr gewonnene Faser von sehr guter Qualität ist und ziemlich hohe

Preise im Handel ergiebt. Wie es scheint, stehen überhaupt die Sansevieria-Arten an Ertragsfähigkeit und vielleicht auch an Güte des Produktes dem Sisal- und Mauritiushanf nach. Ob es sich lohnt, in Ostafrika die Sansevieria-Arten, besonders die beiden dort so weit verbreiteten S. cylindrica und S. Ehrenbergii in Kultur zu nehmen, kann nur durch Versuche entschieden werden. Der Vorteil, den sie dadurch bieten, dass es im Lande einheimische und den klimatischen Verhältnissen angepasste Gewächse sind, wird vielleicht durch ihre geringere Ertragsfähigkeit im Vergleich zum Sisal- und Mauritiushanf wieder aufgehoben. Nur muss noch in Betracht gezogen werden, dass die auf die bisherige Weise von den Eingeborenen, nämlich durch Maceration der Blätter in Wasser und Ausquetschen derselben zwischen zwei Holzstäben gewonnene Sansevieria-Faser unmöglich mit dem durch wohl eingerichtete Plantagenwirtschaft und Maschinen produzierten Sisalhanf konkurrieren kann.

Wenn wir die Erfahrungen, welche sich für den Anbau dieser Faserpflanzen in Deutsch-Ostafrika aus den bisherigen Betrachtungen ergeben, kurz zusammenfassen wollen, so würden wir zu folgenden Resultaten gelangen:

Es ist sicher, dass viele Gebiete unserer ostafrikanischen Kolonie für den Anbau dieser Pflanzen geeignet sind. Für die Versuche in dieser Richtung sind zunächst der Sisalhanf, Agave rigida var. sisalana, der Mauritiushanf, Fourcroya gigantea und die einheimischen Sansevieria-Arten, besonders S. cylindrica und S. Ehrenbergii in Betracht zu ziehen. Es ist durchaus zu empfehlen, nur solchen Boden für den Anbau zu wählen, welcher für andere lohnendere Kulturgewächse zu gering ist, da es erwiesen ist, dass die in Frage kommenden Faserpflanzen sich mit sehr minderwertigem Boden begnügen. Es ist ferner zunächst festzustellen, ob die nach den in Westindien, Yukatan und auf Mauritius gewonnenen Erfahrungen zu kultivierenden Gewächse in dem Klima Ostafrika's dieselben Erträge geben, wie in jenen Ländern, und die mit kleineren Maschinen produzierten Fasern auf ihre Qualität und ihre im Handel zu erzielenden Preise zu prüfen, ohne vor der Hand einen erheblichen Netto-Ertrag der Anlagen zu erwarten. Erst wenn sich in Bezug auf den Anbau und den Wert der Faser günstige Bedingungen ergeben haben, sollten die Plantagen in ihrem Umfange und maschinellen Einrichtungen erweitert werden, dann aber nach dem Vorbilde, wie es jetzt auf den Bahamas geschieht, mit Hülfe von ausreichenden Kapitalien, damit die Bewirtschaftung auch in rationeller Weise und im Grossen vorgenommen werden kann. Eine Ausbeutung der vorhandenen wilden Sansevieria-Bestände ist an denjenigen Stellen zu empfehlen, an denen die Trans-

portverhältnisse günstig sind, unter der Voraussetzung, dass die Gewinnung der Faser mit Maschinen geschieht, weil bei der bisherigen
rohen Art der Gewinnung auf einen lohnenden Preis der Faser im
Handel nicht zu rechnen ist. Nur wenn es sich darum handelt, für
den eigenen Gebrauch im landwirtschaftlichen Betriebe Fasermaterial
zu gewinnen, also zu Stricken, Seilen, besonders aber auch zu Säcken
für Kaffee, Kakao und andere Produkte, genügt es, wenn man die
Faser auf die rohe aber sehr billige Art und Weise der Eingeborenen
gewinnt.

VII. Über die Herkunft des Kinkeliba (Combretum altum Guill. et Perr.), des Heilmittels gegen das Gallenfieber der Tropen.

Von
A. Engler.

Im Juni 1891 veröffentlichte Prof. Dr. Ed. Heckel im Répertoire
de pharmacie eine Abhandlung über den Gebrauch der Blätter von
Combretum Raimbaultii Heckel gegen das Gallenfieber. Er war
hierzu durch Berichte des französischen Missionärs Raimbault und
durch Zusendung der in Sierra Leone als Medikament vielfach gebrauchten Blätter veranlasst worden. Bei dieser Gelegenheit sei bemerkt, dass die französischen Missionäre vielfach etwas wissenschaftliche
Pflanzenkenntnis besitzen, den Heilmitteln der Eingeborenen sowie auch
den übrigen von diesen verwendeten Pflanzen gern Beachtung schenken
und sich durch Sendung wertvoller Pflanzensammlungen nach Frankreich
schon mehrfach Verdienste erworben haben, während das Berliner botanische Museum bis jetzt noch von keinem deutschen Missionär auch
nur eine Pflanze aus Afrika erhalten hat. P. Raimbault hatte sowohl bei
sich selbst, wie auch bei anderen Missionären die Blätter des Kinkeliba
als wirksam gegen Gallenfieber erprobt. Der Name Kinkeliba stammt
aus der Soso-Sprache, welche an der afrikanischen Westküste vom Rio-
Nunez bis Sierra Leone herrscht. Der Strauch ist nach Heckel sehr
verbreitet im Gebiet des Rio-Pongo, des Rio-Nunez, des Dubreka und
der Mellacorée, scheint nicht auf der Halbinsel Sierra Leone vorzukommen, wohl aber auf dem Festland gegenüber von Freetown; er
findet sich auch auf der Insel Conakry und auf dem Plateau Thiés an
der Eisenbahn zwischen Dakar und Saint-Louis an nicht urbar gemachten

Plätzen, gern in der Nähe von Bächen; aber niemals auf sumpfigem, von Salzwasser bespültem Boden; auch im Innern des Landes findet sich dieser Baumstrauch häufig. Seine Stämme erreichen einen Durchmesser von etwa 1 dm, haben sehr hartes weisses Holz und fallen im Alter leicht durch ihre ganz weisse Rinde auf. In der trockenen Jahreszeit fallen die Blätter und Früchte ab.

Wie ich mich nun durch Vergleich der in den Handel kommenden Blätter und Früchte und der von Prof. Heckel gegebenen Abbildung mit den mehr als 100 mir aus Afrika vorliegenden Arten von Combretum überzeugt habe, ist die Kinkeliba keine neue Art, sondern eine der ersten aus Westafrika beschriebenen Arten, das Combretum altum Guill. et Perr., zu dem C. micranthum G. Don als Synonym gehört. Die Art ist früher auch in Senegambien mehrfach gesammelt worden und neuerdings von Scott Elliott im Grenzgebiet von Sierra Leone, wo der 3—6 m hohe Strauch auf den Laterithügeln von 200 m sehr gemein sein soll. Die Art ist von den so zahlreichen und oft einander sehr nahe stehenden Combretum-Arten leicht zu unterscheiden, da sie auffallend kleine Blüten und 4-flügelige, nur 8 mm im Durchmesser haltende Früchte besitzt. Infolge einer Mitteilung des Afrikareisenden Herrn Eugen Wolf werden mit dem Kinkeliba-Strauch in allen französischen Kolonieen Anbauversuche gemacht. Derselbe hat auch Früchte nach Dar-es-Salâm zur Aussaat gesendet. Im Küstenland von Deutsch-Ostafrika dürfte der Strauch meiner Meinung nach wohl gedeihen, vielleicht auch in Togo, schwerlich in Kamerun. Auch wird dann noch festzustellen sein, ob die Blätter der kultivierten Sträucher denselben Erfolg haben, wie diejenigen des in Sierra Leone wildwachsenden Strauches.

Nach Prof. Heckels Mitteilung gebrauchen die Eingeborenen das Kinkeliba in verschiedener Weise. Sie kochen die Blätter in Wasser und trinken die dunkelrote Flüssigkeit, 1. wenn sie an dem von ihnen Naferi genannten Gallenfieber leiden, das mit Kongestionen in der Leber verbunden ist und sich bei den Negern in Erbrechen sowie in Gelbfärbung der Augen äussert; 2. bei starken Kolikanfällen; 3. um Erbrechen zu verhindern, welches nicht mit Gallenfieber zusammenhängt. Sodann bereiten sie aus den pulverisierten Früchten mit Fett oder Oel eine Salbe, welche sie auf eiternde Beulen applizieren, die teils von venerischen, teils von anderen Krankheiten verursacht sind. Nach P. Raimbault's Beobachtungen behalten die getrockneten Blätter ihre Wirksamkeit mehrere Jahre hindurch; man nimmt etwa 4 g auf 250 g Wasser oder 16 g auf ein Liter und lässt sie etwa $\frac{1}{4}$ Stunde kochen. Die Flüssigkeit muss bitter und bräunlich, aber nicht dunkelbraun sein. Beim Gallenfieber nimmt man von dem Decoct so bald als möglich nach

P. Raimbault's Angaben 250 g, sodann 10 Minuten später 125 g, nach 10 Minuten Ruhe abermals 125 g. Das Erbrechen dauert noch etwas fort, hört aber bald auf. Man muss auch während der ganzen Krankheit und wenigstens während 4 Tagen jeden Tag $1\frac{1}{2}$ Liter von dem Decoct trinken. Ferner ist zu beachten, dass während der drei ersten Tage der Krankheit keine Nahrung genommen werden darf, am vierten nur sehr leichte und auf einmal nur wenig oder noch besser nur Kinkeliba. P. Raimbault nährt seine Kranken mit rohen geschlagenen Eiern in Rum und Cognac. Vom Beginn des Anfalles an giebt er mit Erfolg ein Purgativ (letzteres ist notwendig, wenn Verstopfung eintritt), am Morgen des vierten Tages 80 cg Chininsulfat zugleich mit Kinkeliba. So lange das Fieber andauert, wird das Chininsulfat jeden Tag in geringerer Menge angewendet und zugleich mit Kinkeliba fortgefahren. Überhaupt hält P. Raimbault es für rätlich, jeden Morgen nüchtern ein Glas Kinkeliba zu nehmen. Prof. Dr. Heckel hat die Blätter des Kinkeliba durch Prof. Schlagdenhauffen in Nancy analysieren lassen. Dabei ergab sich, dass die Hauptbestandteile, welche in den wässerigen Decoct übergehen, Tannin (20,80 auf 100 g) und Kaliumnitrat sind. Durch diese wirkt das Kinkeliba tonisch und diuretisch; worauf die Wirkung gegen Erbrechen beruht, ist nach Heckel noch nicht ersichtlich.

Da in fast allen Steppengebieten Deutsch-Ostafrikas Combretum-Arten reichlich vorkommen, so ist sehr wohl möglich, dass auch noch die eine oder andere Art ähnliche Wirksamkeit ausübt, wie Combr. altum Guill. et Perr. Eine der genannten Art in systematischer Beziehung besonders nahe stehende Art giebt es nicht in Deutsch-Ostafrika. Ein klein wenig erinnert an dieselbe Combretum brunneum Engl., in Djurland von Prof. Schweinfurth entdeckt. In der äusseren Beschaffenheit der Blätter kommt auch Combr. Schumannii Engl., welches der leider so früh verstorbene botanische Erforscher Usambaras, Carl Holst, in den Vorlandssteppen von Buiti sammelte (vergl. Engler, Pflanzenwelt Ostafrikas, A. 73, B. 339, C. 289), dem Combr. altum etwas nahe und dürfte daher ebenfalls der Beachtung zu empfehlen sein.

VIII. Diagnosen neuer Arten.
(Hierzu eine Tafel.)

Monotes acuminatus Gilg n. sp.; frutex vel arbor foliis lanceolatis vel oblongo-lanceolatis, petiolatis, basi rotundatis vel saepius in petiolum angustatis, apice manifeste acuminatis, apice ipso acutiusculis, integris,

coriaceis vel subcoriaceis, supra glaberrimis laevibus nitentibus, subtus
pilis brevibus laxe vel laxissime aspersis, obscuris, costa supra sub-
impressa, nervis venisque prominulis, subtus omnibus manifeste prominentibus, nervis marginem stricte petentibus, parallelis, venis validioribus in nervis rectangulis, ceteris parum vel vix prominulis reticulatis;
glandula secernente ad laminae basin manifeste evoluta, sed non vel
vix immersa; floribus paniculatis, paniculis multifloris (in exemplario
mihi suppetente jam defloratis; fructibus nondum satis maturis, sed illis
M. africani simillimis.

Blätter 5—7 cm lang, 2—3 cm breit, 7—10 mm lang gestielt.

Westafrika, am Flusse Ruidu (Buchner n. 525, im Oktober
1880 mit jungen Früchten).

Von den Eingeborenen „Lungu" genannt.

Diese Art ist von den beiden bisher bekannten Arten der Gattung,
Monotes africanus A. DC. (von der mir sehr reichliches Material
vorlag) und M. adenophyllus Gilg sehr verschieden. Sie weicht von
diesen besonders durch die Form und Nervatur der Blätter ab.

Holothrix Medusa Krzl. n. sp.; caule 30 cm alto, foliis 2 vel
1 orbicularibus(?) squama v. bractea 1 medio in scapo ceterum nudo,
spica secunda 10—15-flora, bracteis quam ovaria bene brevioribus;
tota planta a foliis bracteas usque dense pilosa; sepalis triangulis
acuminatis margine ciliatis ceterum calvis uninerviis; petalis pluries
longioribus a basi medium usque linearibus deinde in lacinias plurimas
filiformes dissolutis, labello paulum longiore duplo fere latiore ceterum
aequali calcari parvo curvulo obtuso; gynostemio lato acuto basi lamellis
2 latis instructo; antheram et pollinia non vidi.

Flores albi, petalorum pars integra 1,2 cm longa labelli 1,5 cm
laciniae eadem longitudine.

Huilla, Muscha, auf trockenem Boden, selten auftretend (Newton,
im Mai 1883 blühend).

Diese Art ist die grösste und sofern bei Holothrix überhaupt von
Schönheit die Rede sein kann, auch die schönste Art der Gattung. Ich
habe keine ganz vollständige Säule gefunden, glaube aber, dass eine
Art mit Blüten von 3—4 cm Länge und diesem Gewirr haarähnlicher
Zipfel an den Petalen und dem Labellum ohne weiteres kenntlich ist.

Angraecum rhodostictum Krzl. n. sp.; caule brevi radicibus
longis, foliis lineari-lanceolatis v. linearibus apice valde inaequalibus
12 cm longis, 1,2 cm latis; racemis folia excedentibus pauci-plurifloris
(6—12) bracteis minutis triangulis; sepalo dorsali oblongo obtuso, lateralibus angustioribus obovatis acutis, petalis duplo fere latioribus a basi
latiore dilatatis antice acutatis (fere rhombeis); labello basi ipsa qua-
drata deinde obovato obtuso quam petala duplo latiore calcari filiformi

curvato quam ovarium sesqui-duplo longiore: gynostemio omnino illi
Angr. citrati Th. aequali.

Flores albidi, gynostemium miniatum 2,5—3 cm diam., calcar fere
3 cm longum.

Kamerun, Yaünde-Station (Zenker & Staudt n. 434); Somali-
land, zwischen Alghe und Oi (Ruspoli-Riva n. 1360, im September
blühend).

Die Pflanze ähnelt im allgemeinen Angraec. citratum, hat aber
schmalere, längere und oben stark ungleich zweispitze Blätter. Die
Blütenstände stehen aufrecht und die Blüten sind minder zahlreich, aber
grösser, als die von citratum. Alle Blütenteile sind schmaler und
länger, das Labellum ist vorn ganzrandig und nicht ausgerandet wie
bei Angr. citratum. Die Pflanze ist gärtnerisch viel wertvoller, da
das lebhaft rote Gynostemium einen wirkungsvollen Gegensatz zu dem
Weissgelb der Sepalen und Petalen bildet. Es ist dies das erste
Angraecum, bei welchem ausser der Hauptfarbe der Blüte noch eine
scharfe Kontrastfarbe auftritt. Pflanzengeographisch sehr bemerkenswert ist, dass die Pflanze gleichzeitig in Kamerun und im Somalilande
gefunden wurde.

Vanilla imperialis Krzl. n. sp.; caulibus crassissimis 3 cm diam.
foliis infrafloralibus oblongis apiculatis 15 cm longis, 9 cm latis (cetera
certe majora), spicis brevibus compactis: bracteis latis cymbiformibus
acutis quam ovaria sub anthesi multoties brevioribus; ovariis
sub anthesi 8—10 cm long.. 8—10 mm diam., subcompressis; sepalis
petalisque lanceolatis acutis 8 cm longis, 1,6—1,8 cm latis pallide
aureis, labello aequilongo convoluto lobis lateralibus obsoletis, margine
crenulato undulato expanso latissimo transverso oblongo infra albido
supra intense purpureo albo-maculato, tuberculis papillaeformibus supra
laciniosis crebris in acervos 2 dispositis, altero (acervo) in disco proprie
dicendo altero postposito in fauce; gynostemio dimidium labelli aequante
apice tantum libero ceterum cum labello omnino connato faucem ipsi
aequilongam intus omnino papillosam cum labello efficiente, anthera
alta sulcata antice late marginata retusa, androclinio lamella mobili a
fovea stigmatica sejuncto, rostello alte bifido. (Vergl. Taf. I.)

Kamerun, Yaünde-Station bei Ungomessam, 8—900 m über dem
Meere, in der Humusdecke auf Felsen und Bäumen halbschattig wachsend
(Zenker & Staudt n. 626, im Januar 1895 blühend).

Eine riesige Vanilla-Species und wohl die schönste bisher bekannt gewordene. Ich kann für die Blüten keinen passenderen Vergleich
finden, als dass sie in Grösse und Gestalt denen von Cattleya
maxima Lind. ähneln, sofern sich zwei so verschiedene Pflanzen vergleichen lassen. Die Sepalen und Petalen sind mattgoldgelb, die Lippe

ist aussen weisslich, ihnen ist jedoch die weisse Grundfarbe mit dicken purpurroten Zeichnungen dergestalt überdeckt, dass die weisse Grundfarbe fast verschwindet, es ist die tiefste gesättigte Blutpurpurfarbe, welche bei Orchideen überhaupt vorkommt. Es läge somit der Vergleich mit einer anderen Cattleya, nämlich Dowiana, nahe. — Botanisch ist über die Pflanze noch folgendes beizubringen. Die Säule ist bis auf die Antherengegend mit der Lippe verwachsen, die Lippe selbst ist nur vorn frei und bildet dort eine queroblonge Platte, welche am Rande sehr elegant wie ein Jabot gekräuselt und gewellt ist. Ziemlich auf der Mitte — aber bereits unterhalb der Säule — steht eine dichte Gruppe eigentümlicher, oben in feine Zipfel geschlitzter Gebilde und ein Ende dahinter, aber schon ganz in der von Säule und Lippe gebildeten Höhle, steht eine zweite ganz ähnliche Gruppe. Die ganze Höhle ist übrigens mit feinen Wärzchen besetzt, welche schliesslich der Oberfläche ein samtartiges Aussehen geben. Die Anthere ist hoch, schmal, etwas gefurcht und vorn in einen mützenschirmähnlichen Rand verlängert, zwischen der Antheren- und Narbenhöhle befindet sich eine oblonge, vorn abgestutzte, bewegliche Platte, welche mit dem Vorderrand der Anthere eng zusammenschliesst. Das Rostellum ist tief zweispaltig.

Im Journ. Lin. Soc. VI (1861) 138 stellte John Lindley eine grosse Vanille von Princes Irland unter dem Namen Vanilla grandifolia auf. Zur Verfügung standen ihm „only a single leaf and a flowerless rhachis". Den Dimensionen nach handelt es sich hier um eine ähnliche Art. Da aber Lindley keine Blüten zur Verfügung hatte und also keine Diagnose aufstellen konnte, so ist die Frage, was seine Vanilla grandifolia gewesen sein könne, nie präzis zu beantworten, und es muss der Name somit gestrichen werden. Wer je sich die Mühe genommen hat, eine Vanilla-Blüte zu untersuchen, dem muss sofort klar werden, dass gerade hier eine bis ins Kleine durchgeführte exakte Beschreibung unerlässlich ist. Arten, welche gar nur auf so trümmerhaftes Material hin aufgestellt sind, sind nomina nuda.

Ausser dieser Art kommen bei Yaúnde noch einige andere vor, deren Früchte dort wie Bourbon-Vanille gebraucht werden und die Eigenschaften guter Vanille haben sollen.

Erklärung der Tafel.

A. Blühender Zweig; B. das Labellum mit dem Gynostemium von der Seite; C. Platte des Labellums; D. Gynostemium nach Ablösung des Labellums; E. Längsschnitt durch das Gynostemium und die Basis des Labellums; F. Anthere geschlossen; G. Anthere geöffnet; H. Querschnitt durch die Frucht.

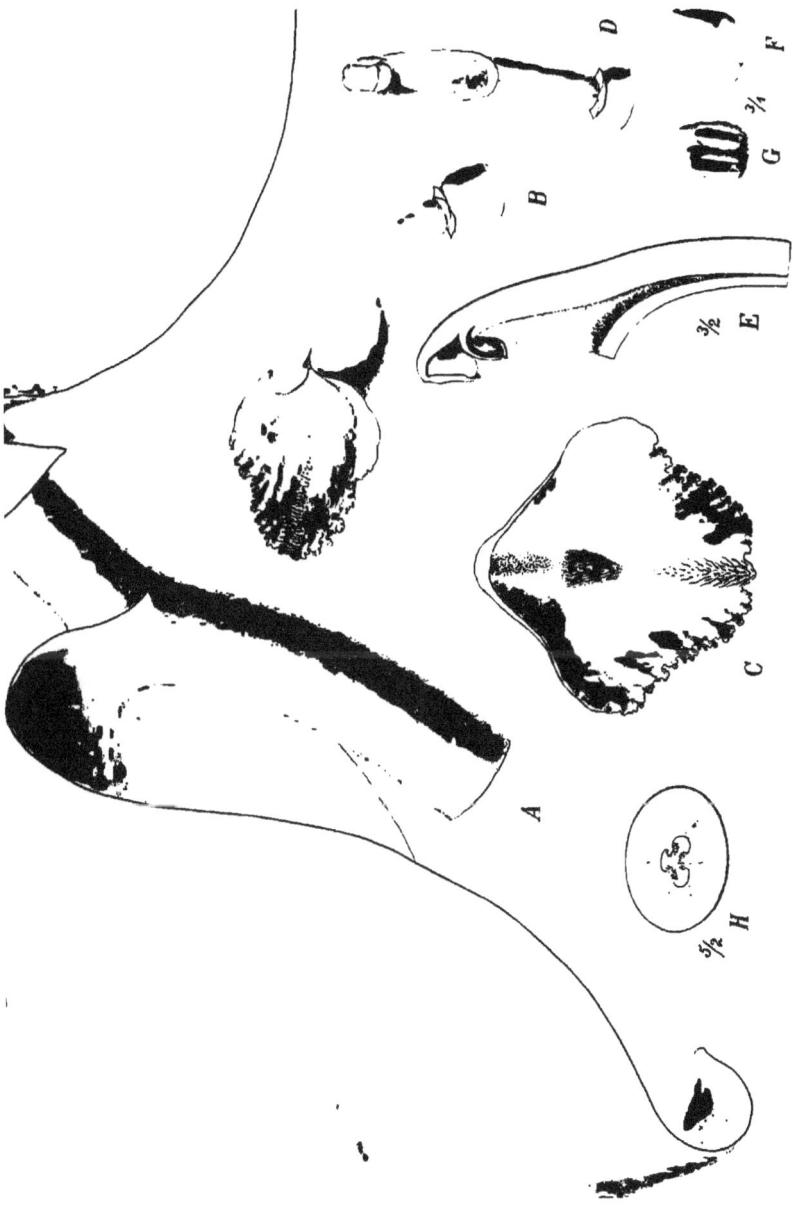

A

B

C

D

E
3/2

F
3/4

G

H
5/2

IX. Programm

der im Sommer und Herbst 1896 im Königl. botanischen

Museum und botanischen Garten abzuhaltenden

Vorträge

über

Kolonialbotanik, Kultur und Verwertung tropischer Nutzpflanzen.

Nicht bloss seit dem Bestehen unserer Kolonieen, sondern auch schon lange vorher, ehe an die Erwerbung solcher gedacht wurde, haben Botaniker und andere Naturforscher, welche Reisen nach überseeischen Ländern unternahmen, die Sammlungen des botanischen Museums benutzt, um sich mit der Pflanzenwelt der von ihnen zu bereisenden Länder möglichst vertraut zu machen. Nachdem mit dem Jahre 1892 in Folge Vertrages des Auswärtigen Amtes und des Kultusministeriums mit dem botanischen Garten zugleich eine botanische Centralstelle für die Kolonieen verbunden ist, von welcher tropische Kulturpflanzen und Sämereien nach den Kolonieen gesendet werden, wurde am botanischen Garten auch für die weitere Ausbildung derjenigen Gärtner gesorgt, welche für den botanischen Garten in Victoria oder andere Stationen der afrikanischen Kolonieen in Aussicht genommen waren. Es geschah dies gewöhnlich in der Weise, dass die für die Kolonieen designierten Gärtner einem der Museumsbeamten überwiesen und von diesem mit der einschlägigen Litteratur, sowie mit den zum Sammeln nötigen Manipulationen vertraut gemacht wurden. Allmählich ist aber am botanischen Museum eine grössere Arbeitsteilung eingetreten, derzufolge die am Museum thätigen Botaniker mit einzelnen Gruppen tropischer Nutzpflanzen ganz besonders vertraut geworden sind.

Demgemäss hat nunmehr die Direction sowohl im Interesse der zu unterweisenden Gärtner, wie auch zum Zweck der Zeitersparnis die

Einrichtung getroffen, dass während des grössten Teiles des Jahres im Auditorium des botanischen Museums (Grunewaldstr. 6,7) Dienstags von 6—8 Uhr von einem der Beamten oder einem anderen Fachmanne ein Vortrag aus dem Gebiete der Kolonialbotanik, verbunden mit Demonstration lebender Pflanzen, praktischer Erläuterung der Kulturmethoden und Demonstration von Pflanzenproducten gehalten wird. Diese Vorträge sind in erster Linie für die Gärtner des botanischen Gartens bestimmt und werden unentgeltlich gehalten, jedoch soll es auch anderen Personen, welche Interesse für den Gegenstand besitzen, gestattet sein, dieselben zu besuchen, insbesondere Studierenden und den Mitgliedern der deutschen Kolonialgesellschaft, sowie auch Missionären.

Unter dem Vorbehalt eventueller Änderungen in der Reihenfolge der Vorträge ist mit besonderer Berücksichtigung des jedesmaligen Entwicklungszustandes der zu demonstrierenden lebenden Pflanzen folgendes Programm aufgestellt worden:

den 5. Mai: Prof. Dr. A. Engler: Einleitung.
  Prof. Dr. K. Schumann: Über Kautschuk und Gutta Percha liefernde Pflanzen.

den 12. „ Custos Dr. Dammer: Über Aussaat und Pflege einjähriger Pflanzen in den Tropen.

den 19. „ Custos Dr. Gürke: Über Faserpflanzen I., excl. Baumwolle, sowie über Entfaserungsmaschinen.

den 2. Juni: Privatdocent Dr. Gilg: Über Gummi, Kopale und Harze.

den 9. „ Privatdocent Dr. Lindau: Über Krankheiten tropischer Nutzpflanzen.

den 16. „ Custos Dr. Dammer: Über Vermehrung mehrjähriger Pflanzen in den Tropen.

den 23. „ Custos Dr. Gürke: Über Faserpflanzen II., insbesondere Baumwolle.

den 30. „ Prof. Dr. Schumann: Über tropische Getreidearten.

den 7. Juli: Privatdocent Dr. Warburg: Über Kaffee und Cacao.

den 14. „ Prof. Dr. Volkens: Über die Kulturbedingungen der wichtigsten Nutzpflanzen in Ostafrika.

den 21. Custos Dr. Gürke: Über Gerbstoffe und Farbstoffe liefernde Pflanzen.

den 28. „ Custos Dr. Gürke: Kurze Anleitung zum Sammeln für wissenschaftliche und praktische Zwecke.

den 29. Sept.: Prof. Dr. A. Engler: Demonstration der im botanischen Garten herangezogenen einjährigen tropischen Kulturpflanzen.

den 6. Oct.: Inspector Perring: Über das Sammeln und den Versand lebender Pflanzen von und nach den Kolonieen.

den 13. „ Prof. Dr. A. Engler: Über die tropische Küstenflora.

den 20. „ Prof. Dr. Volkens: Über die Inlandsformationen Ostafrikas.

den 27. „ Privatdocent Dr. Lindau: Über das Sammeln und Beobachten niederer Pflanzen in den Tropen.

den 3. Nov.: Dr. Harms: Über Öl- und Fettpflanzen.

den 10. „ Prof. Dr. Urban: Über Kultur- und Handelspflanzen Westindiens.

Das Programm der weiteren Vorträge wird im October bekannt gemacht werden.

.

Verlag von **Wilhelm Engelmann** in **Leipzig.**

Buchenau, Franz, Monographia Juncacearum. Mit 3 Tafeln und 9 Holzschnitten. (Sep.-Abdr. a. Engler's Botanischen Jahrbüchern Bd. XII.)
gr. 8. 1890. M. 12.—.
— **Flora der nordwestdeutschen Tiefebene.** 8. 1894.
geh. M. 7.—; geb. M. 7.75.

Frank, A. B., Lehrbuch der Botanik. Nach dem gegenwärtigen Stand
der Wissenschaft bearbeitet. Zwei Bände. Mit 644 Abbildungen
in Holzschnitt. gr. 8. 1892/93. geh. M. 26.—; geb. M. 30.

Klinggraeff, H. v., Die Leber- und Laubmoose West- und Ostpreussens.
Herausgegeben mit Unterstützung des Westpreussischen Provinzial-
Landtages vom Westpreussischen Botanisch - Zoologischen - Verein.
8. 1893. geh. M. 5.—; geb. M. 5.75.

Knight, Thomas Andrew, Sechs pflanzenphysiologische Abhandlungen.
(1803—1812). Uebersetzt und herausgegeben von H. Ambronn
Ostwald's Klass. d. exakt. Wiss. Nr. 62.) 8. In Leinen geb. M. 1,—

Niedenzu, Franz, Handbuch für botanische Bestimmungsübungen. Mit
15 Figuren im Text. 8. 1895. geh. M. 4.—; geb. M. 4.75

**Pax, Ferd., Monographische Uebersicht über die Arten der Gattung Pri-
mula.** (Sep.-Abdr. aus Engler's Botan. Jahrb. X. Bd.) gr. 8. 1888.
M. 3,—.

Prantl's Lehrbuch der Botanik. Herausgegeben und neu bearbeitet von
Ferdinand Pax. Mit 387 Figuren in Holzschnitt. Zehnte verbesserte und vermehrte Auflage. gr. 8. 1896.
geh. M. 4.—; geb. M. 5.30.

Sachs, Julius, Gesammelte Abhandlungen über Pflanzen-Physiologie. 2 Bde.
I. Band. Abhandlung I bis XXIX vorwiegend über physikalische
und chemische Vegetationserscheinungen. Mit 46 Textbildern.
gr. 8. 1892. geh. M. 16.—; geb. M. 18.—.
II. Band. Abhandlung XXX bis XLIII vorwiegend über Wachsthum,
Zellbildung und Reizbarkeit. Mit 10 lithographischen Tafeln
und 80 Textbildern. gr. 8. 1893. geh. M. 13.—; geb. M. 15.—.

Wettstein, R. v., Monographie der Gattung Euphrasia. Arbeiten des
botanischen Instituts der k. k. deutschen Universität in Prag. Nr. IX.
Mit einem De Candolle'schen Preise ausgezeichnete Arbeit. Herausgegeben mit Unterstützung der Gesellschaft zur Förderung deutscher
Wissenschaft, Kunst und Litteratur in Böhmen. Mit 14 Tafeln,
4 Karten und 7 Textillustrationen. 4. 1896. M. 30.—.

**Willkomm, Moritz, Grundzüge der Pflanzenverbreitung auf der iberischen
Halbinsel.** Mit 21 Textfiguren, 2 Heliogravüren und 2 Karten. gr. 8. 1896.
(Die Vegetation der Erde. Sammlung pflanzengeographischer
Monographien, herausgegeben von A. Engler und O. Drude. Bd. 1.)
geh. M. 12.—; geb. M. 14.50.

Druck von G. Buchbinder in Neu-Ruppin.

Notizblatt

des

Königl. botanischen Gartens und Museums zu Berlin.

No. 5. Ausgegeben am **1. August 1896.**

Nur durch den Buchhandel zu beziehen.

✳

In Commission bei Wilhelm Engelmann in Leipzig.

1896.

Preis 0,60 Mk.

Notizblatt

des

Königl. botanischen Gartens und Museums zu Berlin.

No. 5.   Ausgegeben am   1. August 1896.

I. Eine neue in Deutschland frei überwinternde Cotyledon, Cotyledon (Echeveria) Purpusii K. Sch.

Von

K. Schumann.

Foliis late linearibus superne paulo subspathulato-dilatatis longe acutis submucronulatis pulverulento-glaucis, indumento detergibili; floribus cymam trifurcatam referentibus, pedicellatis; sepalis brevibus aequalibus ovatis; petalis subtriplo longioribus basi sola connatis pyramidato-conniventibus extus igneis intus flavidis.

Rosettenblätter breit linealisch, oben ein wenig spatelförmig verbreitert, spitz, mit äusserst kurzer Stachelspitze, 4—8 cm lang, 1 bis 2,2 cm breit, ziemlich lange mit blaugrünem Dufte bekleidet, später hellgrün mit rötlichem Anflug, am Grunde mässig verbreitert, fast 5 mm dick. Blütenstand mit dem Stiel 12—13 cm lang; letzterer stielrund, kahl mit eiförmig-dreiseitigen, spitzen, fast halbstengelumfassenden Blättern besetzt. Cyma ausser der Endblüte dreistrahlig, Strahlen einfache oder Doppelwickeln, bis 5 cm lang, erstere 5—7blütig; Begleitblätter klein, fleischig, schuppenförmig, rotbraun, später vertrocknend. Blütenstielchen 4 bis höchstens 12 mm lang, stielrund, nackt, rot. Kelchblätter eiförmig-dreiseitig, spitz, grünlichbraun, 4—5 mm lang. Blumenblätter nur am Grunde auf 2 mm Höhe verbunden, eng pyramidenförmig zusammengeneigt, nur an der Spitze etwas nach aussen gekrümmt, so dass die Blüte unten 5, oben noch nicht 3 mm im Durchmesser hat. Die Blumenblätter sind 14 mm lang und 4 mm breit, in der Mitte zusammengebrochen, wodurch die Blüte gekantet erscheint, sie sind

11

aussen feuerrot, innen gelb. Die 5 vor den Blumenblättern befindlichen Staubblätter sind 7, die in den Lücken zwischen jenen befindlichen 8 mm lang, die Fäden sind hell-, die Beutel kanariengelb. Die ebenfalls sehr blass gelben Griffel messen 6—7 mm in der Vollblüte, später röten sie sich an der Spitze und wachsen bis 10 mm heran.

In der Sierra Nevada bei 2800 m Höhe. C. A. Purpus.

Die hier beschriebene Pflanze ist dieselbe, welche ich zuerst in der Monatsschrift für Kakteenkunde 1896, p. 76 erwähnt habe. Ich erhielt neuerdings Blüten durch die Güte des Herrn C. Purpus vom Botanischen Garten in Darmstadt, wo die Pflanze ganz vortrefflich den Winter im Freien überstanden hat. Wir haben somit die Aussicht, dass wir auch für die Echeverien eine Art erhalten werden, die den Unbilden unseres Winters gewachsen ist, wie es dem Entdecker der Pflanze, Herrn C. A. Purpus, ja auch gelungen ist, uns mit im Freien gut überwinternden Arten aus den Gattungen Mamillaria, Echinocactus und Echinocereus zu beschenken, welche aus der gleichen vertikalen Erhebung über der See stammen.

Die Pflanze ist offenbar mit Echeveria farinosa am nächsten verwandt, unterscheidet sich aber durch die engen, gekanteten, pyramidenförmigen Blumenkronen von entschieden roter, nicht gelber Farbe.

II. Über die afrikanischen Kopale.

Von

Ernst Gilg.

Unter Kopalen verstehen wir bekanntlich eine ganze Reihe von verschiedenartigen Harzen, welche in fast allen tropischen und subtropischen Gebieten der Erde gesammelt werden. Sie haben nur das eine gemeinsam, dass sie einen hohen, manche Sorten sogar einen sehr hohen Schmelzpunkt besitzen. In ihrem äusseren Ansehen, in Form und Grösse der einzelnen Stücke, auch in ihrem chemischen Verhalten sind dagegen sehr grosse Unterschiede festzustellen. Afrika liefert nicht nur die meisten Kopalsorten, sondern auch die grösste Menge des Kopals für den Handel, endlich sind die afrikanischen Kopale auch die besten und geschätztesten.

Es sei deshalb gestattet, auf diese für unsere Kolonieen so wichtigen Produkte etwas näher einzugehen.

Über die Abstammung der afrikanischen Kopale wusste man noch vor etwa 20—30 Jahren so gut wie nichts. Es war sogar noch nicht allgemein angenommen, dass die Kopale pflanzlichen Ursprungs seien. Der Erste, welcher an Ort und Stelle genau und einwandsfrei dieser Frage näher trat und dieselbe sogar teilweise definitiv löste, war Kirk[1]).

Kirk, der als britischer Generalkonsul grosse Reisen an der Sansibarküste unternahm und mit besonderer Vorliebe die Handelsverhältnisse mit den Naturprodukten dieser Gebiete studierte, stellte zunächst fest, dass auf dem Sansibarmarkte drei verschiedene Sorten Kopal gehandelt wurden, von denen aber nur zwei, und auch davon die eine nur selten, in den Welthandel gelangten, während der Rest an Ort und Stelle oder am Hauptstapelplatze für Kopale, in Bombay, verwertet wurde. Die drei Sorten waren im Werte recht ungleich. Die schlechteste derselben wurde „Baumkopal" (Copal from the tree) genannt, und es gelang Kirk leicht, festzustellen, dass dieselbe einfach von einem Baume, Trachylobium verrucosum (auch Tr. Hornemannianum genannt), abgenommen wurde. Man hatte schon früher angenommen, dass der ostafrikanische Kopal von diesem Baume stamme, doch war diese Angabe nicht genügend gestützt worden. Seither wissen wir aber auch durch unsere deutschen Sammler (Holst etc.) mit voller Genauigkeit, dass der Baumkopal thatsächlich von jener Pflanze abstammt und ständig in grosser Menge abgenommen wird.

Trachylobium verrucosum ist ein mächtiger Baum, der bis 40 m Höhe erreicht und durch einen dicken Stamm mit weit ausgebreiteten Ästen ausgezeichnet ist. Die Blätter sind paarig gefiedert; auf einem 1 bis 1,5 cm langen Stiel sitzen am Ende stets nur zwei sehr kurz gestielte, schief eiförmige oder häufig fast halbmondförmige Blättchen, welche an der Basis abgerundet, am anderen Ende mehr oder weniger scharf zugespitzt oder ausgezogen sind. Sie sind vollständig kahl, 5—8 cm lang, 3—4 cm breit, ganzrandig, lederartig, glänzend. Die Blüten sind ziemlich gross und schön, rotgefärbt, in reichblütige ausgebreitete Rispen gestellt. Sehr charakteristisch ist für Trachylobium, welche Gattung zu den Hülsenfrüchtlern zählt, die Frucht. Dieselbe ist länglich-kugelig, dickwarzig-runzelig und springt niemals auf.

Dieser Baum ist verbreitet an der Sansibarküste, in Mossambik und in Madagaskar und bildet einen wesentlichen Bestandteil der Küstenstrichflora. Nur so weit kommt er landeinwärts vor, als das Küstenklima und die Seewinde reichen. Überall da verschwindet er, wo ihm

[1]) Kirk in Journ. Linn. Soc. XI. (1871) p. 1, und p. 479; Journ. Linn. Soc. XV. (1877) p. 234. — Vergl. auch E. Gilg in Engler, Pflanzenwelt Ostafrikas, B., p. 414 ff.

durch Hügel oder andere Einflüsse die Seebriese abgeschnitten wird. Ganz besonders häufig ist Trachylobium in Usagara, wo er förmliche Haine bildet. Er besitzt den grossen Vorteil, dass er durch die Steppenbrände nicht zu leiden hat, da er infolge der starken Beschattung seiner Krone alles Unterholz fernhält. Stamm und Äste sind reichlich bedeckt mit einer klaren harzigen Ausschwitzung. Die Erhärtung des Harzes muss ausserordentlich schnell erfolgen, denn es kommt niemals vor, dass der flüssige Harzsaft abtropft. Stücke, auch solche von sehr beträchtlichem Gewicht, welche am Boden gefunden werden, müssen schon in hartem Zustande von den Ästen herabgefallen sein. Die Form und die Farbe des Baumkopals ist sehr wechselnd, aber charakteristisch ist immer die glatte wie polierte Oberfläche.

Die mittlere Sorte von ostafrikanischem Kopal, welche in Sansibar gehandelt wird, ist der sog. Chakazzi-Kopal. Kirk konnte feststellen, dass derselbe thatsächlich aus der Erde gegraben wird, aber stets nur an solchen Stellen, wo gegenwärtig Trachylobium-Bäume noch vorkommen. Der Chakazzi-Kopal ist durch eine schwache Verwitterungskruste ausgezeichnet, die aber sehr unbedeutend ist und beweist, dass diese Sorte nur sehr kurze Zeit im Boden gelegen haben kann. Dies zeigt sich auch an der geringen Härte des Chakazzi, weshalb derselbe auch kaum teuerer bezahlt wird als der Baumkopal und früher auch nicht in den Welthandel ging. Jetzt wird diese halbfossile Sorte aber, wie ich mich selbst überzeugen konnte, schon in grösserer Menge eingeführt.

In die Erde gelangt der Chakazzi nach Kirk einfach dadurch, dass Kopalstücke von den Ästen abbrechen und zu Boden fallen, hauptsächlich aber auf die Weise, dass abgestorbene Bäume allmählich verfaulen oder von den Ameisen zerstört werden, worauf die Kopalstücke frei und vom Moder überdeckt werden.

Lange wollte es aber nun Kirk nicht gelingen, die Identität des besten aller Kopale, des sog. Zanzibarkopals, mit diesen recenten Harzen festzustellen. In allen drei Sorten konnten reichliche Einschlüsse von Insekten nachgewiesen werden, nie jedoch zeigten sich charakteristische Fragmente der Blätter und Blüten des Kopalbaumes in dem Harze. Endlich aber gelang es Kirk doch, nach jahrelangem Durchmustern grosser Kopalvorräte in Zanzibar in einem Stück des echten alten Kopals nicht nur Blätter, sondern auch Knospen und Blüten von Tr. verrucosum nachzuweisen und dadurch zu zeigen, dass der im Handel so sehr geschätzte Zanzibarkopal nichts anderes ist, als das durch langes Liegen im Erdboden stark veränderte Harz jenes Baumes.

Über die Stammpflanzen der übrigen Kopalsorten Afrikas weiss man nur sehr wenig, ja man kann sagen, dass nur noch die Stammpflanze einer derselben, des sog. Inhambanekopals, festgestellt ist. Das Erste darüber wurde vor etwa 10 Jahren bekannt[1]). Man hatte darnach im Innern Mossambiks, wohin Weisse fast noch nie gekommen waren, grosse Wälder entdeckt, welche fast ausschliesslich von einem reichlich Harz ausscheidenden Baume zusammengesetzt wurden. Im Boden dieser Wälder fand sich Kopal in grosser Menge vor, so dass von einer Expedition viele Tonnen gesammelt werden konnten. Dieser Kopal zeigte sich als halbfossil, d. h. er gehörte zu denjenigen Kopalen, welche nur verhältnismässig kurze Zeit im Boden gelegen und einen ziemlich niedrigen, bei 260° gelegenen Schmelzpunkt haben. Er erwies sich bei genauer Untersuchung in manchen Punkten sehr übereinstimmend mit westafrikanischen Kopalen, besonders mit dem sog. Akkrakopal von der Goldküste. Die Stammpflanze des Kopals wurde als Copaiba conjugata, vielleicht aber auch als Copaiba Mopane festgestellt, gehört also zu einer Gattung, deren Arten an Harzen und Balsamen sehr reich sind. Man hatte nun schon früher vermutet, dass auch die westafrikanischen Kopale von verschiedenen Arten der Gattung Copaiba abstammten, und ich glaube, dass jene Feststellung diese Vermutung sehr wahrscheinlich macht. Hierzu kommt noch, dass in Angola auch thatsächlich durch Welwitsch Copaiba Mopane gesammelt wurde, wenn dieselbe dort jetzt auch nur sehr selten zu sein scheint. Dies letztere geht mir daraus hervor, dass Welwitsch gar nicht auf den Gedanken kam, diese Art als die Stammpflanze des Angolakopals zu betrachten, obgleich er die Litteratur über die Kopale sehr gut kannte.

Welwitsch hat sich grosse Mühe gegeben, die Stammpflanze des Angola-Kopals festzustellen, gelangte aber absolut zu keinem Resultate[2]). Da wo jetzt in Angola Kopal gefunden, d. h. aus dem Boden gegraben wird, sind fast vegetationslose, nur hier und da von Euphorbia- und anderen Steppenbäumen besetzte glühende Sandflächen. Der Kopal findet sich manchmal ziemlich oberflächlich, manchmal aber auch bis zu 3 m tief im Boden liegend. Die Eingeborenen halten die Orte, an welchen sie Kopal graben, sehr geheim; aber trotzdem gelang es Welwitsch einmal, die Gewinnung zu beobachten und die um diesen Platz vorkommenden Bäume zu studieren. Doch liess sich leicht feststellen, dass keiner derselben auch nur Spuren von Kopal oder Harz hervorbringt, dass also in jenen Gegenden der betreffende Baum ausgestorben sein muss. Und doch gelangte Welwitsch zu dem Resultate, dass dieser Kopal liefernde Baum in ganzen Wäldern früher in jenen Gebieten vorgekommen sein muss, wenn man die Menge des Kopals

---

[1]) Dyer in Journ. Linn. Soc. XX. 406 und Kew Bull 1888 n. 24, p. 281.

[2]) Welwitsch in Journ. Linn. Soc. IX. (1867) p. 287.

berücksichtigt — es werden in manchen Jahren bis zu 2 Millionen Pfund exportiert —, der stellenweise gegraben wird. Dabei kann die Zeit, in welcher der Kopalbaum in Westafrika noch in Häufigkeit auftrat, keine weit zurückliegende sein, denn man findet neben dem alten, fossilen und harten Kopal stellenweise auch noch einen jüngeren, halbfossilen, welcher nur wenig hart und auch dementsprechend geringer bewertet ist. Offenbar gelangt dieser letztere nur selten in den Handel.

Von den afrikanischen Kopalen kommen hauptsächlich folgende in Betracht:

An erster Stelle ist der Zanzibar-Kopal, auch Animé genannt, zu erwähnen, von welchem jährlich mehr als für 1 Million Mark ausgeführt wird und welcher, wie wir gesehen haben, von Trachylobium verrucosum abstammt. Dieser Kopal wird im ganzen Küstengebiet Ostafrikas, von Mossambik bis Lamu, angetroffen, aber nicht an der Küste selbst, wo jetzt die Stammpflanze vorkommt, sondern in 20—40 Meilen Entfernung vom Meer. Es ist aber schon lange festgestellt worden, dass die Ostküste Afrikas in langsamem Vorrücken befindlich ist und dass das Meer in früheren Epochen jene Gegenden bespülte, an welchen jetzt der Kopal in öden, steppen- oder wüstenartigen Gegenden gegraben wird. Wenn die Regen, welche auf den Nord-Ost-Monsun folgen, den Boden gelockert haben, beginnen die Eingeborenen mit kleinen Hacken den Boden zu bearbeiten, um den Kopal zu finden. Doch wird dabei ohne jedes System vorgegangen, und es liesse sich bei geordnetem Betriebe bedeutend mehr von diesem kostbaren Harz fördern!

Der Sansibarkopal gelangte früher meist auf ostindischen Schiffen und fast stets von Bombay aus auf den europäischen Markt und wurde deshalb auch häufig als Ostindischer oder Bombay-Kopal bezeichnet. In neuerer Zeit wird jedoch auch sehr viel Kopal direkt nach Europa gebracht, besonders durch Hamburger Häuser, die in Sansibar Filialen besitzen. Dieser Kopal kommt in der Form von Körnern oder platten Stücken oft von einem Durchmesser von über 20 cm in den Handel. Ungereinigt ist das Harz von einer mit Sand vermengten Verwitterungskruste bedeckt, welche natürlich undurchsichtig ist. Das Innere jedes Stückes ist dagegen klar und durchsichtig, von blassgelblicher bis braunrötlicher Farbe. Die Kruste des Kopals ist, wenn er in den Handel gelangt, meist entfernt, was zum Teil an der Küste an Ort und Stelle selbst geschieht, teils aber auch in Europa oder sogar in Nordamerika erst erfolgt. Sehr bedeutende Kopalwäschereien befinden sich z. B. zu Salem in Nordamerika, und deshalb wurde unser Harz früher häufig auch als Salemkopal bezeichnet. Um die Verwitterungskruste zu entfernen, wird der Kopal entweder geschält oder gewaschen. Geschält wird derselbe besonders häufig in Ostindien, d. h. es wird eben einfach durch Abkratzen der erdigen Kruste der klare Kern jeden Kornes freigelegt. Das „Waschen" dagegen ist ein chemischer Process, bei welchem durch eine Behandlung des roh aus der Erde gegrabenen Kopals mittelst Soda- oder Pottaschenlauge die äussere erdige Kruste zerstört wird. Nach erfolgtem Trocknen der Stücke kann dann diese weiche Rinde mit einer Haarbürste abgerieben werden, worauf sich erst das Hauptkennzeichen des echten alten Sansibarkopals, die sogenannte „Gänsehaut" zeigt, d. h. eine die Stücke allseitig bedeckende, stark facettierte Oberfläche. Genauer betrachtet erweisen sich nämlich die Stücke von kleinen, polygonalen Wärzchen bedeckt, deren Durchmesser 1—3, meist aber zwischen 1 und 2 mm beträgt. Bei mikroskopischer Untersuchung ergiebt sich, dass jedes Wärzchen wiederum facettiert ist. Diese Bildungen entstehen wohl so, dass das Harz sich im Laufe der Zeit an der Peripherie stärker zusammenzieht als im Innern. Dadurch entstehen mehr oder minder regelmässig verteilte Sprunglinien, welche die ganze Oberfläche in dicht neben einander stehende, polygonal begrenzte Felder teilen. Innerhalb jeden Polygons wiederholt sich derselbe Prozess. Es entstehen dann nach innen und unten wieder kleine polyedrische Facetten, welche nach und nach mit mehr oder minder grosser Regelmässigkeit abfallen, wodurch schliesslich die primär entstandenen Facetten in terrassenförmige Wärzchen verwandelt werden.

Der Sansibarkopal ist die härteste aller Kopalsorten und gleicht hierin fast dem Bernstein. Er ist völlig geruch- und geschmacklos.

Ihm am nächsten stehen an Härte und Höhe des Schmelzpunktes die Kopale von Mossambik und Madagaskar. In beiden Gegenden kommt Trachylobium verrucosum vor, und es ist deshalb sehr wahrscheinlich, dass diese drei Harze denselben Ursprung haben. Die Kopale von der Westküste Afrikas sind meist bedeutend weicher als die ostafrikanischen, zeigen aber auch unter einander grosse Verschiedenheiten, auf die an dieser Stelle nicht näher eingegangen werden kann.

Die meisten dieser Kopale zeigen nach dem Waschen eine unregelmässig glatte oder wenig gekantete Oberfläche. Doch giebt es hiervon einige Ausnahmen. So kommt ein Kopal von Sierra-Leone unter dem Namen Kieselkopal in den Handel. Die Stücke sind auch thatsächlich sehr stark abgeschliffen und brauchen deshalb nicht gewaschen zu werden. Zweifellos rührt die Form dieses guten und dem ostafrikanischen Kopal an Härte nicht sehr viel nachstehenden Harzes davon her, dass es in Flüssen mitgeführt und so wie Kieselsteine abgerundet wird.

Der sog. Kopal von Gabun ist dadurch ausgezeichnet, dass die ganze Oberfläche der Stücke von eigenartigen Sprunglinien, oft von beträchtlicher Tiefe, durchzogen wird, wodurch dieses Harz leicht erkannt wird.

Der Kopal von Angola zeigt eine Oberflächenfacettierung, welche in manchen Punkten an die des Sansibarkopals erinnert. Er wird nach Welwitsch oft in grossen, 3—4 Pfund schweren Klumpen ausgegraben, welche aber dann meist an Ort und Stelle zerkleinert werden. Die Wärzchen des Angola-Kopals sind viel grösser, meist 4—12 mm im Duchmesser, und zeigen unter dem Mikroskop einen ganz anderen, einfacheren Bau, als die des Sansibarkopals.

Neuerdings gelangt auch aus Kamerun ein Kopal in den Handel, welcher für diese Kolonie von Bedeutung zu sein scheint. Derselbe ist zwar keiner der besten, doch wird er gerne gekauft und lässt sich gut verwerten.

Der Wert der verschiedenen afrikanischen Kopalsorten ist ein sehr wechselnder und richtet sich besonders nach der Härte und der Reinheit derselben. Der Sansibar-Kopal ist weitaus der teuerste und dürfte durchschnittlich auf 2—3 Mark das Pfund zu stehen kommen, während andere gute Kopale selten mit 1 Mark das Pfund bezahlt, ja die meisten noch geringer bewertet werden. Natürlich schwanken die Preise ausserordentlich je nach der Menge des Angebots und des Verbrauches.

Die Kopale dienen fast ausschliesslich zur Herstellung von Lacken. Es wird zwar auch angegeben, dass aus den besten Stücken des Sansibarkopals Bernsteinimitationen hergestellt werden, doch scheint dies nur selten vorzukommen. Allerdings hat dieser Kopal sehr viel mit dem Bernstein gemein, so auch das, dass er, gerieben, elektrisch wird. Nachahmungen werden also nur schwer festgestellt werden können.

Für die Lackfabrikation sind die Kopale das wichtigste Rohprodukt, und nach den verwendeten Kopalsorten richtet sich auch in erster Linie die Güte des Fabrikates.

Die Lackfabrikation, die ich durch die Liebenswürdigkeit des Herrn Fabrikanten Carl Krauthammer zu Berlin kennen lernte, unterscheidet hauptsächlich zwei verschiedene Herstellungsweisen von Lacken. Die weicheren Kopale, so die südamerikanischen und der Manilla-Kopal, sind nämlich in Alkohol löslich und können so direkt zur Anfertigung eines, allerdings sehr minderwertigen und wenig ausdauernden Lackes verwendet werden. Die gelöste Masse wird einfach den zu lackierenden Gegenständen aufgetragen und überzieht dieselben nach Verflüchtigung des Alkohols in dünner Schicht.

Viel komplizierter ist die Herstellung der aus den harten Kopalen hergestellten, dauerhaften und feinen Lacke, der sog. Öllacke, welche hauptsächlich auf afrikanischen Kopalen beruhen.

Zu diesem Behufe werden die ausgesuchten, möglichst gereinigten und zerkleinerten Kopalstücke in eisenemaillierten oder steingutartigen Kesseln, nie mehr als 50 Pfund auf einmal, einer Hitze von 300

bis 400° ausgesetzt, worauf der Kopal sich allmählich unter Abgabe
von Kopalölen in Dampfform verflüssigt und zuletzt dünnflüssig wie
Wasser wird. In diesem Zustande wird dann der Kopalflüssigkeit eine
bestimmte Menge feinsten Leinöls, ferner noch sog. Trockenstoffe zugesetzt, worauf die ganze Masse in Bottiche abgefüllt wird. In diesen
Behältern, welche ständig in einer bestimmten, ziemlich hohen Wärme-
lage gehalten werden, hat nun der Lack $^1/_2$ bis $1^1/_2$ Jahre — je nach
Güte — zu lagern, worauf er zum Versandt fertig ist. Während der
Lagerzeit, in welcher der Lack ständig ziemlich weichflüssig erhalten
wird, senken sich alle die feinen Verunreinigungen der Kopale auf den
Boden der Bottiche, wodurch die obenstehende Masse eine völlige Reinheit und Klarheit erlangt.

Solche aus harten Kopalen auf vorsichtige Weise hergestellte Lacke
besitzen einen bedeutenden Wert und sind von grosser Dauerhaftigkeit gegen
die Atmosphärilien. Auch sie unterliegen natürlich nach einiger Zeit,
die besten Lacke erst nach Jahren, der Verwitterung und müssen dann
wieder neu ersetzt werden, aber sie bieten einen unschätzbaren Schutz
für Holz- und Eisenteile, besonders für Wagen und für Lokomotiven,
wie ihn kein anderes Mittel giebt.

III. Notizen über die Verwertung der Mangrovenrinden als Gerbmaterial.

Von

M. Gürke.

Unter den Pflanzen aus den Tropengegenden, deren Rinden man
infolge ihres relativ hohen Gerbstoffgehaltes in den letzten Jahrzehnten
als Gerbmaterial auszunutzen versucht hat, spielen neben den Acacien
die Rhizophoraceen eine wichtige Rolle, und zwar diejenigen Gattungen der Familie, welche zu der Pflanzenformation der Mangroven
gehören. Dieselben sind, wie bekannt, an den tropischen Küsten in
Buchten und Flussmündungen, besonders da, wo die Brandung nicht zu
stark ist, weit verbreitet und umsäumen, stets im Gebiete der Flut-
bewegungen sich haltend, die Küste mit einem Gebüsch- oder Waldgürtel
von wechselnder Breite. Es kommen hierbei hauptsächlich folgende
Arten in Betracht: Rhizophora Mangle L. in Amerika und Westafrika, Rh. mucronata Lam., verbreitet von Japan und Australien
durch ganz Südasien bis nach Madagaskar und Ostafrika, und Rh.

conjugata L. im tropischen Asien; alle diese Arten sind in hervorragender
Weise ausgezeichnet durch das Gestell bogenförmiger Stelzwurzeln und
durch die reichlich von den Zweigen entspringenden Luftwurzeln, welche
den Bäumen ermöglichen, in dem weichen Schlammboden den Wirkungen
der Meereswellen und den Strömungen des Flusswassers gegenüber Stand
zu halten; ferner die Bruguiera-Arten, welche weniger Stützwurzeln
besitzen, aber durch knieartig aufwärts gebogene, dem Gasaustausch
dienende Horizontalwurzeln ausgezeichnet sind, nämlich B. gymnorrhiza Lam., in Asien und Ostafrika verbreitet, der stattlichste aller
Mangrovenbäume, mit hohem Stamm, schirmförmiger Krone und rotbraunen Blüten, sowie die gleichfalls in Asien vorkommenden, aber nur
geringere Höhe erreichenden B. oriopetala Walk. et Arn., B. parviflora Walk. et Arn. und B. caryophylloides Blume; weiter, wenn
auch von weniger Bedeutung, die Ceriops-Arten, kleine Bäume oder
Sträucher, an den horizontal lang hingestreckten Wurzeln senkrecht aus
dem Wasser sich erhebende, fingerförmige, ebenfalls zur Atmung
dienende Seitenwurzeln, sonst aber wenig Stelzwurzeln entwickelnd,
und zwar C. Candolleana Arn. in Asien, Australien und Ostafrika,
und C. Roxburghiana Arn., nur in Asien, und schliesslich Kandelia
Rheedii Walk. et Arn., ein kleiner Strauch an den Küsten Asiens,
der allerdings für die hier zu besprechenden Zwecke von noch geringerer Bedeutung ist.

    Die Rinde aller dieser Gattungen enthält, wie schon erwähnt, ver-
hältnismässig reichlich Gerbstoff, sowie ausserdem einen rot- oder
chokoladenbraunen Farbstoff und ist in dieser Beziehung den Bewohnern
verschiedener tropischer Länder, sowohl den Eingeborenen, als auch
den eingewanderten Europäern, seit langer Zeit bekannt. So machen
die Bewohner Westindiens und Ceylons sowohl von dem Gerb-, als auch
von dem Farbstoff der Mangroven einen ausgedehnten Gebrauch; u. a.
benutzen die letzteren denselben zum Imprägnieren und Färben der
Fischnetze, um denselben eine grössere Widerstandsfähigkeit gegen die
Einwirkung des Wassers und der Luft zu geben. Auch auf Borneo und
den Marschallinseln wird der Farbstoff benutzt. So ist z. B. neuerdings
von Herrn Dr. Schwabe von letzterem Archipel an das botanische
Museum ein rotbrauner Farbstoff, den die Eingeborenen mit dem Namen
Djong bezeichnen, unter Beifügung der Stammpflanze eingesandt worden;
dieselbe erwies sich als Bruguiera gymnorrhiza Lam. Von Interesse waren besonders mehrere Fächer, welche von den Eingeborenen
aus Pandanus- und Cocosnussblättern angefertigt werden und deren
Flechtwerk zum Teil mit diesem dunkelbraunen Farbstoff gefärbt war.

    Mit der Gewinnung und Verwertung der Mangrovenrinde in grösserem
Maassstabe und zur Ausnutzung derselben für die Einfuhr nach Europa

sind nun in den letzten Jahren besonders in Westindien und auf Ceylon Versuche gemacht worden, über welche in den folgenden Zeilen einige Notizen gegeben werden sollen.

In Jamaika wird die Wurzelrinde (jedenfalls aber auch die Stammrinde) der Mangrove (Rhizophora Mangle) gemahlen und gemischt mit Dividivi zum Gerben verwendet, und soll dort als Gerbmaterial jedem anderen vorgezogen werden. Es wurde im Jahre 1890 von Trinidad eine Probe trockener Rinde nach England zur Untersuchung gesandt, welche 25,10 % Gerbstoffgehalt ergab. Es stellte sich aber heraus, dass bei dem damals herrschenden niedrigen Preise von Gerbmaterialien im Inlande trotz des hohen Gerbstoffgehaltes sich schwer Käufer für das Produkt finden würden, und also von einer Einführung zur Zeit abgeraten werden musste. Ein zweiter Versuch, der von Jamaika aus gemacht, und bei dem der Gerbstoff in der Form eines festen Extraktes eingeführt wurde, ergab dasselbe Resultat: Der in dem Extrakt vorhandene Gerbstoff bezifferte sich auf 58,30 %, also auf einen sehr hohen Prozentsatz, und trotzdem wurde aus demselben Grunde wie oben von der Einfuhr des neuen Gerbmaterials als aussichtslos abgeraten. Eine von Jamaika im Jahre 1892 gesandte grössere Ladung trockener Mangrove-Rinde soll auch in den Händen der Firma, welche sie übernommen hatte, als unverkäuflich zurückgeblieben sein.

Trotz dieser anfänglich ungünstigen Aussichten des Versuches ist die Gewinnung der Mangrovenrinde in grösserem Maassstabe in Ceylon dennoch schon zur praktischen Ausführung gekommen. Es hat sich im Jahre 1895 unter dem Namen: Crawford's Cutch Company eine Gesellschaft gebildet und von der Regierung die Konzession zur alleinigen Ausnutzung aller auf Kronland stehenden Mangrove-Bestände in einem bestimmten Bezirk auf 15 Jahre gegen eine Abgabe von 10 Sh. per Ton des exportierten Extraktes erhalten. Dieselbe hat in der Nähe von Trinkomali (an der Ostküste) ein geeignetes Terrain von 5 acres erworben und mit der Aufführung der Gebäude und der Aufstellung der für die Gewinnung des Extraktes notwendigen Maschinen, nämlich einer Schneidemühle zur Zerkleinerung der Rinde und einer Vacuumpfanne zur Auskochung des Gerbstoffes, begonnen. Die auf Ceylon am häufigsten vorkommende Mangrove ist Rhizophora mucronata, von den Eingeborenen Kadol oder Kandal genannt, und um deren Ausnutzung wird es sich in erster Linie handeln.

Es wäre wünschenswert, dass auch in Deutsch-Ostafrika eingehende Versuche mit der Gewinnung der Mangroverinden gemacht würden. Die Mangrove-Formation ist an den meisten Flussmündungen Ostafrikas, so am Sigi, Rufu, Rufidschi u. s. w., reichlich vorhanden und wird von den Eingeborenen Kokoni genannt. Auch hier ist Rhizophora mucronata „Mkoko“, die häufigste Art und diejenige, welche am weitesten in das Meer vordringt; dem Lande mehr genähert finden sich Bruguiera gymnorrhiza „Mkoko Msimsi“ und Ceriops Candolleana „Mkoko Mkandala“. Bei dem Fehlen von maschinellen Einrichtungen muss natürlich zunächst die Rinde selbst nach Europa verschifft werden, und erst, wenn sich für dieselbe hier ein Absatzmarkt eröffnet hat, könnte mit der Extrahierung des Gerbstoffes an Ort und Stelle vorgegangen werden; denn voraussichtlich wird nur in dieser Form des Extraktes, also durch Verringerung der Transportkosten, eine rentable Gewinnung möglich sein. Bis dahin dürften auch die Ergebnisse der auf Ceylon thätigen Gesellschaft schon weiter bekannt und für fernere Versuche massgebend sein. Übrigens haben auch die Brüder Denhardt vom Witolande bereits eine Probe der dort gewonnenen Mangroverinde nach Deutschland zur Untersuchung gesandt.

IV. Bemerkenswerte Eingänge für das botanische Museum.

Unter den Eingängen aus unseren Kolonieen sind neben einigen Sammlungen getrockneter Pflanzen besonders eine Reihe von grösseren Objekten, teils in trockenem Zustande, theils in Alkohol konserviert, zu erwähnen, die bei Gelegenheit der Kolonial-Ausstellung dem botanischen Museum zugegangen sind.

So sandte Herr Dr. Preuss aus Viktoria in Kamerun u. a. eine in vier Teile zerlegte grosse Ölpalme von mehr als 15 m Höhe, einen zweiten Stamm, der von den Wurzeln einer Ficus-Art umsponnen ist, ein besonders schönes Schaustück, sowie Fruchtstände und männliche Blütenstände derselben Palme; ferner ein Stammstück von Kakao mit daran hängenden Früchten, Stammstücke und Früchte von Artocarpus incisa, ganze Fruchtstände von Carica Papaya, Coffea arabica und C. liberica, Citrus decumana, Persea gratissima, Mangifera indica, Treculia africana, Myrianthus arboreus, Vanilla planifolia, Anona-Arten, ganze Pflanzen von Amomum Meleguetta und Elettaria Cardamomum, rote und weisse Bataten, Ingwer, Blütenstände und Blätter von Sansevieria guineensis, Blütenstände von Phoenix spinosa, Blüten von Anacardium occidentale, Vanilla planifolia, Piper nigrum, Fruchtwolle von Ceiba pentandra, ganze Pflanzen von

Rhizophora Mangle, welche die Bildung der Stelz- und Luftwurzeln in ausgezeichneter Weise zeigen, ein grosses Sclerotium von Lentinus tuber-regium u. s. w., alles Gegenstände, welche zur Vermehrung der Schausammlung des Museums in bester Weise beitragen.

Herr Staudt, der durch seine vortrefflichen, von der Yaúndestation und von Lolodorf eingesandten Sammlungen sich schon so wohl verdient um die Erforschung von Kamerun gemacht hat, brachte jetzt auf seiner Urlaubsreise nach Europa wiederum eine Kollektion von gegen 400 ausgezeichnet präparierter Pflanzen mit, von denen ein Teil aus Lolodorf, ein anderer Teil von der Johann Albrechts-Höhe stammt. Diese neue Station ist mitten im Urwaldgebiet in der Nähe der früheren Barombi-Station beim Elephantensee gelegen, wo Herr Dr. Preuss schon früher so ausgezeichnete Sammlungen zusammengebracht hat.

Auch aus Ostafrika sind von Herrn Dr. Stuhlmann eine grosse Anzahl schöner Schauobjekte dem Museum übersandt worden: nicht nur eine grosse Reihe von Stammstücken, meist aus dem Rufidschi-Delta stammend, so von Anacardium occidentale, Zizyphus Jujuba, Mangifera indica, Kigelia aethiopica, Trachylobium Hornemannianum, Casuarina equisitifolia, Tamarindus indica, Adansonia digitata, Hyphaene coriacea und eine ganze Anzahl von noch unbestimmten Arten, sondern auch in Alkohol gut konservierte Früchte und Blütenstände, so von Eugenia moluccana, Kigelia aethiopica, Mangifera indica, Zizyphus jujuba, Anacardium occidentale, Ficus spec., Carica Papaya u. s. w.; ferner ein aus Mauritius stammendes Hütchen, welches aus dem Bast von Secchium edule, der Chouchoux-Pflanze, gefertigt ist.

Herr Dr. J. Buchwald, welcher sich bisher auf der jetzt wieder aufgegebenen Usambara-Versuchsstation aufgehalten hatte, sandte von dort eine Sammlung von etwa 540 Pflanzen, welche meist aus dem Usambara- und Handei-Gebirge in einer Höhe von 1000—1800 m stammen, darunter auch viel Kryptogamen und Alkohol-Material; u. a. die bisher noch nicht bekannten männlichen Blüten von Stearodendron Stuhlmannii (s. S. 175).

Eine kleine, aber ganz vortrefflich konservierte Sammlung von Pflanzen erhielt das Museum von Herrn Dr. Heinsen aus Derema, der sich dort behufs Untersuchung der Hemileja-Krankheit des Kaffees aufhielt.

Ferner übergaben die Herren Brüder Denhardt wiederum, wie schon früher, dem Museum eine Reihe interessanter Objekte aus dem Witolande, so verschiedene Proben der dort von ihnen gebauten Baumwolle, von Tabak, Sorghum, Sesam, ferner von Gummi, von Acacienund Mangroven-Rinde u. s. w.

Eine sehr schöne Bereicherung erfuhr auch die Schausammlung des Museums durch die Güte des Herrn Prof. Schweinfurth, der auch dieses Jahr wiederum von seinem Winteraufenthalte in Ägypten zahlreiche interessante Produkte des Landes mitbrachte, so vor allen eine Anzahl grosser Matten, die aus den Blättern und Halmen von Typha angustata, Eragrostis cynosuroides, Cyperus alopecuroides, Phoenix dactylifera und Juncus maritimus hergestellt werden, ferner Taue und sonstiges Faser-Material von Sansevieria Ehrenbergii, Phoenix dactylifera, Hibiscus cannabinus, Korb aus Lawsonia inermis, Gegenstände aus dem Holz von Acacia Lebbek; weiter als ein sehr interessantes Objekt das Bruchstück eines Stammes, der bei der Freilegung des Tempels von Der-el-bahari bei Theben im Febr. 1895 aufgefunden wurde als Rest eines der Bäume, mit denen zur Zeit der XXII. bis XXVI. Dynastie die unterste Terrasse der Tempelanlage bepflanzt war; das Stück befand sich in einem der Löcher, welche zur Aufnahme der Bäume aus dem Felsen ausgehauen worden waren.

Durch Herrn Prof. Henriques in Coimbra erhielt das Museum eine umfangreiche Sammlung von Produkten aus Angola, Insel St. Thomé und Insel Principe, unter denen sich viele sehr interessante und wichtige Objekte befinden.

Aus Südafrika gingen dem Museum von Herrn Schlechter, welcher jetzt im Capland gesammelt hat und nun nach dem Namaland gegangen ist, eine Sammlung von ca. 300 Nummern getrockneter Pflanzen zu.

Herr Dr. Schwabe sandte von den Marshall-Inseln eine kleine Sammlung (etwa 60 Nummern) getrockneter Pflanzen und Alkohol-Material ein, nebst mehreren Proben der von den Eingeborenen dort hergestellten Fasern, Fächern und des Farbstoffes der Bruguiera gymnorrhiza.

Ferner schenkte Herr Dr. Reinecke ein Stück Rohstoff, welcher auf dem Samoa-Archipel zur Verfertigung von Kleidungsmaterial benutzt wird und aus dem breitgeklopften Bast von Pipturus incanus besteht.

Schliesslich ging auch von Herrn Dr. E. Seler, der jetzt wieder in Mexiko weilt, eine etwa 900 Nummern umfassende Kollektion mexikanischer Pflanzen ein, die sicherlich, wie die frühere Sammlung, eine Anzahl von Novitäten enthalten dürfte.   Gürke.

V. Stearodendron oder Allanblackia Stuhlmannii Engl.?

Von

A. Engler.

(Vergl. Notizblatt No. 2. V.,

Eine Pflanzensendung des Herrn Dr. Buchwald aus Usambara enthielt unter anderem Blüten und Blätter einer Guttifere, die ich als Stearodendron Stuhlmannii erkannte. Bisher waren meine Bemühungen, aus dem Handei, wo der Baum häufig vorkommt, Blüten und junge Früchte zur definitiven Feststellung der Gattung zu erhalten, vergeblich; um so mehr war ich erfreut über Dr. Buchwalds Sendung. Die Blüten wurden im Urwald des Wurumiquellgebietes um 1300 m gesammelt, und auf der Etiquette ist bemerkt, dass der Baum 20 m hoch und in dem genannten Gebiet sehr häufig ist. Es ist dies von grossem Interesse; denn einerseits geht daraus hervor, dass sich das Einsammeln der Samen und Früchte zur Fettgewinnung wohl lohnen dürfte, und andererseits ist aus dem häufigen Vorkommen des Baumes zu schliessen, dass auch im Wurunithal wie im Handei Kaffeekultur möglich ist.

Die eingesendeten Blüten tragen etwas zur genaueren Feststellung der Gattung bei. Durch die grossen Früchte schien Stearodendron sich der Gattung Pentadesma zu nähern. Nun aber zeigen die von Dr. Buchwald gesammelten männlichen Blüten eine sehr grosse Übereinstimmung mit den männlichen Blüten von Allanblackia floribunda Oliv. aus Gabun, so dass die Zugehörigkeit von Stearodendron zu dieser Gattung recht wahrscheinlich ist. Sicher ist sie aber noch keineswegs; denn in den reifen Früchten von Stearodendron berühren sich die Samen in der Mitte des Fruchtknotens und erscheinen centralwinkelständig, während in den Ovarien der weiblichen Blüten von Allanblackia die Placenten echt wandständig sind und nur ganz wenig nach innen vorspringen. Leider fehlen in Dr. Buchwalds Sendung weibliche Blüten und junge Früchte. Es ist sehr zu wünschen, dass recht bald solche aus dem Handei eingesendet werden, um festzustellen, ob etwa die anfangs vollständig parietalen und kaum einspringenden Placenten bei fortschreitender Samenbildung mehr nach innen vordringen und die Samen schliesslich in der Mitte zusammentreffen.

VI. Leptochloa chinensis (Roth) Nees.
Ein bisher noch wenig bekanntes Nährgras Ostafrikas.

Von

A. Engler und **K. Schumann.**

Mit einer Pflanzensendung aus Ostafrika traf auch ein Gras ein, welches Herr Gouverneur von Wissmann im Hinterlande von Usagara beobachtete, und welches Prof. Dr. K. Schumann als Leptochloa chinensis (Roth) Nees bestimmte. Herr Dr. Stuhlmann, der Leiter der Abteilung für Landeskultur am Kais. Gouvernement in Dar-es-Salâm, schreibt nach den Mitteilungen des Herrn von Wissmann Folgendes: „Bei der Hungersnot haben die Eingeborenen von den winzig kleinen Samen dieser Pflanze gelebt. Die Frauen sammelten den Samen, indem sie das Gras zwischen den Fingern rieben. Durch Zerkleinern und Kochen entstand ein sehr voluminöser Brei, der nicht schlecht schmecken soll."

Leptochloa chinensis (Roth) Nees ist ein einjähriges, flachblättriges Gras, das nach Art unserer Panicum-Unkräuter einen Büschel 8—9 dm hoher Halme entwickelt, deren etwa 2 dm lange Rispe in spiraliger Anordnung 1 dm lange Ähren trägt, an welchen 1,5 mm lange zusammengedrückte Ährchen stehen, die 1—2 nur etwa über 0,5 mm lange Früchte tragen. Die Gattung Leptochloa gehört in die Verwandtschaft der Gattung Eleusine, deren Art E. Coracana Gärtn. bekanntlich in den Tropen auch als Brotfrucht kultiviert wird. Die L. chinensis findet sich in Centralafrika, in Usambara und Usagara vorzugsweise auf Kulturland; sehr verbreitet ist sie im tropischen Asien, auch in Japan und dem tropischen Australien; höchst wahrscheinlich ist sie vom tropischen Asien nach Ostafrika gelangt.

VII. Über das Vorkommen von Koso in Usambara.

Von

A. Engler.

Eine Exkursion Dr. Buchwalds nach dem Jambaberg im Quellgebiet des Kwasiule in Usambara hat zu einer recht interessanten Entdeckung geführt. Er sammelte am Rande der Hochgebirgswaldlichtungen

um 1700 m ungemein reichblütige Blütenstände von Hagenia abyssinica Willd. Nach seiner Angabe hängen von den nur 3 m hohen
Bäumchen die blass graugrünen, etwas rötlich angehauchten Blütenstände wie Lämmerschwänze in grosser Anzahl herab. Die Entdeckung
dieses Bäumchens in Usambara ist sowohl pflanzengeographisch, wie auch
praktisch wichtig. Nachdem lange Zeit Hagenia nur aus Abyssinien
bekannt war, wurde sie später von Johnston am Kilimandscharo entdeckt, auch von Dr. Hans Meyer und Prof. Dr. Volkens daselbst
zwischen 1400 und 2800 m häufig beobachtet. Das nunmehr konstatierte
Vorkommen im Usambara-Gebirge um 1700 m erweitert das Areal dieser
monotypischen Gattung wieder sehr erheblich. Es ist nun aber auch
Gelegenheit gegeben, das vielfach angewendete Bandwurmmittel „Flores
Koso" aus unserem deutschen Kolonialgebiet zu beziehen, wenn sich
jemand findet, der das Sammeln der Blüten veranlasst. Im Jahre 1894
wurden 100 kg dieser Droge für 360 M. verkauft; gegenwärtig ist der
Preis derselben Quantität auf 220 M. gesunken.

VIII. Oreobambos, eine neue Gattung der Bambuseae aus Ost-Afrika.

Von

K. Schumann.

Mehrere der Reisenden, denen wir die Erforschung von Ost-Afrika
verdanken, haben davon berichtet, dass sie in gewissen Höhenlagen
mit grossen Schwierigkeiten zu kämpfen hatten, um Bambuswälder zu
durchschreiten. Die Bambusenform ist unter den Gräsern so auffällig
und Tropenreisenden so häufig in ein und derselben Entwicklung an
anderen Orten begegnet, dass sie kaum entgehen konnten: H. Meyer
erzählt uns von ihnen in seiner Beschreibung der Kilimandscharo-
Besteigung; Stuhlmann erwähnt dieselben gelegentlich seines Auf-
stieges auf den Runssoro; aus Usambara haben wir mehrfach Nachrichten über das Vorkommen einer Formation, welche hauptsächlich
oder ausschliesslich aus Bambusen zusammengesetzt ist, erhalten. Bei
einer so weiten Verbreitung der Bambusen in den höheren Lagen war
es um so mehr zu bedauern, dass wir die zur botanischen Festsetzung
der Pflanzen unbedingt notwendigen Blütenmaterialien nicht erlangen
konnten. Die vegetativen Merkmale der Bambuseae stimmen nämlich
durch die verschiedensten Gattungen oft in einer so auffallenden Weise

12

überein, dass ich erst durch die genauste Untersuchung zu der Vermutung kommen konnte, die verschiedenen ostafrikanischen Bambusen
dürften vielleicht nicht unter sich specifisch gleich sein.

Schon der Bearbeiter der Bambuseae in Bentham u. Hooker
Genera plantarum hat sich wahrscheinlich durch die überraschende
Ähnlichkeit in den Blättern täuschen lassen, wenn er von der zur Zeit
der Bearbeitung dieses Buches allein bekannten Bambusee aus Ost-
Afrika angab, dass sie „durch das tropische Afrika weit verbreitet sei"; es war die Oxytenanthera abyssinica (Hochst.)
Munro. Mir ist es bis jetzt schon gelungen, zwei weitere Arten nachzuweisen, nämlich Arundinaria Fischeri, welche Bambusdickichte
am Kenia zusammensetzt und Oxytenanthera macrothyrsus,
welche in den Niederungswäldern von Usagara bei 200 m über dem
Meere gedeiht.

In jüngster Zeit ist es Herrn Dr. Buchwald, dem Botaniker der
Versuchs-Station von Usambara glücklicher Weise gelungen, die Blüten
eines Gebirgsbambus in dem Handeigebirge zu finden. Wahrscheinlich
handelt es sich hier um ein und dieselbe Pflanze, welche schon Holst[1])
erwähnt hat. Die Blütenverhältnisse dieses Grases sind derartig von
denen der bekannten Bambuseae verschieden, dass ich es zum Typ
einer eigenen Gattung machen musste.

Oreobambos K. Sch. n. gen. Spiculae biflorae absque vel cum
rachilla supra florem summum elongata, in glomerula crassa multiflora
bracteis binis lateralibus magnis et maxima antica subfoliacea caduca
suffulta conflatae. Flores bini hermaphroditi. Glumae vacuae gemi-
natae vel solitariae nisi plures inferiores iterum spiculas procreantes.
Palea superior nunc manifeste nunc obsolete bicarinata nunc aequabi-
liter rotundata, carina haud alata. Stamina 6 perfecta basi libera,
filamentis dilatatis, antheris sagittatis apice mucronatis. Lodiculae 0.
Stilus simplex apice acuminatus, pilosus, basi late ampliatus subtrigonus
pariter pilosus, in ovarium glabrum vel stipitem contractus.

Die Besonderheiten dieser Gattung sind folgende: Die sechs freien
Staubblätter und der behaarte Fruchtknoten würden sie in der Nähe
von Bambusa bringen; sie weicht aber vollkommen ab durch das
Fehlen der Lodiculae, sowie durch die allerdings nicht immer macro-
scopisch nachweisbare Anwesenheit einer über die letzte Blüte hinaus
verlängerten Rachilla und die ziemlich lang zugespitzten Staubbeutel.

O. Buchwaldii K. Sch. gramen arboreum modice altum, foliis brevissime petiolatis oblique lanceolatis vel lanceolato-linearibus attenuato-acuminatis basi rotundatis supra glaberrimis subtus in nervis sub

---

[1]) Engler, Gliederung der Veget. von Usambara, 1894, S. 49.

lente pilosulis; vagina, ligula ......; inflorescentia ample panniculata, glomerulis 6—12 distichis in ramis elongatis pluribus; bracteis extimis magnis triangularibus acuminatis parce ciliolatis scariosis opacis caducis interioribus diutius persistentibus durioribus saepissime obliquis nitentibus; glumis omnibus similibus, palea superiore minute puberula, ciliata; caetero generis.

Die Halme erreichen eine Höhe von 5 m. Die Blätter sind 15 bis 25 cm lang und in der Mitte oder tiefer unten 3,5—4,5 cm breit; sie unterscheiden sich nicht sichtlich von den Blättern der meisten Bambuseae; leider liegen nur lose, abgerissene Spreiten vor, so dass über die Scheide und die Ligula nichts weiter gesagt werden kann. Die grössten Specialblütenstände sind ca. 2 cm lang und 1,5 cm breit, wahrscheinlich werden sie aber umfangreicher, da in den Knäulen noch zahlreiche unentwickelte Ährchen vorhanden sind. Das Primärdeckblatt wird bis 5 cm lang; die secundären und folgenden erreichen eine Länge von 1,5 cm, sind schön glänzend graubraun, glatt und kahl, aber auf dem häufig excentrisch gelegenen Kiel behaart. Die Ährchen sind 14 bis 15 mm lang und seitlich etwas zusammengedrückt. Die Vorspelzen messen 9 und 10 mm, die Deckspelzen sind etwas länger. Die breit bandförmigen Staubfäden werden bis 12 mm lang und die Beutel haben eine Länge von fast 5 mm. Der sehr stark behaarte, vollkommen ungeteilte Griffel misst 12 mm.

Usambara, in Wäldern des Handei-Gebirges zwischen Karita und Konebola am Ufer des Baches (Buchwald n. 233, blühend im Januar).

Diese Pflanze ist in mehrfacher Hinsicht morphologisch und systematisch von hohem Interesse. Einmal ist das Vorhandensein und Fehlen des über die letzte Blüte verlängerten Axenendes (Rachilla) in beiden Hinsichten wichtig, da dieser Charakter als gutes Gattungsmerkmal der Bambuseae betrachtet wird. Ich habe oft in demselben Knäul eine Rachilla gefunden, die genau einem Stempel glich und auch fast seine Länge hatte, während sie anderswo um vieles kleiner, spatelförmige Gestalt angenommen hatte oder vollkommen fehlte. Im Zusammenhang damit steht die mehr oder minder deutlich zweikielige Gestalt der Vorspelze. Dass die beiden Kiele nur Folgen der Druckwirkung gegen die Axe sind, ist eine ausgemachte Thatsache. Wenn nun für die oberste Blüte diese Axe (die Rachilla) fehlt, so werden sich die beiden Kiele nicht ausbilden, sondern es wird, wie die Beobachtung lehrt, eine gleichmässige gekrümmte Palea superior auftreten. Auch das Merkmal der Zwiekieligkeit der Palea superior ist systematisch[1] verwertet

[1] S. noch Engler-Prantl, Natürl. Pflanzenfam. II (2, p. 92.

worden, kann aber nach meinen Erfahrungen nicht den hohen Wert beanspruchen, den man ihm beigelegt hat.

Über die Natur des Fruchtknotens wurde ich nicht ganz klar. Ich fand nämlich entweder noch keine deutliche Samenanlage, oder an Blüten sub anthesi den Inhalt des Fruchtknotens von einem Insekt vollkommen ausgefressen; daher rührt es, dass ich oben in der Gattungsdiagnose zweifelhaft lasse, ob der unter dem behaarten Teil des Pistilles liegende, glatte der eigentliche Fruchtknoten oder ein Gynophor ist.

IX. Diagnosen neuer Arten.

Hibiscus Lindmanii Gürke n. sp.; caule suffruticoso, glabro; foliis longissime petiolatis, 3—5-lobis, serratis, basi subcordatis, subtus pilis stellatis minutis pubescentibus, supra puberulis vel subglabris; stipulis subulato-filiformibus; floribus in foliorum superiorum axillis solitariis, longiuscule pedunculatis; involucro 11—15-phyllo, phyllis linearibus, acutis, pilulis stellatis minutissimis puberulis; calyce quam involucrum duplo longiore, campanulato, fere usque ad medium 5-fido, extus pilulis stellatis minutissimis canescente velutinis, lobis deltoideo-ovatis, acutis, 5-nervibus; petalis calyce 3—4-plo longioribus, violaceo-roseis; tubo stamineo petalis duplo breviore; capsula quam calyx post anthesin auctus paullo breviore, apice mucronata, pilis simplicibus longissimis rigidis albo-flavescentibus dense hispida, loculis polyspermis; seminibus subrotundis, hirtis.

Caulis 2 m altus; folia 8—10 cm longa, 5—8 cm lata; petioli 5—7 cm longi; stipulae 5—7 mm longae; involucri phylla 18—20 mm longa; calyx 28—30 mm longus; petala 8—10 cm longa.

Paraguay: Rio Paraguay, Riacho Mbopé, secundum ripas uliginosas copiose; leg. Lindman n. A. 2067. 11. 9. 1893.

Die Art gehört zur Sect. Ketmia, in die Verwandtschaft von H. cisplatinus St. Hil. und H. Lambertianus H. B. K. Von diesen beiden Arten, sowie von H. amoenus Link unterscheidet sie sich durch den unbewehrten Stengel; derselbe ist kahl wie bei H. Selloi Gürke; letztere hat aber lanzettliche Blätter. Von H. amoenus Link unterscheidet sie sich durch die behaarten Samen.

Guarea Staudtii Harms n. sp.; frutex; foliis impari-pinnatis, in exemplo 1—2 jugis; foliolis alternis vel oppositis brevissime petiolulatis, oblongis vel ovalibus vel obovato-oblongis, basi vix inaequali obtusis vel acutis apice breviter vel plerumque longiuscule obtuse acuminatis,

nervo medio excepto supra minute piloso glabris vel subglabris, integris,
subtus pallidioribus subglaucis, membranaceis, nervis subtus leviter prominentibus, nervis secundariis utrinque circ. 4 10; rhachi tereti sub-
velutino-pubescente; inflorescentiis racemiformibus vel spiciformibus
gracillimis; floribus brevissime pedicellatis ad axim inflorescentiae tenuem simplicem (an interdum ramosam?) minutissime velutinam solitariis vel geminis vel ternis longiuscule distanter insertis; calyce late
cupulari 4-dentato parce pilosulo; petalis 4 oblongis subacutis, liberis;
tubo stamineo petalis paullo breviore urceolato-cylindraceo, glabro, ore
leviter 8-crenato, antheris 8 paullo infra marginem tubi insertis,
subinclusis vel apice tantum exsertis, ovalibus; gynophoro glabro;
ovario styloque glabro, stigmate discoideo.

Kleiner Strauch, halbschlingend, mit hellgrünen Blättern, im Unterholz (Staudt!). Blätter 15—35 cm lang (oder länger?), Blättchenstiel
der seitlich. Blättch. 2—4 mm lang, Blättch. etwa 8—17 cm lang,
4—7 cm breit. An dem vorliegenden Material sind die Inflorescenzen
einfache Ähren oder Trauben mit sehr dünner Rhachis und entfernt
stehenden Einzelblüten, Blütenpaaren oder Blütendrillingen. Die Inflorescenzen werden 12—18 cm lang. Blütenstiele kaum 1 mm lang.
Blüten (nach Staudt!) blasslila. Kelch kaum 1 mm lang; Blumenblätter 5—6 mm lang, 2 mm breit; Gynaeceum 4,5 mm lang, davon
der Griffel mit Narbe etwa 2,5 mm lang.

Kamerun: Johann Albrecht's-Höhe (Staudt n. 534. — 17. I.
1896; an schattigen feuchten Orten).

Steht der G. Zenkeri Harms sehr nahe, weicht von ihr hauptsächlich ab durch viel kleineren Kelch und kahlen Fruchtknoten.

Entandrophragma Candollei Harms n. sp.; arbor alta; foliis abrupte
pinnatis 6-jugis, foliolis sessilibus oblongis vel sublanceolatis vel obovato-oblongis, basi leviter inaequali acutis apice breviter acuminatis,
nervis infra parce vel vix pilosulis exceptis glabris, subtus pallidioribus, nervis secundariis subtus manifeste prominentibus utrinque
circ. 12—18 subparallelis, petiolo rhachique parce ferrugineo-pubes-
centibus, petiolo margine anguste bicarinato; paniculis elongatis
ramosis multifloris, axi et ramis crassioribus subglabris vel parce
pubescentibus, ramulis pedicellisque densius (sicut alabastris) sub-
velutino-pubescentibus; floribus brevissime pedicellatis, calyce late
cupulari, 4—6 dentato, piloso; petalis 4—7, plerumque 5, extus intus-
que pilosis, oblongis, apice subacutis, in alabastro imbricatis; tubo
stamineo glabro vel subglabro, primum cohaerente, demum $\pm$ profunde
in lacinias plerumque 10 apice antheriferas fisso, basi cum gynophoro
costularum ope membranacearum connato; antheris filamentellis brevissimis insertis, ovatis glabris; ovario gynophoro brevi insidente ovoideo

glabro 5-loculari, ovulis in loculis, 8—10, 2-seriatis; stylo glabro, stigmate discoideo piloso coronato.

30—35 m hoher Baum mit flacher Krone, Rinde aschgrau, glatt, dick, Blätter hellgrün (Staudt). Am Exemplar ist nur ein Blatt vorhanden, das etwa 35 cm lang ist. Blättchen 6—10 cm lang, 3—4 cm breit. Rispen bis 30 cm lang und länger. Blüten gelbgrün (nach Staudt). Blütenstiele 1,5—2,5 mm lang, Kelch etwa 2 mm lang, Blumenblätter 6 mm lang, 2 mm breit, Gynaeceum mit Discus 4 mm lang, Fruchtknoten selbst etwa 1,2 mm lang.

Kamerun: Johann Albrecht's-Höhe (Staudt n. 459. — 19. XI. 1895, auf Laterit, 300 mm).

Die Zugehörigkeit zur Gattung ist wegen Fehlens der Früchte nicht ganz sicher, doch stimmt die Pflanze in den Blütenmerkmalen noch am besten zu Entandrophragma. Von E. angolense C. DC. weicht sie ab: in der Form der Blättchen, die bei unserer Pflanze zugespitzt sind, durch die behaarten Blüten; bei E. angolense ist der Mittelnerv der Blättchen unterseits dicht behaart, bei unserer Art nur schwach behaart. Auffällig ist auch, dass der Staminaltubus bei der voll entwickelten Blüte tief in Lappen sich spaltet, was bei E. angolense nicht vorzukommen scheint.

Strychnos Staudtii Gilg n. sp.; arborescens vel arbor (ex Staudt), inermis, glaberrima, cirrhis nullis, ramis subteretibus, griseis vel griseo-flavescentibus; foliis petiolo 6—7 mm longo crasso suffultis, oblongis vel oblongo-obovatis, apice longe et tenuiter acuminatis, acumine acuto, basi subrotundatis vel breviter in petiolum angustatis, utrinque aequaliter nitidis, laevibus, chartaceis vel rigide chartaceis, 5-nerviis, nervis supra paullo, subtus manifeste prominentibus, jugo inferiore tenuissimo ad marginem ipsum percurrente, superiore quam costa subaequivalido paullo supra folii basin abeunte et usque ad folii apicem margini parallelo, venis subtus pulcherrime angustissimeque reticulatis; floribus albido-flavescentibus (ex Staudt), pulchris, 5-meris, in cymas axillares multifloras confertas, brevi- (5—7 mm longe) pedunculatas, 2-, raro 3-plo furcatas dispositis, pedicellis brevissimis, vix 2 mm longis; sepalis usque ad medium fere connatis, lobis late ovatis rotundatis; corollae tubo quam calyx 3—3,5-plo longiore, tubuloso, superne paullo ampliato, lobis 5 cartilagineis ovatis, acutis, extrinsecus glabris, intus papillosis, ad tubi faucem pilis sericeis 2—3 mm longis densissimis coronatis; staminibus tubum longe superantibus antheris vix pila sericea excedentibus; ovarium ovatum, multiovulatum, in stylum longum crassum tubum valde excedentem abeunte.

Blätter 9—14 cm lang, 4—6 cm breit. Kelchblätter ca. 2,5 mm lang. Corollenröhre 7,5—8 mm lang, Kronlappen 4 mm lang, 2,5 mm breit.

Kamerun, Johann Albrechtshöhe (am Elephantensee); am See-ufer (Staudt n. 616, im Februar blühend).

Strychnos Staudtii gehört in die Verwandtschaft der Str. suaveolens Gilg, weicht aber von derselben durch Blattmerkmale, sowie vor allem durch die bedeutend grösseren Blüten ab. Man könnte diese Art mit vollem Rechte zu der Sect. Longiflorae bringen, denn ihre Blüten übertreffen in der Grösse manche Arten dieser Section aus dem tropischen Asien.

Jasminum Pospischilii Gilg n. sp.; frutex (an scandens?), ramis teretibus densissime griseo-velutinis; foliis trifoliatis, petiolis brevibus dense griseo-velutinis, foliolis ovatis vel late ovatis, basi rotundatis, apice acutissimis vel breviter apiculatis, coriaceis, nervis 3, jugo laterali subinconspicuo in parte laminae basali margini subparallelo deinde evanescente, venis inconspicuis, utrinque subaequaliter densinsenle bre-terque velutinis, foliolo terminali ceteris manifeste majore; inflorescentiis terminalibus, cymosis, subcapitulato-confertis, multifloris, pedicellis brevissimis ita ut pedunculis densissime griseo-pubescentibus; calyce campanulato, dentibus 5 triangularibus, acutis, brevibus; corollae glabrae tubo anguste cylindraceo, superne paullo ampliato, laciniis 5 oblongis vel ovato-oblongis, apice acutis vel breviter apiculatis.

Blattstiel 2—3 mm lang, Blättchenstiele 2—4 mm lang. Blättchen 1,2—2 cm lang, 8—1,4 cm breit. Blütenstiel 5—7 mm, Blütenstielchen 2—3 mm lang. Kelch etwa 2 mm hoch. Kronröhre 2,3—2,5 cm lang, 1,5 mm dick. Kronlappen 1 cm lang, 4 mm breit.

Deutsch-Ost-Afrika, Alhi-Ebene (Dr. Pospischil, im März 1896 blühend).

Steht der J. Hildebrandtii Knobl. nahe, ist aber verschieden durch geringere Behaarung, sehr spitze Blättchen und deutlich und scharf zugespitzte Kronlappen.

Albizzia Pospischilii Harms n. sp.; arbor? ramis abbreviatis tere-tibus novellis solis puberulis mox glabrescentibus; foliis bipinnatis, pinnis 6—12, foliolorum jugis 10–20, foliolis parvis oblique oblongis, glabris vel subglabris; foliorum necnon pinnarum rhachi hirsuto-puberula; capi-tulis axillaribus longiusculo pedunculatis, pedunculo subbirsuto; floribus sericeis; calyce obtuse dentato; petalis calyce circ. 2—2½-plo longioribus, obtusis; staminibus basi irregulariter confluentibus; legumine ignoto.

Blätter 6—8 cm lang, Fiedern 2—3 cm lang, Blättchen etwa 4 mm lang. Die Köpfchenstiele werden 3—4 cm lang. Kelch etwa 2 mm lang.

Deutsch-Ostafrika: Machakos (leg. Dr. Pospischil 1896).

Steht der A. amara Boiv. nahe, besitzt jedoch grössere Blättchen.

Zenkerella pauciflora Harms n. sp.; arbor alta; foliis breviter petiolatis, coriaceis, integris, oblongis, basi acutis vel subobtusis, apice acntis vel breviter acuminatis, nervis subtus manifeste, supra minus distincte conspicuis; racemis axillaribus, brevissimis, paucifloris (3—6-floris); pedicellis brevibus; receptaculo breviter et anguste cylindracceo-infundibuliformi; sepalis 4 (vel interdum 5), oblongis, obtusis, uno eorum latiore; petalis lanceolatis, subspathulatis, basin versus angustioribus; staminibus 10, filamentis basi connatis; ovario stipitato (stipitis inferiore parte receptaculo adnata), hirsuto, ovulis paucis (1—3); stylo tenui elongato.

20—25 m hoher Baum, mit glatter, grauer Rinde, hartem Holz und hellgrünen Blättern (Staudt). Blattstiel 3—4 mm lang, Blätter 5—12 cm lang, 3—6 cm breit. Traubenachse 3—6 mm lang oder kürzer. Blüten weiss (Staudt). Blütenstiele 4—6 mm lang. Fruchtknoten etwa 2 mm. Receptaculum 1,5—2 mm lang.

Kamerun: Lolodorf (Staudt n. 345. — 28. VI. 1895, Urwald).

In der Form der Blätter gleicht diese Pflanze ganz ausserordentlich der Z. citrina Taubert in Nat. Pflzf. III. 3, p. 386 (Kamerun), so dass man anfangs geneigt ist, sie dieser Art zuzurechnen. Sie fällt aber gegenüber dieser Art auf durch die kurzen, wenigblütigen Infloreseenzen und das kurze Receptaculum der kleineren Blüten. Leider ist das Blütenmaterial nur spärlich und mangelhaft erhalten, so dass die Beschreibung der Blüten nur eine lückenhafte sein kann.

Buchenau, Franz, Flora der ostfriesischen Inseln (einschliesslich der Insel Wangeroog). Dritte, umgearbeitete Auflage. gr. 8.
geh. M. 3.60—; geb. M. 4,10.
— **Flora der nordwestdeutschen Tiefebene.** 8. 1894.
geh. M. 7.—; geb. M. 7.75.

Frank, A. B., Lehrbuch der Botanik. Nach dem gegenwärtigen Stand der Wissenschaft bearbeitet. Zwei Bände. Mit 644 Abbildungen in Holzschnitt. gr. 8. 1892/93. geh. M. 26.—; geb. M. 30.

Klinggraeff, H. v., Die Leber- und Laubmoose West- und Ostpreussens. Herausgegeben mit Unterstützung des Westpreussischen Provinzial-Landtages vom Westpreussischen Botanisch-Zoologischen Verein. 8. 1893. geh. M. 5.—; geb. M. 5.75.

Knight, Thomas Andrew, Sechs pflanzenphysiologische Abhandlungen. (1803—1812). Uebersetzt und herausgegeben von H. Ambronn (Ostwald's Klass. d. exakt. Wiss. Nr. 62.) 8. In Leinen geb. M. 1,—

Niedenzu, Franz, Handbuch für botanische Bestimmungsübungen. Mit 15 Figuren im Text. 8. 1895. geh. M. 4.—; geb. M. 4.75

Pax, Ferd., Monographische Uebersicht über die Arten der Gattung Primula. (Sep.-Abdr. aus Engler's Botan. Jahrb. X. Bd.) gr. 8. 1888.
M. 3,—.

Prantl's Lehrbuch der Botanik. Herausgegeben und neu bearbeitet von Ferdinand Pax. Mit 387 Figuren in Holzschnitt. Zehnte verbesserte und vermehrte Auflage. gr. 8. 1896.
geh. M. 4.—; geb. M. 5.30.

Sachs, Julius, Gesammelte Abhandlungen über Pflanzen-Physiologie. 2 Bde. I. Band. Abhandlung I bis XXIX vorwiegend über physikalische und chemische Vegetationserscheinungen. Mit 46 Textbildern. gr. 8. 1892. geh. M. 16.—; geb. M. 18.—.
II. Band. Abhandlung XXX bis XLIII vorwiegend über Wachsthum, Zellbildung und Reizbarkeit. Mit 10 lithographischen Tafeln und 80 Textbildern. gr. 8. 1893. geh. M. 13.—; geb. M. 15.—.

Wettstein, R. v., Monographie der Gattung Euphrasia. Arbeiten des botanischen Instituts der k. k. deutschen Universität in Prag. Nr. IX. Mit einem De Candolle'schen Preise ausgezeichnete Arbeit. Herausgegeben mit Unterstützung der Gesellschaft zur Förderung deutscher Wissenschaft, Kunst und Litteratur in Böhmen. Mit 14 Tafeln, 4 Karten und 7 Textillustrationen. 4. 1896. M. 30.—.

Willkomm, Moritz, Grundzüge der Pflanzenverbreitung auf der iberischen Halbinsel. Mit 21 Textfiguren, 2 Heliogravüren und 2 Karten. gr. 8. 1896. (Die Vegetation der Erde. Sammlung pflanzengeographischer Monographien, herausgegeben von A. Engler und O. Drude. Bd. 1.)
geh. M. 12.—; geb. M. 13.50.

Druck von E. Buchbinder in Neu-Ruppin.

Notizblatt

des

Königl. botanischen Gartens und Museums zu Berlin.

No. 6.   Ausgegeben am   **15. Dezbr. 1896.**

Nur durch den Buchhandel zu beziehen.

——— ✳ ———

In Commission bei Wilhelm Engelmann in Leipzig.

1896.

Preis 1 Mk.

Notizblatt

des

Königl. botanischen Gartens und Museums zu Berlin.

No. 6.   Ausgegeben am   15. Dezbr. 1896.

I. Bemerkenswerte seltenere Pflanzen des Berliner Gartens, welche in denselben in letzter Zeit aus ihrer Heimat eingeführt wurden.

Astragalus Gilgianus Graebner n. sp. (Sect. XVII, Dasyphyllium.
+ + Foliola 15—40-juga. Boiss. Fl. or. II 242); caespitosus subacaulis; caulo breve decumbente, (pilis nitidis) albo-lanato, stipulis sagittatis liberis. Folia 15—30 cm longa lanceolata, foliolis 4—23 mm dissitis 25—30-jugis (mediis 12—15 mm longis, 4—5 mm latis) ovati-lanceolatis obtusis albi-villosis. Scapus gracilis ad 50 cm longus capitulo denso lanceolati-caudato (8—10 cm longo) sub anthesi florum primorum inferiorum distincte gracili-pyramidali, dein longe cylindrico, bracteis linearibus nigri-fuscis pilis albis argentei-nitidis villosis. Calycis argentei-nitidi villosi dentes filiformes tubum longitudine subaequantes. Vexillum intense rosei-violaceum rhombeum apice fissum 2 lobis ovatis subacuminatis alas albas carina obtusa longiores distincte superans. Legumen pilis longis albis lanatum ovatum subcompressum in mucronem brevem attenuatum. Perennis.

Aus der näheren Verwandtschaft von A. cretaceus und A. oxytropifolius oder der von A. eriophyllus, von ihnen aber leicht durch die freien Stipulae, durch die vieljochigen sehr lang lanzettlichen in schlankem Bogen überhängenden Blätter, durch den lang geschwänzten, dicht mit Blüten besetzten Blütenstand, durch die glänzend weisse Behaarung, durch die breite kurz zugespitzte Hülse und durch die Grösse zu unterscheiden. — Im botanischen Garten zu Berlin werden mehrere Exemplare dieser Art kultiviert, die aus von Sintenis in Vorderasien

13

(südl. v. Trapezunt bei Egin oder Kharput) gesammelten dem hiesigen Garten von M. Leichtlin übersandten Samen erzogen wurden; sie gedeihen sehr gut im freien Lande unter leichter Decke im Winter. Die Pflanze dürfte sich wegen der in dichter Rosette gestellten überhängenden weissfilzigen Blätter und der hohen aufrechten zierlichen Blütenstände gut zur Gartenpflanze eignen.

Sedum Englerianum Graebner n. sp. (Sect. Seda genuina Koch Syn. fl. Germ. Helv. I., 286. [1843]). Densissime caespitosum, multicaule. Surculi dense glandulosi, basi breviter (—4 mm) repentes dein erigentes crassiusculi brevissimi (vix 5 mm longi) foliis ovati-vel rotundati-ellipsoideis acutis vel subobtusis glandulosis, dense aggregatis imbricatis quasi rosulam formantibus. Inflorescentia in apice caulium vix 1½—2 cm longorum brevissime (1½—2 mm) pedunculata, minute bracteolata 2 vel 3-flora (rarius uniflora) dense glandulosa floribus subsessilibus (—1 mm pedicellatis) albi-viridibus (7—8 mm diam.) sepalis late ovatis acutis dense glandulosis petalis calyce paullo longioribus ovatis acutis, luteo-viridibus albo marginatis, antheris nigrescentibus brunnei-cinereis.

Hab. Pyrenaei montes: Gavarnie, leg. A. Engler.

Vielleicht aus der näheren Verwandtschaft des Sedum dasyphyllum oder des S. gypsicolum, aber von allen mir bekannten verwandten S.-Arten durch den (selten 1-) meist 2- oder 3-blütigen Blütenstand, durch die Tracht und die Kelchblätter nur wenig überragende Blumenkronenblätter etc. genügend verschieden. Aus ihrer Heimat wurde die Pflanze lebend durch Herrn Geh.-Rat Prof. Dr. A. Engler in den hiesigen botanischen Garten eingeführt. In Töpfen kultiviert, gedeiht sie vorzüglich und bildet charakteristische flache, sehr harte blaugrüne Rasen, in denen die einzelnen sterilen, oben fast rosettenartigen Laubtriebe ungemein fest gedrängt stehen. Die ganze Pflanze ist in allen Teilen mit Drüsenhaaren dicht bedeckt. Sie blüht reichlich im Juli.

II. Empfehlung der Anlage von Cinchona-Plantagen im Kamerungebirge.

Von

A. Engler.

So erfreulich auch die Fortschritte sind, welche der Plantagenbau in Kamerun, namentlich der Anbau von Kaffee und Kakao macht, so dürften doch auch noch mancherlei andere Kulturen wertvoller Nutz-

pflanzen in unserer besten Kolonie wenigstens versuchsweise in Angriff
genommen werden, und zu diesen gehört in erster Linie die Kultur der
Chinabäume. Bekanntlich ist der Versuch, Chinaplantagen anzulegen,
in den verschiedensten Teilen der alten Welt gemacht worden, so dass
neben mehreren erfolgreichen Versuchen fast noch zahlreichere Misserfolge
zu konstatieren waren; aber gute Chinarinden werden jetzt erzielt auf
Java, Ceylon, in einzelnen Teilen Vorderindiens, in Sierra Leone und
auf San Thomé, in Gebieten, welche zwar alle sich durch Reichtum
an Niederschlägen und durch geringe Temperaturschwankungen auszeichnen, jedoch in dieser Hinsicht auch ganz erhebliche Unterschiede aufweisen. Auch die Höhe über dem Meere, in welcher die
Kulturen betrieben werden, ist eine sehr verschiedene, so auf Ceylon
zwischen 600 und 1900 m. Es erklärt sich daraus, dass einmal die
kultivierten Arten und Rassen in verschiedenen Höhen gedeihen, und
jede Art und Rasse für sich auch einen gewissen Spielraum gestattet.
So gedeihen nach Moens:

C. Ledgeriana Moens
auf Java, zwischen 6—8° s. Br. von 1625—1700 m,
in Südindien, 11° n. Br., um 1000 m.

C. Calisaya Wedd.
auf Java, von 1000—1600 m.

C. Condaminea Humb. et Bonpl.
auf Java, von 1600—1750 m,
auf Ceylon, von 1500—1650 m,
in den Nilgherris bei Neddionttum um 1500—1800 m,
bei Dodabetta um 2100—2400 m.

C. succirubra Pav.
auf Java, von 1250—1950 m,
in den Nilgherris, von 1500—1800 m,
in Sikkim, von 460—1220 m.

Ganz besondere Beachtung verdienen aber mit Rücksicht auf eventuell
in Kamerun zu unternehmde Kulturversuche die Plantagen auf der Insel
San Thomé. Die ersten Exemplare von Chinabäumen gelangten dorthin
im Jahre 1864; es war dies die minderwertige C. Pahudiana How.,
deren Rinde nur wenige Prozente Alkaloid enthält. In den Jahren
1869—71 aber wurden vom botanischen Garten der Universität Coimbra
eine grössere Anzahl von Exemplaren der Cinchona succirubra Pav.
und einige der C. Condaminea Humb. et Bonpl. nach jener Insel
gesendet. In den Jahren 1880 bis 1884 erfolgten weitere Sendungen
vom botanischen Garten in Coimbra, diesmal auch von C. Calisaya
Wedd. und C. Ledgeriana Moens. Nach den Angaben des Inspektors
des botanischen Gartens in Coimbra, Herrn Adolph Moller, wird

gegenwärtig vorzugsweise C. succirubra auf San Thomé gebaut. Ihre
Entwicklung ist eine ausserordentlich gute, Boden und Klima der Berg-
region sagen ihr vortrefflich zu. Einige der Anpflanzungen liegen bei 650 m,
die meisten zwischen 650 und 1000 m, mehrere auch noch bei 1200 m
und einzelne sogar bei 1350 m. Im Jahre 1887 waren auf San Thomé
etwa 1 600 000 Bäume, hauptsächlich von C. succirubra angepflanzt,
doch hat dann der Anbau wegen des niedrigen Marktpreises, den allmählich die Chinarinde bekam, erheblich nachgelassen. Das Produkt
aber, welches auf San Thomé erzielt wird, ist ein gutes, da nach den
in Coimbra ausgeführten Analysen die Rinden einen Gehalt von Alka-
loiden besitzen, der demjenigen der besten Rinden von Amerika, Ostindien, Java und Ceylon gleichkommt, ja sogar denselben noch übertrifft.
Kürzlich haben die Plantagenbesitzer von San Thomé in Luminar un-
weit Lissabon eine Fabrik zur Gewinnung von Chininsulfat aus den von
ihnen produzierten Rinden gegründet, und die chemische Kommission
der portugiesischen pharmazeutischen Gesellschaft hat festgestellt, dass
das Fabrikat eine gute Handelsware darstelle.

Wenn nun auch die Anpflanzung der Chinabäume augenblicklich
nicht so viel Gewinn abwerfen dürfte, wie die Anpflanzung von Kaffee
und Kakao, so ist anderseits doch zu berücksichtigen, dass die Chinakultur an den durch grössere Feuchtigkeit begünstigten Süd-, Südwest-
und West-Abhängen des Kamerungebirges oberhalb 650 m bis zu
1200 m gedeihen dürfte, in einer Höhe, bei der nur noch teilweise Anpflanzungen von Coffea arabica und C. liberica Ertrag geben
könnten.

Im allgemeinen ist aber sehr wohl zu berücksichtigen, dass Versuchskulturen im kleineren Massstabe nicht früh genug begonnen
werden können. Die Entwicklung der Chinakultur auf San Thomé hat
gezeigt, dass ein paar Jahrzehnte bis zur höchsten Entwicklung der
dortigen Chinaplantagen vergingen; man wird auch in Kamerun ein
Jahrzehnt brauchen, um über Gedeihen und Ertragsfähigkeit der Chinakultur ein zuverlässiges Urteil zu gewinnen, innerhalb dieses Jahrzehntes
oder später kann aber auch der jetzige niedrige Preis des Chinins sich
wieder heben und dann eine grössere Ausdehnung der Chinaplantagen
von Vorteil sein.

Auch noch in anderer Beziehung können wir die Erfahrungen der
Portugiesen auf San Thomé und Principe benutzen. Das Königlich
botanische Museum hat eine mehrere hundert Nummern umfassende
Sammlung von Pflanzenprodukten der portugiesischen Kolonieen erhalten,
welche im Jahre 1894 auf der Ausstellung der portugiesischen Kolonieen
in Lissabon ausgestellt waren und zeigen, dass eine grosse Anzahl der

im deutschen Westafrika vorkommenden Pflanzen in nutzbringender Weise verwertet werden können. Über diese Pflanzen werde ich demnächst berichten.

III. Pflanzensendungen der botanischen Centralstelle nach Kamerun.

Am 5. Oktober d. J. ist wiederum eine grössere Sendung tropischer Nutzpflanzen (143 Stück) unter der Obhut des Herrn Staudt, Assistenten der Station Johann Albrechtshöhe, nach dem botanischen Garten in Victoria (Kamerun) von der botanischen Centralstelle für die Kolonieen am hiesigen Königlich botanischen Garten abgesendet worden. Die Sendung enthielt ausser anderen wichtigen Arten, wie Bambus, Brotfruchtbaum, Teakholzbaum, Strophantus, Ipecacuanha, Mombiapflaume, auch 40 junge Kampherbäume und 27 gut entwickelte Pflanzen des Parakautschukbaumes Hevea brasiliensis. Diese Zahl gewinnt dadurch an Bedeutung, dass gewöhnlich von den nur eine kurze Keimdauer besitzenden Samen dieses Baumes eine sehr grosse Zahl an ihrem Bestimmungsort abgestorben eintrifft. So sind im botanischen Garten zu Kew von den dort ausgesäeten Samen nur $3^3/_4$ vom Hundert aufgegangen. Es ist darauf aufmerksam zu machen, dass in der Heimat der Hevea brasiliensis, in den Wäldern am Amazonenstrom und seinen Nebenflüssen, nur diejenigen Bäume einen reichlichen Ertrag von Kautschuk geben, welche den ungeheuren jährlichen Überschwemmungen ausgesetzt sind. Es wird derauf bei dem Pflanzen der Hevea in Kamerun Rücksicht zu nehmen sein. Nach den von den Engländern in Ostindien gemachten Erfahrungen ist es aber überhaupt zweifelhaft, ob auch kräftig gedeihende Hevea, wie deren auch schon einige sich in Kamerun aus dahin gesendeten Pfläuzlingen entwickelt haben, genügenden Ertrag von Kautschuk geben. In Tenasserim haben 42 völlig akklimatisierte und sehr kräftige Bäume kaum ein deutsches Pfund Milch ergeben, und auf Ceylon haben englische Pflanzer, welche von 1881 bis 1886 mit grossem Eifer die Hevea kultivierten, die Pflanzen für wertlos erklärt und teilweise wieder abhacken lassen. Bezüglich weiterer Angaben über diese Kautschukpflanze und andere sei auf die vortreffliche Darstellung von Prof. Dr. Schumann in „Engler, Die Pflanzenwelt Ostafrikas", Teil B, S. 433 bis 459, verwiesen.

Eine zweite Sendung von 60 tropischen Pflanzen hat Herr Staudt nach Johann Albrechtshöhe übergeführt.

IV. Über Verpackung, Versand und Aussaat der Palmensamen.

Von

U. Dammer.

Die Samen der Palmen verlieren ihre Keimkraft in den meisten Fällen schon nach kurzer Zeit, wenn sie trocken aufbewahrt werden. Dies ist der Grund, weshalb Palmensamen, welche aus den Tropen nach Europa geschickt werden, so sehr häufig nicht mehr zum Keimen gebracht werden können. Von zwei grösseren Sendungen von Palmensamen, welche ich von Herrn Prof. Treub aus Buitenzorg erhielt, keimten von der einen Sendung, welche bei — 20° R. im Dezember 1892 eintraf, kein einziges Korn, von der anderen, die Ende Oktober 1894 eintraf, nur einige Korn von Latania Commersonii, 2 Korn von Kentia Mac Arthurii, 1 Korn von Acrocomia sclerocarpa und alle Samen von Oreodoxa regia und oleracea. Die Samen der Oreodoxa-Arten keimten in zwei Perioden (Ausführlicheres hierüber in Gardeners Chronicle 1895, pars 1, pag. 239). Die Samen beider Sendungen, in der Hauptmasse denselben Arten angehörend, waren trocken in Papier-beutel verpackt, welche in je einer kleinen Holzkiste als Postpackete geschickt wurden. Sie waren 9 resp. 11 Wochen unterwegs. Auf meine Bitte hin hat nun Herr Prof. Treub mir die meisten dieser Arten in diesem Jahre noch einmal senden lassen, aber unter Beachtung folgender Vorsichtsmassregeln. Die Früchte wurden, nachdem sie vollständig reif geworden waren, sofort in kleine Blechschachteln von 3 × 8 × 10 cm Grösse gepackt und zwar diejenigen der ersten zehn Arten der folgenden Liste in Sägespähne, die der übrigen in Holzkohlenpulver eingebettet. In jedem Kästchen befanden sich die Früchte zweier Arten. Auf die Holzkohle resp. Sägespähne wurde ein Blatt dicken, ungeleimten, nassen Papiers gelegt, dann wurde der nur lose schliessende Deckel, welcher etwas Luftzutritt zu den Früchten gestattete, aufgesetzt, mit einem Bindfaden kreuzweise verschnürt und nun jedes Kästchen in einen Beutel aus dünnem Gewebe gesteckt und als „Muster ohne Werth" ab-geschickt. Die Sendungen waren 4½—5 Wochen unterwegs. Sofort nach der Ankunft wurden die Früchte ausgepackt (das Papier war noch schwach feucht) und in Schalen ausgesät, welche auf einer sehr starken Scherbenunterlage eine Schicht faseriger Torfbrocken enthielten. Die Früchte wurden nur auf die Torfbrocken gelegt und dann mit Sphagnum bedeckt. Die Schalen erhielten sodann einen Stand auf der obersten

Galerie im grossen Palmenhause und wurden gleichmässig feucht gehalten. Von einem „warmen Fusse" sah ich ab. Um festzustellen, ob
eine Beschleunigung der Keimung dadurch erzielt werden könnte, dass
man die Samen von den Fruchthüllen befreit, entfernte ich bei einer
Anzahl Lepidocaryineen teilweise die Fruchthüllen ganz. Jedoch
war ein Unterschied in der Keimdauer nicht wahrzunehmen. Ich erhielt
die Früchte in drei Sendungen. Die erste im April 1896 eingetroffene
Sendung umfasste folgende Arten: Calamus cinnamomeus, Livistona Hogendorpii, Pinanga Kuhlii, Oncosperma filamentosum, Ptychosperma Seaforthia, Euterpe oleracea, Mischophloeus paniculatus, Livistona oliviformis, Daemonorops
asperrimus und Ptychosperma sumatrana. Von diesen kamen
die Früchte von Mischophloeus in verdorbenem Zustande an. Von
den meisten übrigen Arten keimten die meisten Samen in kurzer Zeit,
nur von Oncosperma filamentosum keimte erst im November bisher
ein Samen, und von Ptychosperma Seaforthia ist bis jetzt kein
Korn gekeimt. Die zweite Sendung, welche im Mai eintraf, umfasste
folgende Arten: Daemonorops periacanthus, Wallichia por-
phyrocarpum, Daemonorops fissus, Calyptrocalyx spicatus,
Calamus spec. Palembang, Ptychosperma elegans, Orania
macroclada, Oenocarpus Baccaba, Corypha Gebanga, Ptychosperma Teysmanni, Livistona rotundifolia und Areca Wend-
landiana. Die Früchte kamen sämtlich in gutem Zustande an. Es
keimten Samen aller Arten, jedoch nicht von allen Arten ein gleich
hoher Prozentsatz. Die letzte, im Juni eingetroffene Sendung endlich
umfasste folgende Arten: Sabal coronata, Phoenicophorium
Seychellarum, Areca triandra, Pinanga Kuhlii, Areca
pumila, Cyrtostachys Rendah, Chamaerops stauracantha,
Pinanga malayana, Calyptronema Swartzii, Oreodoxa acuminata, Latania borbonica, Martinezia erosa, Dictyosperma
album, Caryota spec. Sumatra, Chrysallidocarpus lutescens,
Pinanga ternatensis, Latania aurea, Euterpe spec. Demerara,
Ptychosperma disticha, Licuala spec., Pinanga spec. Bangka
und Elaeis guineensis. Von diesen haben bis Mitte November nur
die Samen folgender Arten noch nicht gekeimt: Pinanga Kuhlii,
Cyrtostachys Rendah, Pinanga malayana. Die Samen folgender
Arten haben erst Ende Oktober—Anfang November gekeimt: Latania
borbonica, Caryota spec. Sumatra, Euterpe spec. Demerara und
Ptychosperma disticha. Die übrigen keimten innerhalb 4 Monaten.
Auch bei dieser Sendung war der Prozentsatz der gekeimten Samen ein sehr
verschiedener. Zum Teil keimen noch jetzt einzelne Samen, der
Keimungsprozess ist bei den verschiedenen Individuen von verschiedener

Dauer. Ich wage nicht zu entscheiden, ob der während der Monate Juni—Oktober in diesem Jahre niedrigen Temperatur in dem zu dieser Zeit ungeheizten Palmenhause die Schuld beizumessen ist.

V. Ratschläge für das Sammeln von niederen Kryptogamen in den Tropen.

Zusammengestellt von

G. Lindau.

Für das Sammeln von Kryptogamen sind eine Reihe von Dingen zu beachten, die einesteils in den eigentümlichen Standortsverhältnissen, andernteils in der Organisation der Kryptogamen ihren Grund haben. Ganz allgemein ist wie bei den Phanerogamen auch hier zu beachten, dass die Pflanze möglichst vollständig (Vegetations- u. Fruktifikations-organe) und reichlich eingelegt wird. Ferner ist darauf zu achten, dass nicht Tiere (z. B. bei Pilzen) mit eingelegt werden. Die Etikettierung ist ebenso wichtig wie bei Phanerogamen. Ausser der Nummer und den Standortsangaben (Untergrund, Feuchtigkeitsverhältnisse, Wald, Steppe, Nährpflanze, Beschattung etc.) sind Notizen über die Grösse, Farbe, Geruch etc. ganz unerlässlich und dienen in den meisten Fällen erst zur sicheren Bestimmung.

Der Kryptogamensammler in den Tropen braucht dieselbe Aus-rüstung wie bei uns; Messer, Papier, Pflanzenspaten, einige Glastuben und ein Löffel sind unerlässlich.

Da die Präparation und die Einsammlung bei den verschiedenen Gruppen der Kryptogamen verschieden ist, so sollen hier die einzelnen Abteilungen besprochen werden.

I. Moose.

Die Standorte, wo Moose (Laub- und Lebermoose) sich in den Tropen finden, sind etwa dieselben wie bei uns. Man achte also auf Baumstümpfe, Wegedurchstiche, Felsen, feuchte Felswände, quelliges und sumpfiges Terrain, Bäche etc. Besonders zu beachten sind solche Stellen, von denen das Erdreich frisch abgestochen ist (Wegedurchstiche, Aufgrabungen etc.). Hier siedeln sich auf dem nackten Boden nach kurzer Zeit eine Menge der interessantesten Moose an, die aber bald wieder verschwinden, wenn erst die Grasnarbe entsteht. Die Präpa-ration ist sehr einfach. Man breite die Rasen etwas aus (die Feuchtigkeit wird durch Ausdrücken entfernt) und trockne sie mit gelindem Druck zwischen Papier. Bei sehr dichten Polstern ist es empfehlenswert, Schnitte durch dieselben zu machen und die dünnen Scheiben dann zu trocknen.

Ganz besondere Aufmerksamkeit verdienen die Lebermoose, welche in Form von braunen oder grünen Überzügen auf Blättern im Walde sich finden. Diese werden mit den Blättern zwischen Papier getrocknet.

II. Algen.

Diese vornehmlich in Wasser oder an feuchten Orten wachsende Pflanzen erfordern für die wissenschaftliche Präparation eine sehr grosse Mühe. Es ist aber nicht immer notwendig, dass der Sammler in den Tropen alle Kunstgriffe zur Anwendung bringt; es genügen schon wenige einfache Methoden, um brauchbares Material zu erzielen.

Vor allen Dingen sind kleine Fläschchen (Apothekerfläschchen von etwa 10 cm Höhe mit einem Inhalt von 15—30 ccm) und eine Konservierungsflüssigkeit notwendig. Zu letzterer eignet sich Formol in einer Lösung bis $^1\!/_2\,^0\!/_0$, Karbolwasser 4—5$^0\!/_0$ oder Sublimatlösung bis $^1\!/_4\,^0\!/_0$, in Ermangelung kann man auch Alkohol mit etwa $^1\!/_3$ Wasser nehmen. Vorteilhaft ist es, wenn jeder dieser Lösungen auf jedes Fläschchen etwa 2 Tropfen Glycerin zugesetzt werden, um im Falle, dass der Kork nicht ganz gut schliesst, ein völliges Austrocknen zu verhüten.

Die Art der Präparation ist nun nach den Standorten verschieden. Diejenigen Algen, welche auf der Erde oder an Felsen grüne, blaue oder bräunliche Überzüge bilden, werden vorsichtig in grösseren zusammenhängenden Stücken mit dem Messer abgehoben und in Papier verpackt. Gut ist, wenn der Erdballen erst abgetrocknet ist, bevor das Exemplar versendet wird. Daneben ist es vorteilhaft, einige Proben in ein Fläschchen zu thun oder mit Wasser auf Glimmer zu bringen und antrocknen zu lassen. — Algen an Baumstämmen schneide man mit der Rinde ab. — Bei den im Wasser lebenden Formen sind verschiedene Gruppen zu unterscheiden. Diejenigen Arten, welche in Form von flutenden Massen oder schwimmenden Watten vorkommen, werden am besten auf starkes Papier aufgeschwemmt. Man macht dies am besten so, dass man die in Papier nach Haus transportierten Algenmassen in einem Gefäss mit Wasser vorsichtig ausbreitet, dann mit einem Papierblatt darunter fährt und die Masse vorsichtig heraushebt. Bei einiger Übung gelingt dies leicht. Diejenigen Arten, welche an kleinen Steinen oder an Holz oder an Wasserpflanzen im Wasser sitzen, werden am besten mit dem Substrat herausgehoben und getrocknet;

natürlich ist es auch hier vorteilhaft, Stücke abzukratzen und in Konservierungsflüssigkeit zu legen.

Sehr wichtig ist es, Schlammproben einzusammeln. Dieselben entnimmt man am besten mit einem Löffel von der obersten Schicht des Schlammes am Rande eines Gewässers und thut sie einzeln in Fläschchen, die man dann mit Konservierungsflüssigkeit anfüllt.

Bisher noch wenig beachtet wurden von den Tropenreisenden die

Bacillariaceen (Diatomaceen).

Herr Otto Müller in Berlin giebt für Sammeln und Konservieren derselben folgende Winke:

Diese Kieselalgen leben im Meere, in den brackischen Gewässern der Küsten, sowie in süssen Gewässern jeder Art, Seeen, Bächen, Rinnsalen, an feuchten Felswänden, Wasserfällen etc. Sie finden sich besonders im Schlamme, im Überzuge der unter Wasser befindlichen Steine, Hölzer etc., aber auch im Auftriebe an der Oberfläche grösserer Wasserbecken, des Meeres und der Süsswasser-Seeen (Plankton).

Man hat bisher die Bacillarien meistens trocken gesammelt; doch ist dringend zu wünschen, dass, wenn möglich, wenigstens ein kleiner Teil des Materials, behufs späterer Untersuchung des Plasmaleibes, gut konserviert werden.

· Die oberste, bräunliche Schicht des Schlammes seichter Uferstellen, Tümpel, wird vorsichtig mit dem Löffel abgehoben, der Überzug von Steinen mit dem Messer oder Löffel abgeschabt und, behufs trockener Aufbewahrung, auf Papier (Pergamentpapier) scharf aufgetrocknet. Submerse, besetzte Teile von Wasserpflanzen werden ebenfalls getrocknet in Enveloppen gebracht.

Zur Konservierung von Salzwasserformen dient eine in Wasser gesättigte Lösung von Picrinsäure mit etwas fester Picrinsäure im Überschuss. Wenn keine Picrinsäure vorhanden ist, verwende man für diese Formen absoluten Alkohol.

Die Menge der Flüssigkeit kann die Menge des Materials um mindestens das Doppelte übertreffen. Fläschchen mit 30 ccm Inhalt werden daher mit dem möglichst frischen Material so weit gefüllt, dass nach dem Absitzen der Bodensatz etwa den vierten Teil des Inhalts ausmacht. Das darüber befindliche Wasser wird vorsichtig abgegossen, das Fläschchen mit der Picrinsäure oder dem absoluten Alkohol aufgefüllt und durch mehrfaches Umwenden der Inhalt mit der Flüssigkeit in Berührung gebracht; Schütteln ist zu vermeiden. Das Fläschchen ist danach gut zu verkorken und der Kork mit Pergamentpapier zu verbinden.

Das Material aus süssen Gewässern kann in gleicher Weise in konzentrierter Picrinsäure konserviert werden. In Ermangelung dieser benutzt man Sublimat in Lösung von 1:200. Die Behandlung des Materials ist die gleiche, doch muss die Sublimatlösung nach einigen Stunden vom Bodensatz abgegossen und durch 50% Alkohol ersetzt werden.

Die Fläschchen sind stets vollständig mit der Flüssigkeit zu füllen, da die kleinen Formen anderenfalls durch den Transport leiden.

Das Plankton wird mit einem feinmaschigen Netz (Schmetterlings-netz aus feiner Müllergaze) bei langsamer Fahrt von der Oberfläche und etwas unter derselben gesammelt, indem man grössere Wassermengen das Netz passieren lässt. Der in dem Zipfel befindliche bräunliche Schlamm wird sofort in ein Fläschchen übertragen und mit Konser-vierungsflüssigkeit (Picrinsäure oder Sublimat) übergossen, da diese sehr zarten Formen nur durch unmittelbares Fixieren zu erhalten sind. Be-sonders wünschenswert ist auch das Plankton der tropischen Süsswasser-seeen, da dieses noch völlig unbekannt ist.

III. Pilze.

Diese bei weitem grösste Kryptogamenklasse erfordert für die Präparation mannigfache Kunstgriffe. Für den Transport während der Exkursion ist es empfehlenswert, die einzelnen Arten in Papier ein-zuwickeln, dagegen die zarten, gebrechlichen Gebilde in Glasröhren zu stecken, in die man gleichzeitig noch etwas Moos thut.

Am schwierigsten sind die fleischigen Hutpilze zu präparieren. Da der Sammler sich auf die dabei üblichen Methoden schwerlich einlassen kann, so ist es notwendig, einfachere Wege einzuschlagen. Sehr kleine zarte oder kleinere dickfleischige Hutpilze thut man am besten in eine Glastube mit Konservierungsflüssigkeit. Um das Schütteln zu vermeiden, füllt man den Raum zwischen Pilz und Kork mit einem Wattebausch aus. Wichtig ist aber bei dieser Methode, dass stets sehr genaue No-tizen über Färbung, Geruch etc. gegeben werden. Wer im Zeichnen geübt ist, gebe eine Skizze dazu, welche die Form und die Farbe des Pilzes zeigt. Wünschenswert sind Angaben über die Sporenfarbe. Wenn sich diese nicht sofort am Pilze ersehen lässt, so ist es das beste, wenn man die Hüte mit den Lamellen oder Poren nach unten auf Papier legt (weisse Lamellen auf dunkles, gefärbte auf weisses Papier). Nach einigen Stunden sind so viele Sporen abgefallen, dass sich ihre Färbung angeben lässt. — Bei grösseren fleischigen Pilzen, welche zu grosse Gläser erfordern würden, macht man am besten Längs-schnitte und Oberflächenschnitte des Hutes und trocknet diese zwischen Papier. In den ersten 6 Stunden müssen die Zwischenlagen zweimal

14*

gewechselt werden, später in grösseren Pausen vielleicht noch zweimal. Auch hier sind Farbenangaben notwendig.

Holzige Pilze (namentlich an Stämmen) trocknet man einfach. Sind Käfer darin, so werfe man die Pilze in Spiritus, bis sie durchzogen sind und trockne sie dann scharf.

Fleischige Becherpilze, Phalloideen, Tuberaceen setzt man am besten in Alkohol. Hat man in der Nähe der Station Phalloideen entdeckt, so besuche man den Ort öfter und nehme möglichst viele reife Fruchtkörper, sowie Eistadien, von den jüngsten Zuständen an, mit.

Findet man Pilze auf Käfern, Larven oder als Schimmel auf im Wasser liegenden Kadavern oder Holz, so bringe man diese Formen möglichst schnell in Alkohol.

Sehr einfach sind die parasitischen Pilze zu behandeln. Dieselben finden sich in Form von verschieden gefärbten Schimmeln, Pusteln, roten oder braunen Würzchen oder als knollige Auswüchse an Blättern und Ästen. Man trocknet sie mit den Stücken der Nährpflanze. Ausserordentlich wichtig ist es, den Namen der Nährpflanze anzugeben. Da dies meist nicht möglich sein wird, so ist notwendig, charakteristische Stücke der Nährpflanze beizugeben, welche die Bestimmung nachträglich noch ermöglichen (Früchte, Blüten etc.).

Vor allen Dingen achte man auf faulendes Holz oder Laub, das im Walde am Boden liegt. Hier finden sich fast auf jedem Stück Ascomyceten in Form von schwarzen Punkten oder zierlichen Schüsselchen etc. Auch Myxomyceten sind hier sehr häufig. Diese Pilze trockne man mit der Unterlage. Wünschenswert ist auch hier die Bestimmung der Unterlage, die in vielen Fällen an Ort und Stelle möglich sein wird.

Besondere Substrate, wie Kot, Knochen, Leder etc., ergeben auch besondere Pilzformen; man beachte also derartige Standorte ganz besonders.

IV. Flechtenpilze.

Die an Baumrinden sitzenden Flechten schneide man mit der Rinde ab und trockne sie. Auf Felsen vorkommende Arten muss man mit Hammer und Meissel lossprengen, wobei zu beachten ist, dass man möglichst handliche Stücke lostrennt. Die Meissel (Flach- und Spitzmeissel), sowie den Hammer wähle man aus Gussstahl. Erdflechten werden einfach abgehoben und getrocknet. Grössere Arten können auch gelinde gepresst werden. Ganz besonders achte man auf diejenigen Formen, welche auf lederigen Blättern in Form von lebhaft grünen Flecken sitzen. Von derartigen Formen lege man recht reichlich ein, da nur selten reife Früchte gefunden werden.

V. Pflanzenkrankheiten.

Ausserordentlich wichtig für die tropische Agricultur ist die Kenntnis der Pflanzenkrankheiten, hauptsächlich der der Kulturpflanzen. Wenn darüber bisher nur Lückenhaftes bekannt ist, so hat dies darin seinen Grund, dass bisher nur wenige Sammler derartige Objekte mitgebracht oder überhaupt ihr Augenmerk darauf gerichtet haben.

Um das Erkennen einer Krankheit zu ermöglichen, ist vor allen Dingen reichliches Material erforderlich, das alle Stadien der Krankheit von den ersten Anfängen an enthält. Da im allgemeinen eine wissenschaftliche Untersuchung erst hier in der Heimat erfolgen kann, so muss sich auch die Konservierung des Materials hiernach richten. Es braucht kaum bemerkt zu werden, dass nur derjenige gute Beobachtungen anstellen kann, der längere Zeit auf einer Station oder Plantage ansässig ist.

Wird nun eine Erkrankung irgend welcher Art an Kulturpflanzen festgestellt, so ist zuerst notwendig, dass der Beobachter sich das Krankheitsbild klar macht. Er muss also suchen, die ersten Stadien der Erkrankung ausfindig zu machen und von da an das Fortschreiten zu beobachten. Sobald ihm der Verlauf der Krankheit deutlich ist, muss er von den einzelnen Stadien Material einsammeln. Dasselbe wird zum Teil in Alkohol, zum Teil trocken konserviert. Unbedingt notwendig sind genaue Notizen über Anfang, Verlauf und Ende der Krankheit, über alle Nebenerscheinungen, wie Änderung der Farbe, Auftreten von fauligen Flecken, Verkrümmungen u. s. w., kurz es ist notwendig, alles, was auf die Krankheit Bezug hat, genau zu notieren.

In den meisten Fällen wird der Beobachter bereits anzugeben vermögen, ob die Erkrankung durch Tiere, Pilze oder äussere klimatische Faktoren erfolgt ist. Der letztere Fall ist der weitaus schwierigste, da eine Entscheidung über die Natur der Krankheit, sowie über etwaige Heilmittel nur an Ort und Stelle getroffen werden kann. Erkrankungen durch Tiere lassen sich im allgemeinen leicht durch Frassstellen nachweisen. Es ist notwendig, dass bei diesen Erkrankungen alle Entwickelungsstadien des Tieres, sowie die charakteristischen Frassstellen etc. eingesammelt werden.

Die Pilze erzeugen die grösste Zahl und die gefährlichsten Erkrankungen. Nicht immer ist der Erreger zu sehen, da das Mycel meist in der Pflanze sitzt und nur die Fruktifikationsorgane aussen aufzutreten pflegen, häufig dazu noch erst an den abgestorbenen und faulenden Teilen. Vermutet der Beobachter eine Pilzkrankheit, ohne aber die Ursache aufzufinden, so ist notwendig, dass innerhalb gewisser Zeiträume Material eingesammelt wird, damit durch nachträgliche mikroskopische Untersuchung vielleicht die Ursache ergründet werden kann. Wenn sich an gewissen Teilen der Pflanze gelbe, rote, schwarze oder braune Flecke, Schimmelbildungen, hutförmige Fruchtkörper etc. zeigen, so sind diese Dinge ganz besonders vollständig und reichlich zu sammeln und zu konserviren.

Zur Beobachtung dieser Erscheinungen gehört gewiss, wie zum Sammeln der Kryptogamen überhaupt, ein gewisses Geschick und ein guter Blick. Durch Übung kann man sich beides aneignen. Wenn aber der Sammler diese Vorbedingungen sich nicht bereits in der Heimat zu eigen gemacht hat, wird er sie in den Tropen nur schwer erlangen. Wer also nicht von Hause aus Lust und Liebe zu den Kryptogamen und einige Übung mitbringt, verlege sich lieber nicht auf das Sammeln dieser Pflanzen, da nur die Gefahr dann vorliegt, dass gewöhnliche und weit verbreitete Arten eingesammelt werden.

VI. Über die Stammpflanze des Zanzibar-Kopals.

Von

E. Gilg.

Obgleich ich erst vor kurzem in diesem „Notizblatt"[1] bei der Besprechung der afrikanischen Kopale auch ausführlich auf die Stammpflanze des Zanzibarkopals eingegangen bin, sehe ich mich doch genötigt, nochmals diesen Punkt zu erörtern. Der Grund hierfür ist eine vor etwa einem Monat erschienene Arbeit von A. Stephan „Über den Zanzibar-Kopal"[2].

Stephan gliedert seine Arbeit in zwei Teile. Im ersten, umfangreichen, behandelt er die Chemie des Zanzibar-Kopals, während er im zweiten, bedeutend kürzeren, das botanisch Wissenswerte anzuführen versucht.

Der erste Teil nun ist offenbar mit grösster Sorgfalt und Genauigkeit gearbeitet und kann unbedingt darauf Anspruch machen, als Hauptquelle für die Kenntnis der chemischen Natur des Zanzibarkopals zu gelten. Daraus entspringt aber die Gefahr, dass auch der zweite, der botanische Teil, als Quelle der Belehrung betrachtet und benutzt würde, was sehr zu bedauern wäre.

---

[1] No. 5, pag. 162.
[2] A. Stephan, Über den Zanzibar-Kopal, Dissert. Bern 1896.

Denn dieser zweite Teil ist voll von Irrtümern und Missverständ-
nissen, vor allem fehlt dem Verfasser fast die ganze neue Litteratur,
so dass es gewiss viel besser gewesen wäre, wenn er sich auf die
chemische Seite der Frage beschränkt hätte.

Beginnen wir mit der Einleitung, welche Stephan seiner Arbeit
vorausschickt.

Verfasser sagt bei der Besprechung der verschiedenen Kopalsorten,
welche gegenwärtig in den Handel kommen, dass der ostafrikanische
Kopal als Stammpflanzen wahrscheinlich Trachylobium mossambicense und Hymenaea verrucosa besässe. Gleich darauf giebt
er als Stammpflanzen der südamerikanischen Kopale neben Hymenaea
Courbaril und H. stilbocarpa auch Trachylobium Martianum
und Tr. Hornemannianum an, indem er als Autor hierfür Hayne
citiert[1]. Hätte Stephan dagegen irgend eines der neueren systematischen
Werke zur Hand genommen, so hätte er erkannt, dass die Gattung
Trachylobium in Amerika überhaupt nicht vorkommt, sondern auf
die alte Welt beschränkt ist, und dass sich die Gattung Hymenaea
nur im tropischen Südamerika findet. Er hätte aber auch weiter gefunden, dass Trachylobium mossambicense und Hymenaea
verrucosa sehr wahrscheinlich dieselbe Pflanze darstellen, dass
Trachylobium Martianum eine Cynometra ist und dass Tr.
Hornemannianum[2] weder in Amerika vorkommt, noch den bra-
silianischen Kopal liefert, sondern dass auch sie mit Trachylobium
mossambicense und Hymenaea verrucosa identisch ist.

Verfolgen wir nämlich die Geschichte dieser Pflanze, so finden wir, dass
sie zuerst von Gärtner als Hymenaea verrucosa aufgestellt und
bezüglich ihrer Früchte genau beschrieben wurde[3]. Gärtner hatte die
Früchte der von ihm neu aufgestellten Art von Madagaskar erhalten
und giebt auch an, dass von diesem Baum von den Eingeborenen der
Insel ein gelbes, durchsichtiges Harz gewonnen wird („Fructus ar-
boris, e qua madagassae resinam pellucidam flavam eliciunt").

Erwähnt wurde der madagassische Kopalbaum auch sehr wahrscheinlich schon von A. L. de Jussieu, welcher für ihn den Ein-

---

[1] Hayne, Darstellung und Beschreibung der Arzeneigewächse ist jedoch
nicht, wie der Verfasser angiebt, im Jahre 1856, sondern 1830 erschienen, gehört
also gewiss zur „älteren" Litteratur.

[2] Eigentümlich ist auch, dass Verfasser hier Tr. Hornemannianum
als Stammpflanze des südamerikanischen Kopals bezeichnet, während er später
öfter mit diesem Namen die Stammpflanze des Zanzibarkopals belegt.

[3] Gärtner, Fruct. et Sem. plant. II, p. 306, t. 139 (a. 1791).

geborenennamen „Tauroujou" angiebt, ohne die Pflanze näher zu beschreiben [1]).

Im Jahre 1793 bildete dann Lamarck dieselbe Pflanze (ohne Angabe des Vaterlandes) ab und zwar in sehr deutlich erkennbarer Weise. Ein Unterschied dürfte nur darin zu finden sein, dass Lamarck eine Frucht mit drei offenbar noch unreifen Samen giebt, während Gärtner eine reife, einsamige Frucht darstellt [2]).

Auf diese Art, Hymenaea verrucosa Gaertn., stellte dann im Jahre 1827 Hayne die neue Gattung Trachylobium auf. Er bringt zu dieser Gattung folgende „Arten": Tr. Martianum, Tr. Hornemannianum, Tr. Gaertnerianum und Tr. Lamarckeanum, welche ganz kurz beschrieben werden [3]). Später (1830) wurden dann diese Arten von Hayne in seinen „Arzeneigewächsen" abgebildet und mit genaueren Beschreibungen versehen [4]).

Drei dieser recht gut abgebildeten Pflanzen (sämtlich aus der alten Welt) stimmen nun so sehr überein, dass man über ihre Zusammengehörigkeit kaum zweifelhaft sein kann. Die vierte, Tr. Martianum aus Brasilien, weicht jedoch von den anderen ganz ausserordentlich ab, so sehr, dass es uns nicht wundern kann, wenn andere Forscher [5]) sie zu der Gattung Cynometra brachten, da ihr eben alle charakteristischen Eigenschaften der Gattung Trachylobium fehlen.

Wir sehen nun also, dass die Gattung Trachylobium altweltlich ist. Hayne giebt als Heimat der Tr. Hornemannianum Isle de France, als Fundort der Tr. Gaertnerianum Java an, während das als Tr. Lamarckeanum bezeichnete Exemplar sich vollständig ohne Standortsbezeichnung befand. Diese Pflanze stammte wohl zweifellos aus Madagaskar, da sie von Lamarck nach Kopenhagen geschenkt war und Lamarck grosse Sammlungen aus Madagaskar besass.

Es frägt sich nun, sind diese Arten wirklich auseinander zu halten.

---

[1]) A. L. de Jussieu, Gen. plant. p. 387 (a. 1791). Erwähnenswert ist, dass Gärtner diese Stelle schon citiert. Da nun der betreffende zweite Band seines Werkes ebenfalls das Jahr 1791 trägt, so ist wohl zweifellos, dass derselbe vordatiert worden ist, dass er aber erst später erschien.

[2]) Lamarck, Illustr. gen. t. 330, f. 2; Tabl. Encycl. Bot. II, p. 473 (a. 1793).

[3]) Hayne, Über die Gattungen Hymenaea, Vouapa und eine neue (Trachylobium) mit Hinsicht auf die Abstammung des aus Amerika kommenden Kopals. — Flora, Bd. X (1827), 2, p. 737.

[4]) Hayne, Arzeneigewächse, Bd. XI, Taf. 17—19.

[5]) Bentham et Hooker, Gen. Plant. I, p. 583 (Tr. Martianum Hayne est Cynometra Spruceana Bth.).

Schon im Jahre 1842 bestimmte Hasskarl[1]) die auf Java wachsende Art als Hymenaea (= Trachylobium) verrucosum. Ihm folgt Miquel 1855 in seiner Flora von Niederländisch-Indien[2]), welcher zu dieser Art Trachylobium Gaertnerianum Hayne als Synonym citiert und fragt: Num species madagascar. Trachyl. Lamarckeanum et Tr. Hornemannianum Hayne cum hac jungendae?

Noch weiter gehen die englischen Autoren. Diese bezweifeln fast durchweg, dass diese Pflanze überhaupt auf Java wildwachsend vorkommt.

Bentham und Hooker[3]) sagen: (Trachylobium) Species 2 vel 3, Africae tropicae orientalis et ins. Mascarensium incolae, quarum 1 etiam in Asia tropica crescit, sed fere semper culta. Diese Autoren halten also die javanische Pflanze auch nicht für eine besondere Art, sondern für eine mit einer der afrikanischen übereinstimmende, glauben aber, dass sie, wenigstens hier und da, in Java heimisch sein könnte.

Ganz anders spricht sich Oliver[4]) aus: Er citiert Trachylobium Gaertnerianum als Synonym zu Tr. Hornemannianum und sagt: no doubt from a garden in Java. Also er bestreitet, dass die Pflanze zur Flora von Java gehört. Über das Indigenat der Art im malayischen Gebiet äussert sich Baker[5]) gar nicht, doch citiert auch er Tr. Gaertnerianum als Synonym.

Mir lagen zahlreiche gute Exemplare der Pflanze aus Java vor, und ich konnte so feststellen, dass eine vollständige Übereinstimmung der javanischen und der madagassischen Pflanze besteht. In jeder Hinsicht äussert sich diese Gleichheit, im Blattbau sowohl wie im Blütenbau; und so dürfte es also nicht fraglich sein, dass Tr. Gaertnerianum von der Liste der Arten dieser Gattung zu streichen ist.

Ich möchte jedoch glauben, dass nicht so ohne weiteres angenommen werden darf, die Pflanze komme nur angepflanzt auf Java vor. Denn einmal scheinen mir die Angaben der Autoren Hasskarl und Miquel dagegen zu sprechen, welche die Pflanze als einheimisch anführen und sogar einen Eingeborenennamen für sie citieren, und dann lässt sich feststellen, dass die Art ausgezeichnete Verbreitungsmittel besitzt. Sie gedeiht — wenigstens an der ostafrikanischen Küste — nur in der Nähe des Meeres und verschwindet im Inlande völlig. Schneiden wir nun eine Frucht von Trachylobium durch, so erkennen wir, dass die

---

[1]) Hasskarl, in Flora 1842, Beibl. 2, p. 95.
[2]) Miquel, Fl. Ind. Bat. I, p. 81.
[3]) Bentham et Hooker, Gen. plant. I, 583.
[4]) Oliver, in Oliver Fl. trop. Africa II, p. 311.
[5]) Baker, Flora Maurit. et Seychell. p. 88.

starken warzigen Erhebungen auf der Frucht z. T. nichts anderes als Luftblasen sind, z. T. sich mit einem klaren gelben Harze erfüllt zeigen. Dabei ist die ganze Aussenseite der Frucht sehr hart und stark mit Harz durchtränkt. Das Fruchtinnere wird dagegen von einem sehr lockeren und offenbar stark luftführenden Gewebe eingenommen, in welchem der oder die Samen liegen. Wir sehen also, dass die Frucht von Trachylobium den zwei Ansprüchen zu genügen vermag, welche zunächst an eine an die Verbreitung durch Meerwasser angepasste Pflanze zu stellen sind, dass sie äusserlich sehr fest und gegen Wasser fast undurchdringlich gebaut und dabei doch von erheblicher Leichtigkeit ist.

Ich glaube also, dass Trachylobium ganz leicht selbst den Weg nach Java gefunden haben kann, gerade so gut wie nach den Seychellen, von wo Baker[1]) die Pflanze als einheimisch anführt.

An derselben Stelle giebt nun aber dieser Autor auch an, dass Trachylobium nur kultiviert auf Mauritius vorkomme, dass also die Tr. Hornemannianum Hayne's auch nur auf eine kultivierte Pflanze aufgestellt sei, welche zweifellos vom benachbarten Madagaskar bezogen worden war. Wir erkennen also, dass Tr. Hornemannianum dieselbe Heimat besitzt, wie die von Gärtner aufgestellte Kopal liefernde Pflanze.

Über Trachylobium Lamarckeanum Hayne hat sich keiner der späteren Autoren mehr geäussert, wahrscheinlich, weil auf Tab. 19 des Hayne'schen Werkes vergessen wurde, aufzudrucken, dass die beiden unter b b dargestellten Figuren diese Art darstellen sollen. Des Hauptbild dieser Tafel nimmt nämlich Tr. Gaertnerianum ein, und die Ähnlichkeit zwischen den beiden abgebildeten Pflanzen ist so gross, dass Niemand auf den Gedanken kommen wird, es handle sich hier um zwei verschiedene Arten.

In der That ist denn auch Tr. Lamarckeanum vollständig mit der madagassischen Pflanze übereinstimmend. Für Hayne war als Unterschied geltend die dünnere Textur der Blätter. Er bedachte eben nicht, dass lederartige Blätter auch einmal dünner gewesen sein müssen, während sie sich entwickeln, und dass solche Blätter erst dann meist fest und hart werden, wenn sie ihre definitive Grösse erreicht haben.

Von den vier Arten Hayne's haben wir nun also eine abgespalten, welche in eine ganz andere Gattung gehört; die drei übrigen Arten haben wir auf eine reduziert, als deren Heimat mit grösster Wahrscheinlichkeit Madagaskar zu betrachten ist. Endlich können wir noch mit Sicherheit feststellen, dass diese Art mit der von Gärtner und Lamarck als Hymenaea verrucosa beschriebenen Pflanze übereinstimmt, was

---

[1]) Baker, Fl. Maurit. et Seych. p. 89.

uns nach einem Vergleich der Abbildungen nicht zweifelhaft sein kann.
Diese als **Trachylobium verrucosum** (Gaertn.) Oliver zu be-
zeichnende Pflanze lag mir in sehr zahlreichen Exemplaren aus Madagaskar vor: ein äusserst charakteristisches, schönblühendes Gewächs,
welches in der Blattform schwach variiert, ohne dass es auch nur möglich wäre, Varietäten darauf zu begründen. —

Es war nun schon lange bekannt, dass ausser von Madagaskar auch
von der Ostküste des tropischen Afrika ein ausgezeichneter Kopal
exportiert wurde, dessen Stapelplatz Bombay war (Bombaykopal).

Als dessen Stammpflanze stellte **Klotzsch** im Jahre 1862 seine
neu aufgestellte **Trachylobium mossambicense** hin, welche **Peters**
auf seiner wissenschaftlichen Reise nach Mossambique gesammelt hatte[1]).
Bis zum Jahre 1871 ging die ostafrikanische Kopalpflanze auch allgemein unter diesem Namen, bis **Oliver**[2]) für dieselbe wieder auf den
alten **Hayne**'schen Namen Tr. **Hornemannianum** zurückgriff und
Tr. **mossambicense** hierzu als Synonym citiert. Warum **Oliver**
gerade diesen Namen bevorzugt, ist mir nicht klar geworden, denn jede
andere der **Hayne**'schen Arten passt gerade so gut auf die ostafrikanische Pflanze wie die von Mauritius beschriebene Tr. **Hornemannianum**.

Anmerkungsweise bespricht dann **Oliver** die Unterschiede zwischen
dem festländischen und dem madagassischen Kopalbaum und stellt fest,
dass bei letzterem die vorderen Petalen den übrigen fast gleich und
deutlich genagelt sind, während bei ersterem diese Petalen sehr rudimentär ausgebildet erscheinen. Er fügt übrigens gleich darauf hinzu:
„This character may prove inadequate, in which case the two plants
must be reunited under the specific name **verrucosum**, first applied
to the Madagascar plant."

Bei der Besprechung der Gattung **Trachylobium** fügt **Baker**[3])
hinzu: „Apparently one species only, clearly a native of Madagascar,
now widely spread in Tropical Asia and Africa."

Im ersten Teil dieses Satzes möchte ich **Baker** vollständig zustimmen. Ich glaube auch, dass die Pflanze des Festlandes mit der
von Madagaskar spezifisch übereinstimmt, wenn auch einzelne schwache
Unterschiede sich finden sollten. Leider kann ich die Frage selbst nicht
endgültig entscheiden, da mir trotz des reichen Materials, das das Kgl.
Botanische Museum zu Berlin von Exemplaren aus Ostafrika besitzt,
Blüten nicht vorliegen. Doch stimmen Exemplare aus Madagaskar

---

[1]) **Klotzsch**, in **Peters** Mossamb., Bot. I, p. 21, t. 2.
[2]) **Oliver**, in Oliver Fl. trop. Africa II, p. 311.
[3]) **Baker**, Fl. Maurit. et Seych. p. 88.

(Hildebrandt n. 3398 und 3125, Baron n. 2225) mit solchen des Festlandes (Peters, Holst n. 2901, Hildebrandt n. 1217) derartig überein, dass ich nicht an der Identität der Pflanzen zu zweifeln wage. Sollten die Pflanzen dennoch spezifisch verschieden sein, was ich binnen kurzem entscheiden zu können hoffe, so müsste die Art aus Madagaskar als Trachylobium verrucosum (Gaertn.) Oliv., die festländische als Tr. mossambicense Klotzsch bezeichnet werden, da zweifellos Tr. Hornemannianum von Hayne nach einem von Madagaskar bezogenen Exemplar beschrieben wurde.

Taubert[1]) behandelt diese ganze Frage bei seiner Bearbeitung der Leguminosae sehr flüchtig und stellte nur das zusammen, was bisher in der am leichtesten zu erreichenden Litteratur ging, ohne auch nur diese zu erschöpfen oder eigene Untersuchungen anzustellen.

Über die ostafrikanischen Kopale habe ich im Jahre 1895 das Wichtigste mitgeteilt und natürlich auch die einschlägige Litteratur angegeben und benutzt[2]).

Dass diese Litteratur von Stephan nicht benutzt wurde, ist im Interesse seiner Arbeit sehr zu bedauern. Denn er hätte dadurch erkannt, dass die Stammpflanze des Zanzibarkopals schon mit grosser Wahrscheinlichkeit, wenn nicht Sicherheit, festgestellt worden war. — Von den Arbeiten des britischen Generalkonsuls in Zanzibar, Kirk, kennt Stephan mit Bestimmtheit keine im Original. Wir finden zwar an mehreren Stellen das Citat: „Kirk in Journ. of the Linnean Soc., 1876, No. 81"; aber das, was Stephan scheinbar aus dieser Arbeit citiert, ist in einer ganz anderen Mitteilung schon im Jahre 1868 von Kirk veröffentlicht worden, und wenn Stephan die von ihm citierte ganz kurze Arbeit (1876) gekannt hätte, so hätte er sich die Mühe sparen können, nach der Stammpflanze des Zanzibarkopals zu forschen. Denn während Kirk[3]) in seinen beiden ersten Arbeiten im Jahre 1868 nur allgemeinere, wenn auch sehr wichtige Mitteilungen über die Gewinnung des Kopals an der ostafrikanischen Küste bringt, berichtet er in der dritten, dass es ihm gelungen ist, in einem Stück des echten fossilen Zanzibarkopals Blätter, Knospen und Blüten von Trachylobium verrucosum nachzuweisen.

Dadurch wird sowohl die Frage nach der Stammpflanze des

---

[1]) Taubert in Engler-Prantl, Natürl. Pflanzenfam. III, 3, p. 135.

[2]) Gilg in Engler, Pflanzenwelt Ostafrikas, B, p. 414 ff.

[3]) Kirk in Journ. Linn. Soc. XI (1871), p. 1 und 479; Journ. Linn. Soc. XV (1877), p. 234. Das Citat (siehe oben) von Stephan ist offenbar einem ungenauen Referate entnommen, denn nach dem Citate wäre die Arbeit in dem betreffenden Bande nicht zu finden.

Zanzibarkopals erledigt, als auch festgestellt, dass der sog. Baumkopal, welcher von Zanzibar in letzter Zeit allmählich in Menge in den Handel gelangt, genau dasselbe Harz ist wie der fossile Kopal, dass aber letzterer eine nachträgliche chemische Veränderung erfahren hat.

Von den Angaben Stephan's möchte ich noch einige kurz berichtigen. Er sagt auf Seite 51: „Nach einigen Botanikern ist Trachylobium identisch mit Hymenaea. Linné und Hayne stellten auf Grund ihrer morphologischen Untersuchungen fest, dass sie verschiedene Bäume sind." — Linné hatte nun doch aber von der Existenz der Gattung Trachylobium gar keine Ahnung, denn sie wurde ja erst 50 Jahre nach seinem Tode aufgestellt; auch kannte Linné die betreffende Pflanze nicht, da sie erst 1791 von Gärtner beschrieben wurde. Endlich haben meines Wissens sämtliche Autoren, mit Ausnahme von Miquel (l. c.), die Gattung Trachylobium, nachdem sie einmal aufgestellt worden war, angenommen.

Wir sahen oben, dass die Stammpflanze des Zanzibarkopals als Trachylobium verrucosum (Gaertn.) Oliv. zu bezeichnen ist, da sie zuerst von Gärtner als Hymenaea verrucosa veröffentlicht, dann von Oliver in die richtige Gattung Trachylobium versetzt wurde. Stephan spricht nun p. 53 ff. öfter von Trachylobium verrucosum (Lam.) Oliv. oder Trachylob. verr. Gaertn., öfter aber auch von Tr. verrucosum (Lam.) Buk, manchmal sogar von Trachylobium (Lam.) Buk. Ich konnte mir zuerst gar nicht erklären, was dieser letztere Autor zu bedeuten hätte, bis ich bemerkte, dass manche Herbarbogen des Berliner botanischen Museums die von Vatke herrührende Bestimmung Tr. verrucosum (Lam.) Baker führten, woher sich wohl die erwähnte Verstümmelung Stephans herleiten wird[1]).

Es liesse sich noch eine grosse Zahl von Ungenauigkeiten oder Unrichtigkeiten aufzählen, doch kommen diese für unsere Frage nicht in Betracht. Mir lag nur daran, zu verhüten, dass die Angaben Stephan's für Originalarbeit gehalten werden und in der Litteratur Aufnahme finden.

---

[1]) Stephan spricht öfters von einem Trachylobium von Usegua. Er meint damit wohl Usegua oder Useguha, ein Gebiet an der Sansibarküste.

VII. Plantae Dahlianae aus Neupommern.

Von

K. Schumann.

Im September dieses Jahres gelangte eine kleine Sammlung Pflanzen, 124 Nummern umfassend, aus den deutschen ostasiatischen Schutzgebieten an das Königliche botanische Museum von Berlin. Sie stammten aus Ralum oder Ralun in Neu-Pommern und sind von Herrn Professor Dahl aus Kiel, welcher sich zoologischer Studien halber dort aufhält, gesammelt worden. Sie sind gut präpariert und in instruktiven Exemplaren aufgenommen, so dass sie eine recht erwünschte Vervollständigung der schon früher von der Inselgruppe, hauptsächlich durch Herrn Dr. Warburg zusammengebrachten Sammlungen sind. Zum grössten Teile stammen sie von der Küste und bieten dann die weitverbreitete Strandflora mit den bekannten Pflanzen: Cudrania javensis Trec., Terminalia Catappa L., Abutilon indicus Sw., Hernandia peltata Meissn., Colubrina asiatica Brongn. et Rich., Jambosa malaccensis P. DC., Dodonaea viscosa L., Acalypha grandis Müll. Arg., Caesalpinia Nuga L., Caesalpinia Bonducella Flem., Canavalia ensiformis P. DC., Desmodium umbellatum P. DC., Derris uliginosa Bth., Premna integrifolia L., Vitex trifolia L., Clerodendron inerme Gärtn., Ocimum canum Sims u. O. sanctum L., Cerbera Manghas L., Ipomoea Pes caprae Rth., Benincasa hispida Cogn., Citrullus vulgaris Schrad., Cordia subcordata Lam., Wedelia strigulosa K. Sch., denen sich der weniger verbreitete Phyllanthus Finschii K. Sch. und die neue Capparis Dahlii Gilg et K. Sch. zugesellen. In Waldschluchten, auf Pfaden durch den Wald und an lichten Stellen im Walde nahe dem Strande wachsen vor allem folgende Gräser: Ischaemum Turneri Hack., Polytoca macrophylla Benth. et Hook., Oplismenus compositus P. B., O. setarius R. et Sch., Panicum carinatum Prsl., Panicum sulcatum Aubl., Centotheca lappacea Desv., von denen mehrere eine weite Verbreitung haben, so P. sulcatum Aubl. und Oplismenus setarius R. et Sch. bis nach Süd-Amerika, Centotheca lappacea Desv. bis West-Afrika. Wenig verbreitet sind dagegen Ischaemum Turneri Hack., welche bisher nur von Neu-Irland und Neu-Caledonien und Polytoca macrophylla B. et H., welche nur von den Luisiaden und Neu-Guinea bekannt ist. Andere Pflanzen dieser Gebüsche sind Pollia sorzogonensis Endl., aus dem Gebiete bisher nicht bekannt, aber von den Philippinen bis Bengalen verbreitet, Laportea sessiliflora Warbg., Deringia indica Zoll., Achyranthes aspera L. in einer behaartblättrigen Form, Desmodium latifolium P. DC., D. dependens Bl., Sida rhombifolia L., Urena sinuata L., Triumfetta rhomboidea Jacq., Macaranga Schleinitzii K. Sch. mit ihren prachtvollen Blättern, Solanum verbascifolium L., S. ferox L., S. Dunalianum Gaud., Clerodendron fallax Lindl., Melothria indica Lam., Hemigraphis reptans Engl., Adenostemma viscosum Forst.

Von diesen Gewächsen ist die grössere Überzahl auch sehr weit verbreitet, andere, wie Laportea sessiliflora Warb., Macaranga Schleinitzii K. Sch. dehnen sich über weniger weite Gebiete aus, sind aber doch bis Neu-Guinea zu verfolgen. Nur zwei sind für das Gebiet neu: Solanum ferox L. (S. stramoniifolium Dun. non Jacq.), die im tropischen Indien verbreitet ist und auch noch auf Hongkong vorkommt, so wie S. Dunalianum Gaud. Mit dieser hat es eine eigene Bewandtnis, und deshalb sollen noch einige Bemerkungen über sie hinzugefügt werden. In Wirklichkeit ist die Pflanze bereits aus dieser Gegend bekannt, denn Warburg hat sie als S. pulvinare Scheff. von Kerawara auf Neu-Lauenburg bestimmt. Dass unsere Pflanze mit der Gaudichaud'schen zusammenfällt, ist zweifellos; sie stimmt aber noch besser als Warburg's kahlere Form mit Scheffer's S. pulvinare überein, so dass ich sicher glauben möchte, dass auch die letztere nichts anderes als S. Dunalianum Gaud. ist. Scheffer giebt an, dass er den Species-Namen deswegen gewählt habe, weil die Blütenstiele wie aus einem behaarten Kissen auftauchten. Dieses angebliche Kissen ist nichts anderes als die etwas angeschwollene untere Artikulationsstelle auf der Grenze zwischen Blütenstiel und Stielchen.

In den Alang-Alangfeldern treten folgende Pflanzen auf: Als Hauptgras erscheint Andropogon australis Spr., unter ihm zeigen sich Apluda mutica L. mit der subp. aristata (Linn.) Hack., beide mehr am Rande des Feldes, dann das stattliche Pennisetum macrostachyum Trin. Von Dicotyleae finden sich zahlreiche Leguminosen: Cassia mimosoides L., Uraria lagopoides P. DC., Crotolaria alata Ham., C. biflora L., Glycine javanica L., Desmodium latifolium P. DC., Euphorbia serrulata Reinw., Oxalis stricta L. in der hier weit verbreiteten weiss behaarten, fast filzigen Form; zwei Blumea-Arten, die ich als B. densiflora P. DC. und B. laciniata P. DC. bestimmt habe. Nur zwei von diesen, nämlich Crotolaria alata Ham. und C. biflora L., sind noch nicht aus den deutschen ostasiatischen Schutzgebieten bekannt; sie waren in der Verbreitung von Vorder-Indien nur bis Java verfolgt.

Die letzte Gruppe umfasst die Unkräuter des beackerten Bodens.

Auch hier nehmen wieder die Glumifloren den grössten Raum ein. Von Cyperaceae fand ich Cyperus longus L., C. radiatus V., Cyperus umbellatus Bth. und einige andere Arten, Kyllingia monocephala Rttb., Fimbristylis diphylla V. An Gramineae bestimmte ich Imperata arundinacea Cyr., Panicum filiforme L., P. sanguinale L., P. paludosum Roxb., Setaria viridis (L.) P. B., S. glauca (L.) P. B., Sporobolus elongatus R. Br., Perotis indica, (L.) K. Sch., Eleusine indica Gärtn.; wenn von all diesen S. viridis (L.) P. B. bisher nicht in dem Gebiete beobachtet wurde, so ist damit nicht gesagt, dass sie nicht schon vorher hier gewesen ist. Ausser diesen erwähne ich: Fleurya interrupta Gaud., Ponzolzia indica Gaud., Boerhaavia diffusa L., Amarantus melancholicus L. (der neuerdings mit A. gangeticus L. für eins erklärt wird), A. oleraceus L., Cyathula geniculata Lour., Acalypha indica L., Euphorbia pilulifera L., Desmodium gangeticum P. DC., Indigofera hirsuta L., Cassia occidentalis L., Ipomoea denticulata Choisy, Solanum nodiflorum Jacq., Physalis minima L., Bonnaya veronicifolia Spr., Cucumis Melo L. var. agrestis, Oldenlandia herbacea P. DC., Bidens pilosa L., Ageratum conyzoides L.

Diese Pflanzen gehören zu den gemeinsten Tropenunkräutern, die sämmtlich schon in dem Gebiete beobachtet worden sind. Scheinbar macht nur Solanum nodiflorum Jacq. eine Ausnahme, da sie noch nicht aus Deutsch-Ostasien erwähnt wurde. In Wirklichkeit verbirgt sie sich aber hinter dem Solanum nigrum L., das aus Finschhafen angeführt wurde. Wie ich mich an dem Originalexemplare überzeugt habe, ist dieses nicht die bis zu uns verbreitete gemeine Ruderalpflanze, sondern die oben genannte Art.

Ich lasse jetzt die Beschreibung der neuen Pflanze aus der Dahl'schen Sammlung folgen:

Capparis Dahlii Gilg et K. Sch. Ramis inermibus superne complanatis glaberrimis; foliis decussatis modice petiolatis oblongis obtusiusculis basi acutis vel subrotundatis, adultis subcoriaceis discoloribus; floribus pedicellatis umbellam terminalem pauciflotam breviter pedunculatam efformantibus; sepalis oblongis obtusis concavo-convexis glaberrimis tandem reflexis; petalis his subduplo longioribus; ovario longe stipitato subgloboso glabro; stigmate brevissimo.

Die zusammengedrückten Zweige sind oben etwa 2 mm dick und ganz kahl. Der Blattstiel ist 1—1,4 cm lang und trocken rot gefärbt, wie auch die stärkeren Rippen der Spreite. Diese ist 10—18 cm lang und in der Mitte 5,5—7 cm breit, sie wird von 7—9 stärkeren Nerven jederseits des Medianus durchlaufen, die sowohl auf der trocken gelbgrauen Ober- wie der mehr silberweissen Unterseite deutlich vorspringen.

Der mässig dicke Blütenstiel ist 4,5 — 5 cm lang. Die Kelchblätter sind
7 mm lang. Die Staubgefässe haben etwa eine Länge von 2 cm. Sie
werden ein wenig von dem gestielten, 2 mm langen Fruchtknoten
überragt.

Ralum am Strande auf schwarzer, vulkanischer Erde bei Raluana
(Dahl n. 162, blühend im Juni).

Anmerkung. Durch die unterseits weissgrauen Blätter, sowie die
einzelne, endständige Dolde ist diese Art gut charakterisiert.

Die Leguminosen hat Herr Dr. Harms, die Solanaceae Herr Dr.
Dammer freundlichst geprüft; die Cryptogamae sind noch nicht definitiv
erledigt.

VIII. Über das Reifen der Früchte und Samen frühzeitig von der Mutterpflanze getrennter Blütenstände.

Von

P. Graebner.

Angeregt durch die auffällige Erscheinung, dass der Blütenstand
von Vallota purpurea selbst dann, wenn er unmittelbar nach dem
Verblühen abgeschnitten wurde, fast vier Monate (an trockenem Ort aufbewahrt) lebend blieb und keimfähige Samen erzeugte, habe ich schon
vor mehreren Jahren Versuche mit einer grösseren Anzahl einheimischer
und fremder Pflanzenarten angestellt und gefunden, dass die Erscheinung
keineswegs isoliert dasteht; ich habe die damals gewonnenen Resultate
in der Naturw. Wochenschr. VIII, No. 52. p. 581 (1893) und in den
Verh. bot. Ver. Brandenb. XXXV, p. 154 (1893) veröffentlicht. — Schon
damals machte ich, besonders an Vallota purpurea, aber auch an
einigen anderen Pflanzen, besonders Orchideen, die Beobachtung, dass das
allmähliche Abwelken der abgetrennten Organe in sehr ungleicher Weise
vor sich ging, dass der eine Teil des Blütenstandes, oft eine einzelne
Blüte oder ein ganzer Blütenstand sofort nach dem Abschneiden zu
welken begann, keinerlei Lebenserscheinungen mehr zeigte, mit allen
Fruchtknoten abstarb und nach einigen Tagen (oder Wochen), jedenfalls
in verhältnismässig kurzer Zeit, vollkommen trocken war, ein anderer
Teil dagegen oder ein ganzer unter vollkommen gleichen Bedingungen
erwachsener Blütenstand blieb frisch und saftig, zeigte negativ geo-
tropische Krümmungen, ein Teil der angelegten Früchte schwoll stark
an und erzeugte reife Samen.

Schon 1893 glaubte ich die Bemerkung zu machen, dass es von grossem Einfluss auf die Erhaltung der den Fruchtknoten ansitzenden Stengel- und Laubteile sei, ob die betreffenden Blüten befruchtet waren oder ob nicht. 1894 und 1895 wiederholte ich den Versuch mit Vallota purpurea, von zwei ziemlich gleich starken Blütenständen wurden von den Blüten des einen deren zwei mit dem Pollen der anderen befruchtet, die Blüten des anderen Blütenstandes dagegen vor irgend welcher Befruchtung durch Entfernen der Antheren geschützt. Gegen Ende der Anthese zeigten fast alle Fruchtknoten beider Blütenstände eine geringe Anschwellung; es erfolgte jetzt das Abtrennen beider Stengel, die dann nebeneinander, in Watte liegend, trocken und kühl aufbewahrt wurden. Schon nach wenigen Tagen war eine deutliche Veränderung wahrzunehmen.

Blütenstände mit befruchteten Blüten: Die befruchteten Teile waren dicker geworden (sowohl Fruchtknoten als Blütenstielchen), die übrigen Blüten der befruchteten Blütenstände welkten und wurden deutlich abgestossen, die Trennungsfläche am Blütenstand war leicht konvex, der Stengel an der Schnittfläche leicht eingetrocknet, sonst starr und fest.

Blütenstände mit unbefruchteten Blüten: Sämtliche Fruchtknoten, deren Stielchen und der Blütenstiel begannen schlaff zu werden, die Blüten gliederten sich nicht ab, der Stiel zeigte Längsrunzeln. Das Ausreifen der Samen bei den erstgenannten Blütenständen erfolgte jetzt weiter in der a. a. O. geschilderten Weise, ein halbreifer durch Druck verletzter Fruchtknoten wurde wie die unbefruchteten noch nach zwei Monaten abgegliedert. Hiergegen wurden die ganzen Fruchtstände, deren Blüten unbefruchtet blieben, von Tag zu Tag in der ganzen Länge schlaffer und trockneten nach einigen Wochen ein.

Im Frühjahr und Sommer dieses Jahres sammelte ich von verschiedenen Pflanzen, die gerade in grösserer Menge blühend zu finden waren, eine Anzahl ein, um ihr Verhalten nach dem Abtrennen zu beobachten, die meisten zeigten ein Verhalten wie ich es a. a O. bereits von einer grösseren Anzahl von Arten beschrieben habe, mehr oder weniger junge Fruchtknoten erzeugten reife Samen.

Orobanche caryophyllacea erwies sich als ungeeignet; sehr eigentümlich verhielten sich indes einige Orchideen, die ich auch vereinzelt schon früher benutzt hatte. Zwischen Mai und Juni sammelte ich auf verschiedenen Exkursionen mit Prof. Acherson u. a. möglichst viele Exemplare von Orchis latifolius, O. militaris, O. coriophorus und Gymnadenia conopea, die sich, wie es scheint, alle gleich verhalten. Die Exemplare wurden zu Hause je nach dem Alter und der Grösse gesichtet und getrennt, an den älteren Exemplaren wurden die bereits deutlich geschwollenen Fruchtknoten durch rote

Farbe kenntlich gemacht (oder die bereits zu weit fortgeschrittenen nachher entfernt), die Blütenknospen mit weisser Farbe bezeichnet. Es sollte nun zuerst festgestellt werden, ob die Grösse der Luftfeuchtigkeit auf die Zahl und Grösse der zur Ausbildung gelangenden Fruchtknoten einen bedeutenden Einfluss ausübt. Es wurden deshalb die Exemplare stets möglichst gleichmässig verteilt, zwei Teile je in ein südwärts (den ganzen Tag der Sonne ausgesetztes) und ein nordwärts gelegenes Zimmer, ein Teil in ein mit exotischen Pflanzen bestandenes Terrarium gehängt und der letzte Teil in eine völlig geschlossene Glasschale gelegt. Es wurden je ca. 100 Exemplare in der beschriebenen Weise behandelt. Zunächst zeigte sich, dass von den in den Zimmern und im Terrarium aufgehängten sich keine Blüten mehr öffneten, die geöffneten Corollen bald verschrumpften, die in der dampfgesättigten Luft der Glasschale befindlichen (die täglich durch Lüftung vor dem Verschimmeln bewahrt werden mussten) blühten noch einige Tage weiter, und einige grössere Knospen öffneten sich noch (diese letzteren brachten jedoch keine Samen). Schon nach einigen Tagen waren eine Anzahl der von den drei ersten Arten aufbewahrten Pflanzen welk, während nach ca. einer Woche einige Exemplare in der Glasschale zu (welken und zu) verderben begannen ohne Samen zu bringen. Der Prozentsatz war folgender:

1. Zimmer nach Süden   45,0 Prozent
2. Zimmer nach Norden   37,5   „
3. Terrarium   . . .   34,2   „
4. Glasschale   . . . 30,0   „

so dass also in der trockenen Luft des nach Süden gelegenen Zimmers um die Hälfte mehr ohne Frucht zu tragen abstarben als im Glasgefäss. Nicht ganz so stellte sich die Prozentzahl der erzeugten Samenkapseln. Es erzeugte je eine Pflanze (die obengenannten abgestorbenen mit eingerechnet) in:

1. Zimmer nach Süden   3,2 Kapseln
2. Zimmer nach Norden   4,1   „
3. Terrarium   . . .   2,5   „
4. Glasschale   . . . 3,6   „

Es zeigt sich hier kein erheblicher Unterschied in der Zahl der zur Ausbildung gelangenden Kapseln, sehr auffällig war dagegen der Unterschied in der Grösse der reifen Früchte, denn während z. B. die in der trockenen Zimmerluft gereiften Kapseln von Orchis latifolius nur 8—10 mm Länge und 3 mm Breite massen (die im Terrarium befindlichen waren wenig grösser, bis 12 mm lang), erreichten die in der Glasschale befindlichen Exemplare bei einer Länge von 15 mm eine Dicke von 7 mm, waren also breit eiförmig, die Zahl der Samen war natürlich eine dementsprechend höhere, auch zeigten (trotz der feuchten Luft) die mechanischen Zellen sowohl des Blütenstieles als der Kapselwand eine ganz erheblichere Verstärkung (fast doppelte Wandverdickung) als an den übrigen Exemplaren, wodurch sich auch das bedeutend clastischere Aufspringen erklärt.

Ein auffälliges Verhalten zeigt ein abgetrennter in Wasser gestellter Zweig der Melastomatacee Tibouchina macrantha; derselbe blieb zuerst einige Tage unverändert, bis die Blumenkronenblätter und Stamina der einzigen Blüte nach vorangegangener künstlicher Bestäubung abfielen und der Fruchtknoten leicht zu schwellen begann. Jetzt fingen plötzlich die Blätter eins nach dem anderen zu welken an, ebenso die übrigen Knospen. Es dauerte dieser Zustand des Halbwelkseins etwa zwei Wochen, Blätter und Knospen hingen halb schlaff am Stengel, während der Fruchtknoten der ersten Blüte und der Blütenstiel steif und voll blieben, sich aufwärts richteten und an Grösse und Dicke bedeutend zunahmen. Gegen Ende der zweiten Woche öffneten sich noch drei Blüten, fielen jedoch nach einigen Tagen ab. Auch in den Blättern zeigte sich jetzt eine Veränderung, sie begannen von der Spitze an allmählich nach der Basis zu gelb zu werden und wurden dann abgestossen. Augenblicklich besitzt der Zweig noch zwei Blätter, der Fruchtknoten ist von seiner ursprünglichen Grösse (7 mm Länge : 5 mm Dicke) auf 13 mm Länge und 8 mm Dicke herangewachsen. (P. S. Bereits zwei Stunden, nachdem der stark angeschwollene Fruchtknoten entfernt war, nahmen die noch vorhandenen Blätter und Knospen dauernd die normale Konsistenz wieder an!) Es erinnert das Verhalten dieses Zweiges an eine Methode, die in Volkskreisen bei der Erziehung von Zimmerpflanzen häufig angewendet wird. Einige Arten (besonders Rosen) werden durch solche Stecklinge vermehrt, an denen sich oben eine Blüte befindet, die Stecklinge werden abgetrennt, sobald der Fruchtknoten zu schwellen beginnt und dann in Wasser oder Erde gesetzt, die Blüte resp. Frucht muss daran verbleiben und schliesslich vom Stengel abgestossen werden.

Es scheint aus all diesen und zahlreichen anderen Fällen, die nicht exakt genug beobachtet werden konnten, hervorzugehen, dass durch das infolge der Befruchtung in den Samenanlagen eingeleitete lebhafte Wachstum auch die Lebensthätigkeit der übrigen mit dem Fruchtknoten in Verbindung stehenden Organe ganz bedeutend beeinflusst und erhöht wird, dass durch diese Lebensthätigkeit der Widerstand gegen äussere Einflüsse (Trockenheit etc.) vergrössert und die in den einzelnen Organteilen des abgetrennten Stückes abgelagerten Reservestoffe gelöst und zur Wanderung (nach den Samen, ev. auch zur Wurzelbildung) veranlasst werden.

IX. Zwei neue Polygonaceen.

Von

G. Lindau.

Coccoloba Dussii Lindau n. sp. Ramuli nigro-fuscescentes. Folia petiolis longis ovata apice ± sensim acuminata, basi rotundata, glabra, nervis omnibus utrinque expressis eleganter reticulata. Inflorescentia simplex nodulis 1—2-floris, pedicellis fructif. ochreolas c. 5-plo superantibus. Fructus globosus, apice obtusus, lobis perianthii arcte adpressis et vix conspicuis, basi in stipitem brevissimum subito contractus.

Liane torduo Guadaloupensibus (ex Duss!).

Frutex scandens 10—15-metralis (ex Duss!). Ramuli nigro-fuscescentes, irregulariter angulati in sicco, lenticellis fuscis oblongis. Ochreolas mox deciduas non vidi. Folia petiolis 3—4½ cm longis, supra canaliculatis et transversaliter in sicco corrugatis, subtus irregulariter angulatis, glabris, ovata, apice ± sensim acuminata vel fere obtusa acuminataque, basi rotundatis vel subcordatis 11—12 cm longa, 7—12 cm lata, tenuiter coriacea, margine tenui, subplano, supra subopaca, subtus fere nitida, glaberrima, nervo medio supra subsemi-immerso subtus crasse expresso, nervis primariis supra decurrentibus, leviter prominentibus, subtus expressis, arcuatis, angulo 65—80° abeuntibus, nervulis majoribus parallelis, nervos primarios conjungentibus minoribusque supra prominulis, subtus magis expressis eleganter denseque reticulata. Inflorescentia racemosa, simplex, c. 10 cm longa, laxiflora, nodulis 1—2 floris, pedunculo c. 13 mm longo rhachique subangulatis, nigrescentibus, glabris; bracteae subtriangulares, concavae, c. 1 mm longae; ochreolae bilobae, bracteam aequantes, membranaceae; pedicelli fructif. crassi, c. 5 mm longi, horizontaliter patentes, apice articulati. Flores non vidi. Fructus globosus apice obtusus lobis perianthii arcte adpressis vix conspicuis, basi in stipitem brevissimum subito contractus, sublaevis, in sicco (imprimis ad basin) pauciangulatus, in toto 11 mm longus, 10 mm diametro; pericarpium crustaceum, fuscum, nitidum, apice subobtusum; semen globosum apice subito acuminatum, basi breviter tenuiterque stipitatum, aequaliter profunde 6-sulcatum; albumen album, profunde ruminatum. Embryo normalis, radicula 1½ mm longa.

Hab. in Guadeloupe: Gourbeyre, Hovel Mont alt. 4—600 m. Duss n. 2180.

Fruct. Januaris (v. s. in Herb. Kr. et Urb.).

Obs. Affinis C. ascendentis Duss, a qua differt imprimis fructibus globosis, ochreolis minoribus, foliorum nervulis minus grosse prominulis et densiore reticulatione.

Ruprechtia Cruegerii Griseb. Ramuli regulariter sulcati, cinerascentes vel pallidi. Folia breviter petiolata, ovata apice breviter acuminata, basi angustata, nervis lateralibus rectis, in utraque parte 10, supra ad marginem versus subobscuris. Inflorescentia pubescens. Fructus 3-alatus, alis interioribus subnullis, exterioribus basi tubum brevem pubescentem formantibus, 3-sulcatus, angulis obtusis.

R. Cruegerii Griseb. in Fl. Br. W. I. Isl. p. 710 (nomen).

R. fagifolia Griseb. in Symb. Argent. p. 88 quoad descriptionem fructus.

Ramuli juniores verisimiliter pubescentes, mox glabrati, cinerascentes vel pallide cinerascentes, $\pm$ regulariter sulcati, lenticellis oblongis. Ochreas mox deciduas fortasse pubescentes non vidi. Folia petiolis 5—6 mm longis, supra canaliculatis, subtus in sicco angulatis et transversaliter corrugatis, supra pilosis, ovata vel subobovata, apice breviter acuminata, basi angustata et in petiolum subdecurrentia vel rarius subrotundata 7—11 cm longa, 4—6 cm lata, glabra, sed supra ad nervum medium pilosa, tenuiter coriacea, margine tenui, plano, subrufescentia, supra subnitida, nervo medio supra semiimmerso, subtus prominente, nervis lateralibus rectis, ad marginem versus subobscuris, angulo c. 45—55° abeuntibus, subdecurrentibus, supra parum prominulis subtus expressis, nervis utrinque prominulis supra dense, subtus laxe reticulato-venosa. Inflorescentia feminea in axillis foliorum racemosa, simplex, 10—13 cm longa, nodulis pluriflora, pedunculo nullo, rhachi pubescente; bracteae late ovatae, 1 mm longae, extus pubescentes; ochreolae membranaceae; pedicelli fructiferi tenues, vix 2 mm longi, pubescentes. Flores ♂ et ♀ ignoti. Fructus alis 3 exterioribus (interioribus nullis) spathulato-oblongis apice obtusis, c. 2½ cm longis, fere 0,5 cm latis, nervis 3 parallelis instructis, tenuiter reticulatis, basi in tubum, 2 mm longum pubescentem connatis, ad apicem versus sparsius pilosis, anguste ovatus, in acumen longum productus, profunde 3-sulcatus, partibus leviter unisulcatis, puberulus (praesertim apice), cum stylis 3, conspicuis, c. 1½ mm longis, puberulis 7 mm longus, 2 diametro, pericarpio coriaceo, tenui, subnitido. Semen profunde 3 sulcatum, partibus clypeiformibus, c. 2 mm longum. Embryo?

Hab. in ins. Trinidad ad „Los Efforts Estate“: Ex reliqu. Crueger. n. 2697.

Obs. Planta a cl. Lor. et Hieron. sub n. 560 ad Laguna del Palmar collecta et a cl. Grisebach in Symb. Argent. p. 88 sub nomine

Rupr. fagifolia Meissn. cum R. Cruegerii confusa differt forma foliorum (apice sensim acuminatorum, basi rotundatorum), nervis lateralibus magis curvatis non rectis, angulo obtusiore abeuntibus, petiolis utrinque pilosis, nervis majoribus subtus pilosis. Utrum hoc specimen ad R. fagifoliam Meissn. an ad novam speciem pertineat, non possum dijudicare speciminibus originalibus non mihi propositis et ob statum minis incompletum, floribus fructibusque deficientibus.

Verlag von Wilhelm Engelmann in Leipzig.

Botanische Jahrbücher
für
Systematik, Pflanzengeschichte u. Pflanzengeographie
herausgegeben
von
A. Engler.

Zweiundzwanzigster Band. Drittes Heft.

Mit 2 Tafeln u. 13 Figuren im Text. gr. 8. M. 12.—.

(Ausgegeben am 1. December 1896.)

Inhalt: **Hieronymus**, Beiträge zur Kenntnis der Pteridophyten-Flora der Argentina und einiger angrenzender Teile von Uruguay, Paraguay und Bolivien (Schluss). — **Uline**, Dioscoreae mexicanae et centrali-americanae. — **Andersson**, Die Geschichte der Vegetation Schwedens. Mit Tafel IV—V und 13 Figuren im Text. — **Höck**, Pflanzen der Schwarzerlenbestände Norddeutschlands. — Beiblatt No. 55: **Garcke**, Einige nomenclatorische Bemerkungen. — Personalnachrichten. — Botanische Sammlungen. — Botanische Reisen.

Dreiundzwanzigster Band. Drittes Heft.

Mit 1 Tafel. gr. 8. M. 6.—.

(Ausgegeben am 24. November 1896.)

Inhalt: **Reinecke**, Die Flora der Samoa-Inseln (Fortsetzung). — **Neger**, Zur Biologie der Holzgewächse im südlichen Chile. Mit Tafel VI. — Derselbe, Die Vegetationsverhältnisse im nördlichen Araucanien (Flussgebiet des Rio Biobio). — **Engler**, Beiträge zur Flora von Afrika XIII: **Schumann**, Rubiaceae africanae.

Soeben erschien:

Physiologische Pflanzenanatomie
von
Dr. G. Haberlandt
o. ö. Professor der Botanik, Vorstand des botanischen Institutes und Gartens
an der k. k. Universität Graz.

Zweite neubearbeitete und vermehrte Auflage.

Mit 235 Abbildungen.

gr. 8. geh. M. 16.—, geb. M. 18.—.

Wettstein, R. v., Monographie der Gattung Euphrasia. Arbeiten des botanischen Instituts der k. k. deutschen Universität in Prag. Nr. IX. Mit einem De Candolle'schen Preise ausgezeichnete Arbeit. Herausgegeben mit Unterstützung der Gesellschaft zur Förderung deutscher Wissenschaft, Kunst und Litteratur in Böhmen. Mit 14 Tafeln, 4 Karten und 7 Textillustrationen. 4. 1896. M. 30.—.

Willkomm, Moritz, Grundzüge der Pflanzenverbreitung auf der iberischen Halbinsel. Mit 21 Textfiguren, 2 Heliogravüren und 2 Karten. gr. 8. 1896. (Die Vegetation der Erde. Sammlung pflanzengeographischer Monographien, herausgegeben von A. Engler und O. Drude. Bd. I.) gr. 8. geh. M. 12.—; geb. (in Ganzleinen) M. 13.50.

=== *Weitere Bände befinden sich in Vorbereitung.* ===

Druck von E. Buchbinder in Neu-Ruppin.

Notizblatt

des

Königl. botanischen Gartens und Museums zu Berlin.

No. 7.   Ausgegeben am   **24. März 1897.**

Nur durch den Buchhandel zu beziehen.

✳

In Commission bei Wilhelm Engelmann in Leipzig.

1897.

Preis 1 Mk.

Notizblatt

des

Königl. botanischen Gartens und Museums zu Berlin.

No. 7. Ausgegeben am **24. März 1897.**

I. Kickxia africana Benth. im deutschen West-Afrika.

Mit einer Doppeltafel.

Von

K. Schumann.

Die Kautschuk-Ausfuhr aus West-Afrika ist in den letzten Jahrzehnten für den Weltmarkt von erheblicher Bedeutung gewesen, belief sich doch der Wert derselben schon im Jahre 1885 auf beinahe 5 Mill. Mark. Damals war die Sorge aber berechtigt, dass sie sich bald erheblich vermindern würde, da die verderblichste Raubwirthschaft in Gabun den Ertrag in dieser Colonie so weit herabgedrückt hatte, dass die Möglichkeit vorlag, diese französische Besitzung könne ganz aus den Kautschuk erzeugenden Ländern ausscheiden. Wie in Ost-Afrika der englische Generalkonsul von Sansibar, J. Kirk, so wandte damals der Gouverneur der englischen Goldküste, Sir Alfred Moloney, deswegen seine ganze Aufmerksamkeit auf eine Erhöhung der Kautschukgewinnung, und seiner Anregung allein war es zu danken, dass jenes Land, welches bis zum Jahre 1882 überhaupt keinen Kautschuk auf den Exportlisten führte, im Jahre 1893 bereits für 4 Mill. Mark von diesem kostbaren Stoff auf den Markt brachte.

In demselben Jahre richtete Moloney auch eine Aufforderung an die Lagos Times, ein Tageblatt des wichtigen Hafens in British Ober-Guinea, in welcher er auf die hohe Bedeutung des Kautschukhandels aufmerksam machte. Scheinbar hatte diese Mahnung keinen Erfolg, denn die Mengen, welche aus dieser englischen Besitzung auf dem Markte in London und Hamburg erschienen, waren belanglos. Plötzlich trat im Januar des Jahres 1895 eine ausserordentliche Bewegung ein; aus dem Hafen Lagos wurde in diesem Monat die bis dahin nicht

15

im entferntesten erreichte Menge von ca. 21000 Pfd. engl. exportiert. Damit aber nicht genug, schnellte nach einem mässigen Abfall, dann wieder einer geringen Zunahme, plötzlich im Mai der Exportsatz auf das Zehnfache in die Höhe; es wurden in diesem Monat fast 217000 Pfd. engl. ausgeführt mit einem Werte von 235000 Mark. Jener stieg immer mehr und mehr, bis im Oktober ca. 1060000 Pfd. aus dem Lande gingen, die einen Wert von 1115000 Mark hatten. Wenn auch diese Menge der Jahreszeit entsprechend dann mässig abfiel in den Monaten November und Dezember, so ist doch der Jahresexport für 1895 auf über 5100000 Pfd. angewachsen, der einen Wert von nahezu 5½ Mill. Mark ausmacht; aus diesem einzigen Distrikt wurde dieselbe Quantität ausgeführt, welche wenige Jahre vorher die ganze Westküste von Afrika aufbrachte. Man kann einen solchen Erfolg in der Ausbeutung eines pflanzlichen Rohstoffes ein merkantiles Ereignis nennen, um so mehr, als es sich um ein Produkt handelt, von dem die moderne Industrie immer grössere Mengen beansprucht. Die Thatsache war um so bemerkenswerter, als sich die Qualität des Kautschuks als eine durchaus befriedigende erwies. Die Firma Hecht, Levis und Kahn, Sachverständige in dieser Branche, bewerteten für Kew das Pfund engl. mit 2 sh. 3 P. — 2 sh. 4 P., einen recht guten Preis.

Bei der hohen Wichtigkeit der Sache lag natürlich sehr viel daran, diejenigen Pflanzen kennen zu lernen, von denen die Produkte gewonnen wurden. Bis vor kurzem war man der Meinung, dass hauptsächlich die rankenden Landolphia-Arten (namentlich L. Owariensis Pal. Beauv.) auch hier ausgebeutet würden. Vor einigen Jahren kam dann die Nachricht zu uns, dass der Lagos-Kautschuk hauptsächlich von dem Abba-Baume stammte, der im Lande als Allee- und Schattenbaum umfangreich kultiviert wird. In den von Alvan Millson aus Badagry eingesandten Proben erkannte Oliver in Kew Ficus Vogelii Miq.; später wurde mitgeteilt, dass unter Abba alle grossen Feigenbäume verstanden würden. Von jenem Baume hat Millson selbst Kautschuk gewonnen. Er schickte 20 Pfd. desselben nach Kew; der Direktor der Kew Gardens liess ihn von dem Fabrikanten Silver taxieren, welcher sein Urteil dahin abgab, dass dieser Lagos-Kautschuk minderwertig wäre, er verschmierte die Maschinen und war allein überhaupt nicht verwendbar. Da nun erfahrungsgemäss der als Handelsware geläufige Kautschuk aus jenem Exporthafen als ein guter zu bezeichnen ist, so ging aus jener Beurteilung hervor, dass Millson sich geirrt hatte und dass die Stammpflanze des Lagos-Kautschuks noch zu suchen war. Im Dezember 1894 war bis zu dem Kurator der botanischen Station in Lagos die Nachricht durchgesickert, dass im Binnenlande ein hoher Waldbaum, Ire genannt, der Hauptlieferant wäre. Die Kew Gardens erhielten denn auch im Anfang des Sommers 1895 durch einen Mr. J. C. Olubi Proben von dieser Pflanze, die er selbst gesammelt hatte. Sie erwies sich als eine schon früher durch Bentham beschriebene Art der Gattung Kickxia, von der sonst nur noch zwei Arten in Ost-Indien bekannt sind. Nach den Mitteilungen von Oluby, welche durchaus nach eigenen Wahrnehmungen an Ort und Stelle gemacht worden sind, kann es nunmehr nicht mehr zweifelhaft sein, dass in Kickxia africana Benth. eine äusserst wichtige Pflanze vorliegt, da sie in reichlicher Menge einen sehr wertvollen Kautschuk liefert. Diese Thatsache hat heute ein um so grösseres Interesse, weil es dem Direktor des botanischen Gartens in Victoria gelungen ist, den Baum auch in unserer Kolonie Kamerun nachzuweisen. Schon vor längerer Zeit ist uns aber die Mitteilung zugegangen, dass in Togoland dieselbe Pflanze in gleichen Verhältnissen vorkommt, wie in den östlich und westlich an dies Gebiet angrenzenden Landschaften der Goldküste und von Lagos. In doppelter Hinsicht erwächst uns also die Aussicht, dass in unseren Kolonieen ein lebhafter Handel von Kautschuk emporblühen könnte, der in den benachbarten Gebieten den Engländern so hohen Gewinn bringt.

Damit nun dieser Baum an allen Orten innerhalb der deutschen Interessensphären leicht und sicher wiedererkannt werden könne, haben wir eine Tafel herstellen lassen, welche einen blühenden Zweig, die wichtigsten Einzelheiten der Blüten und die Früchte mit Samen wiedergiebt. Allerdings ist eine Lithographie bereits im Kew Bull. 1894 bei S. 246 mitgeteilt; diese war aber in manchen Einzelheiten verbesserungsbedürftig.

Kickxia africana Bth. ist einer der höchsten Waldbäume, der nach Oluby eine Höhe von 22 m, bei einem Maximaldurchmesser des Stammes von 25—30 cm erreicht; er ist in allen Teilen auch im frühesten Jugendzustande vollkommen kahl. Die Zweige sind stielrund, durch das Trocknen werden sie etwas zusammengedrückt und geschwärzt. Die Blätter sind kreuzgegenständig angereiht; sie werden von einem kräftigen, bis 1 cm langen, oberseits flach ausgekehlten Stiele getragen; die Spreite ist 10—20 cm lang und in der Mitte 3 bis 6,5 cm breit, lederartig, oblong bis lanzettlich oblong, kurz zugespitzt, am Grunde spitz, lederartig, dunkelgrün, sie wird von 7—9 unterseits deutlich vorspringenden Nerven durchzogen. Die Blüten sind kurzgestielte, ziemlich gedrängte, mässig reichblütige Rispen zusammengestellt, die sich aus den Blattachseln erheben. Ihre Begleitblätter sind eiförmig, spitz, bleibend; sie sitzen auf kurzen, kaum jemals 5 mm langen Stielen. Der grüne Kelch ist 5blättrig und etwa 3 mm lang;

15

am Grunde jedes Kelchblattes liegen auf seiner Innenseite gezähnelte Drüsen. Die gelbe Blumenkrone ist präsentierteller- bis trichterförmig und bis weit über die Hälfte in 5 linealische, etwas gewundene, stumpfe Zipfel geteilt; sie ist etwa 12 mm lang. Dort wo die Staubblätter mit ihren kurzen, schwachbehaarten Fäden befestigt sind, ist sie auch mit Haaren bekleidet, sonst ist sie völlig kahl. Die Staubbeutel sind pfeilförmig, an den Rändern zu Leitschienen erhärtet, die inneren Beutelhälften sind halb so lang wie die äusseren. Der deutlich fünflappige Fruchtknoten besteht aus 2 vollkommen gesonderten Hälften, die durch den Griffel oben zusammengehalten werden, er ist besonders oben behaart und wird am Grunde von 5 blattartigen, gezähnten Diskusschuppen umgeben. Jedes Fach trägt an der Berührungsseite mit der anderen an einer wenig vorspringenden Samenleiste zahlreiche Samenanlagen. Die Narbe ist kopfig, nach oben verjüngt, an ihr sind die Ansatzstellen der Staubbeutel deutlich sichtbar. Die Frucht stellt 2 Balgkapseln dar, welche vollkommen spreizend in einer Geraden liegen, jede ist 9—15 cm lang. Die Wand ist holzig und zeigt an der Aussenseite zwei wenig vorspringende Leisten. Jede Balgkapsel springt an der Innenseite auf und umschliesst zahlreiche schmal spindelförmige, etwas gekantete, 12—14 mm lange Samen, die am Grunde in eine sehr lange, seidig lang behaarte Granne, oben in eine kurze Spitze auslaufen. Der Same umschliesst einen Keimling mit mannigfach gekrümmten Keimblättern in sehr spärlichem Nährgewebe.

Diese Samen verdienen eine gewisse Berücksichtigung, weil sie nämlich den für den Arzneischatz so wichtigen Strophanthus-Samen betrügerischerweise beigemischt worden sind. In der That ist die Ähnlichkeit nicht gering, denn der Unterschied, dass sich bei Kickxia die Granne am Grunde, bei Strophanthus aber an der Spitze befindet, kann an losen Samen nicht zur Geltung kommen. Jenem Umstande ist es zu danken, dass man Kickxia-Samen für 72 sh. das Pfund in Liverpool bei Bowden & Co. kaufen kann.

Alle Teile der Pflanze, vorzüglich aber die Rinde, lassen den reichlichen weissen Milchsaft bei der geringsten Verletzung hervortreten, in dem der Kautschuk enthalten ist. Der letztere wird nun auf folgende Weise gewonnen, die wir nach Herrn F. G. R. Leigh darstellen: Man schlägt zunächst eine etwa 1—1,15 cm breite Rinne in die Rinde, welche den Baum vom Gipfel bis zum Grunde durchläuft und tief genug sein muss, dass die innerste Rinde getroffen wird. Alsdann schlägt man jederseits der Hauptrinne parallel vorlaufende, schiefe, den Baum umziehende Rinnen, welche sämtlich in die Hauptrinne münden. Auf diese Weise läuft der Milchsaft bequem in ein am unteren Ende der letzteren aufgestelltes Gefäss.

Um die Milch zum Gerinnen zu bringen, hat man zwei Wege. Der sogenannte kalte Prozess besteht darin, dass man sie durch ein Tuch seiht und in einen Trog bringt, der in einen umgefallenen Baumstamm geschlagen ist, bis derselbe gefüllt ist. Man bedeckt ihn mit Palmblättern und überlässt die Milch 12—14 Tage sich selbst. Das Wasser ist dann grösstenteils verschwunden und der Kautschuk koaguliert, der dann geknetet und gepresst wird. Dieser Kautschuk ist aussen dunkelbraun, innen heller und heisst Silk rubber.

Bei dem heissen Process wird die durchgeseihte Milch gekocht, worauf die Koagulation bald eintritt. Hierbei kann nicht verhindert werden, dass ein kleiner Teil anbrennt, wodurch der Kautschuk klebrig und für die Verarbeitung weniger wertvoll wird.

Es ist unbedingt wünschenswert, dass dieser Kautschukbaum in unseren Kolonieen ausgenützt und zu gleicher Zeit geschont wird. Da er ein Baum des Urwaldes ist, so wird man bei Klärungen, um Neuland für den Plantagenbau zu schaffen, auf seine Erhaltung besonders bedacht sein müssen und ihn nicht mit den wertlosen Bäumen abschlagen.

Aber noch eins ist zu beherzigen! Bisher stellte die Natur der afrikanischen Kautschukpflanzen als Lianen dem Versuche, sie zu kultivieren, die grössten Schwierigkeiten deswegen entgegen, weil für diese bis zur Stärke eines Schenkels heranwachsenden, mächtigen Gewächse ebenso kräftige Stützen hätten geschaffen werden müssen. Diese Schwierigkeit fällt nun weg; zugleich wächst aber bei einer baumartigen Pflanze die Bequemlichkeit der Gewinnung des Stoffes, zumal ein einmal angeschlagener Baum, welcher nach Oluby bei geeigneter Behandlung 12—14 Pfd. Kautschuk liefert, nach 18monatlicher Ruhe von Neuem bereits wieder ergiebig sein soll.

Figuren-Erklärung.

Kickxia africana Benth. A. Blühender Zweig; B. Knospe; C. Blüte; D. Kelchblatt von innen; E. Staubgefäss von der Innenseite; F. Fruchtknoten mit Discusdrüsen; G. Balgkapsel geöffnet mit den Samen, die andere von der Aussenseite; H. Same mit der behaarten Granne; I. Same, ohne Granne; K. derselbe im Querschnitt.

II. Notizen über die Flora der Marshallinseln.

Auf Grund einer Sammlung des Regierungsarztes Herrn Dr. Schwabe und dessen
handschriftlichen Bemerkungen zusammengestellt

von

A. Engler.

Herr Regierungsarzt Dr. Schwabe hat es sich während eines
dreijährigen Aufenthaltes auf den Marshallinseln in den Jahren 1894
bis 1896 angelegen sein lassen, die bekanntlich sehr artenarme Flora
jenes Inselgebietes zu beobachten und eine kleine Sammlung von 20 Arten
Gefässpflanzen und Pilzen dem Königl. botanischen Museum übersendet,
welche hier bestimmt wurden, auch über die auf den Inseln kultivierten
Nutzpflanzen Nachricht gegeben. Es liegt in der Natur jener Korallen-
Inseln, dass die Sammlung wenig Neues bietet; immerhin dürften die
über die Flora der Inselgruppe gesammelten Angaben für diejenigen,
welche noch nicht mit der polynesischen Flora bekannt sind, einiges
Interesse haben.

„Der Boden besteht aus Korallengeröll, das im Laufe der Zeit mehr
oder weniger verwittert ist und mit abgestorbenen Pflanzen zusammen
eine dünne Humusdecke gebildet hat. Das Klima ist sehr gleichmässig,
und die Niederschläge sind erheblich. Man ist geneigt, die feuchtwarme
Luft des hiesigen Klimas mit jener unserer Treibhäuser zu vergleichen.
So kommt es denn, dass trotz der ungünstigen Bodenverhältnisse kein
von der See umspültes Fleckchen Land existiert, welches nicht bewachsen wäre. Freilich sind die Arten der hiesigen Pflanzenwelt nicht
zahlreich. Wo Gärten angelegt worden sind, hat man dies mit Hülfe
importierter Erde ermöglicht. Landeinwärts vom breiten Riff, soweit
es bei Flut vom Meere überschwemmt wird, steigt der Boden wenige
Fuss an und ist bedeckt von losem Geröll, welches das Meer aus zer-
trümmerten und in steter Bewegung aneinander abgeschliffenen Ko-
rallen aufgehäuft hat. Von der Flut werden sie noch erreicht; aber
schon auf ihrer Höhe beginnt hier und da Vegetation. Es ist der anspruchs-
lose Pandanus, dessen Samen hier oft zu keimen beginnt. Die eigentliche
Masse des Pflanzenwuchses beginnt aber kurz hinter dem Geröll und
zwar mit einer für diese Inseln charakteristischen Formation. Es ist
der Kĕnăt der Eingeborenen oder Salzwasserbusch der Europäer, Scaevola Koenigii Vahl, welcher an der offenen Seeseite, nicht an der La-
gunenseite wie ein Wall von 10—16 Meter Durchmesser und 3—5 Meter
Höhe) die Pflanzenwelt der Inseln gegen Seewind und Salzwasserstaub
schützt. Die wichtigsten Nutzpflanzen, welche die Vegetation be-

herrschen, sind vor allen Cocos nucifera, sodann Pandanus utilis und
Artocarpus incisa. Auf der Insel Jabwor befinden sich Cocos und Pandanus in der Mehrheit, auf anderen der Brotfruchtbaum."

Auf Grund der Sammlung und der Notizen ergiebt sich folgendes
Verzeichnis der Gefäss-Pflanzen der Marshallinseln; es ist daraus ersichtlich, dass die Zahl der Pflanzen, welche ohne Mitwirkung des
Menschen die Inseln besiedelt haben, eine sehr geringe ist. Die von
Herrn Dr. Schwabe gesammelten Pilze finden sich in der folgenden
Abhandlung des Herrn Hennings beschrieben.

Pteris marginata Bory.

Ein kurzer aufrechter Stamm, der sich sofort über dem Erdboden teilt.

Meist im Schatten der Kokospalmen, aber auch an ungeschützten
Stellen.

Nephrolepis hirsutula Prest. — Jīdĕ.

Epiphytisch auf Bäumen und Baumstümpfen; die Blätter bisweilen
mehrere Meter lang herabhängend.

Asplenum Nidus L. — Gardĕb. — Die Blätter werden 1,5 m und
darüber lang.

Epiphytisch auf Bäumen.

Polypodium Phymatodes L. — Ginno.

Meist auf Bäumen epiphytisch; kriecht an den Luftwurzeln der
Pandanusstämme vom Erdboden aus empor.

Pandanus spec.

Unmittelbar an der Küste im losen Korallengeröll, das vom Meer
ausgeworfen wurde. Wenige Centimeter hohe Pflänzchen hatten 1 m
lange Wurzeln durch die obere trockene Schicht des Gerölls bis in
die tieferen feuchten Schichten desselben gesendet.

Pandanus utilis Bory. — Bob.

Die Früchte werden entweder roh ausgekaut oder man bäckt sie
über dem Feuer und presst über einer Muschelkante ihren Saft aus, der
einen dicken zähen Brei giebt. Dieser wird zu Rollen geformt, in
Blätter und Matten gepackt und liefert eine wohlschmeckende Konserve, die sich Monate und Jahre lang hält; für die Eingeborenen
auf ihren Seefahrten ein praktisches Nahrungsmittel. Die Blätter
finden mannigfache Verwendung beim Häuserbau, wo sie als Flechtwerk Wände und Dächer bilden; ferner zu Kanusegeln, Matten etc.

Cocos nucifera L.

Gedeiht nur auf steinigem, von Korallengeröll gebildetem Boden;
auf sandigem Alluvium gepflanzte Cocospalmen gediehen nicht. Sie
waren niedrig geblieben und von rotgelber heller Farbe, während in

nächster Nachbarschaft auf steinigem Boden angepflanzte Palmen gleichen Alters sehr gut fortkamen.

Bekanntlich haben die Cocos, abgesehen von ihrer Bedeutung für die Ernährung der Eingeborenen, noch die, dass sie den einzigen Ausfuhrartikel der Eingeborenen, die Kopra, liefern.

Colocasia antiquorum Schott. — Taro.

Auf Jabwor, noch mehr auf den anderen Inseln, z. B. Ebon, angebaut.

*Es scheinen neue Sorten von Taro importiert worden zu sein.

Epipremnum mirabile Schott.

Stammt von Ponapé, wo die Pflanze von den Eingeborenen Mäm genannt wird.

Die Blütenkolben riechen stark nach frischem Brot.

Musa sapientum L. — Banane.

Alpinia speciosa K. Sch. (bekannt unter dem Namen A. nutans Roscoe).

Staude von 1½ Manneshöhen und grossem Umfang. — Nach der Beschreibung bestimmt von Prof. Schumann. Eingeführt, wahrscheinlich von Ponapé.

Canna indica L. — Arrow-root.

Hauptsächlich auf den nördlichen Inseln, nur wenig auf Jabwor gebaut.

Die Eingeborenen rühren das Mehl mit Seewasser zu einem Brei an.

Artocarpus incisa Forst. — Brotfruchtbaum. — Allgemein angepflanzt.

Die Samen werden so wie die von Pandanus zu Conserven verarbeitet. Das Holz dient zum Kanubau.

Pipturus incanus Wedd.

Fleurya ruderalis (Forst.) Gaudich. — Nĕn gĕdĕgĕt.

Hernandia peltata Meissn. — Bin(e)wing. — Blühend im Februar.

Mächtiger Baum mit umfangreichem, aber kurzem Stamm, der sich bald über dem Erdboden in kräftige, hochaufstrebende Zweige teilt.

Früher wurden die Früchte zu Brei verrieben und der durch eine Matte gerührte Saft mit Cocosmilch von den Eingeborenen zu Bädern für entzündete Hoden verwendet.

Pithecolobimum Saman Benth. — Blühend im April. — Etwa 12 m hoher Baum.

Von Honolulu eingeführt.

Cassia occidentalis L. — Manneshoher Busch.

Von Honolulu eingeführt.

Erythrina indica Lam. — Blühend von Januar bis April. — Etwa 15 m hoher Baum.

Von den Neuen Hebriden aus eingeführt.

Codiaeum variegatum (L.) Blume. — Blühend im Mai.

Allophylus Cobbe (L.) Blume. — Kĕdāk. — Blühend im Juli.

Pometia pinnata Forst.

Malvastrum coromandelianum (L.) Garcke.

Triumfetta procumbens Forst. — Adät. — Blühend und fruchtend im December.

> Am Strande anf nacktem Geröll hinkriechend.
>
> Liefert den Eingeborenen einen festen Bast zu Fischleinen.

Calophyllum Inophyllum L. — Lugwaét. — Blühend im Mai.

> Nicht häufig.

Carica Papaya L. — Melonenbaum.

> Gedeiht vorzüglich in der Kultur.

Barringtonia speciosa Forst. — Oup. — Blühend im Mai. — Baum mit stattlicher Krone auf kurzem, dickem Stamm.

> Die Umgebung des Baumes ist zeitweise von jungen Pflanzen wie besät; sogar auf dem Stamm selbst, in den Winkeln der Äste siedeln sich solche an.
>
> Der leicht bitter-schmeckende Samen wurde von den Eingeborenen früher zu Brei zerrieben ins Meer geworfen, um Fische anzulocken nnd durch den Genuss zu betäuben.

Bruguiera spec. — Djong. — Wenige Meter hoch.

> In Brachwassertümpeln, welche bei Ebbe trocken liegen.
>
> Die Pflanze wurde nicht gesammelt, sondern nur beschrieben: es ist daher die Art nicht zu bestimmen.
>
> Aus der Schale der langen dünnen Frucht wird ein Lack gewonnen, indem sie mit Seewasser angerührt und ausgepresst wird. Der Lack ist grünlich und von üblem Geruch. Die Baststreifen, aus welchen die schwarzen Muster der in Jaluit gefertigten Matten hergestellt werden, werden zunächst mit einer Farbe angestrichen, die man durch Zusammenrühren gebrannter Kokosfasern mit Wasser gewinnt, und dann mit dem erwähnten Lack überzogen.

Terminalia Catappa L. — Gudill. — Blühend im Juli. — Bis 10 m hoher Baum.

> Auf Jabwor nicht sehr häufig; auf manchen Atolls aber in grösserer Menge.
>
> Der Same wird in Jaluit beim Backen als Surrogat für Mandeln benutzt.

Ipomoea pes caprae (L.) Sw.

Ipomoea denticulata Choisy. — Blühend im Juli.

Calonyction speciosum Choisy.

Lantana aculeata L. — Blühend im Februar.

> Dicht an der Lagune. — Von Samoa eingeführt.

Solanum oleraceum Dunal. — Blühend im April. — Busch von mehr als 2 m Höhe.

Wahrscheinlich mit Erde von Samoa oder Ponapé eingeführt, jetzt allgemein verbreitet.

Capsicum annuum L. — Blühend im Juli.

Wie die vorige und die folgende eingeführt.

Capsicum longum L.

Morinda citrifolia L.

Scaevola Koenigii Vahl. — Kenat. — Salzwasserbusch.

An der offenen See. — Blühend im Dezember.

Bildet eine charakteristische Formation an der offenen See, welche wie ein Wall die Pflanzenwelt der Inseln gegen Seewind und Salzwasserstaub schützt. Zu äusserst stehen die niedersten Pflanzen, nachher folgen höhere. Allmählich steigt das Blätterdach in schiefer Ebene vom Erdboden bis zu 3—5 m Höhe empor; dabei besitzt das Kenatgehölz einen Durchmesser von etwa 10—16 m. Der Schutz des Kenats bewährt sich namentlich zur Zeit des NE-Passates, wo der Salzwasserstaub wie ein grauer Dunst die Luft erfüllt und mit Ausnahme der Triumfetta procumbens und der Convolvulus alle vom Salzwasserstaub getroffenen Pflanzen gelb werden und teilweise absterben.

Wedelia biflora DC. — Mörgwëbït.

Im Halbschatten, auf wenig Humus.

Nur vereinzelt angebaute Kulturpflanzen sind: Dioscorea (Yams), von Ponapé eingeführt, Ipomoea Batatas Lam. (Batate), von Kusaie eingeführt, Citrus Limonum L., Ananas sativus Schult., Ficus Carica L., Anona Cherimolia L., Punica Granatum L., Ricinus communis L.

III. Einige Pilzarten von den Marshallinseln.

Von

P. Hennings.

Von Herrn Dr. C. Schwabe wurden dem botanischen Museum im Jahre 1896 mehrere Pilze in Alkohol übersendet, die derselbe auf der zu der Marshall-Inselgruppe gehörenden Insel Jaluit im Jahre 1895 gesammelt hatte. Eine Beschreibung mehrerer dieser Pilze ist von ihm später eingesendet worden. Erdbewohnende Arten wurden von Herrn Schwabe nicht beobachtet, sondern sollen die dort vorkommenden Pilze meistens an faulenden Baumstümpfen und auf Holz wachsen. Die übersandten Exemplare sind sehr schön konserviert und zum Teil mit dem Substrat, auf dem sie wachsen, eingelegt worden.

Bereits von Finsch wurden auf seiner Südsee-Expedition ausser Flechten und Moosen einzelne Pilzarten auf der Insel Jaluit gesammelt, doch sind dieses überall verbreitete Arten, wie Auricularia Auricula Judae (L.); Polistyctus sanguineus (L.); Schizophyllum alneum (L.). Eine Aufzählung der von Herrn Dr. Schwabe eingesandten Arten erfolgt nachstehend.

Auricularia Auricula Judae (L.) Schröt. „Judasohr“. An Baumstämmen (No. 11). Der fast überall gemeine Pilz wird auf Jaluit als „Chinesenohr“ bezeichnet; er wird von den Chinesen gerne gegessen. Von den Inseln des Malaischen Archipels soll der Pilz im getrockneten Zustande in grossem Maasse nach China versendet werden.

In den Tropenländern der beiden Hemisphären wächst der Pilz an den verschiedenartigsten Baumstämmen, während derselbe in Deutschland, sowie im übrigen Europa besonders nur an alten Hollunderstämmen vorkommt. Eine ähnliche Art, das sogenannte Hundeohr (A. nigra Fr.), findet sich in Süd-Afrika und wird von den Kaffern gegessen. Der eingeschrumpfte Pilz nimmt beim Anfeuchten seine ursprüngliche Form wieder an.

Fomes amboinensis (Lam.) Fries. An Baumstämmen. Überall in tropischen und subtropischen Gebieten gemein in den verschiedensten Formen.

Polyporus Kamphöveneri Fries. An Baumstämmen. Dieser Pilz ist von sehr variabler Gestalt und Färbung, bald völlig weiss oder hellgelblich, bald schwarz oder abwechselnd schwarz und weiss gezont oder buntgescheckt. Die Konsistenz des Hutes ist gleichfalls sehr verschieden, bald ist derselbe dünn, lederig, bald holzig und ziemlich dick, mit einfachen oder geschichteten Röhren. Die mehrjährigen holzigen Exemplare sind gewöhnlich in die Gattung **Fomes** gestellt worden. Die schwarz und weiss gezonten Pilze wurden von Berkeley et Curtis als **Fomes hemileucus** beschrieben. Letztere Autoren haben die gleiche Art mit dünneren, lederartigen Hüten, nach den im Berliner Museum befindlichen Exemplaren aus Mossambik, nach Klotzsch als **Polystictus vittatus** aufgestellt. Die Art findet sich in West-Indien, in Tahiti, im Malaischen Archipel, in Neu-Guinea, besonders aber in Usambara, Kamerun sowie in Abyssinien.

Marasmius callopus (Pers.) Fries var. **jaluitensis** P. Henn.; pileo membranaceo, lento, albido, explanato centro depresso, brunneolo, radiatim plicato-rugoso, margine tenui inciso, interdum crispulo 1— 3 cm diametro; stipite corneo, subfistuloso, atro-brunneo, levi, glabro, curvulo 1—2 cm longo, 1—2 mm crasso, basi pallide rufo, haud incrassato, lamellis sinuoso-adnatis, late ventricosis, interdum crispulis, albidis, basi venosis, distantibus, pallidis; sporis ovoideis, hyalinis 4—5 m.

Auf moderndem Holz.

Der Pilz ist von der typischen Art unwesentlich verschieden, besonders durch die gekräuselten, aderig verbundenen Lamellen, sowie durch die dünnere Konsistenz des Hutes.

M. pandanicola P. Henn. n. sp.; pileo membranaceo, convexo explanato, centro depresso, radiatim sulcato, levi, pallido 2—3$^1/_2$ cm diametro, margine tenui, integro vel subcrenato; stipite subexcentrico, fistuloso, tereti, striatulo, levi 1—1$^1/_2$ cm longo, 1—2 mm crasso, basi discoideo incrassato, tomentosulo pallido, curvato; lamellis adnatis, inaequilongis, distantibus, subventricosis basi anastomosantibus, acie integris albis; sporis ellipsoideis vel ovoideo-ellipticis, basi oblique apiculatis, hyalinis intus punctatis 7—8$^1/_2$ × 4—5 μ, levibus; basidiis clavatis 15—20 × 8—9 μ.

An Pandanusstämmen heerdenweise, meist excentrisch gestielt.

Die Art ist mit M. Vaillantii Fr. verwandt, ebenfalls mit der vorigen, von dieser aber durch den blassen, am Grunde striegelhaarigen Stiel, sowie durch die Sporen besonders verschieden.

Psathyrella disseminata (Pers.) Fr. Rasig an Baumstümpfen. Die Art ist sowohl in Deutschland, wie in fast allen Gebieten des Erdkreises, so auf dem Gipfel des Kilimandscharo, im Innern Neu-Guineas und Brasiliens überall an Baumstümpfen gemein.

Psathyra Schwabeana P. Henn. n. sp.; pileo membranaceo, convexo explanato, ex pallido fusco-brunneo, radiatim striato-subsulcato, centro venoso-rugoso, obscuriori 1—2 cm diametro; stipite fistuloso, tereti, glabro levique, albo 8—16 mm longo, 1—2 mm crasso, basi incrassato, strigoso-tomentoso, brunneolo; lamellis adnatis, confertis, subventricosis, fusco-brunneis; sporis ellipsoideis, levibus fuscis vel fusco-atris 7—9 × 4—4$^1|_2$ μ.

Auf faulenden Stämmen.

Mit Ps. obtusata Fries verwandt, aber verschieden.

Hypholoma jaluitensis P. Henn. n. sp.; pileo membranaceo carnosulo, convexo-explanato dein depresso, pallido fuscescente 1—1$^1/_2$ cm diametro; stipite fistuloso, tereti, albo subnitente, fibrilloso, interdum annulato (annulo membranaceo, albo), basi incrassato, tomentosulo 1$^1/_2$ bis 2 cm longo, 2—2$^1/_2$ mm crasso; lamellis adnatis, confertis ex pallide violaceo-fuscis; sporis ellipsoideis utrinque rotundatis, levibus, ex pallide fuscis 7—8$^1/_2$ × 4—4$^1/_2$ μ.

Herdenweise auf moderndem Holz.

Die Art steht H. appendiculatum (Bull.) Fr. und H. Candolleanum Fr. sehr nahe, ist aber durch die angegebenen Merkmale verschieden. Der Stiel trägt mitunter einen häutigen, etwas zerrissenen Ring, was auch von Herrn Dr. Schwabe in der Beschreibung des Pilzes erwähnt wird. Dieses Merkmal müsste den Pilz als zu Stropharia gehörig bezeichnen, doch gehört derselbe zweifellos zu Hypholoma. Bei Hyph. appendiculatum (Bull.) findet ebenfalls mitunter Ringbildung statt und wurde die Form von Fries als Stropharia spintrigera Fr. beschrieben.

Galera cfr. conferta (Bolt.) Fries. An Baumstümpfen. Der Pilz hat äusserlich mit dieser Art grosse Ähnlichkeit. Die Sporen sind elliptisch, glatt, gelbbraun, $8-9 \times 4\frac{1}{2}-5\frac{1}{2}$ μ. Derselbe kommt in Europa häufig auf Gerberlohe vor.

Pleurotus Schwabeanus P. Henn. n. sp.; pileo carnosulo, laterali, flabelliformi vel subreniformi, convexo-explanato vel conchiformi, caespitoso, levi-glabroque, albido, margine integro vel inciso-lobato 2—5 cm lato, $1\frac{1}{2}-2\frac{1}{2}$ cm longo, postice stipitiformi-attenuato, discoideo affixo, basi tomentoso-strigoso lamellis subconfertis, inaequilongis, decurrentibus; subventricosis, flavis, acie integris; sporis ellipsoideis vel subovoideis, hyalinis, levibus $7-8 \times 4-5$ μ.

An faulenden Stämmen rasig.

Die Art hat in der Form mit Pl. nidulans (Pers.) grosse Ähnlichkeit, ist aber durch den unbehaarten, weissen Hut, sowie durch die Sporen gänzlich verschieden.

Lachnea jaluitensis P. Henn. n. sp.; lignicola, sessilis, applanata, miniata 3—4 mm diametro extus versusque marginem setosis, setis simplicibus, subulatis, septatis, rufobrunneis 250—350 μ longis, 15—24 μ crassis; intus levibus; ascis cylindraceis, apice rotundatis 8 sporis, $150-200 \times 15-18$ μ; paraphysibus filiformibus, 3—4 μ crassis, apice clavatis 5—6 μ crassis, flavido-granulosis; sporis oblique monostichis, ellipsoideis, hyalinis, verrucosis $16-19 \times 9-12$ μ.

Auf faulendem Holz.

Die Art ist unter den holzbewohnenden Arten am nächsten mit der in Australien heimischen L. margaritacea Berk. sowie mit der in Neu-Seeland vorkommenden L. badio-berbis Berk. verwandt, aber durch die Sporengrösse u. s. w. verschieden.

IV. Übersicht über die Arten der Gattung Coffea.

Von
A. Froehner.

Beschäftigt mit einer monographischen Arbeit über die Gattung Coffea, mit der mich zu betrauen Herr Geheimrat Prof. Dr. Engler die Güte hatte, wurde ich beim Studium der einzelnen Arten darauf hingewiesen, dass eine vergleichende Übersicht über dieselben, besonders bei der grossen Zahl der in letzter Zeit in den deutschen Kolonieen und deren Nachbargebieten neu aufgefundenen Arten und bei der Seltenheit des Materials, schon jetzt wünschenswert sei. Ich habe dieselbe auf Grund des im Königl. botanischen Museum vorhandenen und von mir durchgearbeiteten Materials abgefasst; die dort nicht vorhandenen Arten werden in Klammer beigefügt. Die mir bekannt gewordenen Arten habe ich am Schluss beschrieben.

I. Antheren in der Röhre verborgen:
1) Narben aus der Röhre hervorragend: kleiner Strauch mit graubrauner, wenig längsrissiger Rinde, zahlreichen 6- bis 7 gliedrigen Bl.*) an den kahlen Ästen, welche fast im rechten Winkel entspringen und dann nach aufwärts ausbiegen; Frucht weiss (Oliver) . . . . **C. jasminoides** Welw.
Angola (Golungo alto).

2) Narben in der Röhre verborgen:
A. Bl. 6—7 gliedrig; sehr gross (6 cm); Äste deutlich dekussiert und daher sperrig; Rinde hellbraun oder weisslich, längsstreifig; je 2 Bracteen des Calyculus (Vorblattbecher) krautig, obovat, gestielt, Bl. vor den B. erscheinend . . . . **C. divaricata** K. Sch.
Lagos, Togo.

B. Bl. 5 gliedrig;
a. Calyculus den Kelchrand überragend und:
aa. je 1 Blüte umschliessend; Fr. durch Längsfurche 2 knöpfig:
AA. Kelch gezähnt;
α. Kelchzähne gefranst; Bracteen spelzig; Bl. vor den B. erscheinend; Äste mit

*) Die in dieser Übersicht angewendeten Abkürzungen sind die in den „Natürlichen Pflanzenfamilien von Engler und Prantl" allgemein angewendeten, nehmlich: B. = Blatt, Bl. = Blüte, Fr. = Frucht.

weisslicher Rinde, dick, deutlich de-
kussiert, daher sehr sperrig   . . .   **C. Wightiana** W. et A.
Travancore, Ceylon.

[β. Kelchzähne abgerundet; Bracteen krautig   **C. rupestris** Hiern]
BB. Kelchrand fast glatt; Bl. nach den Blättern
erscheinend; die dünnen Äste mit bräun-
lichem Korke bedeckt; rauh   . . . . . **C. travancorensis** W. et A.
Travancore, Ceylon.

mit glänzenderen B. und deutlicherer Nerv-
atur . . . .   var. fragrans (Wall.)
Froehner.
Vorderindien.

bb. für mehrere (3) Bl. gemeinsam; B. krautig,
beiderseits blassgrün, mit ca. 7 Nerven 1. Grades,
an diesen durch einzellige Haare etwas wollig;
Kelchzähne gefranst; Frucht oval   . . . .   **C. bengalensis** Roxb.
Ostindien, Java.

b. Calyculus kürzer als der Kelch; B. krautig, beider-
seits blassgrün, kahl, mit 3—5 Nerven 1. Grades,
Kronschlund bärtig; Frucht fast schwarz   . . .   **C. melanocarpa** Welw.
Angola (Golungo alto).

II. Antheren aus der Kronröhre herausragend.
1) Blätter jährlich wechselnd.
A. B. rauh:
a. B. sehr dünn, häutig, freudig grün, breitverkehrt-
eiförmig bis eiförmig, z. T. fast herzförmig, mit
4 undeutlichen Nerven 1. Grades; junge Zweige
durch einzellige Haare rauh; in nach vorn
stumpfem Winkel entspringend; Calyculus mit
je 2 kleinen, häutigen, herzförmigen Blättchen;
Kelch kurz gezähnelt . . . .   **C. subcordata** Hiern
Gabun, Kamerun.

[b. Hierher: C. mosambicana D. C. = C. ramosa
R. et Schult. = ...   **C. racemosa** Lour.
Mossambik.]

B. B. glatt, breiteiförmig, kurz zugespitzt; dicke Äste
mit weissgrauer Rinde; Blüten 6gliedrig, zu 2—6
in Knäueln . . . .   **C. Ibo** Froehner
Mossambik.

2) Blätter ausdauernd:
a. B. von papierartiger oder dünnkartenartiger Consistenz:
1.1. Blüten zu 1—2 achselständig.

A. Calyculus den Kelchrand überragend:
aa. Bl. 6—7gliedrig:
α. Strauch nicht kletternd; B. verkehrteiförmig; mit 5—8 Nervenpaaren 1.
Grades; oberseits matt dunkelgrün,
unterseits heller mit deutlich sichtbaren
Nerven 1. Grades, aber undeutlich feine-
rem Adernetz, kurz zugespitzt; Bl. etwa
1,5 cm lang, einzeln (selten 5gliedrig)   **C. brevipes** Hiern
Kamerun.

β. dünnästiger Kletterstrauch; Kelchsaum
fast glatt; B. eiförmig; oberseits dunkelglänzend, unterseits heller mit deut-
lichem Adernetz (5 Nervenpaare 1.
Grades), kurz zugespitzt; Bl. etwa
0,75 cm lang; Narben ¼ so lang als
der Griffel . .   **C. scandens** K. Sch.
Kameran (Yaunde).

bb. Blüten 5gliedrig:
α. B. bis 8 cm lang; schmal-verkehrt-
eiförmig, sonst wie bei C. scandens; Bl.
klein (0,6 cm); Narben ½ so lang als
der Griffel; Kelchsaum mit rundlichen
Zipfeln; Liane . . . .   **C. pulchella** K. Sch.
Gabun.

[β. Hierher auch . . . .   **C. Afzelii** Hiern]

γ. B. bis 25 cm lang, nach der Basis keilförmig verschmälert und lang geschwänzt; oberseits dunkel-, unterseits
gelbgrün mit deutlich hervortretenden
(9—11) Nervenpaaren 1. Grades; Kron-
röhre sehr kurz, Kelchsaum fast glatt   **C. Staudtii** Froehner
Kamerun.

B. Calyculus den Kelchrand nicht überragend;
Bl. 6—7gliedrig; Kelch röhrig, ca. 0,8 cm
hoch, mit einseitigem Schlitz, die Basis der
Corolla scheidig umfassend und an der Frucht
erhalten; Bracteen lanzettlich-spelzig; B.
dunkelgrün, oben glänzend, langgeschwänzt,
5 Nervenpaare 1. Grades, dünnästiger kahler
Strauch . . . .   **C. spathicalyx** K. Sch.
Kameran (Yaunde).

2.2. Bl. in 4- bis mehrgliedrigen Knäueln, fünfgliedrig;
Kelchsaum kurz gezähnt; Baum oder Strauch . **C. arabica** L.

b. B. von lederartiger Consistenz:

α. B. von schmal elliptischer Grundform:

aa. Bl. 5gliedrig; 4 oder mehr zusammen achselständig; B. gestielt, mit 5—7 Nerven 1. Grades;
zugespitzt . . . . **C. congensis** Froehner
Congo.

bb. Bl. 6—7gliedrig; Corolla 12 mm lang; Bracteen des einfachen Calyculus lineal; B. langgeschwänzt, schmal, nach der Basis keilförmig, beiderseits glänzend graugrün mit undeutlichen (5—6) Nerven 1. Grades: schlanker,
kahler Baum mit hellgrauer Rinde . . . . **C. stenophylla** Hiern
Sierra Leone.

β. B. breitelliptisch, eiförmig oder verkehrteiförmig,
kurz zugespitzt.

aa. B. bis ca. 20—30 cm gross, kahl, oberseits
dunkelglänzend, unterseits heller mit deutlichen
Nerven 1. Grades, annähernd oval:

αα. Bl. 5—4gliedrig, in 4—6gliedrigen Knäueln, ca. 2 cm gross, Kelchsaum undeutlich
4zähnig, von den Bracteen nicht überragt;
Blätter mit 12—13 Nervenpaaren 1. Grades **C. canephora** Pierre
Gabun.

ββ. Bl. 6—7gliedrig:

A. Basis der Bl. in einem 3fachen Calyculus verborgen, dessen oberste Kreise
je 1—2 ovale Blättchen besitzen; Kelchsaum ganz glatt, Corolla 2,7 cm lang;
dünnenästiger Strauch . . . . . . **C. macrochlamys** K. Sch.
Kamerun (Lolodorf.)

B. Calyculus den Kelchrand nicht über-
ragend; Baum oder Strauch . . . . **C. liberica** Hiern
Liberia.

[C. Hierher auch . . . . **C. hypoglauca** Welw.]

bb. B. bis höchstens 12 cm lang:

αα. B. auf beiden Seiten makroskopisch nicht
verschieden:

A. B. stark glänzend, mit beiderseits sehr
scharf hervortretender, zierlicher Netz-
nervatur; Calyculus den Kelchrand nicht

16

überragend:

AA. Bl. zu mehreren; B. nach der Basis
  verschmälert . . . . C. macrocarpa A. Rich.
                             Mauritius.

BB. Bl. einzeln; B. eiförmig   C. mauritiana Lam.
                             Maur:tius, Bourbon.

[CC.   . . C. Humblotiana Baill.]
                             Comoren.

[DD. . . . .   . C. rachiformis Baill.]
                             Comoren.

B. B. mit sehr schwach hervortretenden
  Nerven 1. Grades, eiförmig, das Gewebe mit ∞ Sklereiden, Zähne des Ca-
  lyculus abgerundet; den K. überragend C. brachyphylla Radlk.
                             Madagascar, Nossibé,
                             Lokobé.

$\beta\beta$. B. oberseits matt, unterseits stark glänzend,
  mit 10—12 Nerven 1. Grades und unter-
  seits sehr deutlich hervortretender Netz-
  nervatur, breiteiförmig, im Gewebe ∞ Sklereiden; Frucht oval, längsgestreift; kahler,
  aufrechter Strauch . . . . C. Zanguebariae Lour.
                         Zanzibarküste, Mossambik.

Coffea Ibo Froehner n. sp.; ramis crassis canescentibus; foliis glabris, subsessilibus, subpergamaceis, ovatis vel obovatis, breviter obtu-
satis, basi acutis; floribus pluribus (2—6) confertis et calyculo brevi
villoso communi suffultis; calyce dentibus 7—8 brevibus, deltoideis,
distinctis instructo; corolla hexamera, lobis obtuse lanceolatis; antheris
stigmatibusque tubo exstantibus; fructu ovali longitudinaliter nervoso.

Dickästiger Strauch mit grauweisser, längsrissiger Rinde; kurze
Seitenzweige tragen an den mässig verdickten Knoten 2—6gliedrige
Blütenbüschel, bevor die Blätter erscheinen oder ihr Wachstum voll-
enden. Dagegen finden sich Blüten und Früchte an denselben Zweigen.
Erstere werden aus der Basis ihrer kurzen Stiele von einem gemeinsamen, undeutlich vierzähnigen, zottigen Hochblattkreis gestützt. Der
Kelch ist deutlich 7—8zähnig und ragt vollständig aus dem Calyculus
heraus. Die Krone ist etwa 2,4 cm gross; die Röhre, nach oben wenig
erweitert, ist etwa 0,9, die flach ausgebreiteten, stumpflanzettlichen Zipfel
sind 1,5 cm lang. Zwischen den Zipfeln stehen die Staubblätter; die Staubfäden, 0,2 cm, sind nach oben verschmälert und den Antheren (1,0 cm) im
unteren Drittel eingefügt; der Griffel ist 1,7, die in der Mitte bandartig ver-
breiterten Narben 0,5 cm lang. Antheren und Narben ragen infolge-

dessen aus der Kronröhre hervor. Die Blätter sind zur Blütezeit nur schwach entwickelt. Sie werden ca. 4—4,7 × 8—9,5 cm gross, sind verkehrteiförmig oder eiförmig mit kurzer, stumpfer Spitze; am Grunde ist die Blattspreite plötzlich eingezogen, so dass sich ein schmaler Rand am ganzen Blattstiel herabzieht. 5—7 Nerven 1. Grades sind deutlich, die übrige Nervatur nur schwach sichtbar; die Blattfläche ist matt, oben dunkler als unten, kahl. Die vorliegenden Früchte sind unreif; getrocknet hellbraun, mit etwa 5 Längsfurchen auf jeder Hälfte, etwa 1 cm lang und 0,6 cm breit, kurzgestielt und vom verkümmerten, aber noch deutlich gezähnten Kelch gekrönt. Sie liefern den Ibokaffee des südlichen deutschen und portugiesischen Ostafrika, der allerdings nur sehr geringen Handelswert besitzt. Derselbe bildet kleine, 0,35 bis 0,6 cm lange, 0,3—0,4 cm breite Flachbohnen oder etwas schmalere Perlbohnen, letztere nach beiden Enden etwas verjüngt, von hellgelbgrüner Farbe. Er ist stark verunreinigt und ungleichmässig, offenbar unreif, da die knotigen Verdickungen des Endosperms erst in ihren Anfängen vorhanden sind. Die Steinzellen der Testa ähneln denen von C. arabica, die schmalen, schrägen Tüpfel sind aber so dicht und zahlreich, dass die Zellwand wie ein Gitter erscheint.

Mossambik: Inhambane. Die Beschreibung ist nach Exemplaren gemacht, welche Herrn Prof. Engler durch Herrn Prof. Henriques und Herrn Inspektor Moller freundlichst übersendet wurden.

Die Art unterscheidet sich von der gleichfalls in Mossambik gefundenen C. racemosa Lour. (fl. Cochinch. 180 = C. mozambicana D. C. Prodr. IV. 500) durch die kahlen, nicht warzigen B. und die an kurzen Seitenästen stehenden Blütenknäuel, von C. Zanguebariae Lour., der sie in der längsnervigen Frucht ähnelt, durch die dünnere Konsistenz und unscheinbare Nervatur der B. und die grössere Zahl der in ein Büschel vereinigten Blüten.

Der Same stimmt nach der vom Gouverneur von Mossambik über Coimbra hierher gelangten Probe mit einem Teile des s. Z. von Lindi an das auswärtige Amt gelieferten und von Prof. K. Schumann (Notizblatt 1895 3. IX) erwähnten Ibokaffees überein. Die Vermutung, dass dessen schlanke, zugespitzte Bohnen von C. Zanguebariae abstammen, hat sich demnach nicht bestätigt.

Coffea congensis Froehner n. sp.; ramis tenuibus fusco-griseis; foliis glabris, subcoriaceis, anguste ovalibus vel ellipticis, acuminatis, nervis 6—7 utrinque distinctis; floribus 4—8 in axillis confertis, calyculo simplice vel duplice [cujus foliola duo lanceolata calycis limbo subintegro majora] suffultis; corolla pentamera, lobis lanceolatis, antheris stigmatibusque tubo exstantibus, fructu ovali.

Dünnästiger Baum oder Strauch mit gestielten (über 1 cm lang),

16

dicklederartigen Blättern von 4—6 × 12—16 cm Grösse und mit
ca. 1 cm langer Spitze. Die 6—7 Nerven 1. Grades treten deutlich
hervor. Die Blüten sind zu 4—8gliedrigen achselständigen Büscheln
gehäuft und je von einem oder zwei Hochblattkreisen gestützt, deren
Laubblattrudimente, lanzettlich und lederartig, den Kelch überragen.
Dieser ist glatt oder nur ganz schwach und undeutlich gezähnelt. Die
Krone ist bis $^2/_3$ gespalten; die Röhre 0,4, die eilanzettlichen Zipfel
1,5 cm lang; die Antheren sind 0,5 cm lang und fast sitzend. Die
Frucht ist der von C. arabica sehr ähnlich, eiförmig mit schwacher Längsfurche und dünnem Pericarp, 1,6 cm hoch und 0,7 cm dick. Die vorliegenden Exemplare sind nicht völlig reif. Die Samen, länglich elliptisch, zeigen völlig entwickelten Embryo, 0,6 cm lang, aber das
Endosperm ist noch nicht verdickt. Die Steinzellen der Testa haben stark
verdickte Wände mit kreisrunden Tüpfeln.

Congo: Coquilhatville; am Lualaba bei Wabundu, Stanleyfälle
(Herb. Brüssel). Blüht und fruchtet im Januar.

Die Art ist der C. arabica ähnlich, unterscheidet sich aber durch
die dicken, schmäleren Blätter und den grösseren Calyculus.

Coffea Staudtii Froehner n. sp.; frutex foliis glabris, obovato-lan-
ceolatis, basi acutis, longissime acuminatis, subpergamaceis, subtus
flavescentibus, nervis distinctis; floribus duobus axillaribus, calyculo
simplici suffultis; calycis limbo subdenticulato, duobus calyculi bracteolis
lanceolatis occulto; corollae pentamerae tubo brevi, lobis anguste lanceolatis expansis; antheris stigmatibusque e tubo prominentibus; fructu
ovali.

Strauch mit grossen schmal-verkehrteiförmigen, nach unten gerad-
linig verschmälerten, nach oben kurz abgerundeten und in eine bis
2,5 cm lange, an der Basis etwa 0,4 cm breite Spitze ausgezogenen
Blättern von 20—25 cm Länge und 6—7 cm — im oberen Drittel
grösster — Breite. Die Blattzweige sind fast glatt, grau oder bräunlich, etwa 0,3 cm dick und zeigen ein kleines weisses Mark, braunen
Holzkörper und braune Rinde, die von zwei gemischten Sklerenchym-
ringen durchzogen wird. Die Knoten sind ziemlich stark verdickt, die
Internodien etwas hin- und hergebogen. Die B. sind oberseits dunkel-,
unterseits gelbgrün, besitzen auf jeder Hälfte 9—10 Nerven 1. Grades,
die im Winkel von ca. 60° entspringen und besonders auf der Unterseite, ebenso wie das feinere Adernetz, deutlich hervortreten. Die paar-
weise achselständigen, schneeweissen Blüten werden von einem einfachen
Calyculus gestützt, dessen den Laubb. entsprechende B. 0,6 cm lang und
lanzettlich sind und den Kelchrand überragen. Die Kronröhre ist 0,3,
die Zipfel sind 1,3 cm lang. Die Staubfäden sind bandförmig (0,25 cm
lang); die Antheren 0,6 cm. Die Frucht ähnelt in Form und Grösse

der von C. liberica, nur das Endocarp ist schmaler und entspricht mehr
dem von C. arabica. Der Same hat verkehrteiförmigen Umriss und ist
nach unten zugespitzt; seine Grösse ist die des Liberiakaffees. Auch
einsamige Früchte (Perlbohnen) kommen vor. Die Steinzellen der Testa
zeigen auf der Flächenansicht nur spärliche ovale Tüpfel. Das Endosperm
zeigt die für Coffea charakteristische Verdickung der Zellwände in ausgezeichneter Weise.

Kamerun: Johann Albrechtshöhe auf humösen Felsen (Staudt 548
— im Januar in Blüte u. Frucht). Die Pflanze ähnelt im Blütenbau
C. arabica, ist aber durch die grösseren Hochb. und die geringere Zahl
der vereinigten Blüten, sowie durch die äusserst charakteristische Form
der Blätter verschieden.

Coffea canephora Pierre msc.; foliis glabris magnis ellipticis,
breviter acuminatis ac petiolatis, subcoriaceis, supra nitidis, in sicco
fuscis; stipulis deltoideis, breviter apiculatis, intus glandulosis; floribus
4—6 axillaribus, breviter pedicellatis; calyculis duobus obscuris, calycis
limbo obscure 4denticulato brevioribus, corollae 5- (varo 4-) merae tubo
brevi, lobis lanceolatis; staminibus stigmatibusque e tubo prominentibus;
fructu obovato bisulcato, rubro-fusco.

Baum oder Strauch mit dunkelbraungrauen, schwach längsgestreiften
Ästen. Die Nebenblätter sind ca. 0,7 cm lang, aus gemeinsamer Basis
nach oben regelmässig verschmälert; der deutlich hervortretende Mittelnerv ist in eine lineale Spitze verlängert. Die B. sind annähernd
elliptisch, nach oben und unten verschmälert, ca. 17 × 22 cm, oberseits
glänzend dunkelgrün, unterseits mehr gelblich, mit ca. 13 Nerven, die,
wie auch das feinere Adernetz, auf der Unterseite deutlich hervortreten.
Die Blüten stehen zu 4—6, gemeinsam und einzeln von undeutlichen Hochblattkreisen umgeben. Der Kelch ist mit 4 sehr kurzen Zähnchen versehen. Die Corolla besitzt die Grösse der C. liberica, ist jedoch 5 (4-)
gliedrig. Tubus 0,9 cm; die lanzettlichen verschmälerten und ausgebreiteten
Zipfel 1,5 cm lang. Die 1 cm langen, nach oben zugespitzten Antheren
sind im unteren Drittel den 0,3—0,4 cm langen Staubfäden angeheftet.
Sie ragen wie die Narben des Griffels (1,2 cm lang) völlig aus der
Kronröhre heraus. Die Frucht ist etwa 1,4 × 1,3 × 0,8 cm; auf der ab-
geflachten Seite verläuft die Naht der Carpelle als mässig tiefe Rinne.
Die rotbraune Aussenseite zeigt oben die Narbe des Kelches; der
Fruchtstiel wird von den vertrockneten Calyculargebilden kragenartig
umfasst. Auf der trockenen Fruchtschale tritt ein feines Adernetz —
wahrscheinlich durch Schrumpfung des zwischenliegendes Gewebes —
deutlich hervor. Bei Abort eines Samens wölbt sich die eine Fruchthälfte
stark nach aussen, so dass die Kelchnarbe nach der einen Seite ver-

rückt und die Frucht ganz asymmetrisch wird. Die Samen zeigen ganz den Bau derer von C. arabica.

Gabun (Herb. L. Pierre n. 247). — Kaffeebaum der Eingeborenen Ishiras.

Die Pflanze ähnelt habituell C. liberica Hiern und C. macrochlamys K. Sch.; der Bau der Blüte ist jedoch ganz verschieden, so dass die Aufstellung einer neuen Art bedingt ist.

V. Eine schädliche Pilzkrankheit des Canaigre.

Ovularia obliqua (Cooke) Oud. var. canaegricola P. Henn.

Von

P. Hennings.

Auf Blättern mehrerer Exemplare der Canaigrepflanze, Rumex hymenosepalus Torr., die im botanischen Garten seit mehreren Jahren kultiviert werden, bemerkte ich gegen Ende Juli 1896 zahlreiche rundliche gelbe Flecke. Gegen Mitte August hatten sich dieselben bedeutend vermehrt und vergrössert, so dass fast die ganze Blattfläche damit bedeckt war. Die Flecke waren blass-gelblich oder hell bräunlich, in der Mitte bleicher, oft weisslich, durchscheinend, von $1\frac{1}{2}$—2 cm Durchmesser, kreisrund oder etwas länglich, später oft zusammenfliessend, von einem gelblich-grünlichen Hof umgeben. Auf der Unterseite der Blätter, inmitten der Flecke zeigten sich zahlreiche weissliche, mehlige oder schimmelähnliche Flöckchen. Die mikroskopische Untersuchung dieser ergab, dass sie aus hyalinen Pilzhyphen bestehen, die am Grunde büschelig verbunden, aufrecht, einfach, selten verzweigt und septirt, oft etwas torulös, bis 80 μ lang, 4—5 μ dick sind, an deren Enden je eine Conidie gebildet wird. Letztere ist länglich-eiförmig, oft fast keulenförmig, selten elliptisch, glatt, völlig farblos, im Innern etwas gekörnelt 15—24 μ lang, 8—11 μ dick. Der Pilz gehört zur Familie der Mucedinaceae, zur Gattung Ovularia Sacc. und ist der auf verschiedenen Rumex-Arten vorkommenden O. obliqua (Cooke) Oud. sehr ähnlich. Letztere Art ruft auf Blättern von Rumex kreisrunde, gelbbraune Flecke hervor, die mit einem blutroten Hof umgeben sind. Die aufrechten Hyphenbüschel bestehen ebenfalls aus farblosen, unverzweigten Hyphen, die 70—120 μ lang, 3—4 μ dick sind. An den Spitzen dieser wird eine länglich-eiförmige, oft etwas einseitig schiefe, farblose, 18—27 μ lange, 9—12 μ breite Conidie gebildet. Dieser Pilz ist in ganz Europa, Sibirien, Nord-Amerika verbreitet. Im vorigen feuchten Sommer trat derselbe besonders häufig auf den verschiedensten im botanischen Garten kultivierten Rumex-Arten auf.

Es dürfte nun sehr wahrscheinlich sein, dass die Conidien etwa durch den Wind von den behafteten Ampfer-Pflanzen auf Exemplare des nicht sehr weit davon entfernt stehenden Rumex hymenosepalus übertragen worden sind. Der Hauptunterschied zwischen beiden Pilzen besteht darin, dass bei letzterer Pflanze die runden Pilzflecke gelblich oder grünlich umsäumt sind und dass die Hyphen und die Conidien etwas kürzer, letztere nicht einseitig schief zu sein scheinen. Da die Blätter der Canaigrepflanze sehr dick und fleischig, durchweg grün gefärbt, während die Blätter der meisten übrigen Rumex-Arten dünner sind und oft blutrote Rippen und Adern zeigen, so ist nicht ausgeschlossen, dass die Pilzflecke infolge der Verschiedenheit der Nährpflanze andere Färbung annehmen. Ob beide Pilze nun spezifisch gleich sind, muss durch Sporen-Aussaat erwiesen werden.

Jedenfalls kann aber der auf der Canaigrepflanze auftretende Pilz dieser sehr nachteilig werden. Bereits Anfang bis Mitte September v. J. waren die Blätter der befallenen Pflanzen sämmtlich verschrumpft und abgetrocknet. Es ist daher vielleicht nötig, an Orten, wo die Canaigre-Kultur im Grossen betrieben wird, alle in der Umgebung wildwachsenden Rumexpflanzen zu beseitigen. Hat der Pilz aber die Blätter der Canaigrepflanzen bereits befallen, so dürfte vielleicht ein Bespritzen dieser (besonders auf der unteren Seite) mit Kupfervitriollösung von Erfolg sein. Ferner ist ein Abflücken und Verbrennen aller mit bleichen Flecken versehenen Blätter notwendig.

Über den Canaigre selbst giebt ein früherer Artikel im Neuen Notizblatt No. 2 Auskunft.

VI. Über die Verwendbarkeit des Holzes von Juniperus procera Hochst. zur Bleistiftfabrikation.

Von seiten des Auswärtigen Amtes waren auf Veranlassung des Kais. Gouvernements in Deutsch-Ostafrika von Herrn Dr. Stublmann beschaffte Stammquerschnitte des in Usambara bekanntlich ganze Wälder bildenden Juniperus procera Hochst. dem Königl. botanischen Museum zugesendet worden. Schon mehrfach war die Meinung ausgesprochen worden, dass das Holz dieses Baumes, von welchem vielfach Stämme von 1 Meter Stammdurchmesser vorkommen, sich zur Bleistiftfabrikation eignen und ein lohnender Ausfuhrartikel für Deutsch-Ostafrika werden

dürfte. Demzufolge wurde ein Stück eines Querschnittes an die Blei-
stiftfirma von H. C. Kurz in Nürnberg zur Begutachtung eingesendet
und darauf folgender Bescheid gegeben:

„Nach meinem unmassgeblichen Dafürhalten ist dieses Holz eben
doch um ein Bedeutendes härter als das der virginischen Ceder, wovon ich einige Brettchen zu gefl. Versuchen mit einsende. Dieselben
schneiden sich, wie Sie ohne Zweifel auch finden werden, bedeutend
leichter und unterscheiden sich auch in der Färbung von dem afrikanischen Holze. Dasselbe könnte nur für einen billigen Bleistift Verwendung finden, indem man das bis jetzt als Surrogat für Cederholz
gebrauchte gebeizte Linden- oder Erlenholz durch dieses Naturholz
ersetzt.

Es ist ja wohl möglich, dass das afrikanische Holz in seiner Härte
auch variert, dass es also auch weicher vorkommt und seine Verwendbarkeit für die Bleistiftfabrikation somit eher denkbar wäre; immerhin
könnte eine solche nur möglich sein, wenn der Preis billig genug, um
mit den amerikanischen resp. inländischen Hölzern konkurrieren zu
können. Der billigste Transportweg wäre jedenfalls der zu Wasser,
also: schwarzes Meer und Donau bis Regensburg. Ich wäre recht
gern bereit, weitere Versuche mit dem Holze zu machen, wenn Sie in
der Lage sind, mir einige Blöcke oder Abschnitte kostenfrei zuzu-
stellen.

Schliesslich bemerke ich noch, dass ich Cederholz hier am Platze
in schönster Florida-Ware bereits zu M. 6,00—10,00 per Ctr. kaufe.“

VII. Diagnosen neuer Arten.

Hibiscus Schweinfurthii Gürke n. sp.; suffrutex ramis velutino-
pubescentibus; stipulis subulatis pubescentibus; foliis breviter petiolatis,
suborbicularibus vel late ovatis, interdum apice obsolete trilobis (lobis
latis obtusis), coriaceis, basi rotundatis vel obsolete subcordatis, margine irregulariter grosseque crenato-serratis, 5—7-nerviis (nervibus subtus prominentibus), supra pilis brevissimis asperis, subtus canescente-
velutinis; floribus in axillis foliorum superiorum singulis longe pedunculatis;
involucro 5-phyllo, phyllis lanceolatis acutis, extus pubescentibus; calyce
2—3-plo longiore quam involucrum, lobis ovato-lanceolatis acuminatis
subcoriaceis, extus pubescentibus; petalis quam calyx $1\frac{1}{2}$-plo longioribus, citrinis, basi purpureis.

Ein bis 2 m hoher Halbstrauch mit 10—12 mm langen Stipeln,
10—13 cm langen und 8—12 cm breiten Blättern, deren Stiele bis 4 cm

lang werden. Die Blätter des Aussenkelches sind 13—15 mm lang, während der Kelch eine Länge von 40 und sogar 45 mm erreicht; seine Zipfel sind 12—15 mm breit. Die Blumenblätter sind 5 bis 6 cm lang.

Centralafrika, Ghasalquellengebiet: In Waldungen nördlich vom Ibbafluss (Tondj), im Lande der Bongo, 24. Juni 1870, blühend (Schweinfurth n. 3987).

Die Art gehört zur Sect. Ketmia und ist in die Nähe von H. calyphyllus Cav., H. dongolensis Del. und H. macranthus Hochst. zu stellen, mit denen sie in der geringen Zahl der Aussenkelchblätter übereinstimmt; dieselben sind aber im Vergleich zum Kelch kürzer als bei den genannten Arten, auch erreichen sie nicht die Breite wie besonders bei H. calyphyllus. Der Kelch ist grösser als bei allen diesen Arten. Auch durch die grossen, beinahe kreisrunden und fast lederartigen Blätter, welche zuweilen an der Spitze nur ganz undeutlich gelappt sind, ist die neue Art ausgezeichnet; allerdings ist zu vermuten, dass die Blätter von den unteren Teilen des Stengels, wie meist bei den Malvaceen, tiefer gelappt sind.

Hibiscus Zenkeri Gürke n. sp.; suffrutex ramis setoso-hispidis; foliis longissime petiolatis, 5—7-lobatis (lobis oblongis vel lanceolato-oblongis, longissime acuminatis), basi cordatis, margine irregulariter grosseque serratis, utrinque pilis adpressis sparsis munitis; floribus in axillis foliorum superiorum solitariis, longe pedunculatis; pedunculis setoso-hispidis; involucro 4-phyllo, phyllis ovatis, basi obtusis, apice acutis, utrinque hispidis; calyce spathaceo-fisso, apice breviter 5-dentato, paullo breviore quam involucrum; petalis calyce 2½—3-plo longiore; capsulis fusiformibus, setoso-hispidis.

Ein 2—3 m hoher Strauch, dessen Zweige, Blütenstiele und Kapseln mit ziemlich starren, langen, abstehenden Borsten dicht bedeckt sind. Die unteren Blätter sind bis 20 cm lang gestielt und besitzen eine Länge von 30 cm und eine Breite von 25 cm; nach oben zu nehmen sie sehr erheblich an Grösse ab, auch sind die Abschnitte der oberen Blätter sehr viel schmaler als die der unteren. Die Blütenstiele sind bis 5 cm lang. Die Blätter des Aussenkelches sind 23 bis 28 mm lang und 15—18 mm breit. Der Kelch ist 22—25 mm, die Blumenkrone 60—70 mm, die Kapsel 40—50 cm lang.

Kamerun: Auf Savannen, alten Plantagen, Brachland, an sonnigen, lichten Stellen häufig um die Station Yaunde, 800 m; nom. vern. bitatam somejo (Zenker n. 653, Jan. blühend; Zenker und Staudt n. 113, 20. Dez. 1893, blühend und fruchtend). In Dibanda, 450 m (Preuss n. 1370, 4. Febr. 1895, mit Früchten).

Diese zur Sect. Abelmoschus gehörende Art ist am nächsten

verwandt mit dem ostindischen H. pungens Roxb. Dieser zeigt dieselbe Behaarung, die nämliche Form der breiten Involucralblätter und
ist wohl nur, soweit es sich an dem ziemlich mangelhaften Material,
das im botanischen Museum zu Berlin vorhanden ist, erkennen lässt,
durch die Blattform und vielleicht auch durch die Stipeln unterschieden;
letztere, welche an den Exemplaren von H. Zenkeri bis auf wenige
Reste bereits abgefallen sind, scheinen schmäler zu sein als bei H. pungens. Es ist nicht ausgeschlossen, dass bei besserem Vergleichsmaterial
sich beide Arten als zusammengehörig erweisen werden, wobei dann
allerdings zu vermuten sein dürfte, dass die bis jetzt bekannten Ver-
breitungsbezirke der beiden Pflanzen (H. pungens ist auf den Hima-
laya und die Khasyaberge beschränkt) durch dazwischen liegende
Fundorte verbunden sind.

Dinklagea Gilg nov. gen. Connaracearum. Flores hermaphroditi,
5-meri. Calyx valvatus, sepalis usque ad basin liberis, utrinque brevissime sed densissimo velutinis, lanceolatis vel ovato-lanceolatis, acutis,
sanguineis. Petala quam sepala 1,3-plo longiora, oblanceolata, acuta,
longe (in parte ²/₅ inf.) unguiculata, supra unguiculum utrinque callo
manifeste prominente inaequaliter convoluto atque incrassato verosimiliter secernente ornata. Stamina 10, 5 quam cetera paullo longiora,
filamentis densiusculo pilosis, antheris bilocularibus, rimis longitu-
dinalibus dehiscentibus. Ovaria 5 libera dense pilosa, superne in stylos
longos sensim abeuntia. Ovaria stylique androgynophoro manifesto 2 mm
alto crassiusculo insidentia.

Dinklagea macrantha Gilg n. sp.; frutex procerus, floribus exceptis
glaber, ramis teretibus; foliis impari-pinnatis, 3-jugis, petiolo elongato,
foliolis oblongis vel oblongo-lanceolatis, breviter et crasse petiolulatis,
apice longe et acute acuminatis, basi subrotundatis vel brevissime subcordatis, rigide chartaceis, supra subtusque nitidulis, nervis utrinque
5—6 valde curvatis marginem petentibus, venis anguste et pulcherrime
reticulatis, omnibus supra paullo subtus manifestius prominentibus; floribus pro familia magnis in racemos laxos, breves, 6—10-floros dispositis, brevissime bracteolatis, racemis pluribus (2—8) fasciculatis;
sepalis purpureis, succo tinctorio impletis; petalis flavidis.

Blätter 20—30 cm lang, 15—20 cm breit. Blattstiel 8—10 cm
lang, Rachis 5—6 cm lang. Stiele der Blättchen 3 mm lang und fast
ebenso dick. Blättchen 12—15 cm lang, 4—5,5 cm breit. Blütentrauben 4—5 cm lang. Blütenstielchen 4 mm lang. Kelchb. ca. 6 mm
lang, 1,5—2 mm breit. Blb. ca. 8 mm lang, im oberen Teile 1,8 mm
breit. Staubblätter ca. 6—7 mm lang.

Liberia, Grand Bassa, Fishtown, in der bebuschten Campine des
andigen Vorlandes (Dinklage n. 1633, im April blühend).

Diese neue Gattung ist eine der bestcharakterisierten der Familie überhaupt. Obgleich sie den Habitus der Connaraceae besitzt, er: scheint sie infolge ihrer grossen und breiten Blüten auf den ersten Blick als nicht hierhergehörig. Was sie besonders charakterisiert, das sind die Öhrchen oder vielleicht besser Drüsenschwellungen der Blumenblätter oberhalb des deutlichen Nagels und besonders das ausgesprochene Androgynophor, dem Staubblätter und Fruchtknoten aufsitzen. Die neue Gattung, welche ich nach dem verdienstvollen Erforscher der Flora Westafrikas, Herrn Dinklage, benannt habe, dürfte wohl am besten in die Nähe der Gattungen Cnestis und Yaundea zu stellen sein. Gewissheit hierüber ist jedoch erst dann zu erlangen, wenn die Früchte bekannt sein werden.

Eulophia Dahliana Krzl. n. sp.; planta gracillima, foliis 2 gramineis ad 30 cm longis vix 1 cm latis acuminatis, scapo aequilongo, cataphyllis distantibus 3—4 vestito, racemo paucifloro, bracteis lanceolatis acuminatis ovaria pedicellata non omnino aequantibus; sepalis lanceolatis acutis, petalis aequilongis et aequilatis linearibus apice obtusis, labelli lobis lateralibus late linearibus antice oblique retusis (subrhombeis) margine anteriore denticulatis, lobo intermedio rotundato cochleato margine eroso denticulato antice subbilobo, disco papillis longis singulis erectis dentiformibus longis in venis illis basin versus elevatulis, calcari $1_{:3}$—$1_{:2}$ labelli aequante curvulo brevi cylindraceo obtuse acutato, gynostemio satis longo $1/3$ sepali dorsalis aequante; ceterum generis. — Flores rosei, omnes perigonii partes 1 cm longae.

Neu-Pommern: Ralum, im Alang-Alang-Gebiet nicht selten (Dahl n. 77).

Ich stelle diese Art mit gewissen Bedenken auf, bin aber nach Durchsicht der gesamten Litteratur nicht imstande, sie mit einer der bisher beschriebenen Arten der „cochlearis-Gruppe" zu identifizieren. Das einzige Exemplar, welches ich zur Hand habe, stellt eine sehr schlanke dünne Eulophia dar, wie sie des öfteren vorkommen. Die Sepalen und Petalen sind nahezu gleich, die Petalen stumpfer, das Labellum zeigt 2 wohlausgebildete Seitenlappen, welche bekanntlich bei E. cochlearis fehlen und bei parvilabris nur angedeutet sind, und einen Mittellappen genau wie E. cochlearis. Von E. lucida unterscheidet sie Habitus und alle sonstigen Merkmale, ausgenommen Grösse und Farbe der Blüten, von E. clavicornis Ldl. und emarginata Ldl., denen sie wohl zunächst steht, der ganz anders gestaltete Mittellappen des Labellum, welcher bei beiden Arten „ramentaceo-barbatus" aber nicht mit einzelstehenden langen Zähnen besetzt ist wie bei E. cochlearis und hier. Auch die Analysen der Lippen der noch übrigen Arten dieser Gruppe (ich habe die Kopieen von Lindleys Analysen zur Hand) zeigen ganz und gar andere Verhältnisse. Die Säule ist für eine Eulophia aus dieser Gruppe ziemlich lang.

Zygophyllum latialatum Engl. n. sp.; fruticosum, ramulis divaricatis, internodiis brevibus novellis viridibus subquadrangulis, adultis lignosis teretibus; foliis breviter petiolatis bifoliolatis; foliolis crassis obovato-cuneatis retusis; pedicellis fructiferis fructu paullo longioribus; fructu profunde 5-lobo, lobis late alatis, valde compressis, securidiformibus, 2—3-spermis; seminibus obovatis compressis.

Die Internodien der Zweige sind in der Jugend etwa 1—1,5 cm lang. Die Blätter sind mit 2—3 mm langem Blattstiel versehen; die Blättchen später etwa 8 mm lang, oberseits 5 mm breit. Die Fruchtstiele sind 5—6 mm lang. Die Frucht ist etwa 5—6 mm lang, 1 bis 1,2 cm breit, mit 5—6 mm langen und breiten Lappen.

Deutsch-Südwest-Afrika: Stolzenfels-Rietfontein (J. Graf Pfeil n. 90).

Diese Art erinnert in ihrer Fruchtentwickelung an Z. microcarpum Lichtenst; aber bei diesem sind die Fächer der Frucht 1-samig, während bei unserer Art die Fächer 2—3 Samen enthalten.

Zygophyllum Pfeilii Engl. n. sp.; fruticosum, ramulis teretibus, internodiis brevibus subquadrangulis; foliis carnosis sessilibus semiamplexicaulibus, suborbicularibus magnis; stipulis lanceolatis; pedicellis flore longioribus; sepalis oblongo-lanceolatis, quam petala obovato-cuneata albida duplo brevioribus; staminibus filiformibus petalorum circa $^2/_3$ aequantibus squamula elongata oblonga instructis, antheris oblongis, utrinque truncatis; ovario ovoideo leviter 5-lobo, loculis pluriovulatis, anguste alatis.

Die Internodien sind etwa 2 cm lang. Die Blätter sind 2—2,5 cm lang und breit. Die Blütenstiele haben eine Länge von 1 cm. Die Kelchblätter sind etwa 7 mm lang und 2 mm breit. Die Blumenblätter sind 12—15 mm lang und oben 6 mm breit. Die Staubfäden sind etwa 8—9 mm, die Antheren 2 mm lang. Reife Früchte sind nicht vorhanden; an etwa 1 cm langen jungen Früchten sind etwa 2 mm breite Flügel vorhanden.

Südwest-Afrika, Port Nolloth-Oakup (J. Graf Pfeil n. 51).

Gehört in die Verwandtschaft von Z. orbiculatum Welw.

Verlag von **Wilhelm Engelmann** in **Leipzig.**

Synopsis

der

Mitteleuropäischen Flora

von

Paul Ascherson

Dr. med. et phil.

Professor der Botanik an der Universität zu Berlin.

Bisher erschienen:

Erster Band, I. Lieferung, Bogen 1—5: Hymenophyllaceae. Polypodiaceae: Aspidioideae und Asplenoideae. gr. 8 . . . . . M. 2.—.

—   **2. Lieferung,** Bogen 6—10: Polypodiaceae (Pteridoideae und Polypodiaceae). Osmundaceae. Ophioglossaceae. Hydropterides. Equisetaceae. Lycopodiaceae. gr. 8 . . . M. 2.—.

Das Werk ist auf **drei** Bände zu je 60 Bogen veranschlagt und erscheint in **Lieferungen** und in **Bänden.**

Die **Lieferungen** werden je 5 Bogen umfassen, und sollen 12 Lieferungen je einen Band ergeben.

Der Preis pro Bogen wird auf 40 Pf. festgesetzt.

Um ein schnelles Erscheinen zu ermöglichen, ist die Ausgabe von **Doppel-lieferungen** (à 10 Bogen) vorgesehen.

Jährlich werden 6 einfache oder 3 Doppellieferungen erscheinen. Es ist daher zu erwarten, dass das Werk in **6 Jahren** abgeschlossen sein wird.

Einzelne Lieferungen und Bände werden nicht abgegeben.

Physiologische Pflanzenanatomie

von

Dr. G. Haberlandt

o. ö. Professor der Botanik, Vorstand des botanischen Institutes und Gartens an der k. k. Universität Graz.

Zweite, neubearbeitete und vermehrte Auflage.

Mit 235 Abbildungen.

gr. 8. 1896. geh. M. 16.—, geb. M. 18.—.

Demnächst erscheint:

Die Muskatnuss,

ihre

Geschichte, Botanik, Kultur, Handel und Verwerthung

sowie ihre

Verfälschungen und Surrogate.

Zugleich ein Beitrag

zur

Kulturgeschichte der Banda-Inseln

von

Dr. O. Warburg,

Privatdocent der Botanik an der Universität Berlin, Lehrer am orientalischen Seminar.

Mit 3 Heliogravüren, 4 lithograph. Tafeln, 1 Karte und 11 Abbild. im Text.

gr. 8. geh. M. 20.—; geb. M. 22.—.

Druck von E. Buchbinder in Neu-Ruppin.

Notizblatt

des

Königl. botanischen Gartens und Museums zu Berlin.

No. 8. Ausgegeben am **6. Juni 1897.**

Nur durch den Buchhandel zu beziehen.

— ✳ —

In Commission bei Wilhelm Engelmann in Leipzig.

1897.

Preis 0,80 Mk.

Notizblatt

des

Königl. botanischen Gartens und Museums zu Berlin.

No. 8. Ausgegeben am **6. Juni 1897.**

I. Nomenclaturregeln für die Beamten des Königlichen Botanischen Gartens und Museums zu Berlin.

A. Einleitung.

Die Bearbeitung der „Natürlichen Pflanzenfamilien" fiel in jene Zeit der lebhaften Bewegung auf dem Gebiete der Nomenclaturreform, welche mit der Revisio generum von O. Kuntze ihren Anfang nahm. Die Folgen derselben mussten sich auch in diesem Werke bemerkbar machen. Da die Zahl der an vielen Orten Deutschlands und des Auslandes wohnhaften Mitarbeiter eine sehr grosse war, so konnte eine Verschiedenheit in der Auffassung über die Principien der nomenclatorischen Behandlung nicht ausbleiben; ebenso waren bei der lebhaften Reaction, die sich gegen die extremen Reformer bald erhob, Schwankungen in der Anwendung der Principien unvermeidlich. Eine einheitliche Anwendung derselben in einem Werke von allgemeiner Verbreitung, wie die „Natürlichen Pflanzenfamilien" es sind, durchzuführen, wird aber der Wunsch, ja die Forderung eines jeden Fachgenossen sein müssen, welcher das Werk gebrauchen will. Deshalb ist dasselbe nochmals in allen Gattungsnamen geprüft und auf Grund einfacher Nomenclaturregeln in möglichst einheitliche Verfassung gebracht worden.

Diese Vornahme ist zum allergrössten Teile in dem Königlichen botanischen Museum zu Berlin geschehen; für diejenigen Autoren, welche auswärts wohnen, sind wenigstens die Vorschläge für eine wiederholte Prüfung der Namen von hier aus gemacht worden.

Die Regeln, welche für die Beamten dieses Instituts massgebend waren, sollen nun in Folgendem zusammengestellt werden.

17

Die Botaniker, welche in dem Königlichen botanischen Museum und botanischen Garten von Berlin beschäftigt sind, können sich der Meinung nicht verschliessen, dass der Weg der extremen Reformer in der Nomenclaturfrage nicht weiter gangbar ist. Nach den Resultaten, welche die consequente Fortentwicklung der in Deutschland begonnenen Reform in den Vereinigten Staaten gezeitigt hat, sind wir dahin gelangt, dass die Namen, welche von gewissen amerikanischen Botanikern gebraucht werden, von uns nicht mehr verstanden werden, und was schlimmer ist, dass mitunter kein Schlüssel vorhanden ist, um diese Rätselaufgaben zu lösen. Dieses Resultat zeigt, zu welchem Wirrwarr wir gelangen.

Für uns ist der Name der Pflanzen nur ein Mittel zum Zweck nicht ein Selbstzweck, dessen Betrieb zum Sport geworden ist. Wir wollen uns mit Hülfe desselben gegenseitig verständigen, und wollen nicht erst besondere Mühe darauf verwenden und die Zeit vergeuden, um die unbekannten Bezeichnungen in die bekannte Sprache zu übersetzen. Deshalb muss unser Ziel sein, möglichst conservativ zu bleiben und bei einer Reform von dem früheren Bestande zu retten, was nur irgend möglich ist. Bei Anwendung der unten gegebenen Regeln hoffen wir dieses Ziel zu erreichen.

Die Erhaltung der früheren Nomenclatur hat in der Botanik eine ganz andere Bedeutung wie in jeder anderen Disciplin der Naturwissenschaften. Keine derselben greift nämlich so tief in das gewerbliche und bürgerliche Leben ein, wie die Botanik. Während bei jeder Veränderung in den Namen der Objekte, welche die Zoologie, Mineralogie, Chemie behandeln, nur Fachgelehrte betroffen werden, die in der Lage sind, sich jederzeit die Hilfsquellen für die Entzifferung der ihnen fremden Dinge zu beschaffen, und Liebhaber, die ebenso eifrig nach Erkenntnis streben wie jene, greift die wissenschaftliche Nomenclatur der Botanik tief in die Kreise der Gärtnerei, Forstwissenschaft, Landwirtschaft und Arzneikunde ein, und jede Störung wird dort um so empfindlicher gefühlt, als der neue Name ihnen nicht bloss fremd bleiben muss, sondern auch jede Neuerung verdriessliche Täuschungen, ja Verluste bereiten kann.

Aus dem Zusammenwirken dieser praktischen Berufszweige mit der wissenschaftlichen Botanik sind der letzteren ausserordentliche Vorteile erwachsen: ich erinnere daran, welche Erweiterung der Erkenntnisse über die Orchidaceae, Cactaceae, Palmae, Araceae u. s. w. die Botanik den gärtnerischen Sammlern zu verdanken hat. Heisst es denn aber nicht eine vollkommene Kluft zwischen beiden eröffnen, wenn eine fortdauernde Beunruhigung durch reformatorische Bestrebungen in der Nomenclatur erzeugt wird, ja wenn eine vollkommene Revolution in der Benennung droht? Eine solche Gefahr muss zurückgewiesen werden, selbst auf das Risico hin, dass wir von den extremen Reformern der Inconsequenz gezichen werden! Wir wollen diesen Vorwurf gern auf unsere Schultern laden, wenn wir wissen, dass wir durch die minder genaue Einhaltung eines abstracten Princips vorteilhaft wirken.

Das Princip, welches im Extrem all die unheilvollen Folgen nach sich gezogen hat, ist das der strengsten Priorität. Wir wollen dasselbe zwar (s. Leitsatz 1) anerkennen, wollen uns aber doch eine gewisse Freiheit bei der Anerkennung bewahren (s. Leitsatz 2). Als obersten Richter in allen nomenclatorischen Angelegenheiten gilt uns nur der auf unserem Standpunkte stehende Monograph, der ja doch allein im Stande ist, dieselben materiell zu beurteilen; namentlich vermag er allein zu übersehen, welche weiteren Veränderungen in der Nomenclatur durch irgend eine nomenclatorische Vornahme erzeugt werden, und er allein ist durch die Kenntnis der Details in der Lage, Überführungen der Arten in andere Gattungen und ähnliches zu vollziehen. Deswegen erachten wir alle in der neueren Zeit vorgenommenen schematischen Umschreibungen mit der Setzung des Umschreibers als Autoren für uns als unverbindlich, sofern nicht sichtbar wird, dass die Umschreibungen unter voller Kenntnis der Pflanzengruppe geschehen ist. Es kann natürlich gar nicht gebilligt werden, dass ein Name der Priorität wegen vorgezogen wird aus dem alleinigen Grunde, weil er bisher in der Synonymik jener Art geführt wurde.*) Ehe diese Umänderung des Namens bewerkstelligt wird, muss unbedingt widerspruchsfrei nachgewiesen werden, dass die Richtigkeit der Annahme völlig einwurfsfrei ist, und ferner, dass der ältere Name wirklich den Typus der Art trifft und nicht etwa einen Bastard oder dergl.

Die Beamten des botanischen Museums zu Berlin haben sich die Regeln selbst nur gesetzt, um einem dringenden Bedürfnisse zu genügen. Sie sind sich völlig bewusst, dass eine einheitliche Nomenclatur zu gewinnen eine Unmöglichkeit ist, und erkennen auch keinen Schaden darin, dass manche Abweichungen bestehen und bleiben werden. Aus diesem Grunde sind sie auch weit davon entfernt, diese Regeln als Gesetze ansehen zu wollen, welche durch irgend eine Autorität den übrigen Botanikern auferlegt werden sollen und verzichten deshalb auch darauf gern, sich dieselben durch einen sogenannten allgemeinen botanischen Congress sanctionieren zu lassen.

---

*) Salix Elaeagnos Vill. u. S. spadicea Scop. wurden von Dippel der Priorität wegen vor S. incana Schrk. u. S. nigricans Sm. gestellt; Betula queebecknsis Burgsd. wird als älteres Synonym bei B. humilis citiert.

Dagegen können sie nicht umhin, diese Regeln allen Fachgenossen angelegentlichst zu empfehlen, um auf diesem Wege
eine für die deutschen und die ihnen in dieser Richtung befreundeten
Botaniker anderer Nationalitäten allgemein verständliche, namentlich
auch bei den Praktikern gangbare Bezeichnung der Pflanzen an-
zubahnen. Dies um so mehr, als durch sie eine so erhebliche An-
näherung an den Kew Index herbeigeführt wird, dass der Unterschied
zwischen den bei uns und den in England gebrauchten Namen nur
noch sehr unbedeutend ist und zu keinen umfangreichen Irrtümern
Veranlassung geben kann.

B. Regeln.

1. Der Grundsatz der Priorität bei der Wahl der Namen für die
Gattungen und Arten der Pflanzen wird im allgemeinen festgehalten;
als Ausgangspunkt für die Festsetzung der Priorität wird 1753/54
angesehen.

2. Ein Gattungsname wird aber fallen gelassen, wenn derselbe
während 50 Jahre von dem Datum seiner Aufstellung an gerechnet,
nicht im allgemeinen Gebrauch gewesen ist. Wurde derselbe jedoch
als eine Folge der Beachtung der „Lois de la nomenclature vom Jahre
1868" in der Bearbeitung von Monographieen oder in den grösseren
Florenwerken wieder hervorgeholt, so soll er bei uns in Geltung bleiben.

3. Um eine einheitliche Form für die Bezeichnungen der Gruppen
des Pflanzenreiches zu gewinnen, wollen wir folgende Endungen in
Anwendung bringen. Die Reihen sollen auf -ales, die Familien auf
-accae, die Unterfamilien auf -oideae, die Tribus auf -eae, die Sub-
tribus auf -inae auslaufen; die Endungen werden an den Stamm der
Merkgattungen angehangen, also Pandan(us) -ales; Rumex, Ru-
mic(is) -oideae; Asclepias, Asclepiad(is) -eae, Metastelma
Metastelmat(is) -inae, Madi(a) -inae.*)

4. Bezüglich des Geschlechtes der Gattungsnamen richten wir uns
bei klassischen Bezeichnungen nach dem richtigen grammatikalischen
Gebrauche, bei späteren Namen und Barbarismen gilt der Gebrauch
der „Natürlichen Pflanzenfamilien"; Veränderungen in den Endungen
und sonst in dem Worte sollen in der Regel nicht vorgenommen werden. Notorische Fehler in den von Eigennamen hergenommenen Bezeichnungen müssen aber entfernt werden, z. B. ist zu schreiben
Rülingia für das von den Engländern gebrauchte und bei uns importierte Rulingia.

---

*) Einige Ausnahmen wie Coniferae, Cruciferae, Umbelliferae,
Palmae u. s. w. bleiben zu Recht bestehen.

5. Gattungsnamen, welche in die Synonymik verwiesen worden sind, werden besser nicht wieder in verändertem Sinne zur Bezeichnung einer neuen Gattung oder auch einer Sektion etc. Verwendung finden.

6. Bei der Wahl der Speciesnamen entscheidet die Priorität, falls nicht durch den Monographen erhebliche Einwendungen gegen die Berücksichtigung der letzteren erhoben werden können. Wird eine Art in eine andere Gattung versetzt, so muss dieselbe auch dort mit dem ältesten specifischen Namen belegt bleiben.

7. Der Autor, welcher die Species zuerst, wenn auch in einer anderen Gattung benannt hat, soll stets kenntlich bleiben und wird demgemäss in einer Klammer vor das Zeichen des Autors gesetzt, welcher die Überführung in die neue Gattung bewerkstelligte, also Pulsatilla pratensis (L.) Mill., wegen Anemone pratensis L. Hat ein Autor seine Art später selbst in eine andere Gattung gestellt, so lassen wir die Klammer weg.*)

8. Was die Schreibweise der Speciesnamen betrifft, so ist in dem botanischen Garten und Museum die von Linné befolgte eingeführt. Es soll an derselben auch ferner festgehalten werden, und wir schreiben also sämtliche Artnamen klein mit Ausnahme der von Personen herrührenden und derjenigen, welche Substantiva (häufig noch jetzt oder wenigstens früher geltende Gattungsnamen) sind*), z. B. Ficus indica, Circaea lutetiana, Brassica Napus, Solanum Dulcamara, Lythrum Hyssopifolia, Isachne Büttneri, Sabicea Henningsiana.

9. Werden Eigennamen zur Bildung von Gattungs- und Artnamen gebraucht, so hängen wir bei vocalischem Ausgang oder bei einer Endung auf r nur a (für die Gattung) oder i (für die Art) an, also Glazioua (nach Glaziou), Bureaua (nach Bureau), Schützea (nach Schütze), Kernera (nach Kerner) und Glazioui, Bureaui, Schützei, Kerneri; endet der Name auf a, so verwandeln wir diesen Vocal des Wohlklangs halber in a e, also aus Colla wird Collaea; in allen anderen Fällen wird ia, bez. ii an den Namen gehängt, also Schützia (nach Schütz), Schützii etc. Dies gilt auch von den auf us ausgehenden Namen, also Magnusia, Magnusii (nicht etwa Magni), Hieronymusia, Hieronymusii (nicht Hieronymi); in entsprechender Weise werden die adjectivischen Formen der Eigennamen gebildet, z. B. Schützeana, Schütziana, Magnusiana.

---

*) An diese Regel halten sich die Autoren für nicht gebunden, welche an der Fortführung von Werken arbeiten, in denen die Klammeranwendung nicht gebräuchlich war.

Einen Unterschied in der Verwendung der Genitiv- und adjectivischen
Form zu machen, ist in der gegenwärtigen Zeit nicht mehr thunlich.

10. Bei der Bildung zusammengesetzter lateinischer oder grie-
chischer Substantiva oder Adjectiva ist der zwischen den Stämmen
befindliche Vocal Bindevocal, im Lateinischen i, im Griechischen o;
man schreibe also menthifolia, nicht menthaefolia (hier tritt
nicht etwa der Genitiv des vorderen Stammwortes in die Zusammensetzung ein).

11. Wir empfehlen Vermeidung solcher Namencombinationen, welche
Tautologieen darstellen, also z. B. Linaria Linaria oder Elvasia
elvasioides; ebenso ist es gestattet von der Priorität abzuweichen, wenn
es sich um Namen handelt, die durch offenbare grobe geographische
Irrtümer von seiten des Autors entstanden sind, wie z. B. Asclepias
syriaca L. (die aus den Vereinigten Staaten stammt), Leptopetalum
mexicanum Hook. et Arn (von den Liu-Kiu-Inseln).

12. Bastarde werden dadurch bezeichnet, dass die Namen der
Eltern unmittelbar durch × verbunden werden, wobei die alpha-
betische Ordnung der Speciesnamen eingehalten werden soll, z. B.
Cirsium palustre×rivulare; in der Stellung der Namen soll kein
Unterschied angegeben werden, welche Art Vater, welche Mutter sei.
Die binäre Nomenclatur für Bastarde halten wir nicht für angemessen.

13. Manuscriptnamen haben unter allen Umständen kein Recht
auf Berücksichtigung von seiten anderer Autoren, auch dann nicht,
wenn sie auf gedruckten Zetteln in Exsiccatenwerken erscheinen. Das
gleiche gilt für Gärtnernamen oder die Bezeichnungen in Handelskata-
logen. Die Anerkennung der Art setzt für uns eine gedruckte Diagnose
voraus, die allerdings auch auf einem Exsiccatenzettel stehen kann.

14. Ein Autor hat nicht das Recht, einen einmal gegebenen
Gattungs- und Artnamen beliebig zu ändern, falls nicht sehr gewich-
tige Gründe, wie etwa in Regel 11, dazu Veranlassung geben.

A. Engler. I. Urban. A. Garcke. K. Schumann.

G. Hieronymus. P. Hennings. M. Gürke. U. Dammer. G. Lindau.

E. Gilg. H. Harms. P. Graebner. G. Volkens. L. Diels.

II. Weitere Mitteilungen über die Verwertung der ostafrikanischen Mangroven-Rinden.

Von

M. Gürke.

Im Anschluss an die in No. 5 S. 169—172 des Notizblattes gegebenen Notizen über die Verwertung der Mangroven-Rinden als Gerbmaterial mögen hier noch einige Mitteilungen Platz finden, welche für die Beurteilung dieses Gerbstoffes in unserem ostafrikanischen Schutzgebiet von Interesse sein dürften.

Die von den Brüdern Denhardt aus Witoland nach Deutschland gesandte Mangroven-Rinde, von welcher auch das Königl. botanische Museum Proben besitzt, ist inzwischen an der Deutschen Gerberschule zu Freiberg in Sachsen auf ihren Gerbstoffgehalt untersucht worden. Herr Dr. Paessler, der erste Chemiker an der Gerberschule, teilt der Direction des Königl. botanischen Museums folgende Analyse derselben mit:

	pCt.
Wasser	14,50
Organische gerbende Substanzen	36,10
Organische Nichtgerbstoffe	13,54
Extrakt-Asche	1,39
Unlösliches	34,47
	100,00.

Es ergiebt sich aus dieser Analyse, dass der brauchbare Gerbstoff in ziemlich hohem Procentsatz vorhanden ist. Die untersuchte Rinde stammt aller Wahrscheinlichkeit von der an der Küste des Witolandes am häufigsten vertretenen Rhizophora mucronata, von den Eingeborenen „Mkoko" genannt.

Die Herren Dr. Paessler und P. Kauschke haben in der Deutschen Gerberzeitung (F. A. Günther) neuerdings über die Mangroven-Rinde als Gerbmaterial eine Mitteilung gemacht, aus welcher wir die folgenden Notizen entnehmen:

Zunächst interessirt eine Zusammenstellung der Analysen von vier verschiedenen Mangrove-Rinden, welche in dem Laboratorium der Gerberschule untersucht worden sind. Zwei derselben (1 und II) stammen aus Jamaika, die dritte (III) aus Deutsch-Ostafrika, die vierte (IV) ist die von den Brüdern Denhardt überwiesene Rinde, deren Analyse aber von der oben angegebenen abweicht. Die Untersuchung ergab folgende Resultate (berechnet auf den Wassergehalt von 14,50 %):

	I	II	III	IV
	%	%	%	%
Wasser	14,50	14,50	14,50	14,50
Organische gerbende Substanzen	34,24	26,86	38,62	45,65
Organische Nichtgerbstoffe	6,49	5,92	13,54	7,12
Extrakt-Asche	1,70	3,95	2,20	1,68
Unlösliches	43,07	48,77	31,14	31,05
	100,00	100,00	100,00	100,00
	42,43	36,73	54,36	54,45

Die hier aufgeführten Zahlen zeigen, dass die Gerbstoffgehalte der vier Muster, mit Ausnahme von II, höher sind, als die früher untersuchten Mangroven-Rinden; besonders zeichnen sich die afrikanischen Rinden durch einen ausserordentlich hohen Gerbstoffgehalt aus, welcher bei den übrigen Gerbmaterialien nur von den besten Qualitäten Mimosenrinde, Dividivi und Algarobilla, ganz ausnahmsweise von Myrobalanen erreicht wird. Durch diese zwei Analysen ist natürlich noch nicht der Beweis erbracht, dass die afrikanischen Rinden immer einen so hohen Gerbstoffgehalt besitzen. Bei einer mit der Rinde von Witoland vorgenommenen Untersuchung über die Höhe des bei verschiedenen Temperaturen sich lösenden Gerbstoffes ergab sich, dass schon bei einer Temperatur von 20° C 41,57 % organische gerbende Substanzen gelöst wurden; es bestätigte sich weiter das von Parker und Procter gewonnene Resultat, dass die meisten Gerbmaterialien, entgegen der bisherigen Ansicht, sich bereits bei Temperaturen, welche unter 100° liegen, vollständig auslaugen lassen, und dass höhere Hitzegrade oft schon zersetzend auf den Gerbstoff wirken. Bei Mangroven-Rinde lag nach den Ergebnissen der beiden genannten Autoren die günstigste Extraktionstemperatur bei 80—90°. Hier bei der von Witoland kommenden Rinde ergab sich bei den Temperaturen von 60°, 80° und 100° die fast ganz gleiche Menge von Gerbstoff, nämlich 45,54 %, 45,69 % und 45,65 %.

Die Mangroven-Rinde entspricht also hinsichtlich des Gerbstoffgehaltes und der Löslichkeit des Gerbstoffes durchaus den Anforderungen, die man an ein gutes Gerbmaterial stellt. Nun verleiht aber die Rinde dem Leder eine rote bis rotbraune Farbe, die derjenigen des mit Hemlock-Rinde gegerbten Leders ähnelt. Diese rote Farbe ist auf dem deutschen Markte nicht erwünscht, und die so gefärbten Leder erzielen einen verhältnismässig niedrigen Preis. Es wird also die Mangroven-Rinde trotz ihres hohen Gerbstoffgehaltes nur dann Aussicht auf allgemeine Verwendung in der Gerberei haben, wenn sie noch wohlfeiler zu haben ist, als unsere billigsten Materialien, oder wenn sie mit anderen

Gerbstoffen, z. B. Eichen-Rinde, gemischt verarbeitet wird, so dass das Leder die hübsche Farbe des Unionleders erhält.

Über den Preis, zu welchem die Mangroven-Rinde geliefert werden müsste, um Aussicht auf genügenden Absatz zu haben, entnehmen wir dem genannten Aufsatz folgende Mitteilungen:

„Zu den billigen Gerbstoffen gehören Quebrachoholz und Myrobalanen. Der durchschnittliche Preis des Quebrachoholzes, gemahlen franko Gerberei, beträgt gegenwärtig pro 100 kg etwa 8,40 Mk. und der durchschnittliche Gerbstoffgehalt 20 %, so dass 1 kg Quebrachogerbstoff im Mittel etwa 0,42 Mk. kostet. Myrobalanen kosten gegenwärtig pro 100 kg, gemahlen franko Gerberei, im Mittel 13 Mk. und enthalten im Durchschnitt 32 % gerbende Substanzen, so dass sich 1 kg Myrobalanengerbstoff auf etwa 0,41 Mk. stellt. Es dürfte demnach 1 kg Mangrovenrinden-Gerbstoff nicht mehr als etwa 0,35 Mk. kosten. Der durchschnittliche Gerbstoffgehalt dieses Materials lässt sich auf Grund der wenigen Analysen nicht angeben, dürfte aber sicherlich nicht etwa 40 % oder sogar 45 % im Durchschnitt erreichen, sondern vielleicht etwa 35 % betragen. Legt man diesen Gehalt und den obigen Einheitspreis pro 1 kg Gerbstoff zu Grunde, so resultirt für 100 kg Mangroven-Rinde, gemahlen franko Gerberei, ein Preis von 12—13 Mk., den der Gerber für dieses Material anlegen könnte.

Für den Importeur ist der Preis ab Seehafen, z. B. Hamburg, massgebend. Da wir von obigem Preise alsdann für Frachtspesen und Mahlkosten noch 2—3 Mk. in Abzug zu bringen haben, so müsste also der Importeur im stande sein, die Mangroven-Rinde pro 100 kg franko Hafen für 10 Mk. zu liefern. Sehr gerbstoffreiche Rinden, z. B. solche von 40—45 %, dürften einen entsprechend höheren Preis erzielen. Stellen sich jedoch für den Importeur die Gewinnungskosten und Frachtspesen so hoch, dass er für Mangroven-Rinde einen höheren als den bezeichneten Preis fordern müsste, so würde kaum Aussicht vorhanden sein, dass sich diese Rinde als Gerbmaterial bei uns einführen wird. Es ist jedoch anzunehmen, dass die Unkosten keine sehr hohen sind, weil ohne weiteres an die Gewinnung der Rinde herangegangen werden kann. Lohnt es sich ja auch, das dem Gewichte nach billigere Quebrachoholz von Südamerika nach unserem Kontinente zu exportiren. Allerdings sind die Frachten für Rinde von Afrika nach Europa wegen der mangelnden Schiffskonkurrenz sehr hohe.

Zur Erniedrigung der Frachtspesen dürfte es sich vielleicht empfehlen, die Mangroven-Rinde vor der Verschiffung an Ort und Stelle zu zerkleinern und dann thunlichst in gepresstem Zustande, in welchem das Material ein geringeres Volumen einnimmt, zu verschiffen. Die Herstellung von flüssigem, teigförmigem oder festem Extrakte aus

Mangroven-Rinde im Ursprungslande ist bei einem an und für sich so gerbstoffreichem Material nicht empfehlenswert, da das Volumen bei der Überführung der Rinde in Extrakt und mithin auch die Frachtspesen gar nicht oder nur so wenig verringert werden, dass die Ersparnisse auf dieser Seite kleiner sind als die Kosten der Herstellung des Extraktes und der Fässer.

Es wäre wünschenswert, wenn wir aus Afrika, besonders auch aus unseren Kolonien, ein so gerbstoffreiches Material, wie die Mangroven-Rinde es ist, beziehen könnten. Es sei aber nochmals betont, dass dasselbe auf Grund der stark rot färbenden Eigenschaften und der Preise der übrigen Gerbmaterialien wohl nur dann von den Gerbern verwendet werden würde, wenn der Preis pro 100 kg ab Hamburg nicht wesentlich höher als 10 Mk. ist."

III. Wichtigere Eingänge für das Königl. botanische Museum.

Von Herrn Baumeister Kurt Hoffmann ist dem Königl. botanischen Museum ein mächtiges Blatt der Raphia-Palme (Raffia Ruffia Mart.) als Geschenk überwiesen worden. Derselbe teilt über das Vorkommen der Palme folgende Notizen mit:

Die Palme, welche in Useguha und Usambara „mwale" heisst, kommt in der Nähe der Friedrich-Hoffmann-Pflanzung in Useguha im Süden des Panganiflusses im Galleriewald vor, ist aber nicht häufig, da die Nachfrage nach den imposanten Blattstielen grösser ist als der Nachwuchs; dieser dürfte ziemlich langsam von Statten gehen, auch treibt die Palme keinen Stamm, sondern kommt nicht über die Büschelform hinaus. Makutis, d. h. trockene geflochtene Palmblätter, werden zwar auch von dieser Palme hergestellt; doch würde das so gewonnene Material nicht im Entferntesten genügen, den Bedarf zu decken. Der weitaus grösste Teil der Makutis wird aus der Kokospalme hergestellt, weniger aus der Dumpalme.

IV. Bericht über eingeführte Pflanzenkulturen in Deutsch-Ostafrika.

Aus einem von der Abteilung für Landeskultur und Landesvermessung des Kaiserlichen Gouvernements von Deutsch-Ostafrika au das Auswärtige Amt erstatteten Bericht über die Beförderung der Landeskultur in dem Zeitraume vom 1. Juli 1895 bis 30. Juni 1896 entnehmen wir im Auszuge die folgenden Notizen:

Die für den Bedarf der Stationen notwendigen Sämereien wurden zum grössten Teile von der Firma Dammann u. Co. in San Giovanni a Teduccio bei Neapel bezogen und haben sich im allgemeinen als ausgezeichnet bewährt. Ferner wurden Samen verschiedener nutzbarer Gewächse und Zierpflanzen beschafft von dem Königl. botanischen Garten zu Berlin, von den Kaiserlichen Konsulaten zu Colombo, Bombay und Singapore, von der indischen Forstverwaltung, von dem Departement of Agriculture in New South Wales u. a. Auch wurde zur Beschaffung von Pflanzen und Sämereien der Gärtner Thienemann im December 1895 nach Madagaskar, Mauritius und Bourbon gesandt und durch denselben eine grössere Anzahl tropischer Gewächse eingeführt. Diese Pflanzen und Sämereien wurden an 36 verschiedene Dienststellen, Plantagen und Missionen zur Verwertung und Kultur abgegeben.

Die Resultate, welche von den einzelnen Stationen mit dem Anbau der europäischen Gemüse erzielt wurden, sind sehr verschiedenartige. Es muss aber hervorgehoben werden, dass dieselben durchaus noch nicht als massgebend zu betrachten sind, da sie abhängen von dem Interesse, welches die Vorsteher der Stationen den Anbauversuchen entgegenbringen, und weil in den meisten Fällen eine sachverständige Leitung der Kulturen fehlt. Auch wirkt die häufige Versetzung der Offiziere und Unteroffiziere in dieser Beziehung sehr störend. Erspriessliches wird erst dann erreicht werden, wenn nach besonders geeigneten Stationen, z. B. nach Kilossa, Kissaki und Moschi, vorgebildete Gärtner gesandt werden.

Unter den von den einzelnen Stationen eingelaufenen Berichten über die Kulturen mögen folgende als von allgemeinerem Interesse hervorgehoben werden:

In Lindi hat der Garten recht guten Boden und liegt geschützt, mitten im Stadtgebiet; ausserdem ist noch eine Pflanzung des Bezirksamtes angelegt, in der eine grössere Anzahl von Cocospalmen, Mangos und anderen Fruchtbäumen gezogen werden. Lindi scheint sich durch fruchtbaren Boden und reichliche Niederschläge ganz besonders zur Kultur zu eignen.

In Simba-Uranga an der Rufidschi-Mündung gedeiht alles Gemüse ganz ausgezeichnet; der Garten liegt auf einer aus feinem Sande bestehenden Sandbank, auf der dunkle Alluvialerde aus Kikale und Pemba aufgeschüttet ist. Die dort gepflanzten Cocospalmen sollen nach Angabe des dortigen Zollbeamten schon nach 4—4½ Jahren ertragsfähig sein.

Auf Scholo, einer kleinen Insel südlich von Mafia, welche auch wegen ihrer guten gesundheitlichen Verhältnisse vorteilhaft bekannt ist, wächst Gemüse sehr gut; der Boden des Gartens ist lehmig mit einer leichten Humusschicht.

In Pangani sind die Anbauversuche häufig von Misserfolg begleitet gewesen; der dort bepflanzte Boden scheint sandig und sehr arm zu sein. Besseres würde sich wahrscheinlich auf den der Stadt gegenüberliegenden Höhen von Bweni erzielen lassen. Sehr gute Resultate hatte die nahe gelegene Plantage der Deutschen Ostafrikanischen Gesellschaft in Kikogwe, welche unter der sachgemässen Leitung des Herrn Lauterborn steht.

Im Versuchsgarten in Dar-os-Salâm sind die Gemüsekulturen bei der ausserordentlichen Armut des Bodens wenig erfolgreich gewesen; ohne Düngung trägt der Sandboden fast nichts, auch ist in der Trockenzeit die Wasserversorgung eine schwierige, so dass der Gemüsebau mit zu grossen Kosten im Verhältnis zum Ertrage verbunden ist.

In Kilossa sind unter der Leitung des Herrn Dr. Simon Gemüse aller Art mit grossem Erfolge gezogen worden. Der Boden des Mukondogua-Thales ist ausserordentlich fruchtbar. Der Garten liegt in der Ebene, am Fusse des Stationshügels, in ziemlicher Nähe des Mukondoguaflusses. Vor allem ist der ausgezeichnete Kaffee zu erwähnen, der, aus Bourbon-Samen der Mission Morogoro gezogen, hier kultiviert wird; wenn auch bis jetzt nur wenig Bäumchen vorhanden sind, so gestatten diese doch den Schluss, dass der Kaffee im Distrikt vorzüglich gedeiht.

In dem bedeutend höher gelegenen und viel trockneren Mpwapwa ist der Garten am Kigogo-Bachlauf auf ziemlich humösem Boden angelegt; es gedeihen hier alle Arten von Gemüse.

In Mwansa, am Südufer des Victoria-Nyansa, gedeiht fast alles in vorzüglichster Qualität. Der Garten liegt dicht am Wasser, auf humösem, tiefgrundigem Boden mit Sanduntergrund. Die Kartoffelernten sind hier mittelmässig, die Knollen selbst aber gut.

Über das ausgezeichnete Gedeihen von Gemüsen am Kilimandscharo mag hier nur einiges im Anschluss an die früheren Berichte der Herren Prof. Volkens und Gärtner Holst erwähnt werden.

In Moschi liegt der Garten am Südabhang des Berges, etwa 250 Meter unterhalb der Station auf sehr fruchtbarem, tiefgrundigem Lateritboden, welcher alter Lava aufliegt. Es findet eine künstliche Bewässerung durch im Kanal hergeleitetes Quellwasser statt. Die Resultate dürften den in Deutschland auf besserem Boden erzielten gleichwertig sein. Kartoffeln sind so gut wie akklimatisiert, und zwar aus Samen sowohl wie aus Knollen gezogen. Weizen kommt etwas unregelmässig, was jedoch wohl nur an der Art des Säens liegt und sich durch Drillkultur wird vermeiden lassen. Runkelrüben sind in der nahen katholischen Missionsstation Kilema sehr gut gewachsen; sie werden von dem Vieh der Station gern gefressen. Auch auf den anderen katholischen Missionsstationen wird fleissig und mit hervorragendem Erfolge Gemüse gebaut; Kiboscho zeichnet sich durch grosse Kartoffelernten aus.

Auf der etwas höher als Moschi gelegenen Militärstation Marangu (1465 m) gedeihen ebenfalls fast alle Gemüse vorzüglich. Ganz besonders wird die Entwickelung von japanischen Klettergurken, Salat, Kohlrabi, Zwiebeln und Eierfrüchten erwähnt. Nach Mitteilung des Stationschefs Lieutenant v. d. Marwitz ist die beste Zeit zur Aussaat von Getreide Ende der grossen oder Anfang der kleinen Regenzeit. Durch richtig ausgewählte Saatzeit und Anwendung von Drillsaat wird das unregelmässige Reifen der Ähren vermieden. Von Weizen wurden drei, von Gerste zwei Ernten in einem Jahre erzielt, wenn man das geerntete Korn sofort wieder aussäet. Beim Weizen wird mit einem Quantum von 6 Pfund auf ¹⁄₂ ar angefangen, was 150 Pfund Ernte ergab; die zweite Aussaat hatte nicht so gutes Resultat; bei der dritten Aussaat wurden etwa 50 Pfund gesäet, und beim Abmarsche des Stationschefs waren davon bereits 5 Centner geerntet, während noch 15 Centner auf dem Halme standen. Ebenso wurden 20 Centner Gerste auf dem Felde der Station geerntet. Unterhalb des Urwaldes machte die Gerste 1,30 m lange Halme und sehr schwere Ähren bei der trockenen Jahreszeit.

Auf der etwas höher gelegenen (1530 m) wissenschaftlichen Kilimandscharo-Station sind sowohl früher als auch nach dem Tode von Dr. Leut und Dr. Kretschmer Anbauversuche gemacht, die ebenfalls das Gedeihen von fast allen europäischen Gemüsen erwiesen haben. Von Mais lieferten 4,5 ar Bodenfläche 600 Pfund, von Gerste 30—35 ar 1150 Pfund, von Weizen 5 ar 100 Pfund. Da die Versuche jedoch nicht systematisch und fachmännisch betrieben sind, gestatten sie durchaus kein definitives Urteil über die Ertragsfähigkeit, wenn sich nach dem Bisherigen auch schliessen lässt, dass fast das ganze Jahr hindurch ein unausgesetztes Säen und Ernten dort möglich ist, wo man sich mit künstlicher Bewässerung über die trockene Zeit hinweghelfen kann.

In Kissaki in der fruchtbaren Ebene südlich der Uluguru-Berge nach dem Mgeta-Bache gelegen, gedeihen Gemüse ausgezeichnet. Weisse Kohlrüben und Kohlrabi beispielsweise erreichen Kindskopfgrösse, ohne holzig zu werden.

In Tabora, das im Grunde einer ziemlich sonnigen Mulde liegt, sind drei verschiedene Gemüsegärten angelegt; einer neben dem Schiessplatz und zwei neben der Wohnung des Stationschefs. Ersterer enthält viele Mangos, Guayaven und andere Nutzbäume; die beiden anderen sind ohne Bäume, alle aber von Hecken schützend umgeben. Schattendächer haben sich besser bewährt, als der natürliche Schatten von Bäumen, die dem Boden stets zu viel Wasser und Nachts den Tau entziehen. Auch hier litten die Pflanzungen sehr unter den heftigen Güssen der langen Regenzeit (Anfang November bis Ende April). Die Aussaat der Kartoffeln ergiebt hier recht gute Resultate; jedoch ist man über das Versuchsstadium noch nicht hinaus, zur Zeit ist etwa $\frac{1}{2}$ Morgen damit bestellt. Zwiebeln gedeihen gut, die europäischen wachsen langsamer als die einheimischen; aber auch diese sind ziemlich teuer. Ein Frasilah = 35 Pfund englisch kostet auf dem Markt 3 Doti = 3 Rupies 60 Pesa.

Nach den Mitteilungen des Kompagnieführers Leue werden in Tabora hauptsächlich folgende einheimische Früchte, die auch von den Europäern genossen werden, gezogen:

1. Gartenfrüchte.

Mtschitscha, eine Amarantus-Art, als spinatartiges Gemüse.
Mberingani, Eierfrucht, Solanum esculentum.
Vinaua, Ladyfinger, Hibiscus spec.
Mtikiti, Wassermelonen, Citrullus vulgaris.
Pilipili hoho, roter Pfeffer, Capsicum frutescens.
Mumunia, Klettergurke, Cucumis Melo.
Mgoga, Kürbis, Cucurbita maxima.
Maharagwe, bunte Bohnen, Phaseolus vulgaris.
Nanassi, Ananas, Ananas sativus.
Ndisi, Bananen, Musa paradisiaca.

2. Baumfrüchte.

Muembe, Mangobaum, Mangifera indica, liefert auch hier sehr wohlschmeckende Früchte, bleibt aber strauchartig, vielleicht wegen der höheren Lage von Tabora (1242 m).
Mtende, Dattelpalme, Phoenix dactylifera, wird von den Arabern angepflanzt und trägt nicht viele, aber recht schmackhafte Früchte.
Mkomamanga, Granatapfelbaum, Punica Granatum.
Mpera, Guayavenbaum, Psidium Guayava, trägt reichlich sehr wohlschmeckende Früchte.
Mnasi, Kokospalme, Cocos nucifera, ist selten und trägt schlecht.
Mdimu, Limone, Citrus medica, ist sehr häufig. Es giebt hier ausserdem eine Art süsser, fad schmeckender Citronen. Orangen sind noch nicht eingeführt.

Mpapayu, Melonenbaum, Carica Papaya.
Mbibu, Cachunussbaum, Anacardium occidentale.
Finessi, Iackbaum. Artocarpus integrifolia.
Mstafeli, Schuppenanone, Anona squamosa.
Mkunasi, Zizyphus Jujuba.

3. Feldfrüchte.

Die Wanyamwesi sind gute Ackerleute, die fleissig Feldbau treiben. Abgesehen vom Weizen werden alle Feldfrüchte im Januar gepflanzt. Die angegebenen Marktpreise beziehen sich auf Mai 1895.
Muhindi, Mais, Zea Mays, reift Ende April. Eine Last (60 Pfund englisch) kostet 1 Doti = 1 Rupie 20 Pesa.
Mtama, Negerkorn, Andropogon Sorghum, reift Anfang Juli; eine Last kostet 1 Doti.
Punga, Reis, Oryza sativa, reift Mitte Juli und kostet pro Frasilah = 35 Pfund englisch 2 Doti.
Ngamo, Weizen, Triticum vulgare, wird im Mai gepflanzt (mit der Hand gelegt) und reift im September. Der Anbau verursacht viel Arbeit, da die Pflanzen mindestens alle drei Tage einmal begossen werden müssen. Demgemäss ist auch der Preis ein ziemlich hoher, nämlich 4 Doti pro Frasilah. Der Weizen wird von den Eingeborenen gewöhnlich zwischen Steinen gemahlen; da aber in diesem Falle das Mehl viel Sand annimmt, lassen die Europäer denselben in grossen Holzmörsern stampfen. Das Weizenbrot ist goldbraun und schmeckt vorzüglich.
Njugu-Maue, Stein-Erdnuss, Voandzeia subterranea, reift im Juni und kostet 1 Doti pro Frasilah.
Njugu-Nyassa, Karanga-Erdnuss, Arachis hypogaea, reift im Juni und kostet 2½ Doti pro Frasilah.
Mua, Zuckerrohr, Saccharum officinarum, kostet 1 Doti pro 25 Stangen.
Viasi, Bataten oder süsse Kartoffeln, Ipomoea Batatas, wachsen massenhaft und kosten 40 Pesa pro Frasilah.
Mhogo, Maniok, Manihot palmata var. Aipi, wächst massenhaft; Preis 10 Pesa pro Frasilah.
Schiroko, Mungo-Bohne, Phaseolus Mungo, 40 Pesa pro Frasilah.
Kunde, Vigna sinensis, 40 Pesa pro Frasilah.
Tumbaco, Tabak, Nicotiana Tabacum, wird sehr viel gebaut.

Die speciellen Unternehmungen der Abteilung für Landeskultur und Landesvermessung beziehen sich auf die Pflanzungen bei Dar-es-

Salâm, die Versuchsplantage in Mohorro und die Kulturstation in Hoch-Usambara.

Die Versuche in Dar-es-Salâm wurden im Allgemeinen so fortgeführt wie im vorigen Jahre. Nach einer Reihe von Analysen, die Herr Prof. Wohltmann in Poppelsdorf von Erdproben aus der Umgebung der Stadt machte, ergab sich eine ganz ausserordentliche Armut des Bodens, besonders in Bezug auf Kali, Stickstoff und Phosphorsäure, so dass beabsichtigt wird, die Kultur von tropischen Pflanzen, die grosses Nährstoff- und Feuchtigkeits-Bedürfnis haben, in dem Versuchsgarten fernerhin einzuschränken und denselben nur noch als Baumschule zu verwerten. Der Boden in dem Versuchsgarten wird durch Kunstdünger (Kainit, Superphosphat etc.), sowie durch Stalldünger und Fledermaus-Guano aus den Hütten bei Tanga etwas verbessert. Dieser letztere enthält nach der Analyse des Gouvernements-Apothekers, Herrn Giemsa, 75 % Gesamtstickstoff und 15,3 % Gesammtphosphorsäure, ausserdem Kali und Eisen. Die Wasserlöslichkeit des Tricalciumphosphates, $Ca_3(PO_4)_2$, in dem die Phosphorsäure vorkommt, beruht auf einer Wechselwirkung mit oxalsaurem Ammoniak. Wenn auch der Guano demnach nicht so reich ist an Phosphorsäure, wie andere Arten, und sich wohl zum Export nach Europa nicht lohnt, so ist er hier doch recht wertvoll, weil er sich ohne Kosten beschaffen lässt.

Im Speziellen mag Folgendes erwähnt werden. Sehr gut als Alleebäume gedeihen: Araucaria excelsa, jetzt schon 1,60 m hoch, Albizzia Lebbek und A. moluccana, Acacia arabica und A. Melanoxylon, Schizolobium excelsum, Adenanthera pavonina, Inga Saman, Poinciana regia, Ceiba pentandra, Calophyllum Inophyllum, Terminalia Catappa, Tectona grandis; auch Caesalpinia Sappan und C. coriaria (Dividivi) zeigen ein üppiges, wenn auch mehr buschartiges Wachstum; ebenso kommt eine Hecke von Pithecolobium dulce gut vorwärts. Langsam, aber stetig wächst Ceratonia siliqua. Leucaena glauca und Poinciana superba sind als Alleebäume nicht zu brauchen. Von den Fruchtbäumen zeigen besonders Anona muricata und Spondias dulcis ein sehr gutes Wachstum. Die Eucalyptus-Arten scheinen, nach zahlreichen Versuchen zu urteilen, wenig geeignet; es gedeihen von Tausenden von Sämlingen nur wenige Pflanzen, sowie einige von Mauritius importierte Pflänzchen von E. robusta und E. rudis. — Die Erythrina-Arten werden im März und April von einem Insekt in der Spitze angebohrt und gehen dann meistens ein. — Die Palmen sind sehr schwer zu behandeln; sie bilden in dem sandigen Boden meistens eine sehr lange, dünne Pfahlwurzel, die beim Umpflanzen leicht ver-

letzt wird, in Folge dessen die Pflanzen absterben. Elais guineensis wächst gut, ebenso Phoenix silvestris, Latania, Oreodoxa etc.
In der Pflanzung auf Kurasini ist von dem im Ganzen 130
Hektar grossen Stück etwa ⅓ urbar gemacht und mit 25—30000
Pflanzen von Fourcroya gigantea, in je 3 m Abstand, besetzt. Etwa
30—40000 Pflänzlinge stehen noch in Saatbeeten. Die Pflanzen ge-
deihen ausgezeichnet, nur werden sie im jugendlichen Zustande z. T.
von einem Käfer angefressen, wovon sie sich jedoch stets bald erholen.
Der äusserst leichte Boden scheint der Pflanze sehr zuzusagen, und
Niederschläge sind in Dar-es-Salâm nicht so bedeutend, dass sie ein
Misslingen der Kultur dieser Wüstenpflanzen befürchten lassen. Ob
sich die Kultur auf die Dauer lohnt, muss die Zukunft lehren; die
Art des Wachstums, die Produktionskosten und die Marktpreise der
Faser sprechen in dieser Beziehung zu sehr mit. In Mauritius sollen
75000—95000 Blätter, je nach der Grösse, eine Tonne Fasern er-
geben, die im letzten Jahre dort für 200—220 Rupies verkauft wurde.

Da es sich bei dieser Pflanzung ausschliesslich nur um einen
Versuch handelt, sind zwischen der Fourcroya Kokospalmen gepflanzt
worden, damit bei negativem Ausfalle des Versuches das Gebiet doch
mit einem Kulturgewächs bepflanzt ist, welches hier sicher gedeiht.

Auf der Msimbasi-Schamba sind die eingegangenen Kokospalmen durch neue ersetzt worden. Die Kokospalme trägt hier ungefähr vom 7. Jahre ab und wirft dann 30—50 Jahre hindurch einen
Reingewinn von mindestens ⅟₇ Rupie pro Baum ab. Auf den Hektar
lassen sich 100 Palmen pflanzen. Der Gesamtertrag ist also nicht sehr
gross; es ist aber auch die darauf zu verwendende Kulturarbeit gering.
Für Reinhaltung des Landes und für eine geringe Düngung (event. mit
Seewasser oder Seetang) ist die Pflanze ausserordentlich dankbar.

Die Vorarbeiten auf der Versuchsplantage in Mohorro, welche
im Anbau der verschiedensten Pflanzen bestanden, haben zur Annahme
geführt, dass das Gebiet von Mohorro und Umgebung für den Anbau
von Tabak sehr geeignet sein wird. Guter, schwerer und ebener
Boden, in der Nähe gutes Bauholz, das billig zu beschaffen ist, leichte
Abfuhr der Produkte auf dem Wasserwege u. s. w. sind Bedingungen,
welche für die Rentabilität einer Tabakspflanzung günstig erscheinen.
Die in diesem Jahre gezüchteten Pflanzen, etwa 27000 Stück, zeigen
ein ebenmässiges, schönes und dünnes Blatt von heller Farbe, das nach
Meinung hiesiger Sumatra-Pflanzer fermentiert einem guten Sumatra-
Blatt gleichkommen wird. Das nur 7—8 Centner betragende Quantum
Rohtabak konnte, weil unfermentiert, nicht auf den Markt gebracht
werden, so dass eine definitive Abschätzung des Produktes noch nicht
möglich war.

Ausser dem Tabak sollen von dem Gärtner in Mohorro auch noch
Versuche mit der Anpflanzung von diversen Fruchtbäumen, Vanille,
Kaffee, Guttapercha u. s. w. gemacht werden

Auf der Kulturstation zu Kwai in Hoch-Usambara werden
ausschliesslich Versuche mit europäischer Landwirtschaft gemacht, wobei
besonders das Augenmerk auf die Frage gerichtet werden soll, ob das
Land die Möglichkeit bietet, dass deutsche Ansiedler dermaleinst hier
ihren Lebensunterhalt finden können. Die bisher gemachten Versuche
lassen natürlich ein definitives Urteil noch nicht zu. Gemüse sind in
hervorragender Qualität gediehen. Die Kartoffelernte war sehr reichlich, das Produkt aber noch etwas wässerig. Von Interesse ist es,
dass es gelang, sowohl Kartoffeln als auch Kohl, Mohrrüben, Kohlrabi,
rote Bete in gutem Zustande nach Dar-es-Salâm zu transportieren, was
für die Verwertung dortiger Produkte von Wichtigkeit sein dürfte.
Weizen und andere Halmfrüchte lieferten reiche Erträge. Zuerst trat
auch hier ein unregelmässiges Reifen ein, ein Übelstand, der sich am
Kilimandscharo auch gezeigt hatte. Nach Anwendung der Drillsaat
kommt das Getreide jedoch viel gleichmässiger, so dass es den Anschein hat, als wenn bei dem äusserst schnellen Wachstum es hier
darauf ankommt, dass alle Keime gleichmässig tief in der Erde liegen.

V. Winke für Versuchskulturen von Nutzpflanzen in Kamerun, nach den Mitteilungen des Herrn A. Moller, Inspector des botanischen Gartens in Coimbra.

Von

A. Engler.

Vor einigen Jahren besuchte ich den botanischen Garten zu
Coimbra (Portugal) und hatte Gelegenheit, mich davon zu überzeugen,
wie sehr dieser Garten und das mit demselben verbundene Museum
unter der Direction des Professor Dr. Henriques und der Verwaltung
des Herrn Inspector Adolph Moller durch steten Verkehr mit den
portugiesischen Kolonieen dazu beitragen, einerseits die Kulturen von
Nutzpflanzen in den Kolonieen zu fördern, anderseits die aus den
Kolonieen kommenden Produkte durch Aufstellung im botanischen
Museum und auf Ausstellungen weiteren Kreisen bekannt zu machen.
Sowohl die Sammlungen des botanischen Museums in Coimbra, wie
auch die an Pflanzenprodukten überaus reiche Ausstellung zu Oporto,

von welcher das hiesige botanische Museum durch die Freundlichkeit
des Herrn Prof. Dr. Houriques eine sehr schöne Produktensammlung
erhalten hat, zeigen deutlich, dass man in den portugiesischen Kolonieen eifrig bestrebt ist, alle einigermassen verwertbaren Produkte nach
dem Heimatland zu senden. Herr Inspector Moller hat sich über ein
Jahr auf San Thomé aufgehalten und zum Zweck botanischer Sammlungen
die Insel bereist, ist also mehr als ein anderer mit den dortigen Kulturen vertraut; ich halte es daher für angezeigt, mit seiner Erlaubnis
die Mitteilungen, welche er mir über die eventuell für Kamerun geeigneten Kulturpflanzen gemacht hat, hier zu veröffentlichen.

Als vorteilhafteste Kulturpflanzen empfiehlt er folgende grossenteils
schon in Kamerun eingeführte Arten: bis zu 300 m Höhe Coffea liberica;
an der Küste bis zu 600 m Höhe: Kakao, nebst der durch seine
kugeligen Früchte ausgezeichneten Varietät Caracas, und Zuckerrohr;
von 600 bis 1200 m Höhe: Coffea arabica, oberhalb 1000 m Höhe:
Cinchonen (Cinchona succirubra und C. Calisaya) und Ficus elastica,
auch Coffea stenophylla. Als Schutzbäume für Kaffee und Kakao
empfiehlt Herr Moller Manihot Glaziovii, Castilloa elastica und
Kickxia africana, doch ist Manihot Glaziovii nur an Orten, welche
vor starkem Wind geschützt sind, zu kultivieren, da die Äste sehr
zerbrechlich sind. An den von Flüssen zeitweise überschwemmten
Plätzen gedeiht der Para-Kautschuk, Hevea guianensis. Elaeis guine-
ensis, Raphia vinifera und Cocos nucifera sind bereits genügend in
Kultur, ebenso Tabak; auch Pfeffer und Vanille haben schon in Kamerun
Früchte getragen; auch Erythroxylon Coca gedeiht, dagegen sind noch
weitere Versuche anzustellen mit Myristica fragrans (Muskatnuss),
Pimenta officinalis, Cinnamomum zeylanicum, Jambosa Caryophyllus
(Nelken).

Sodann empfiehlt Herr Moller auf Grund seiner Erfahrungen eine
grosse Anzahl von Bäumen, von denen viele in Kamerun wild vorkommen, als Nutzhölzer, und zwar in erster Linie: Xylopia africana
Oliv., Artocarpus integrifolia L., Coryanthe paniculata Welw., Sorindeia
acutifolia Engl., einen 30 m hohen Anacardiaceen-Baum mit 1,80—2 m
Stammdurchmesser, Sideroxylon densiflorum Bak., 40 m hoch, mit
1,5—2 m Durchmesser, Celtis integrifolia Lam., 40—45 m hoch, Ha-
ronga paniculata (Pers.) Lodd., Irvingia gabonensis II. Bn., 40 m. hoch,
mit Stammdurchmesser von 1,8—2 m, Ouratea reticulata (P. Beauv.)
Engl., Pentaclethra macrophylla Benth., Chlorophora excelsa Benth. et
Hook., 40 m hoch, mit 2—2,5 m dickem Stamm, Heisteria parviflora
Smith, Mitragyne macrophylla Hiern, Nauclea stipulosa DC., N. brac-
teosa Welw., Pterocarpus tinctorius Welw., Swietenia angolensis Welw.
Andere, weniger wertvolle, aber immerhin noch brauchbare Nutz-

hölzer sind: Zanthoxylum rubescens Planch., Symphonia globulifera L., Polyalthia acuminata Oliv., Pseudospondias microcarpa (Rich.) Engl., Santiriopsis balsamifera Engl., Tetrapleura Thonningii Benth., Homalium africanum Benth., Diospyros mespiliformis Welw. Angelegentlichst wird der bekannte Andropogon Schoenanthus zur Bereitung von Lemonoel empfohlen; ferner gehen auch die Früchte von Persea gratissima, welche von den Negern sehr gern gegessen werden, ein sehr gutes Oel. Die Persea gratissima oder der Abacateiro, von welchem auf San Thomé fast nur die mexikanische Varietät Ahuaca dulce largo kultiviert wird, ist ein sehr rasch wachsender Baum.

Zur Gewinnung von Tannin ist die westafrikanische Rhizophora racemosa (Mangue da praia, Mangue dos rios) ebenso geeignet, wie die ostafrikanische Rhizophora mucronata; Blätter und Rinde werden extrahiert. In Angola wird ein vortrefflicher Tanninextrakt von Albizzia coriaria Welw. gewonnen. Auch Uncaria Gambir wird in den portugiesischen Kolonieen kultiviert.

Noch lange nicht genügend gewürdigt sind die Bananen für den Export. Gut getrocknete Früchte (Rosine) von Musa sapientum und Musa Cavendishii werden in Kisten geschmackvoll verpackt in Europa sehr gut verkauft. Auch bereitet man auf San Thomé aus den Früchten von Musa paradisiaca, sowie aus denen von Artocarpus incisa ein gutes Mehl.

VI. Über die Standortsverhältnisse der Kickxia africana in Kamerun.

Von
Dr. Preuss.

Kickxia habe ich an der ganzen Seeküste von Bimbia bis Debundja hin angetroffen, meist auf trockenem Boden, der oft sehr steinig war. Bisweilen stand sie nur wenige Meter vom Strande entfernt. Die Seebrise scheint ihr durchaus nicht zu schaden. Sowohl in dem ungemein regenreichen Gebiet vom Wete-Wete, westlich vom Kamerun-Gebirge, als auch in dem etwas trockeneren Strich südlich von demselben war sie gleich verbreitet. Hoch in das Gebirge hinauf scheint sie jedoch nicht zu gehen. Die Kickxia ist ein echter Urwaldbaum mit geradem, drehrundem Stamm mit grauer Rinde. Die Krone beginnt erst in ziemlicher Höhe vom Erdboden, jedoch sah ich niemals einen Stamm freistehend für sich, sondern nur im Bestande zusammen mit anderen Bäumen. Wie er sich unter Kultur entwickeln wird z. B. als Schattenbaum, kann man von vornherein nicht sagen. Der Baum hat Nichts Auffallendes an sich und ist schwer unter den vielen ähnlichen Urwaldbäumen herauszuerkennen. Daher lässt sich auch schwer eine charakteristische Abbildung machen. Zur Zeit der Fruchtreife wird man allerdings seiner sehr leicht gewahr durch die aufgesprungenen Kapseln und die überall an der Erde verstreuten Samen mit dem charakteristischen Flugapparat, welche durch den Wind weithin fortgetragen werden. Die Fruchtreife fällt in die Trockenzeit, Dezember bis Februar und März.

VII. Diagnosen neuer Arten.

Guarea leptotricha Harms n. sp.; frutex; foliis imparipinnatis 2—4—jugis; foliolis alternis brevissime petiolulatis, oblongis vel ellipticis vel obovato-oblongis, basi saepius leviter inaequali obtusis vel subrotundatis, apice plerumque breviter vel longiuscule acuminatis, integris, supra glabris, subtus imprimis ad nervum medium plerumque pilis sparsis longiusculis **hirtellis**, rarius subglabris, membranaceis, nervis infra leviter prominulis, nervis secundariis utrinque circ. 5—9; paniculis gracillimis pendulis spiciformibus; floribus brevissime pedicellatis ad axim paniculae teneram nec non ad ramulos paucos paniculae saepius breves solitariis vel geminis vel paucis glomerulatis longius distanter insertis, paniculae axi et ramis subglabris; calyce late cupulari leviter 4 dentato; petalis 4; tubo stamineo urceolato - cylindraceo, glabro, antheris 8; gynophoro glabro apice in annulum dilatato, ovario dense villoso.

1—2 Meter hoher Strauch im Unterholz mit rötlichen Blüten. Blättchenstiel 2—4 mm lang, Blättchen 10—20 cm lang, 4—9 cm breit. Rispen 15 cm lang oder länger, meist mit nur wenigen Seitenästchen. Blüten etwa 5—6 mm lang.

Kamerun: Bipinde (Zenker n. 1028, Juli n. 1896; 1069, Sept. 1896; beide mit Blüten).

Die Art steht der G. Zenkeri Harms sehr nahe, unterscheidet sich von ihr durch die unterseits mit zerstreuten langen dünnen Haaren besetzten Blätter, vielleicht auch durch zartere Rispen und etwas kleinere Blüten.

Zu Trichilia pterophylla C. DC. in Bull. Herb. Boiss. II. 1894, 581 (Natal) ist als Synonym zuzufügen: T. alata N. E. Brown in Kew Bull. 1896, p. 160.

Dioscorea macroura Harms n. sp.; scandens ramis tortis, subteretibus (vel in sicco subplanis), glabris; foliis oppositis petiolatis late
subrhomboideo-hastatis, ovatis, basi quoad folia majora profunde cordatis et interdum subauriculatis, quoad minora cordatis vel leviter
tantum emarginatis, apice subito in caudam longam incrassatam productis, 7—9 nerviis; petiolo longo supra profunde canaliculato, nervis
transversis numerosis, foliis in sicco subtus pallidis; lobis duobus
lateralibus acutis vel obtusis, a lamina sinu rectangulo vel latiore remotis;
spicis masculis in axillis foliorum superiorum minorum vel minutorum
bracteiformium binis vel ternis longissimis gracillimis filiformibus;
floribus sessilibus ad spicae axim solitariis vel plerumque in glomerulas
pauciflora (2—3-floras) ordinatis; bracteis ad basin florum latis squa-
matis acutis vel acuminatis; perigonii laciniis liberis inter se fere
aequalibus oblongis, vel lanceolato-oblongis, obtusis vel subrotundatis;
staminibus 6, 3 perigonii laciniis exterioribus oppositis quam 3 interioribus oppositi paullo brevioribus, filamentis filiformibus, antheris
parvis quam filamenta pluries brevioribus; pistillodio in floris centro
minuto subulato apice trifido.

Blattstiel 5—30 cm lang. Die Form der Spreite ist spiessförmig,
doch treten die beiden seitlichen Lappen, welche diese Gestalt be-
dingen, nur wenig hervor; am Grunde ist die Spreite meist tief herzförmig, die oberen Blätter, in deren Achsel die Inflorescenzen auftreten,
sind am Grunde nur wenig ausgerandet, gleichen jedoch in ihrer spiess-
förmigen Gestalt den grösseren Blättern. Die obersten, mehr bracteen-
ähnlichen Blätter sind ebenfalls noch spiessförmig, jedoch viel schmäler
(länglich) und nach dem Stiel zu fast spitz oder keilförmig; überall
tritt an den Blättern eine auffällig lange, schmale, mehr oder minder
scharf abgesetzte, verdickte, schwanzartige Spitze hervor. Blätter
12—26 cm lang, gemessen von der Spitze des Blattstiels bis zur Spitze,
die Blattspreite ragt nach unten über die Spitze des Blattstiels noch
etwa um 2—5 cm hinaus; Blattspreite 11- 34 cm breit, der Schwanz
der Blattspitze ist 3—6 cm lang; 7—9 Hauptnerven und zahlreiche
querverlaufende Secundärnerven. Die 15—20 cm langen oder noch längeren
Blütenähren stehen zu 2—3 in den Achseln der oberen kleineren
Blätter. Die wohlriechenden Blüthen sitzen einzeln oder in 2—3-
blütigen, von einander etwa 5—8 mm entfernten Gruppen; sie sind
von kleinen, breiten, schuppenförmigen Bracteen gestützt. In den Achseln
der Blätter am Grunde der Blütenähren treten kleine Bulbillen auf.

Kamerun: Jaunde-Station (Zenker n. 620, Sept. 1891 —
Zenker et Staudt n. 414, Sept. 1894, 800 m; beide Expl. mit
♂ Blüten). Die Pflanze soll eine runde, plattgedrückte, giftige Knolle
besitzen.

Unter den mit meist gegenständigen Blättern versehenen Arten
scheint die Art der mir unbekannten D. prachensilis Benth. (Niger-
Flora, 536) nahezukommen, wenigstens in der Form der Blätter; diese
weicht jedoch nach der Beschreibung durch den Besitz von Stacheln,
durch die Form der Perigonzipfel, die kreisförmig oder breit-eiförmig
sein sollen, und andere Merkmale ab.

Strychnos Beccarii Gilg n. sp.; frutex (an scandens?) ramis glaberrimis, teretiusculis, flavescentibus; foliis oblongis vel ovali-oblongis,
rarissimo ovatis, adultis coriaceis, glaberrimis, supra nitentibus, subtus
opacis, apice longissime acuminatis acutisque, basi subacutis, tripli-
nerviis, i. e. jugo inferiore marginali tenuissimo vix conspicuo, jugo
superiore valido, margini subparallelo paullo supra laminae basin abeunte, venis inaequaliter laxe reticulatis, validioribus omnibus costae
subrectangulariter impositis, nervis venisque supra paullo subtus manifeste prominentibus; cymis axillaribus paucifloris paniculatis, brevibus,
foliorum vix ¹/₃ longit. adaequantibus; calycis lobis ovatis vel late
ovatis, apice subrotundatis, glabris, vel — ita ut pedunculi pedicelli-
que — pube parca brunnea indutis; corollae tubo elongato, terete,
glabro, lobos oblongos subrotundatos cr. 3-plo superante.

Blätter 5—9 cm lang, 2,5—5 cm breit, 7—10 mm lang gestielt.
Blütenrispen 2 cm lang, kaum 1,5 cm breit, 5—8-blütig. Kelchblätter 1,5 mm lang. Krontubus cr. 6 mm lang, 1 mm dick, Kronlappen cr. 2 mm lang.

Borneo (Beccari n. 1580).

Eine sehr hervorragende Art, welche ich mit keiner Art der Sect.
Longiflorae des malayischen Gebietes zu identifizieren vermag. Sie
dürfte wohl der Str. Tiente Lech. am nächsten stehen.

Strychnos polytrichantha Gilg n. sp.; frutex vel arbor cirrhis (ut
videtur) nullis, ramis subtetragonis longitudinaliter sulcatis, glabris,
brunneis; foliis ovalibus vel ovato-ovalibus usque obovato-ovalibus,
chartaceis vel rigide chartaceis, basi rotundatis, sed basi ima sensim
in petiolum pro genere longum angustatis, apice breviter et late acuminatis, apice ipso rotundatis, supra nitidis, subtus subopacis, glaberrimis, 5-nerviis, sed jugo inferiore tenuissimo ad marginem fere ipsum
percurrente, jugo superiore multo validiore 5—7 mm supra folii basin
abeunte margini semper parallelo, venis utrinque subaequaliter (subtus
magis) valde prominentibus inaequaliter anguste denseque reticulatis;
floribus saepius in dichasia simplicia axillaria dispositis, rarius paniculatis (axillaribus), paniculae ramis in dichasia simplicia desinentibus,
pedunculis pedicellisque brunneo-tomentosis; sepalis liberis, ovatis,
acutiusculis; corollae glabrae magnae tubo lobos longit. paullo superante, cylindraceo, superne paullo ampliato, lobis lanceolatis vel

ovato-lanceolatis, acutiusculis, basi (ad faucem) densissime pilis sericeis
albis longissimis vestitis.

Blätter 6—9 cm lang, 3,5—5 cm breit, Blattstiel 6—9 mm lang.
Blütenstand 2,5—4 cm lang, Kelchblätter 1,5—2 mm hoch. Corolle
1—1,2 cm lang, davon beträgt die Röhre 6—7 mm.

Borneo (Beccari n. 2275).

Eine sehr ausgezeichnete Art der Sect. Intermediae, welche
kaum mit einer anderen indisch-malayischen Art als verwandt bezeichnet
werden dürfte. Die Kronschlundhaare bilden hier einen so dichten
Wall, wie ich es noch bei keiner anderen Strychnos beobachtete.

Strychnos Pilgeriana Gilg. n. sp.; frutex (an scandens?) ramis
teretiusculis, glabris, laevibus, brunneis; foliis ellipticis vel elliptico-
oblongis, adultis subcoriaceis, glaberrimis, supra nitentibus, subtus
opacis, apice plerumque longe acutatis, apice ipso longiusculе et angustissime apiculatis, basin versus sensim in petiolum manifestum angustatis, 5-nerviis, jugo inferiore tenui ad marginem fere ipsum usque ad
apicem percurrente, superiore costae subaequivalido 8—10 mm supra
laminae basin abeunte margini semper parallelo substricto, in apice ipso
manifeste conspicuo, venis utrinque valde prominentibus densissimeque
reticulatis; floribus paniculatis axillaribus, paniculae ramis subconfertis
in dichasia simplicia desinentibus foliorum cr. $^1/_4$ adaequantibus; calycis
lobis late ovatis, acutis, laxe pilosis; corollae tubo lobis ovato-oblongis
acutis, intus dense sericeo-pilosis, extrinsecus dense pilosusculis paullo
breviore.

Blätter 5—10 cm lang, 2,5—4 cm breit, Blattstiel 4—5 mm lang.
Blütenstände cr. 1,5 cm lang, 1 cm breit. Blütenstandstiel 7—8 mm
lang, Dichasienstiel ca. 2 mm, Blütenstielchen 1—2 mm lang. Kelchblätter ca. 1,2—1,3 mm lang. Corolle 3—3,2 mm lang.

Sumatra (Forbes n. 3245).

Scheint manche Ähnlichkeit mit der schlecht beschriebenen Str.
lanceolaris Miq. zu haben, doch sind die Blätter nicht elliptisch-
lanzettlich, auch nicht acuminat, die Nerven treten beiderseits hervor,
der Stengel ist ganz ohne Lenticellen, wodurch eine Identität ausgeschlossen wird.

Andersson, Gunnar, Die Geschichte der Vegetation Schwedens. Kurz dargestellt. Mit 2 Tafeln und 13 Figuren im Text. (Sep.-Abdruck aus Engler's Botan. Jahrb. XXII. Bd. 3. Heft.) gr. 8. 1896. M. 4,—.

Bary, A. de, Die Mycetozoen (Schleimpilze). Ein Beitrag zur Kenntniss der niedersten Organismen. Zweite umgearbeitete Auflage. Mit 6 Kupfertafeln. gr. 8. 1864. M. 8,—.
— Vergleichende Morphologie und Biologie der Pilze, Mycetozoen und Bacterien. Mit 198 Holzschnitten. gr. 8. 1881.
geh. M. 13,—; geb. M. 15.—.
— Vorlesungen über Bacterien. Zweite verbesserte Auflage. Mit 20 Holzschnitten. gr. 8. 1887. M. 3,—.

Buchenau, Franz, Monographia Juncacearum. Mit 3 Tafeln und 9 Holzschnitten. (Separat-Abdruck aus Engler's Botanischen Jahrbüchern. Band XII.) gr. 8. 1890. M. 12,—.
— Flora der nordwestdeutschen Tiefebene. 8. 1894.
geh. M. 7.—; geb. M. 7.75.

Frank, A. B., Lehrbuch der Botanik. Nach dem gegenwärtigen Stand der Wissenschaft bearbeitet. Zwei Bände. Mit 644 Abbildungen in Holzschnitt. gr. 8. 1892/93.
geh. M. 26,—; geb. M. 30,—.

Grisebach, A., Die Vegetation der Erde nach ihrer klimatischen Anordnung. Ein Abriss der vergleichenden Geographie der Pflanzen. Zweite vermehrte und berichtigte Auflage. 2 Bände mit Register und 1 Karte. gr. 8. 1884. geh. M. 20,—; geb. M. 24,60.

Haberlandt, G., Entwicklungsgeschichte des mechanischen Gewebesystems der Pflanzen. Mit 9 lithogr. Tafeln. 4. 1879
M. 10,—.
— Das reizleitende Gewebesystem der Sinnpflanze. Eine anatomisch-physiologische Untersuchung. Mit 3 lithographierten Tafeln. gr. 8. 1890.
M. 4,—.
— Eine botanische Tropenreise. Indo-malayische Vegetationsbilder und Reiseskizzen. Mit 51 Abbildungen. gr. 8. 1893.
geh. M. 8,—; geb. M. 9,25.
— Physiologische Pflanzenanatomie. Zweite neubearbeitete und vermehrte Auflage. Mit 235 Abbildungen. gr. 8. 1896.
geh. M. 16,—; geb. M. 18,—.

Klinggraeff, H. v., Die Leber- und Laubmoose West- und Ostpreussens. Herausgegeben mit Unterstützung des Westpreussischen Provinzial-Landtages vom Westpreussischen Botanisch-Zoologischen Verein. 6. 1893. geh. M. 5.—; geb. M. 5.75.

Verlag von **Wilhelm Engelmann** in Leipzig.

Lauterborn, Robert, Untersuchungen über Bau, Kernteilung und Bewegung der Diatomeen. Aus dem zoologischen Institut der Universität Heidelberg. Mit 1 Figur im Text und 10 Tafeln. 4. 1896. M. 30,—.

Niedenzu, Franz, Handbuch für botanische Bestimmungsübungen. Mit 15 Figuren im Text. 8. 1895.
geh. M. 4.—; geb. M. 4.75.

Pax, Ferd., Monographische Uebersicht über die Arten der Gattung Primula. (Sep.-Abdr. aus Engler's Botan. Jahrb. X. Bd.) gr. 8. 1888. M. 3,—.

Prantl's Lehrbuch der Botanik. Herausgegeben und neu bearbeitet von Ferdinand Pax. Mit 387 Figuren in Holzschnitt. Zehnte, verbesserte und vermehrte Auflage. gr. 8. 1896.
geh. M. 4.—; geb. M. 5.30.

Sachs, Julius, Vorlesungen über Pflanzenphysiologie. Zweite neubearbeitete Auflage. Mit 391 Holzschnitten. gr. 8. 1887.
geh. M. 18,—; geb. M. 20,—.
— Gesammelte Abhandlungen über Pflanzenphysiologie. 2 Bände. Mit 10 lithographischen Tafeln und 126 Textbildern. gr. 8. 1892/93.
geh. M. 29,—; geb. M. 33,—.

Warburg, O., Die Muskatnuss, ihre Geschichte, Botanik, Kultur, Handel und Verwerthung, sowie ihre Verfälschungen und Surrogate. Zugleich ein Beitrag zur Kulturgeschichte der Banda-Inseln. Mit 3 Heliogravüren, 4 lithographischen Tafeln, 1 Karte und 12 Abbildungen im Text. gr. 8. 1897.
geh. M. 20,—; geb. (in Ganzleinen) M. 21,50.

Wettstein, R. v., Monographie der Gattung Euphrasia. Arbeiten des botanischen Instituts der k. k. deutschen Universität in Prag. Nr. IX. Mit einem De Candolle'schen Preise ausgezeichnete Arbeit. Herausgegeben mit Unterstützung der Gesellschaft zur Förderung deutscher Wissenschaft, Kunst und Litteratur in Böhmen. Mit 14 Tafeln, 4 Karten und 7 Textillustrationen. 4. 1896. M. 30.—.

Willkomm, Moritz, Grundzüge der Pflanzenverbreitung auf der iberischen Halbinsel. Mit 21 Textfiguren, 2 Heliogravüren und 2 Karten. gr. 8. 1896. (Die Vegetation der Erde. Sammlung pflanzengeographischer Monographien, herausgegeben von A. Engler und O. Drude. Bd. I.)
geh. M. 12,—; geb. M. 13,50.

Druck von E. Buchbinder in Neu-Ruppin.

Notizblatt

des

Königl. botanischen Gartens und Museums zu Berlin.

No. 9. Ausgegeben am **7. August 1897.**

Nur durch den Buchhandel zu beziehen.

—— ✱ ——

In Commission bei Wilhelm Engelmann in Leipzig.

1897.

Preis 1,20 Mk.

Notizblatt

des

Königl. botanischen Gartens und Museums zu Berlin.

No. 9. Ausgegeben am **7. August 1897.**

I. Über das wohlriechende ostafrikanische Sandelholz (Osyris tenuifolia Engl.).

Mit einer Abbildung.

Von

A. Engler und **G. Volkens.**

Bei seinem Aufenthalt in der Marangu-Station am Kilimandscharo entdeckte daselbst Professor Volkens in einer Höhe von 1430 m einen Strauch, dessen blühende Zweige von mir untersucht und als zu Osyris, einer vom Mittelmeergebiet durch Ostafrika bis zum Kapland verbreiteten Pflanzengattung gehörig erkannt wurden. Die Art wurde zum erstenmal ganz kurz in dem Werke: die Pflanzenwelt Ostafrikas beschrieben, wie folgt:

Osyris tenuifolia Engl. in Pflanzenwelt Ostafrikas, C. 167, valde ramosa, glabra, foliis patentibus tenuibus brevissime petiolatis lanceolatis acutis; pedicellis in axillis foliorum solitariis, bracteolis 2 parvis lanceolatis; perigonio turbinato, laciniis deltoideis quam tubus paullo brevioribus.

Nun soll hier eine ausführlichere deutsche Beschreibung und eine Abbildung der Pflanze gegeben werden, da dieselbe jedenfalls grössere

19

Beachtung verdient und vielleicht einmal später als Nutzpflanze Verwendung findet.

Beschreibung: Die Pflanze ist meistens ein 3—4 m hoher
Strauch mit aufsteigenden Ästen, welche ebenso wie die Blätter und
die Blüten kahl und graugrün sind, mit einem Stich ins Bläuliche. Die
Äste sind kantig, mit Längsfurchen versehen und dicht beblättert, so
dass an den jüngeren Zweigen die Internodien nur etwa 4—8 mm lang
sind; später strecken sich dieselben. Die Blätter sind meist abstehend
oder herabgebogen, mit einem 2—3 mm langen Stiel versehen, lanzettlich,
in den kurzen Stiel verschmälert und am Ende scharf zugespitzt, meist
2,5—3 cm lang und 6—8 mm breit, seltener bis noch einmal so gross,
dünn lederartig, mit beiderseits scharf hervortretenden Mittelnerven und
jederseits 4—5 schwachen, aufsteigenden Seitennerven. Die gelblich-
grünen Blüten sind zweihäusig, die ♂ Blüten stehen meist in 5-blütigen
Trugdöldchen in den Blattachseln der jüngeren Zweige. An einzelnen
Seitenzweigen bleiben die Tragblätter dieser Trugdöldchen im Wachstum
zurück und dann treten die Trugdöldchen zusammen mehr in den Vordergrund, eine zusammengesetzte Traube bildend. Wenn die Blüten vollkommen entwickelt sind, haben die Stiele der Trugdöldchen eine Länge
von 6—8 mm, die einzelnen Blütenstiele eine Länge von 1—2 mm.
Die Tragblätter der Seitenblüten sind lineal-lanzettlich oder lanzettlich,
etwa 2 mm lang. Die Knospen sind fast kugelig, aber oben spitz, die
3—4 unten zusammenhängenden Blütenhüllblätter halb eiförmig, fast
dreieckig, dick, über der Mitte der Basis mit einem kleinen Haarbüschel
versehen, etwa 1,5 mm lang und breit. Vor jedem Blütenhüllblatt steht
ein kaum halb so langes Staubblatt mit sehr kurzem, am Ende rückwärts gerichtete Haare tragendem Staubfaden und einer kleinen, breiten
Anthere mit 2 kugeligen Theken am Rande eines scheibenförmigen,
3- oder 4-seitigen, gelblichen Discus. Die weiblichen oder zwitterigen
Blüten stehen fast immer einzeln in den Blattachseln auf etwas ver-
breiterten zweikantigen Stielen, die vom eigentlichen Blütenstiel scharf
abgegliedert sind und 2 lanzettliche Vorblätter tragen. Die in den
Stiel übergehende Blüte ist kreiselförmig mit unterständigem Fruchtknoten, dessen Höhlung sich im oberen Drittel des kreiselförmigen
Körpers befindet und auf ganz kurzer centraler Placenta 3 hängende
Samenanlagen trägt, von denen nur eine sich zum Samen entwickelt;
der Griffel ist kurz cylindrisch mit 3—4 Narbenlappen, von der Länge
der Blütenhüllblätter, vor denen auch je ein Staubblatt steht. Zwischen
den Staubblättern und dem Griffel ist ein 3-seitiger, selten 4-seitiger,
epigynischer, gelblicher Discus entwickelt. Die „Frucht" ist streng
genommen eine Halbfrucht, da sie zum Teil aus der den Fruchtknoten
umschliessenden Blütenachse hervorgeht, sie ist kugelig und am Scheitel

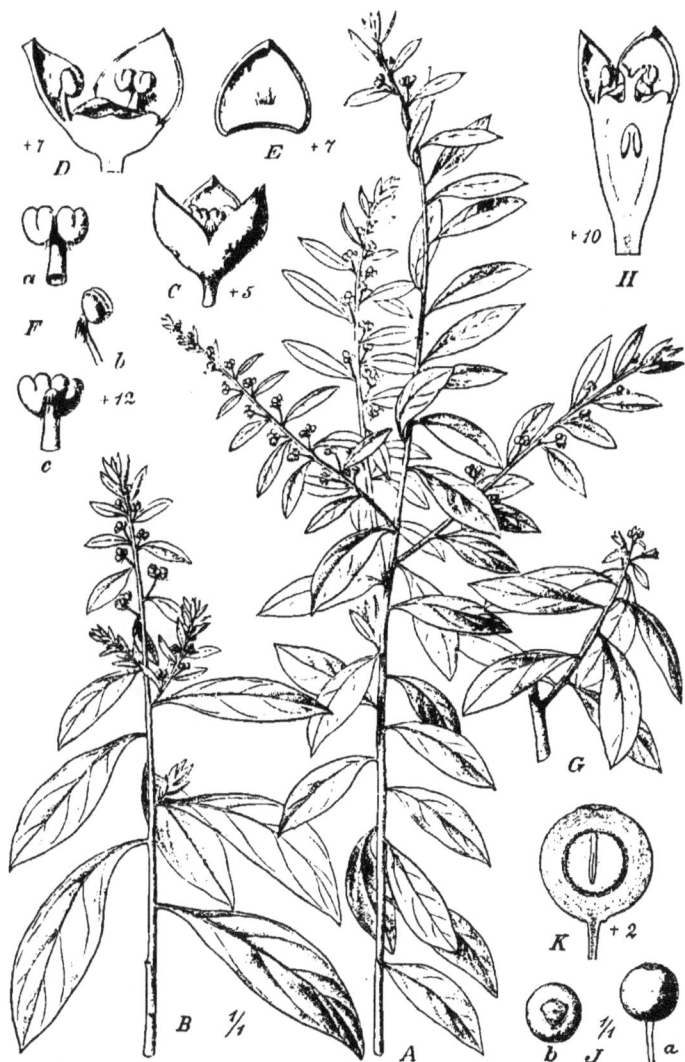

A Zweig der männlichen Pflanze vom Kilimandscharo; B Zweig der männlichen Pflanze von Kwai; C männliche Blüte; D dieselbe im Längsschnitt; E ein Blütenhüllblatt; F ein Staubblatt, a von vorn, b von der Seite, c von hinten: G Zweig der weiblichen Pflanze vom Kilimandscharo; H weibliche Blüte im Längsschnitt; J Frucht, a von der Seite, b vom Scheitel; K Frucht und Same im Längsschnitt, den Embryo zeigend.

19*

mit einer kreisförmigen Scheibe versehen, welche dem epigynischen Discus entspricht und in der Mitte die Spur des abgefallenen Griffels zeigt. Die Frucht ist kugelig, ziegelrot, hat 8 mm Durchmesser, ein etwa 1 mm dickes Sarcocarp und ein dünnes krustiges Endocarp. Der kugelige Same hat etwa 5 mm Durchmesser und schliesst im Centrum des fleischigen Nährgewebes einen kleinen Embryo ein, dessen Keimblätter viel länger sind als das Stämmchen.

Vorkommen: In der Umgebung des Kilimandscharo wächst der Strauch zwischen 1100 und 1300 m, längs der Flussläufe abwärts bis 800 m, und ist in allen trockeneren Gebüschpartieen sowie auch an grasigen Abhängen des Kulturlandes bis 1600 m gemein. Er wurde in Marangu bei der Militärstation am Abfall zum Unnabach um 1430 m im April blühend, im Juni fruchtend beobachtet (Volkens n. 232*), und in der Steppe längs des Himo im Januar blühend gesammelt (Volkens n. 1732). In Westusambara findet sich der Strauch bei Kwai, woselbst er von Dr. Stuhlmann im September 1896 gesammelt wurde.

Die von Dr. Stuhlmann gesammelten Zweige haben unten noch einmal so grosse Blätter als die Exemplare vom Kilimandscharo, und die Blütenstände am Ende der Seitenzweige sind noch wenig entwickelt; so sehen die Zweige etwas anders aus, als die von Professor Volkens gesammelten; es sind aber kaum genügende Unterschiede vorhanden, um die Usambarapflanze als Varietät anzusehen.

Sowohl Professor Dr. Volkens wie Herr Regierungsrat Dr. Stuhlmann hatten beim Sammeln der Pflanzen den Wohlgeruch des Holzes konstatiert und daher auch Holzproben gesammelt. Es war daher die Möglichkeit gegeben, diese Holzproben mit dem indischen Sandelholz genau zu vergleichen.

Ueber den anatomischen Bau des ostafrikanischen Sandelholzes, von G. Volkens.

Das von Dr. Stuhlmann eingeschickte Holzstück lässt auf einen Baum mit einem Stammdurchmesser von 15—20 cm schliessen, während Osyris tenuifolia am Kilimandscharo nur als aufrechtästiger Strauch vorkommt, dessen Stammumfang an der Basis selten mehr als Armstärke erreicht. Die Rinde dieses Strauches ist an jungen, trocknen

---

*) Auf dem Strauch lebt eine Heuschrecke, die eines der überraschendsten Beispiele von Mimicry darstellt, welches man kennt. Das 4 cm lange Insekt hat am ganzen Leibe bis aufs kleinste genau dieselbe grüne, mit einem Stich ins Blaugrüne spielende Färbung des Laubes der Pflanze. Wenn es auf einem jungen Zweige angedrückt sitzt, so stehen die Oberschenkel des letzten Beinpaares in der Richtung ab wie die Blätter und sehen aufs Täuschendste einem Blattpaar ähnlich.

Zweigen rötlich braun, an älteren reisst sie in kurzen Längsrissen auf, zwischen denen die vertrocknete Epidermis in Form bleigrauer, glatter Streifen erhalten bleibt.

Das Holz der Stuhlmann'schen Probe, mit dem das Holz der Kilimandscharopflanze übereinstimmt, zeigt auf frischen Querschnitten einen braunen, fast ins weinrote spielenden Kern, um den sich der Splint als schmaler, bei weitem heller gefärbter Saum herumlegt. Jahresringe sind, wenn auch schwach, mit blossem Auge erkennbar, Markstrahlen fallen erst im Lupenbilde auf und zwar als helle Linien, zwischen denen die durchschnittenen Gefässe als einzelne, ziemlich gleichmässig verteilte, nadelstichartige Löcher sichtbar werden. Bei der Längsspaltung, die leicht auch in dünnen Spähnen auszuführen ist, erweist sich das Holz als bräunlich, mit einem deutlichen Stich ins rötliche, und dunkelt es an der Luft merklich nach. — Echtes Sandel- holz, wie es in einem vom Grafen Solms-Laubach in Singapore er- worbenen Stück vorlag, hat einen fast weissen Splint, der an der Luft hellgelb wird, während der sehr deutliche Jahresringe tragende Kern bräunlich ist und zwar dunkler im Herbst —, heller im Frühjahrsholz. Im Lupenbilde unterscheidet sich das Santalum- vom Osyrisholz durch- aus nicht, ebenso wenig in dem schönen, gleichmässigen Korn und in der Schneid- und Spaltbarkeit. —

Die anatomische Struktur des Santalumholzes ist von Moeller[*]) und Wiesner[**]) beschrieben worden, von beiden im allgemeinen gleich; ersterer giebt auch ein Querschnittsbild. Auf dem ersten Blick erkennt man, dass mit diesem das Querschnittsbild des Osyrisholzes fast genau übereinstimmt. Im einen wie im andern Fall sieht man die Haupt- masse des Schnittes aus im Umriss rundlichen oder polyedrischen, stark verdickten Libriformzellen bestehen, zwischen denen nur hier und da einmal — bei Osyris etwas häufiger — dünnwandigere Holz- parenchymzellen eingeschaltet erscheinen. Isolierte Gefässe von einem mittleren Durchmesser von 0,06 mm verteilen sich daneben über den Raum. — Die Markstrahlen des Santalumholzes werden von Moeller als immer einreihig, von Wiesner als ein- bis dreireihig bezeichnet; ich überzeugte mich, dass sie in mittlerer Höhe bei Santalum wie Osyris gewöhnlich zweireihig ist, oben und unten sich einreihig aus- keilen; dreireihige sind seltener. In der Höhe unterscheiden sich die Markstrahlen insofern, als sie bei Santalum 2—8, bei Osyris eine grössere Zahl, im Mittel 12—14 Zelllagen umfassen. Neben einem

---

[*]) Denkschrift der math.-naturw. Klasse d. Kais. Akad. d. Wiss. zu Wien. XXXVI. Bd.

[**]) Die Rohstoffe des Pflanzenreichs, p. 593.

harzartigen Stoff bergen sie monokline Einzelkrystalle von oxalsaurem Kalk, die der Kilimandscharopflanze fast nur Stärke.

Um Santalum von Osyris unterscheiden zu können, genügen Querschnittsbilder nicht. Aber auch Längsschnitte geben keine ohne weiteres in die Augen springenden Anhaltspunkte. Ein viel sichereres Resultat erhält man durch Maceration und ist solche in diesem Fall besonders anzuraten, da sie das einzige Mittel ist, gewisse Elementarstrukturen der Gefässe zu erkennen. Die Libriformzellen sind zunächst, wie die Maceration ergiebt, bei Santalum kaum halb so lang wie bei Osyris (0,53 und 1,18 mm), sie sind ausserdem bei dem ersteren mit sehr zahlreichen, bei der letzteren mit nur wenigen linksschiefen Poren besetzt. Die Gefässe erkennt man in beiden Fällen als aus verhältnismässig sehr kurzen Gliedern aufgebaut, die sich in ganz eigentümlicher Weise aneinanderketten. Jedes Glied, das vom folgenden durch eine schiefe, kreisförmig durchbrochene Querwand geschieden ist, verlängert sich seitlich, wenn oben rechts, so unten links, in eine aufrechte Spitze von sehr wechselnder Länge. Mitunter sind die Spitzen so lang wie das Glied selbst, mitunter auf kurze Zapfen reduciert, oft fehlt auch die des einen Endes ganz. Ein Gefässglied sieht also für gewöhnlich an beiden Enden wie der Kopf eines Federhalters mit darin steckender Stahlfeder aus. Auf der Wandung der Gefässe sind kreisförmige Hoftüpfel mit schmalem Querspalt so angeordnet, dass auf jede anliegende Libriformzelle nur eine Reihe übereinander liegender kommt. — Die Holzparenchym- und Markstrahlzellen unterscheiden sich in beiden Hölzern kaum voneinander. Die ersteren, die einreihige, Gefässe und Markstrahlen spärlich verknüpfende Ketten bilden, besitzen ebenso wie die stark radial gedehnten Markstrahlzellen, wo sie an Gefässe grenzen, einfache grosse Kreisporen.

Der riechende Stoff des Sandelholzes, des von Santalum wie von Osyris, besteht wahrscheinlich aus einem braunen Harze, welches streckenweise einzelne Gefässe ausfüllt, dessen Entstehung aber in den Zellen der Markstrahlen und des Holzparenchyms zu suchen ist. Der Geruch tritt auf frischen Schnitten, ferner beim Reiben und Raspeln des Holzes deutlicher hervor. Brennt man das geraspelte Holz an, so erinnert der Geruch des entwickelten Rauches sofort an den Duft gewisser Räucherkerzchen, kleiner, roter, an der Spitze zu entzündender Kegel, die in allen Drogengeschäften zu haben sind.

Da möglicherweise das Holz von Osyris tenuifolia in ähnlicher Weise, wie dasjenige des Santalum album verwendet werden kann, so soll hier auch eine kurze Notiz über das indische Sandelholz und dessen Verwendung gegeben werden.

Das echte weisse Sandelholz, Santalum album L., ist ein kleiner
immergrüner Baum, der selten mehr als 13 m Höhe erreicht und in
den trockeneren Teilen Vorderindiens von 600—1000 m vorkommt, in
Mysore, Coimbatore und Salem, von Madura bis Kolhapur; der Baum
wird ausserdem mit Erfolg kultiviert in Bombay, Poona, Gujerat und
einigen Teilen des nördlichen Indiens, verliert jedoch in diesen Gebieten
meist an Wohlgeruch. In Madras ist die Kultur des Baumes freigestellt,
findet aber meistens in reservierten Wäldern statt; dagegen ist die
Kultur in Mysore ein Staatsmonopol. Die Kultur ist ziemlich mühsam,
die jungen Bäumchen müssen lange Zeit geschützt werden, und erst im
Alter von 27—30 Jahren ist das geschätzte dunkle Kernholz gut entwickelt, so dass dann erst die Stämme gefällt werden.

Das kostbare blassgelbe Sandelöl wird aus dem Kernholz der
Stämme und besonders der Wurzeln durch langsame, 10 Tage lang
fortgesetzte Destillation gewonnen und ist eines der geschätztesten
indischen Parfüms, namentlich bei den Mohammedanern. Ferner werden
Emulsionen des Sandelholzes in Ostindien zu Umschlägen bei Erysipelas,
Prurigo und Sudamina verwendet, auch dient Sandelholzpulver, innerlich
genommen, als Heilmittel gegen Gonorrhoea. Endlich wird in Ostindien,
namentlich in Kanara, das Sandelholz zu Schnitzereien aller Art verwendet, und nicht geringe Mengen desselben werden in Tempeln von
den Parsis verbrannt. Das Hauptemporium für den Handel mit weissem
Sandelholz ist Bombay; in den Jahren 1889/90 war der Export auf
639,455 Rupies gestiegen; die grösste Menge des Holzes wird nach
China exportiert; aber auch nach Frankreich und Deutschland, sowie
nach den Vereinigten Staaten wird es verkauft. In Mysore wird der
Hauptertrag aus den Forsten durch den Verkauf des Sandelholzes
gewonnen.

II. Über den Gewürznelkenbau in Zanzibar.

Welche hohe Bedeutung der Gewürznelkenbau für das Protektorat
Zanzibar besitzt, geht aus der Thatsache hervor, dass der bei der An-
bringung in die Stadt Zanzibar in natura erhobene Nelkenzoll von
25 % mit etwa 27000 £ jährlich ungefähr die Hälfte der Gesamt-
einnahme der Regierung ausmacht. Diese hohe Bedeutung lässt ein
näheres Eingehen auf die Kultur der Nelkenbäume, auf die Menge und
Preislage des gewonnenen Produktes um so eher für gerechtfertigt
erscheinen, als sich daraus wertvolle Fingerzeige für eine sehr zu
wünschende Anpflanzung des so hervorragenden Nutzgewächses in Ostafrika ergeben.

1. Kultur der Bäume.

Die Frucht, Nelkenmutter genannt, die nur in verschwindender Menge in den Handel kommt, wird zur Fortpflanzung des Baumes in der Weise benutzt, dass sie bei völliger Reife gepflückt oder auch, wenn sie abgefallen ist, vom Boden aufgelesen und dann drei Tage in täglich erneutes, frisches Wasser gelegt wird. Hiernach wird die oberste dicke Haut abgezogen, die Nelkenmutter selbst, den Kopf nach unten, etwa handbreit tief in die Erde gelegt und zum Schutze gegen die Sonne mit Bananenblättern bedeckt. Letztere werden nach zwei bis drei Wochen, wenn die Frucht zu keimen anfängt, durch ein auch seitlich schützendes Dach aus trocknen Palmenblättern ersetzt. Nach zwei Jahren werden die dann etwa ein Meter hohen Bäumchen ausgepflanzt und zwar auf Zanzibar bei gutem Boden im Abstande von 9 Metern, bei weniger gutem Boden, auf dem sich der Baum seitlich nicht soweit ausbreitet, im Abstande von $5^1/_2$ bis 7 Metern. Nach weiteren vier bis fünf Jahren bringt der Baum die erste Ernte. Völlig entwickelt, trägt er jetzt auf 1,3 bis 1,6 m hohem Stamm eine pyramidenförmige, tief herabgehende Krone von fünf bis sieben Meter Höhe.

Die Ernte erfolgt einmal im Jahre von Ende September bis gegen den März hin und zwar durch Sklaven. Dieselben werden des Morgens von einem Aufseher zu der Stelle geführt, wo zu ernten ist. Der Sklave klettert mit einem Korb aus Blättern oder Mattenstoff in den Baum, setzt sich auf einen Zweig und fängt an, so weit er reicht, in den Korb zu pflücken. Ist der Korb voll, wird ihm ein anderer gereicht. Er klettert so von Zweig zu Zweig, bis der Baum abgesucht ist. Manchmal erfolgt das Pflücken auch von einer Art Leiter aus, die in Form einer dreiseitigen Pyramide aus Bambus oder leichtem Holz zusammengebunden ist. Gegen 4 Uhr pflegt die Arbeit nach acht- bis neunstündiger Dauer beendet zu sein. Das gepflückte Quantum, das für den Mann und Tag den Ertrag von ein bis zwei Bäumen ausmacht, wird meist auf einen freien Platz vor dem Hause des Besitzers gebracht, woselbst Sklavinnen die Nelken von den Blütenstielen sondern. Dann wird das Produkt auf Matten ausgebreitet und drei Tage lang in der Sonne getrocknet. Trocknung über dem Feuer ist in Zanzibar nicht üblich.

Ein Baum, der in einem Jahr gut getragen hat, pflegt im folgenden fast gänzlich zu ruhen. Dementsprechend wird der Ertrag einer Pflanzung, die in einem Jahr vielleicht 400 Frasilah (1 Frasilah = 35 englische = 31,25 deutsche Pfund) gebracht hat, für das folgende auf nur 50 Frasilah geschätzt. Im Durchschnitt bringt jeder Baum etwa $1/_4$ Frasilah, unter besonders günstigen Umständen und ausnahmsweise bis zu zwei Frasilah.

Die Güte der Nelke, die durch das Trocknen die Hälfte ihres Gewichtes verliert, richtet sich nach der Grösse, der Fülle, der Form, dem Gehalt an Öl, auch darf sie beim Trocknen nicht holzig geworden, sondern muss biegsam und weich geblieben sein. Die beste Nelke ist die von der grössten der Molukken, Amboina, dann kommt an Güte die Zanzibar- und zuletzt die Pemba-Nelke. An Menge jedoch liefern die Inseln Zanzibar und Pemba ⁴/₅ der gesamten Nelkenproduktion der Welt.

Im Durchschnitt enthält die Nelke 17—19 % Öl. Das Öl wird nicht in Zanzibar destilliert. In neuerer Zeit geschieht die Destillation in nicht unbedeutenden Mengen auch in Hamburg und Altona.

Ein Nebenprodukt der Nelken sind die Blütenstiele, Nelkenstengel genannt, die gleichfalls getrocknet in den Handel kommen, jedoch nur etwa 6 % Öl enthalten. Sie dienen zur Bereitung eines geringeren Nelkenöls und finden, ebenso wie die Nelkenblüten, bei der Herstellung von Likören, Parfümerien u. s. w. Verwendung.

2. Stand der Nelkenproduktion.

Der Wert der Nelke leidet unter einer erheblichen Ueberproduktion. Den Jahresbedarf der Welt schätzt man auf 80000 Ballen zu je 4 Frasilah, also auf 320000 Frasilah oder 100000 Zentner. Zanzibar und Pemba bringen aber allein erheblich mehr auf den Markt, wie die folgenden Zahlen zeigen werden. Sämtliche auf Zanzibar und Pemba gewonnenen Nelken müssen zum Zweck der Zollerhebung nach der Stadt Zanzibar gebracht werden und hier wurden nun eingeliefert

im Jahre	Frasilah
1892	357609
1893	367457
1894 . · . .	511690
1895	537919
1896	356911.

Diese Ziffern, die der Zollstatistik entnommen sind, zeigen, dass in den Jahren 1892 und 1893 die Produktion sich ungefähr gleich geblieben ist. Die Jahre 1894 und 1895 weisen eine starke Zunahme auf, die aber 1896 nicht angehalten hat.

Um den Gründen der Zunahme und Abnahme nachzugehen, ist es zunächst nötig, die Zahlen anders zu gruppieren. In der obigen Tabelle sind nämlich die halben Ernten von je zwei Jahren zusammengezählt. Da die Ernte in die Zeit vom September bis März fällt, und die Restbestände dann bis zur nächsten Ernte allmählich auf den Markt gebracht werden, so ergiebt sich nur dann ein richtiges Bild, wenn die

Zahlen für die Periode vom 1. September bis zum 31. August des nächsten Jahres gegeben werden.

Für die Jahre 1894—95 und 1895—96 wurden nun eingebracht an Zanzibarnelken 101309, an Pembanelken 298880, bezw. 164510 und 410449 Frasilah. Die gesamte Einfuhr von Zanzibar und Pemba nach der Stadt Zanzibar betrug also in den Jahren 1894—95 400189 und 1895—96 574949 Frasilah.

Während das Jahr 1894—95 sich nur um etwa 23000 Frasilah über den Durchschnitt der vorhergehenden Jahre erhebt, zeigt das Jahr 1895—96 eine Zunahme von beinahe 200000 Frasilah. Sie erklärt sich aus einer besonders günstigen Ernte. Die Annahme, dass Vorräte aus früheren Jahren 1895—96 auf den Markt geworfen seien, ist nicht wahrscheinlich, weil diese Periode zugleich den niedrigsten bisher dagewesenen Marktpreis zeigt. Er betrug im September 1895 1 Dollar 95 Cent und ging im August 1896 bis auf 1 Dollar 47 Cent zurück. Ausserdem haben die Besitzer der Pflanzungen, fast ausschliesslich Araber, nicht die Räume auf ihren Schamben, um die Nelken dort trocken aufbewahren zu können.

Gegen das Jahr 1895—96 zeigt nun das Jahr 1896—97 einen ganz erheblichen Abfall. Zwar ist das ganze Jahr 1896—97 noch nicht abgeschlossen, immerhin aber liegen die Ergebnisse der Erntemonate vor, in denen naturgemäss die Hauptmenge auf den Markt gebracht wird. Die acht Monate vom September bis April 1896—97, mit denen der beiden Vorjahre verglichen, zeigen folgendes Bild:

1894—95   1895—96   1896—97
348375   518467   259742 Frasilah.

Die acht ersten Monate des diesmaligen Erntejahres bleiben also beinahe um 260000 Frasilah hinter der entsprechenden Zeit des Vorjahrs und um beinahe 90000 Frasilah hinter der gleichen Zeit des nur wenig über eine Durchschnittsernte hinausgekommenen Jahres 1894—95 zurück. Dieser auf die Finanzen Zanzibars stark einwirkende Rückgang hat naturgemäss die Aufmerksamkeit der leitenden Kreise erregt und die verschiedensten Erklärungsversuche gezeigt. Die Hauptursache ist in der Natur des Baumes zu suchen. Nach der überreichlich ausgefallenen Ernte des Vorjahrs ruht er aus und bringt nicht einmal eine Durchschnittsernte hervor. Neben dieser Hauptursache aber scheint es, als ob eine andere, lange vorausgesehene Thatsache angefangen hat einzuwirken, nämlich die Beschränkung der Sklaverei. — Es braucht nicht hervorgehoben zu werden, dass die Bewirtschaftung der Nelkenpflanzungen Zanzibars und Pembas mit der Sklaverei auf das engste zusammenhängt. Sie erfolgt bisher ausschliesslich durch Sklaven.

Ein Versuch der Zanzibarregierung, eine Pflanzung mit befreiten Sklaven zu bewirtschaften, ist gänzlich fehlgeschlagen. Versuche, andere Arbeiter, etwa Inder oder Chinesen, einzuführen, sind bisher noch nicht gemacht und ihr Gelingen ist zweifelhaft, da der fremde Arbeiter nicht so billig wie der Sklave arbeiten wird und mehr unter dem Klima zu leiden hat.

Die Zahl der Sklaven hat in den letzten Jahren abgenommen. Die Zufuhr ist geringer geworden oder hat fast ganz aufgehört, da bei der wachsenden Beunruhigung der Sklavenbesitzer der Preis der Sklaven gesunken ist und den an der Küste üblichen nicht mehr übersteigt. Fehlende Zufuhr bedeutet aber Abnahme, da die Vermehrung der Sklavenbevölkerung sehr gering ist und zu ihrer Verminderung ausser der ziemlich hohen Sterblichkeit die zur Zeit des Südwestmonsuns immer noch nicht ganz zu verhindernde Ausfuhr nach Oman und die Flucht mancher Sklaven nach der deutschen Küste mitwirken. Es ist auch bereits thatsächlich ein Arbeitermangel eingetreten, besonders wenn man berücksichtigt, dass die noch vorhandenen Sklaven von ihren Herren aus Furcht, dass sie entlaufen möchten, milder behandelt werden und die Sklaven dies benutzen, um weniger zu arbeiten. Doch ist der Arbeitermangel jetzt noch nicht so bedeutend, dass ein grosser Teil der Ernte 1896—97 nicht hätte vom Baum genommen werden können; er äussert sich vielmehr in andrer Weise. — Unter der Nelke wächst Gras, das bei dem feuchtheissen Tropenklima in einem Jahre zu Mannshöhe üppig emporschiesst und vor dem der Nelkenbaum durch Jäten sorgfältig geschützt werden muss. Wird nicht gejätet, so trägt der Baum bald nur noch an seiner Spitze und nach wenigen Jahren gar nicht mehr. In der That wird nun aber zur Zeit aus Arbeitermangel der Boden schon vielfach nicht mehr genügend bearbeitet und die durch das emporgeschossene Gras hervorgerufene Beeinträchtigung des Baumes kann zur Erklärung des schlechten Ausfalls der diesjährigen Ernte mit herbeigezogen werden.

Schliesslich mag auch noch erwähnt werden, dass bis gegen Ende der achtziger Jahre noch viele Neuanpflanzungen von Nelken erfolgt sind, die zur Hebung des Ernteausfalls bis 1895 beigetragen haben, da die Nelke 5 Jahre, nachdem sie angepflanzt wurde, die erste Ernte bringt. Etwa seit 1890 haben Pflanzungsbesitzer, die Neuanpflanzungen vornehmen wollten, sich mehr der Kokospalme als der Nelke zugewendet, so dass eine Vermehrung der tragenden Nelkenbäume in den nächsten Jahren nicht zu erwarten ist.

3. Die Nelke als Handelsware.

Die zukünftigen Ernten werden in erster Linie davon abhängen, bis zu welchem Grade die Sklaverei weiter beschränkt oder aufgehoben wird. Die Verordnung vom 3. April d. J. kann zur baldigen Aufhebung der Sklaverei benutzt werden, kann aber auch so gehandhabt werden, dass die Sklaverei noch auf lange hinaus besteht. Der englische Generalkonsul Hardinge hat in seinen veröffentlichten Berichten angenommen, dass bei völliger Aufhebung der Sklaverei durch Anwendung der India Act 1843 die Nelkenproduktion des Sultanats Zanzibar um $^2/_3$ zurückgehen werde. Schätzt man eine Durchschnittsernte auf 375 000 Frasilah, so würde dies ein Zurückgehen auf 125 000 Frasilah jährlich bedeuten.

Zur Ausfuhr aus Zanzibar gelangten

im Jahre	Ballen	Frasilah	Wert in Rupien
1892	83 024	332 096	1 894 913
1893	87 581	350 324	2 064 554
1894	125 619	502 476	2 745 084
1895	138 491	553 964	2 931 712
1896	90 055	360 220	1 703 170.

In den Jahren 1892, 1893 und 1894 ist die Ausfuhr hinter der Einfuhr etwas zurückgeblieben, in den Jahren 1895 und 1896 etwas darüber hinausgegangen. Es muss also in den 1895 vorhergegangenen Jahren eine gewisse Menge in der Hoffnung auf eine Besserung der Preise zurückbehalten worden sein. Diese Annahme widerspricht nicht der weiter oben aufgestellten Behauptung, dass die Zunahme der Einfuhr nach Zanzibar 1895—96 nicht daraus erklärt werden könnte, dass der arabische Pflanzungsbesitzer etwa seine Ernte auf der Pflanzung zurückbehalten hätte. So ziemlich jeder von ihnen hat ausser seinem Haus auf der Pflanzung auch ein Haus in der Stadt, und zwar pflegt dieses das geräumigere und solidere zu sein, geeigneter zur trockenen Aufbewahrung von Nelken. Trotzdem sind die von Arabern von einem Jahr zum andern aufbewahrten Mengen nicht gross, da der grösste Teil von ihnen zu stark verschuldet ist, um das Produkt seines Besitztums liegen lassen zu können. Zur Erklärung des Überschusses der Ausfuhr über die Einfuhr kann herangezogen werden, dass ein Teil vielleicht der Kontrolle bei der Einfuhr entzogen worden ist. Der indische Zwischenhändler pflegt die Nelken nicht aufzubewahren und der europäische Exporteur nur selten.

Auf die einzelnen Länder verteilte sich die Ausfuhr wie folgt:

	Europa	Amerika	Asien	Afrika	Insgesamt Frasilah
1892	132 494	76 600	121 256	1 718	332 098
1893	122 292	15 516	211 576	940	350 324
1894	256 176	51 712	193 010	1 248	502 476
1895	287 720	56 784	207 580	1 880	553 964
1896	158 896	28 248	171 316	1 760	360 220

oder nach dem Wert in Rupien

1892	766 520	424 898	694 920	8 575	1 894 913
1893	945 358	107 961	1 003 157	8 078	2 064 554
1894	1 391 647	295 953	1 051 376	6 108	2 745 084
1895	1 575 549	331 901	1 013 512	10 750	2 931 712
1896	731 460	126 028	839 111	6 571	1 703 170.

Es entfallen also von der Nelkenausfuhr Zanzibars nach dem Durchschnitt der letzten fünf Jahre etwa

45,6 % auf Europa,
43,1 % „ Indien,
10,7 % „ Amerika,
0,3 % „ Afrika.

Die Ausfuhr nach Asien liegt ausschliesslich in indischen Händen und geht fast ausschliesslich nach Indien (Bombay). Für Amerika ist New-York der hervorragendste Platz. Unter der Ausfuhr nach Afrika ist zum überwiegenden Teile eine solche nach Ägypten zu verstehen. Unter den europäischen Häfen steht London oben an. Von Wichtigkeit sind ausserdem nur noch Marseille und Hamburg, und zwar verteilt sich die direkte Verschiffung nach diesen drei Plätzen wie folgt:

	London	Hamburg	Marseille	
1894	171 676	37 668	33 828	Frasilah
1895	156 924	53 752	48 512	„
1896	54 204	46 976	34 204	„

Die Ausfuhr nach Hamburg ist jährlich gewachsen, die nach London gesunken. Es ist kein Zweifel, dass diese Erscheinung eine Folge der seit 1892 hergestellten regelmässigen direkten Verbindung Zanzibars mit Hamburg durch die vom Reich subventionierte Dampferlinie ist. Hamburg wird aber fürs erste nicht mit London konkurrieren können, da in London ein Vorrat aufgestapelt ist, der auf 80000 Ballen oder 320000 Frasilah geschätzt wird, der also genügen würde, um den einmaligen Jahresbedarf der Welt zu decken. London ist daher auch der preisbestimmende Nelkenmarkt der Welt.

Der Preis der Nelken, der noch um das Jahr 1880 bis zu 10 Dollar (1 Dollar = 100 Cent = 2 Rupie 2 Anna) für das Frasilah betrug, ist seitdem beständig gesunken. Der Preis der Zanzibarnelke ist zur Zeit

6—12 Cent teurer, als der der Pembanelke. Im Jahre 1892 betrug
der Unterschied der beiden Arten noch durchschnittlich 25 Cent. Nachstehend sei der Einkaufspreis für die Pembanelken, deren Produktions-
menge die der Zanzibarnelken übertrifft, gegeben. Dieser hielt sich in
den Jahren 1892 und 1893 auf einer durchschnittlichen Höhe von 220
bis 250 Cent, fiel bis zum August 1894 auf etwa 180 Cent, stieg dann
im Mai 1895 ziemlich unvermittelt wieder auf 275 Cent, sank dann
gegen Ende 1895 wieder auf 175 Cent und erreichte bis zum August 1896
seinen tiefsten Stand mit 147 Cent. Dann trafen verschiedene Umstände
zusammen, um ihn wieder zu heben. September, Oktober, November
wurden ausserordentlich wenig Nelken auf den Markt gebracht. Dass
der Grund hierfür zum grossen Teil in dem schlechten Ausfall der
Ernte zu suchen sei, liess sich nicht sofort übersehen. Manche glaubten,
die politischen Verhältnisse, das Bombardement und die sich daran an-
schliessende lange dauernde Beunruhigung der Bevölkerung, andere ein
durch die Witterung herbeigeführtes verspätetes Einkommen der Ernte
sei die Veranlassung. Beide Umstände haben auch sicherlich zur Verminderung der Nelkenzufuhren beigetragen. Die herbeigeführte Preissteigerung wurde begünstigt durch die immer bestimmter auftretenden
Gerüchte von der bevorstehenden Aufhebung der Sklaverei und die
damit verbundene Vorstellung von der zukünftigen Abnahme der Produktion. Ein europäisches Haus, das ein weiteres Sinken der Preise
und eine weitere starke Zufuhr wie in der ersten Hälfte 1896 erwartet
haben mochte, musste die versprochenen Lieferungen in Europa ein-
kaufen und der Preis stieg im Dezember 1896 wieder auf 215 Cent.
Seitdem ist er wieder auf 175 Cent gefallen.

Die weitere Preisbewegung hängt in erster Linie davon ab, wie
rasch die Aufhebung der Sklaverei durchgeführt und infolgedessen der
Ausfall der Ernte sich vermindern wird. Mit der grössten Wahrscheinlichkeit ist zu erwarten, dass eine Verminderung der Ernten und
dementsprechend eine Preissteigerung in den nächsten Jahren eintreten
wird. Der englische Generalkonsul hatte angenommen, dass die Nelkenproduktion um $^2/_3$ und demgemäss die Einnahmen Zanzibars auf $^1/_3$ zurückgehen würden. Darauf ist ihm von anderer Seite entgegengehalten
worden, dass nur die Menge des in natura erhobenen Zolles sinken,
der Wert aber durch die zu erwartende Preissteigerung gleich bleiben
oder steigen würde. Die Erwartung, dass der Preis steigen wird, wird
damit begründet, dass die Nelke zur Bereitung eines Luxusartikels
dient, der eine erhebliche Preissteigerung unzweifelhaft verträgt. Wie
die Erfahrung gezeigt hat, bleibt die Nachfrage gleich, ob der Preis
doppelt so hoch ist oder nicht. Es wird auf die Zeit nach 1872 verwiesen, wo fast alle Nelkenbäume Zanzibars durch einen Orkan zerstört

wurden. Pemba war von ihm unberührt geblieben und die Pemba-
nelke hatte darum den Markt allein zu versorgen. In jener Zeit bis
1880 stieg der Preis auf etwa 10 Dollar. Da aber trat eine Rück-
bewegung ein, die bis heute andauert. Den reichen Gewinn vor Augen
pflanzte jeder Landeigentümer in Pemba nur noch Nelken, jede andere
Kultur wurde vernachlässigt. Auch Zanzibar wurde in grösserem Umfange als vorher damit bepflanzt und der Erfolg war, dass 1883 der
Preis auf 3 Dollar fiel.

4. Zukunft der Nelkenproduktion.

Was im Jahre 1872 der Orkan zustande gebracht hat, mag in den
nächsten Jahren die Abschaffung der Sklaverei herbeiführen, jedoch mit
dem Unterschied, dass die Wirkung allmählich eintreten und der Einfluss auf die Einnahmen sich anders äussern wird. 1875 bis 1876 war,
um die Produktion zu heben, der Zoll gänzlich aufgehoben worden. Von
1876 bis 1886 wurde ein Ausfuhrzoll von 1 —2$\frac{1}{2}$ Dollar für das Frasilah
erhoben, 1886 ein Zoll von 30$^0/_0$ und seit 1887 ein Zoll von 25$^0/_0$ der
nach Zanzibar eingeführten Mengen. Es kann nicht angenommen
werden, dass diese Abgabe, welche die Haupteinnahme des Sultanats
bildet, wie 1872 aufgehoben oder zeitweilig suspendiert werden wird.
Es lässt sich aber auch nicht erwarten, dass die Preissteigerung der
Verminderung der Produktion unmittelbar folgen wird. Wie bereits erwähnt, befindet sich in London ein grosses Lager von Nelken. Wenn
auch die Eigentümer desselben bestrebt sein werden, ihre Vorräte
behufs Erzielung besserer Preise zurückzuhalten, so muss doch berücksichtigt werden, dass die Nelken nur eine beschränkte Zeit, ohne zu
leiden oder gar zu verderben, lagern können. Da nun die Produktion
nur allmählich abnehmen wird, werden die Besitzer der Lagerbestände
den Zeitpunkt, wo sie hinter dem Bedarf zurückbleibt, voraussichtlich
nicht abwarten können, sie werden auch in demselben Verhältnisse, in
dem die Nelkenproduktion abnimmt, seltener Gelegenheit finden, ihre
Vorräte durch frische Zufuhren zu ergänzen und, da sie genötigt sind,
die dem Verderben ausgesetzten Bestände auf den Markt zu bringen,
dadurch den Preis, wenn auch vielfach gegen ihren Willen, niedriger
stellen, als dies bei einer verminderten Produktion anderer, eine längere
Liegezeit vertragender Artikel der Fall wäre.

Ein Urteil über die zukünftige Preisbewegung lässt sich trotz
alledem nicht mit Bestimmtheit abgeben, da die Nelken in hohem
Masse Gegenstand der Spekulation sind, welche von London ausgeht
und von zahlreichen Finanzoperationen, insbesondere von dem ausserordentlich wechselnden Kurs der Rupie, abhängig ist. Jedenfalls aber
lässt sich aus dem Stand der Sachlage die Behauptung rechtfertigen,

dass die augenblickliche Zeit eine günstige wäre, um in Ostafrika mit
der Einführung der Nelkenkultur vorzugehen, insbesondere um die
dortigen Araber durch Gewährung von Prämien oder in anderer
geeigneter Weise zu Versuchen anzuspornen. Bisher ist es nicht gelungen, Nelkenpflanzungen auf dem Festlande anzulegen, was aber
wohl mehr an den Pflanzern als an den klimatischen Verhältnissen gelegen hat. Notwendig für den Erfolg wäre es, dass der bisher in Deutsch-
Ostafrika bestehende Zoll für Nelken aufgehoben werde, nur dann
würde es in unserer Kolonie möglich sein, mit der durch die besseren
Verschiffungs- und Marktsbedingungen begünstigten Produktion Zanzibars
zu konkurrieren. Nach Aufhebung des Zolls würde diese Konkurrenz,
falls die Nelken in Deutsch-Ostafrika gedeihen, eine recht empfindliche
sein, da die Zanzibar-Regierung schwerlich den bisherigen Zoll wird
aufheben können, welcher einen grossen Teil ihrer Einkünfte ausmacht. Fiskalische Bedenken dürften für uns kaum bestehen, denn
der Zoll auf Nelken hat sicherlich bisher noch niemals in Deutsch-
Ostafrika zur Anwendung gebracht werden können.

III. Der ostafrikanische Kopalbaum.

Von

E. Gilg.

Vor kurzem berichtete ich an dieser Stelle (Nr. 6, S. 198 ff.)
über die Stammpflanze des Zanzibar-Kopals. Ich kam zu dem Resultat,
dass der madagassische Kopalbaum als Trachylobium verrucosum
(Gaertn.) Oliv. zu bezeichnen ist, dass hierzu sämtliche übrigen von
Hayne aufgestellten „Arten" dieser Gattung von Java und Bourbon zu
ziehen sind, und dass endlich sehr wahrscheinlich auch der Kopalbaum
des ostafrikanischen Festlandes mit dem madagassischen übereinstimmt.
Sicher entscheiden konnte ich die Frage damals deshalb nicht, weil mir
Blütenmaterial der festländischen Pflanze fehlte.

Inzwischen bin ich nun aber durch die Liebenswürdigkeit des
Herrn Regierungsrates Dr. Stuhlmann in den Besitz reichlichen
Alkoholmaterials gelangt, an welchem sich alle Verhältnisse mit
grösster Leichtigkeit feststellen liessen. Es zeigte sich bei der Untersuchung zunächst, dass die Angabe Olivers durchaus zutrifft
(Fl. trop. Afr. II. 312), wonach bei der Pflanze des Festlandes die
beiden vorderen Petalen stets winzig klein, rudimentär, die drei
hinteren dagegen schön und gross und mit einem langen Nagel ver-

schen sind. Nach Oliver besitzen im Gegensatz hierzu die Blüten
der madagassischen Art fünf fast gleich grosse und fast gleich gebaute
Blumenblätter. Auch diese Angabe konnte ich nach Untersuchung
eines von Baron (unter n. 2225) gesammelten Exemplares nur vollständig bestätigen. Dagegen zeigte ein anderes Exemplar der Pflanze
aus Madagaskar (Hildebrandt n. 3308), von welcher mir sehr reichliches
Blütenmaterial vorlag, schon auf den ersten Blick durchaus andere Verhältnisse, d. h. einen Blütenbau, welcher vollständig an den der ostafrikanischen Pflanze erinnert. Die genaue Untersuchung bestätigte
dies vollkommen: Wir finden hier stets in den Blüten drei grosse,
langgenagelte Blumenblätter und zwei in ihrer Grösse etwas wechselnde,
aber immer sehr kleine Schüppchen, d. h. die beiden vorderen Blumenblätter sind wie bei dem ostafrikanischen Kopalbaum mehr oder weniger
stark reduziert. Dieselben Blütenverhältnisse beobachtete ich auch, wie
ich ergänzend anführen möchte, bei den mir vorliegenden Exemplaren
aus Java und Ceylon, von welchen ich schon in meinen früheren Auf-
sätzen geredet habe.

Da es nun keinem Zweifel unterliegt, dass die beiden Exemplare
aus Madagaskar zu derselben Pflanze gehören, dass also die Form
und Grösse der beiden vorderen Blumenblätter in bedeutenden Grenzen
schwankt, so ist damit auch festgestellt, dass die ostafrikanische Pflanze
zu Trachylobium verrucosum gehört. Es war mir dies ja auch
schon früher kaum zweifelhaft, denn die Exemplare von der Zanzibar-
küste stimmten mit solchen von Madagaskar in allen ihren vegetativen
Teilen und Fruchtmerkmalen vollständig überein.

Es ist also Tr. mossambicense Klotzsch von nun an mit
Sicherheit als ein Synonym von Tr. verrucosum aufzuführen, und es
ist festgestellt, dass der Zanzibarkopal und der Kopal von Madagaskar,
welche sehr viel Übereinstimmendes besitzen, von derselben Pflanze
abstammen.

IV. Über das Gedeihen der vom botanischen Garten der Usambara-Versuchsstation gelieferten Nutzpflanzen.

Herr Eick, Leiter der Usambara-Versuchsstation, giebt einen ersten
Bericht über eine Reihe tropischer Nutzgewächse, die von der Botanischen
Centralstelle für die Kolonieen eingesandt, zuerst in Muafa, dann in Kwai
zur Auspflanzung gelangten. Wenn es auch verfrüht wäre, die bisher
gemachten Erfahrungen als endgültige zu betrachten, zumal die Vor-

legung der Station nicht ohne Schädigung für die Kulturen abgehen konnte, so ist doch die Kenntnis auch der vorläufigen Ergebnisse immerhin von Wert, weil Kwai bei seiner hohen Lage (1604 m) gewisse Aussichten für eine einstige Besiedelung bietet.

Von vornherein überrascht es zunächst, dass eine Anzahl tropischer Obstarten in Kwai besser gedeiht, als es in dem tiefer gelegenen Muafa der Fall war. Von Anona Cherimolia Mill., deren Frucht manche Kenner den Preis unter allen wohlschmeckenden Obstarten der Tropen zuerkennen wollen, heisst es in dem Bericht: Alle Pflanzen stehen sehr üppig. Anona muricata L. u. A. squamosa L., Jambosa vulgaris DC., Persea gratissima Gärtn. u. Spondias Mombin L. entwickeln sich in gleicher Weise recht gut, während Achras Sapota L. u. Chrysophyllum Cainito L. wohl eingehen, die Exemplare von Averrhoa Carambola L. vielleicht sich noch wieder erholen werden. Wider die Erwartung ist ferner, dass unter den Reizpflanzen Erythroxylon Coca Lam., die in ihrer Heimat ein Gebirgsklima verlangt, in Kwai abstirbt, Paullinia sorbilis Lam., eine Tieflandpflanze Brasiliens, Venezuelas u. Guyanas, dagegen teils sehr gut, teils gut fortkommt. Gute oder doch befriedigende Aussichten für kulturelle Erfolge bietet im übrigen der augenblickliche Zustand der Medicinalpflanzen Psychotria emetica L., Toluifera Balsamum L. u. Strophantus scandens Griff., der Guttapercha liefernden Bäume Mimusops Elengi L. u. M. Balata Crueg., des amerikanischen Kopalbaums Hymenaea Courbaril L., der Nutzhölzer Haematoxylon campechianum L. (Blauholz), Amyris balsamifera L. (Rosenholz), Jacaranda ovalifolia R. Br. (Polisander), Pterocarpus santalinus L. (Rotes Caliatusholz), Parkia biglandulosa W. et A., Schleichera trijuga Willd., Michelia Champaca L. (Bauhölzer), Cedrela odorata L. (Zuckerkistenholz), der Ölpflanzen Illipe latifolia (Roxb.) Engl. u. Terminalia Catappa L., der Färbepflanzen Chlorophora tinctoria Gaud. u. Bixa Orellana L., der Faserpflanze Boehmeria nivea Hk. et A., des Kalebassenbaums Crescentia Cujete L. u. eines Myrobalanenbaums, Terminalia Bellerica Roxb.

Dass die Landolphien in Kwai nicht mehr wachsen wollen, ist bei der Höhenlage der Station nicht auffällig, ebenso das schlechte Gedeihen der Ipecacuanhawurzel (Uragoga Ipecacuanha Baill.) und des Gummigutt spendenden Baums Garcinia Xanthochymus Hk.

V. Bericht über wichtigere Eingänge am Königl. botan. Museum.

1. Dem Berliner Botanischen Museum ist durch Herrn Oberst von Trotha eine Sammlung getrockneter Pflanzen zugegangen, die gegen 320 Nummern umfasst. Wenn auch vielleicht nicht alle von diesen in einem die wissenschaftliche Bestimmung erlaubenden Zustande aufgenommen werden konnten, so ist doch im ganzen die Sammlung hochwillkommen. Nicht nur dass eine beträchtliche Anzahl für die Wissenschaft neuer Species darin enthalten ist, auch pflanzengeographisch giebt sie uns dankenswerte Aufschlüsse über die Vegetation der Landschaften am Ostufer des Victoria-Nyanza, des Tanganyika, vor allem auch die ersten Einblicke in den Florencharakter Uruudis. Eine ausführliche und gewissenhafte Etiquettierung der Specimina bringt für viele wissenswertes Detail über Habitus, Standortsverhältnisse, praktische Verwendung im Haushalt der Eingeborenen u. s. w. Begleitet ist die Sammlung von einer kleinen Kollektion botanischer Schaustücke, wie Früchte, Rinden und Holzproben. — Das Museum schmeichelt sich mit der Hoffnung, dass Herr Oberst von Trotha nicht der einzige Offizier bleiben wird, der als Expeditionsführer im Innern sich verpflichtet fühlte, auch der so wichtigen botanischen Erforschung unserer Schutzgebiete seine Aufmerksamkeit zu schenken. Es kann nicht genügend betont werden, dass gut etiquettierte Sammlungen, sei es welcher Art, für die naturwissenschaftliche und darum auch wirtschaftliche Aufschliessung der Einzelländer von höherer Bedeutung sind, als die weitschweifigsten Raisonnements.

2. Herr Zenker, der schon früher als Stationsleiter von Yaúnde sehr wertvolle Sammlungen an das Königl. Botan. Museum gesendet hat, hat neuerdings in der von ihm begründeten Forschungsstation Bipinde umfangreiche Sammlungen zusammengebracht, die an interessanten Formen, welche bisher nur aus dem südlichen Gabun bekannt waren, besonders reich sind. Die Pflanzensammlungen Zenkers gehören neben denjenigen, die der leider so früh verstorbene Staudt in Lolodorf und Johann-Albrechtshöhe zusammenbrachte, zu den wichtigsten, welche in neuerer Zeit in Westafrika gemacht wurden.

3. Herr Dr. Seler, Kustos am ethnographischen Museum, welcher in den Jahren 1895—1897 behufs archäologischer Forschungen den südlichen Teil von Mexiko und einen grossen Teil Guatemalas bereiste, hat als ehemaliger Botaniker auch der Pflanzenwelt dieser Länder seine

20*

Aufmerksamkeit gewidmet und im Verein mit seiner ihn begleitenden
Gattin für das Königl. Botan. Museum eine sehr reichhaltige Sammlung
gut getrockneter Pflanzen zusammengebracht, welche im ganzen über
2000 Arten umfasst.   A. Engler.

VI. Notiz über eine im hiesigen botanischen Garten auftretende Pilzkrankheit der Raupen.

Von

G. Lindau.

Nachdem bereits im Jahre 1896 die im südöstlichen Teile des
Gartens stehenden Eichen und Rosaceen von den Raupen des Goldafters
(Porthesia chrysorrhoea) vollständig kahl gefressen waren, trat in diesem
Frühjahr die Plage in bedeutend verstärktem Grade auf. Diesmal
blieben die im vorigen Jahre kahl gefressenen Bäume fast verschont,
die Raupen zogen sich vielmehr nach dem Centrum des Gartens hin,
wo hohe Eichen in ihren Kronen den Nestern unerreichbare Plätze
boten. Es schien zuerst, als ob die Eichen bei der Kälte des Früh-
jahrs sich sehr spät zum Ausschlagen anschickten, bis man schliesslich
sehen konnte, dass ihr kahles Aussehen daher kam, dass Millionen von
Raupen die jungen Blätter bereits aus den Knospen herausfrassen.
Die Plage schritt von oben nach unten vorwärts und erreichte
schliesslich die in den geographischen Anlagen stehenden Sträucher
und Bäume. Hier wurden hauptsächlich die Rosaceen, Acer, Quercus,
Fagus hart mitgenommen, ohne dass die Raupen vor Blätter härterer
Art zurückgeschreckt wären. So wurden die erwachsenen Blätter von
Gunnera, die sich durch ihre Härte und Steifheit besonders auszeichnen, vollständig zerfressen. Dagegen blieben Rhus und Hippo-
castanaceen vollständig verschont. Absuchen der Raupen war ziemlich
zwecklos, da immer neue Scharen aus der Baumkrone herabkamen und
die vernichteten ersetzten. Gegen diese Plage konnte also nur die
Natur selbst helfen.

Am 31. Mai bemerkte Herr Dr. Graebner an einigen Sträuchern
einige mumificierte Raupen. Er sammelte eine grössere Zahl Cadaver
und übergab sie mir zur Untersuchung. Es war leicht, als Ursache
des Todes die Entomophthoraceae Empusa Aulicae Reich. zu konstatieren.
Kulturversuche mit Raupen ergaben mit voller Sicherheit, dass der
Pilz die Raupen befällt und innerhalb von 1—2 Tagen etwa tötet. Anfänglich trat der Pilz nur vereinzelt auf, aber schon wenige Tage

später war er überall verbreitet und am 5. Juni war bereits kaum noch eine gesunde Raupe zu finden. Dagegen sassen die Raupenmumien zu tausenden an den Ästen inmitten eines weissen Hofes abgeworfener Conidien. Wenn nicht bereits sich viele Raupen vorher verpuppt haben, so dürfte aller Wahrscheinlichkeit nach mit dieser heftigen Epizootie die Plage für künftige Jahre als erloschen zu betrachten sein.

Über die Entwicklung des Pilzes, über die ich an anderer Stelle ausführliches bringen werde, will ich hier nur wenige Bemerkungen machen. Nach dem Tode der Raupe brechen aus der Epidermis an allen Stellen ausser den Augen die Conidienträger des Pilzes hervor, indem sie den ganzen Raupenleib in eine dichte weisse wachsartige Masse einhüllen. Die Conidien werden auf mehrere Centimeter Entfernung abgeschleudert und umgeben das tote Tier mit einem weissen Hof. Die Conidien keimen bereits auf dem Körper des Tieres oder auf der Oberfläche des Substrates aus, so dass die Raupen sich hauptsächlich mit jungen Pilzkeimlingen inficieren. Im Innern des Tieres findet sich das Mycel des Pilzes, das zuletzt aus ganz kurzen, von einander völlig getrennten Stücken besteht. An vielen von diesen entstehen als kuglige Anschwellungen die Dauersporen. Dieselben gliedern sich sehr bald ab und bekommen erst, wenn sie frei liegen, eine dickere Membran und den gleichmässigen aus kleinen Öltropfen bestehenden Inhalt.

Bisher scheint der Pilz selten in so vernichtender Wirkung beobachtet zu sein. Schroeter giebt für Schlesien einige Standorte an, doch waren es mehr zufällige Funde, über die er berichtet. Auch auf den Goldafterraupen ist der Pilz bisher nicht zur Beobachtung gekommen. Über die Dauersporen und ihre Bildung war bisher nichts bekannt.

VII. Die Haemanthus-Arten von Kamerun.

Mit einer Tafel.

Von

H. Harms.

Im Juni dieses Jahres gelangten zwei aus Kamerun stammende, durch prächtige rote Blüten ausgezeichnete Arten der Amaryllidaceen-Gattung Haemanthus zur Blüte. Da die Arten dieser Gattung nach Herbarmaterial sehr schwer zu unterscheiden sind, so wurde jetzt eine günstige Gelegenheit geboten, die Unterschiede der bis jetzt aus

Kamerun bekannten Formen genauer hervorzuheben. Die eine der beiden kultivierten Pflanzen fiel sofort durch die zweizeilige Stellung der Blätter in die Augen, ein Merkmal, das der anderen abging. Nach Vergleich mit Herbarmaterial ergab sich, dass eine zweizeilige Anordnung der Blätter auch bei dem Originalexemplar des von A. Engler beschriebenen Haemanthus longipes auftritt, und da keine wesentlichen Abweichungen von dem Original zu bemerken sind, so dürfen wir annehmen, dass das Exemplar zu dieser Art gehört, deren nähere Beschreibung nach dem lebenden Materiale folgt.

1. **Haemanthus longipes** Engl. in Engler's Bot. Jahrb. VII. 1886, p. 332. Foliis distiche ordinatis, lamina oblonga, apice acuta vel breviter acuminata, basi in petiolum longiusculum crassum attenuata, supra plana, margine undulata, costa subcrassa', subtus distincte prominente supra vix prominente, petiolo crasso, alato, supra convexo vel subplano vel leviter depresso, subtus bene convexo; scapo erecto, leviter compresso, e medio plantae inter folia erumpente, viridi, apicem versus paullulo erubescente; umbella multiflora, bracteis lanceolatis, membranaceis; floribus et pedicellis evolutis pulchre cinnabarinis (ovario viridi excepto), perigonii laciniis tubo triplo vel plus quam triplo longioribus, oblongis vel oblongo-lanceolatis, apice acutis, filamentis filiformibus, in tota longitudine circ. aequaliter latis.

Die zweizeilig angeordneten Blätter haben eine 20—26 cm lange Spreite und gehen nach unten ziemlich allmählich in einen 6—8 cm langen Stiel über. Sie sind oben und unten grün. Eine dem Mittelnerv entsprechende Furche auf der Oberseite fehlt. Der dicke Blattstiel ist nicht gefurcht, sondern flach oder auch schwach convex. Der Schaft ist etwa 26 cm lang, grün, im oberen Teil schwach rötlich überlaufen. Die Blütenstiele werden 2—2,5 cm lang. Die Perigonröhre ist 5—6 mm lang, die Abschnitte sind 2,2—2,4 cm lang, 5 mm breit; an den Spitzen sind sie nur sehr wenig verdickt. Die Staubfäden sind 3 cm lang.

Kamerun: Ein von Lehmbach gesandtes Exemplar kam im Bot. Gart. zur Blüte. Ausserdem gehören folgende Herbarexemplare hierher, ausser dem von Buchholz (Mungo, XI. 1874) gesammelten Original: Johann Albrechtshöhe (Staudt n. 514. — I. 1896), ohne nähere Standortsangabe (Preuss. — 1891). Vielleicht ist auch das durch grosse Dolde ausgezeichnete Exemplar von Dusén (n. 12) zu dieser Art zu rechnen.

2. **H. cinnabarinus** Dene. in Flore des Serres T. 1195; Bot. Mag. T. 5314; Baker Amaryll., p. 64, Trunco brevi squamis sordide rubescentibus obtecto; foliis spiraliter ordinatis (nec distiche ordinatis), breviter petiolatis, oblongis, apice acutis vel breviter acuminatis, basi breviter in petiolum anguste alatum transeuntibus, undulatis, membranaceis,

medio longitudinaliter canaliculatis, costa subtus bene prominente,
rubescente, petiolo dorso convexo, intus canaliculato; scapo erecto vel
leviter nutante, leviter compresso, e medio plantae inter folia erumpente,
sordide rubescenti-viridi, leviter compresso; umbella multiflora, bracteis
linearibus; floribus (ovario viridi excepto) pulchre cinnabarinis; perigonii
laciniis oblongis, apice incrassato longius cohaerentibus; filamentis
filiformibus, in superiore parte paullo subclavato-dilatatis.

Über die Erde tritt ein kurzer stämmchenartiger Teil der Pflanze,
der von breiten schmutzig-rötlichen Schuppen bekleidet ist. An der
einen Pflanze sind 4, an der anderen 3 Blätter entwickelt; sie wechseln
untereinander (sowie die Schuppen) in spiraliger Reihenfolge ab. Die
Blattspreite wird 15—20 cm lang, 5—6 cm breit, der heraustretende
Teil des Blattstiels ist nur etwa 3 cm lang; die Blattmittelrippe ist
unterseits rötlich gefärbt, wie überhaupt die Unterseite des Blattes den
Anflug einer rötlichen Färbung zeigt. Der Schaft ist schmutzig rotbraun
überlaufen und 22—23 cm lang. Die Blütenstiele werden etwa 1,5—2 cm
lang, der Perigontubus wird 7 mm lang, die Abschnitte zeigen eine Länge
von 1,6—1,8 cm, bei einer Breite von 4—5 mm. Sie sind an der Spitze
etwas verdickt, und haften mit diesen Spitzen länger aneinander, so
dass beim Öffnen der Blüte die Perigonzipfel erst in der Mitte auseinander treten, an den Spitzen dagegen erst zuletzt auseinanderweichen.
Die Staubfäden sind 2—2,3 cm lang.

Kamerun: Lebendes Exemplar durch J. Braun erhalten. Von
dort (Ambas Bay, Mann) stammte auch das in Bot. Mag. T. 5314 abgebildete Exemplar. Die Art wird ausserdem noch angegeben für
Gabun (Fl. des Serres T. 1195).

Die wichtigsten Unterschiede beider Arten sind folgende: Zweizeilige Anordnung der Blätter bei 1 (H. longipes), spiralige bei
2 (H. cinnabarinus); Blattstiel flach oder convex, lang bei 1, kurz mit
tiefer Längsfurche bei 2; Blüten bei 1 in der Knospe längere Zeit
weisslich bleibend als bei 2. Noch auf eine weitere Differenz mag hingewiesen werden: Man bemerkt an den Blättern von 1 zwei feine Längsstreifen neben der Mittelrippe, sie beginnen beiderseits kurz unterhalb
der Blattspitze und verlaufen in geringem Abstande von der Blattmittelrippe bis zum Grunde der Spreite; das von ihnen umschlossene
Stück der Blattmitte hat etwa schmal längliche oder lanzettliche Form.
Bei 2 treten auch ähnliche Streifen auf, diese verlaufen jedoch in erheblich grösserem Abstande von der Mittelrippe, sodass das Mittelstück
des Blattes breit längliche Form zeigt. Die Blätter von 1 haben dickere
Konsistenz als die von 2. Ich bin mir nicht ganz sicher, ob die mir
vorliegende Pflanze von Braun wirklich zu H. cinnabarinus Dene.
gehört. Die Blätter sind schmäler als bei den von Decaisne und im

Bot. Mag. abgebildeten Pflanzen; die im Bot. Mag. abgebildete Pflanze hat einen längeren Perigontubus als die unsere, recht gut stimmt mit unserer Pflanze der dort abgebildete untere Teil mit den rötlichen Schuppen überein. Immerhin sind die Abweichungen derart, dass keine klaren Unterschiede zwischen unserer Pflanze und denen der citierten Abbildungen hervortreten, und deshalb glaubte ich mich berechtigt, die Pflanze als H. cinnabarinus anzusehen.

Ausser den beiden oben genannten Arten sind von Kamerun noch die folgenden bekannt geworden:

H. Germarianus Joh. Braun et K. Sch. in Deutsch. Schutzgeb. II. 145. Diese Art wurde wie die folgende von Joh. Braun gesammelt, wie die beiden oben beschriebenen kommt der Schaft an der Spitze der Pflanze zwischen den Blättern heraus. Die Blätter scheinen nicht in regelmässiger Distichie zu stehen, wenn sich auch die Stellung dieser Anordnung sehr zu nähern scheint. Charakteristisch scheinen mir folgende Merkmale zu sein: langgestielte, gefleckte Blätter, mit ziemlich dünnem Blattstiel (jedenfalls wohl kaum so starkem und dickem wie bei H. longipes).

H. Kundianus Joh. Braun et K. Sch. in Deutsch. Schutzgeb. II. 146. Diese Art fällt auf durch eine sehr reichblütige dichte Dolde, durch breite, ovale, oben abgerundete, unten in den langen Stiel sehr kurz verschmälerte Blätter. Da nur ein abgerissenes Blatt und ein Blütenstand vorliegt, so ist über die Stellung der Blätter nichts auszusagen. Jedenfalls dürfte die Art gleichzeitig mit den Blättern Blütenschäfte entwickeln.

In die Gruppe der mit centralem Pedunculus versehenen Arten der Untergattung Nerissa gehören noch: H. angolensis Bak. in Journ. of Bot. 1878, 194 (Amaryll., 65; Angola, Welwitsch 4008) und H. rotularis Bak. in Gard. Chron. 1877, 656 (Guinea, Barter), beide sind mir unbekannt. H. Lindeni N. E. Brown in Gard. Chron. VIII. 1890, p. 436 von Angola besitzt nach der Abbildung zweizeilig gestellte, langgestielte Blätter, deren Spreite am Grunde gerundet oder fast herzförmig ist.

Da die Merkmale der Arten bei diesen prächtigen Zierpflanzen nur an lebenden Exemplaren mit Sicherheit erkannt werden können, so ist es dringend wünschenswert, dass das Studium der Gattung durch Einsendung lebensfähiger Knollen an den hiesigen Garten gefördert wird.

Figurenerklärung.

A—C Haemanthus longipes Engl. *A* Habitus, *B* Unterer Teil des Blattes, *C* Blüte. — *D—F* H. cinnabarinus Decne. *D* Habitus, *E* Unterer Teil des Blattes, *F* Blüte.

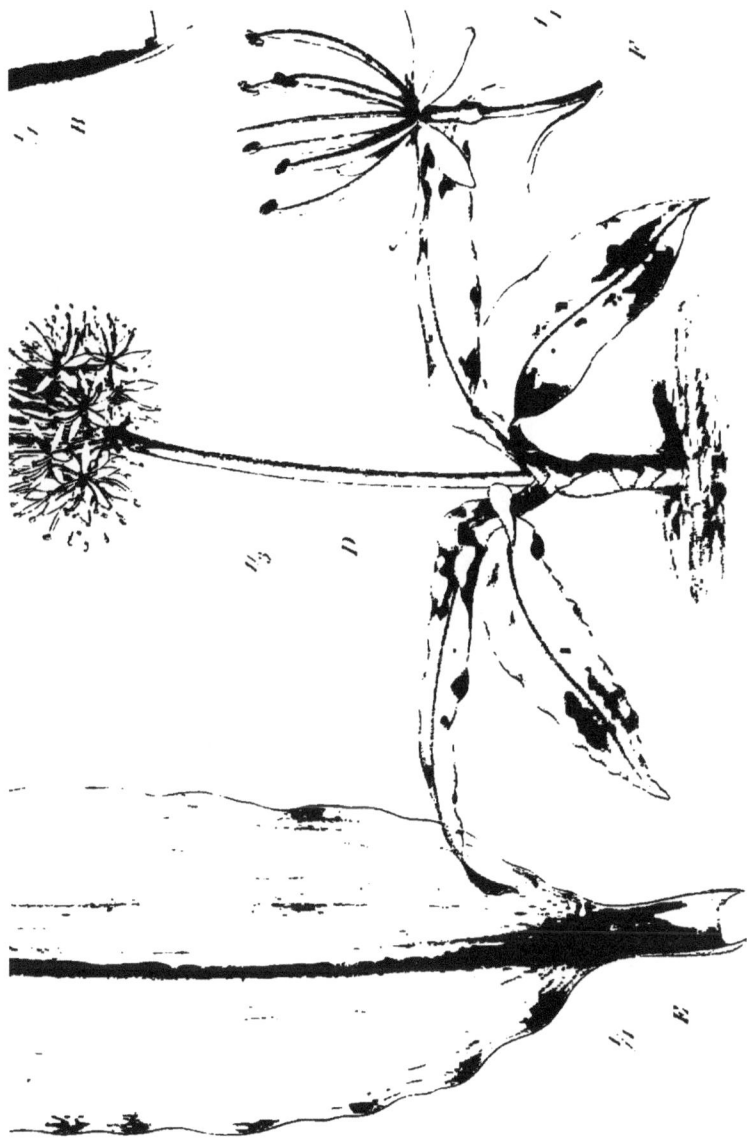

VIII. Ueber Abutilon erosum Schldl.

Von

A. Garcke.

In der Linnaea XI p. 366—68 sind im Jahre 1837 von Schlechtendal vier von Keerl in Mexico bei Thalpujahua gesammelte Arten der Gattung Abutilon beschrieben, von denen drei (A. floribundum, racemosum und ellipticum) fast vollständig unbekannt geblieben, während ich vor beinahe 50 Jahren Gelegenheit hatte, die vierte, A. erosum, zu entziffern, obwohl hiervon in der Litteratur kaum Kenntnis genommen ist. Zuerst wurden diese vier Arten im Jahre 1840 von Steudel im Nomenclator erwähnt und da es in jener Zeit vielfach Sitte war, die Arten der Gattung Abutilon mit Sida zu vereinigen, wie dies vor Steudel bereits De Candolle und Sprengel gethan, so zog auch Steudel diese Arten zu Sida, wobei von den Speciesnamen nur ellipticum als Sida elliptica Steudel erhalten blieb, während A. racemosum wegen der älteren Sida racemosa Velloso oder (wie Steudel schrieb) Arrabida in S. racemiflora Steudel, A. erosum Schldl. in Sida Schlechtendalii und A. floribundum Schldl. in S. Keerlena Steud. umgetauft wurden. Damit war aber im Jahre 1847 D. Dietrich, welcher gleichfalls nur die Gattung Sida angenommen hat, noch nicht zufrieden, denn A. erosum Schldl. erscheint bei ihm unter dem neuen Namen Sida suberosa D. Dietrich, obwohl es bereits eine Sida suberosa L'Hérit. gab, womit freilich eine andere Pflanze gemeint war, deren gleichlautender Name eine ganz verschiedene Bedeutung hatte.

In der Aufzählung der Synonyma von Abutilon schreibt Steudel allerdings richtiger Sida Keerleana und S. Schlechtendalii, obgleich gerade die beiden falschen Schreibarten sich später Geltung verschafften und auch im Kew Index adoptiert sind.

Da meine erste Publikation über die Identität von Abutilon erosum Schldl. mit Sida bivalvis im Jahre 1849 nur beiläufig erfolgte, so war es nicht zu verwundern, dass sie übersehen wurde, und so wird denn diese Schlechtendalsche Art, von deren Zugehörigkeit zu Sida bivalvis ich den Autor selbst überzeugen konnte, noch in Hemsleys Biologia Centrali-americana im Jahre 1879 als eigene Art angenommen, während dort Sida bivalvis oder, wie die Pflanze seit Kunth (1821) heisst, Bastardia bivalvis, ganz übersehen ist. In Folge der Verkennung der richtigen Stellung von Abutilon erosum kam ich später auf diesen Gegenstand zurück, z. B. in Englers Bot. Jahrbüchern Bd. 13 (1891) S. 466, sodass mein Kollege Schumann bei Bearbeitung der Malvaceen in

Martius' Flora Brasiliensis Vol. XII pars III p. 364 zu Bastardia bivalvis Kth. ausser Bastardia aristata Turcz. und Bast. spinifex Triana et Planch. auch Abutilon erosum Schldl. (ex Garcke) als Synonym citieren konnte. Obgleich nun hier die Synonymie deutlich auseinandergesetzt ist und die von Turczaninow und von Triana und Planchon beschriebenen Arten der Gattung Bastardia auch in Bakers monographischer Bearbeitung der Malveen im Journal of bot. Vol. XXXI (1893) p. 68 als Synonyma zu Bastardia bivalvis Kth. gezogen wurden, so wird doch in letzterer Aufzählung Abutilon erosum Schldl. an einer ganz falschen Stelle untergebracht. Bei Abut. holosericeum Scheele (l. c. p. 74) findet sich nämlich die Bemerkung, dass ich diese Pflanze zur Gattung Wissadula ziehe und dass dazu möglicherweise auch Abut. erosum Schldl. gehöre. Es wird auch die Stelle, an welcher ich Ab. holosericum Scheele zu Wissadula ziehe, nämlich die Zeitschrift für Naturwissenschaft 1890 p. 124, richtig angegeben, doch habe ich hier der erwähnten Schlechtendalschen Pflanze mit keinem Worte gedacht.

Wenn es nun einerseits erfreulich ist, dass in der soeben erschienenen Synoptical Flora of North America Vol. I part 1 fasc. 2 p. 326 Abutilon holosericeum an der richtigen Stelle unter Wissadula aufgeführt wird, so ist doch andererseits auf E. G. Bakers Autorität hin hierzu wieder, wenn auch mit Fragezeichen, Abutilon erosum Schldl. gezogen. Ebenso ist im Kew Index unter Abutilon noch A. erosum Schldl. als eigene Art angenommen und infolgedessen bei Sida Schlechtendalii, dieser Steudelschen Umtaufung der Schlechtendalschen Pflanze, auf Ab. erosum verwiesen, während bei Sida suberosa, der Dietrichschen Umtaufung derselben Pflanze, auf Sida bivalvis gewiesen wird.

Damit die oft verkannte Pflanze endlich die richtige Stellung im System erhält, mag diese kurze Bemerkung hier Platz finden, und vielleicht giebt dies auch Veranlassung zur Sicherstellung der drei andern eingangs erwähnten Schlechtendalschen Arten.

Schliesslich mögen die zu Bastardia bivalvis H. B. K. gehörigen Synonyma hier in historischer Reihenfolge Aufnahme finden:

Sida bivalvis Cav. Diss. 1 p. 13 t. 11 fig. 3 (1785).
Sida fragrans L'Hérit. Stirp. p. 111 t. 53 (1785).
Abutilon erosum Schldl. Linnaea 11 (1837) p. 367.
Sida Schlechtendalii Steud. Nomencl. 1840.
Sida viscosa Macfad. Flor. Jamaicens. 84, non L.
Sida suberosa D. Dietr. Synops. plant. IV p. 853 (1847).
Bastardia aristata Turcz. in Bull. soc. nat. Mosc. Vol. XXXI (1858) p. 200.
Bastardia spinifex Triana et Planch in Ann. Sc. nat. Ser. IV Vol. 17 (1862) p. 186.

Verlag von **Wilhelm Engelmann** in Leipzig

Soeben erschien:

Plantae europaeae

Enumeratio systematica et synonymica Plantarum Phanerogamicarum
in Europa sponte crescentium vel mere inquilinarum. Operis
a **Dr. K. Richter,** incepti Tomus II. Emendavit ediditque
Dr. M. Gürke, musei botanici berolinensis custos. Fasc. I.
gr. 8. 1897. Preis M. 5,—.

(Der erste Theil der Plantae europaeae erschien im Jahre 1890
;Preis M. 10,—]; das ganze Werk soll 4 Bände im Umfange des ersten
umfassen.)

__Andersson, Gunnar,__ Die Geschichte der Vegetation Schwedens. Kurz
dargestellt. Mit 2 Tafeln und 13 Figuren im
Text. (Sep.-Abdruck aus Engler's Botan. Jahrb. XXII. Bd. 3. Heft.)
gr. 8. 1896. M. 4,—.

__Warburg, O.,__ Die Muskatnuss, ihre Geschichte, Botanik, Kultur, Handel
und Verwerthung, sowie ihre Verfälschungen und Surro-
gate. Zugleich ein Beitrag zur Kulturgeschichte der Banda-Inseln.
Mit 3 Heliogravüren, 4 lithographischen Tafeln, 1 Karte und 12 Abbildungen im Text. gr. 8. 1897.
geh. M. 20,—; geb. (in Ganzleinen) M. 21,50.

__Wettstein, R. v.,__ Monographie der Gattung Euphrasia. Arbeiten des
botanischen Instituts der k. k. deutschen Universität
in Prag. Nr. IX. Mit einem De Candolle'schen Preise ausgezeichnete
Arbeit. Herausgegeben mit Unterstützung der Gesellschaft zur Förderung deutscher Wissenschaft, Kunst und Litteratur in Böhmen. Mit
14 Tafeln, 4 Karten und 7 Textillustrationen. 4. 1896. M. 30,—.

__Willkomm, Moritz,__ Grundzüge der Pflanzenverbreitung auf der iberischen
Halbinsel. Mit 21 Textfiguren, 2 Heliogravüren und
2 Karten. gr. 8. 1896. (Die Vegetation der Erde. Sammlung
pflanzengeographischer Monographien, herausgegeben von A. Engler
und O. Drude. Bd. I.) geh. M. 12,—; geb. M. 13,50.

Verlag von **Wilhelm Engelmann** in **Leipzig.**

Synopsis

der

mitteleuropäischen Flora

von

Paul Ascherson

Dr. med. et phil.

Professor der Botanik an der Universität zu Berlin.

Bisher erschienen:

Erster Band.

I. Lieferung, Bogen 1—5:

Hymenophyllaceae. Polypodiaceae: Aspidioideae und Asplenoideae.

gr. 8. Preis M. 2.—.

2. Lieferung, Bogen 6—10:

Polypodiaceae (Pteridoideae und Polypodiaceae). Osmundaceae. Ophioglossaceae. Hydropterides. Equisetaceae. Lycopodiaceae.

gr. 8. Preis M. 2.—.

3. und 4. Lieferung, Bogen 11—20:

Selaginellaceae. Isoëtaceae. Gymnospermae. Typhaceae. Sparganiaceae. Potamogetonaceae (Zostereae, Posidonieae, Potamogetoneae).

gr. 8. Preis M. 4,—.

Das Werk ist auf **drei** Bände zu je 60 Bogen veranschlagt und erscheint in **Lieferungen** und in **Bänden.**
Die Lieferungen werden je 5 Bogen umfassen, und sollen 12 Lieferungen je einen Band ergeben.
Der Preis pro Bogen wird auf 40 Pf. festgesetzt.
Um ein schnelles Erscheinen zu ermöglichen, ist die Ausgabe von **Doppel-lieferungen** (à 10 Bogen) vorgesehen.
Jährlich werden 6 einfache oder 3 Doppellieferungen erscheinen. Es ist daher zu erwarten, dass das Werk in **6 Jahren** abgeschlossen sein wird.

Einzelne Lieferungen und Bände werden nicht abgegeben.

Druck von E. Buchbinder in Neu-Ruppin.

Notizblatt

des

Königl. botanischen Gartens und Museums
zu Berlin.

No. 10. Ausgegeben am **15. Septbr. 1897.**

Nur durch den Buchhandel zu beziehen.

———— ✳ ————

In Commission bei Wilhelm Engelmann in Leipzig.

1897.

Preis 1,20 Mk.

Notizblatt

des

Königl. botanischen Gartens und Museums zu Berlin.

No. 10. Ausgegeben am **15. Septbr. 1897.**

Abdruck einzelner Artikel des Notizblattes an anderer Stelle ist nur mit Erlaubnis des Directors des botanischen Gartens gestattet. Auszüge sind bei vollständiger Quellenangabe gestattet.

I. Gutachten*) über den Königlichen botanischen Garten zu Berlin und über die Frage nach seiner Verlegung.

Abgegeben am 23. November 1891.

Von

A. Engler.

I. Die Aufgaben des Königlichen botanischen Gartens zu Berlin.

a) Der botanische Garten soll im stande sein, für die botanischen Vorlesungen reichliches Demonstrationsmaterial zu liefern.

Seitdem man überhaupt botanische Gärten gegründet hat, galt als die Hauptaufgabe derselben, Material für Unterrichtszwecke zu liefern. Mit der fortschreitenden Pflanzenkenntnis steigerten sich auch die Anforderungen, welche in dieser Beziehung an botanische Gärten gestellt wurden, insbesondere in grösseren Städten, in denen die Beschaffung

---

*) Nachdem nunmehr durch eine hohe Regierung und die beiden Häuser des Landtages die Verlegung des Königl. botanischen Gartens beschlossen ist, kann dem mehrfach geäusserten Verlangen nach einer Mitteilung über die geplante Neuanlage Folge gegeben werden. Es soll dies in diesem Notizblatt geschehen. Zunächst will ich durch Veröffentlichung des von mir bereits im Jahre 1891 in der erwähnten Angelegenheit abgegebenen Gutachtens die Prinzipien bekannt machen, welche für die Entwürfe der Pläne zu der neuen Anlage massgebend gewesen sind.

21

von botanischem Unterrichtsmaterial aus dem Freien sehr erschwert ist. Es stellte sich ferner als notwendig heraus, neben den heimischen Nutzpflanzen auch die wichtigsten Nutzpflanzen fremder Länder zu kultivieren, um auch diese den Studierenden vorführen zu können. Wenn nun auch zugegeben werden muss, dass die exotischen Pflanzen, namentlich die der Tropen, selbst bei sorgfältiger Kultur vielfach nicht die Entwickelung erreichen können, welche sie in ihrer Heimat auszeichnet, so wäre es doch völlig verkehrt, die Kultur der exotischen Pflanzen deshalb bei uns unterlassen zu wollen; denn im Verein mit Abbildungen, mit in der Heimat hergestellten Präparaten und Früchten derselben Arten ist es auch bei uns möglich, eine richtige Vorstellung von der normalen Entwickelung jener Pflanzen zu geben, ganz abgesehen davon, dass auch nicht blühende Exemplare tropischer Nutzpflanzen zu anatomischen Untersuchungen geeignet sind. Aber nicht bloss die pharmazeutisch und ökonomisch wichtigen Pflanzen, deren Zahl eine ziemlich grosse ist, sollen in erster Linie in einem botanischen Garten kultiviert werden, der botanische Garten soll auch möglichst viel Formen der einheimischen Pflanzenwelt enthalten, da bei der immer grösseren Einschränkung der natürlichen Standorte durch die Kultur die Erlangung vieler unserer heimischen Pflanzenarten recht erschwert ist, und die Kenntnis der wichtigeren Pflanzenformen unseres Vaterlandes von Lehrern immer gefordert werden muss. Namentlich wird immer darauf zu halten sein, dass in einem botanischen Garten diejenigen Pflanzen, welche zur Charakteristik von Bodenverhältnissen beitragen, insbesondere alle heimischen Bäume und Sträucher, kultiviert werden, da dieselben auch recht viele Laien kennen zu lernen wünschen. Da in Berlin die botanischen Vorlesungen von 100 und mehr Studierenden besucht sind, jeder Studierende aber von den wichtigeren zu demonstrierenden Pflanzen je 1 Exemplar in die Hand bekommen muss, so ist ersichtlich, dass schon für die Beschaffung des Demonstrationsmaterials ein grosses Terrain notwendig ist. Der bei der Universität gelegene kleine botanische Garten genügt für die Vorlesungen über spezielle Botanik durchaus nicht, da Bäume und Sträucher in demselben nur sehr schwach vertreten sind.

b) Der botanische Garten soll in ähnlicher Weise wie ein Museum Gelegenheit zur allgemeinen Belehrung geben. Hierzu diene:

Der botanische Garten soll nicht bloss ein Magazin sein für Unterrichtszwecke, wie dies etwa von einem Schulgarten verlangt wird, sondern er soll vor Allem auch einen Überblick geben über die so mannigfache Formenbildung in der Pflanzenwelt und über die verwandtschaftlichen Beziehungen der Pflanzen untereinander. Auf dem

Gebiete der Zoologie dienen ähnlichen Zwecken die Museen. In einem botanischen Museum kann man aber getrocknete Pflanzen nicht aufstellen, weil dieselben in kurzer Zeit unter dem Einfluss des Lichtes entfärbt werden und dann nur noch für die Kundigen erkennbar sind; in botanischen Museen muss man sich mit der Aufstellung von Abbildungen, Präparaten in Alkohol, getrockneten Früchten, Samen u. s. w. begnügen. Will man also dem Studierenden Gelegenheit geben, einen Überblick über die Verwandtschaft der Pflanzen untereinander zu gewinnen, so ist dies nur durch eine dem natürlichen System entsprechende *α) die systematische Abteilung.* Gruppierung der Pflanzen im Freien möglich. Selbstverständlich sind einer derartigen Gruppierung durch die Lebensbedürfnisse vieler Pflanzen gewisse Schranken auferlegt. Die zahlreichen niederen Pflanzen und ebenso zahlreiche tropische Pflanzentypen müssen von einer solchen systematischen Gruppierung im Freien ausgeschlossen bleiben; immerhin ist es doch in unserem Klima möglich, während der wärmeren Monate neben den im Freien aushaltenden Pflanzen auch viele Gewächshauspflanzen auszustellen und so eine, wenn auch nicht vollständige, doch fast ausreichende Übersicht über das System der höheren Pflanzen zu geben. Wer sich mit dieser systematischen Gruppierung vertraut gemacht hat, wird auch in der Lage sein, in den Gewächshäusern die Pflanzen aufzufinden, welche das System der im Freien aufgestellten Pflanzen ergänzen.

Wenn auch bei dieser systematischen Gruppierung der Pflanzen eine vorsichtige Auswahl getroffen wird, und es sich hierbei vorzugsweise nur um Repräsentanten der einzelnen Pflanzengruppen handelt, so nimmt doch ein derartiges System einen ziemlich grossen Raum ein. Es ist für jeden Universitätsgarten unerlässlich und das wichtigste Hilfsmittel für die Vorlesungen über spezielle Botanik; werden die Studierenden, nachdem sie in der Vorlesung die nötigen Erläuterungen empfangen haben, nachher noch in die Abteilungen des Systems geführt, so können sie dort leicht eine vollständige Vorstellung von den besprochenen Pflanzengruppen gewinnen. Nur eine ausgedehnte Benutzung dieser Systemanlagen von seiten der Professoren und Studierenden kann diese von dem leider noch so verbreiteten und unsinnigen Auswendiglernen von Dingen abhalten, welche man durch einmalige Anschauung sich spielend einzuprägen vermag.

Da viele Studierende und auch viele Laien bei beschränkter Zeit nicht in der Lage sind, aus der besprochenen systematischen Abteilung die wichtigeren Nutzpflanzen herauszufinden, und da auch die Aufnahme aller Nutzpflanzen in die systematische Abteilung den einheitlichen Charakter der letzteren sehr stören würde, empfiehlt es sich, wie dies *β) die Abteilung für Medizinal- und Giftpflanzen.* auch schon in den meisten grösseren botanischen Gärten geschieht, eine besondere Abteilung für Medizinal- und Giftpflanzen und eine zweite für ökonomische Pflanzen anzulegen, die mit besonders aus-

γ) die Abteilung für ökonomische Pflanzen.

führlichen und belehrenden Etiquetten versehen sind. Der ökonomischen Abteilung würde sich auch, wenn es die Raumverhältnisse gestatten, als Unterabteilung eine kleine pomologische anschliessen. Eine allzugrosse Ausdehnung der ökonomischen Abteilung und namentlich der pomologischen Anlage ist aber in einem wissenschaftlichen botanischen Garten nicht wünschenswert, weil hierfür besondere Anstalten existieren.

δ) die Abteilung für tropische Nutzpflanzen.

Dagegen ist es unbedingt notwendig, dass wenigstens in dem Berliner botanischen Garten ein geräumiges, den Studierenden und dem grossen Publikum zugängliches Haus für tropische Nutzpflanzen eingerichtet wird.

ε) die biologisch-morphologische Abteilung.

Mit Recht haben aber in der Botanik auch noch andere Richtungen als die spezielle Pflanzenkunde sehr an Boden gewonnen; es müssen daher heutzutage diese ebenfalls in jedem botanischen Garten mehr oder weniger berücksichtigt werden. Hatte man früher vielfach die Pflanzengestalt nur als solche vor Augen, so hat man in den letzten Jahrzehnten ganz besonders ihre Entwicklung, ihre Beziehung zu den von der Pflanze zu erfüllenden Aufgaben und ihre Veränderlichkeit ins Auge gefasst. Gewöhnlich bezeichnet man diesen Zweig der Botanik als Pflanzenbiologie. Es ist unerlässlich, dass auch diese wichtige Disziplin in den botanischen Gärten Berücksichtigung findet, wie dies auch jetzt schon im Berliner botanischen Garten geschehen ist. Es handelt sich hierbei einerseits um Pflanzengruppen, welche zeigen, wie die Pflanze in verschiedener Weise assimiliert und sich ernährt, wie sie gegen ungünstige klimatische Einflüsse geschützt ist, in verschiedener Weise dem Licht zustrebt, und dergleichen mehr. Anderseits handelt es sich darum, zu zeigen, welche Variationen bei einer Pflanze aus inneren Ursachen eintreten können; namentlich die Darstellung dieser Verhältnisse beansprucht ein ziemlich grosses Terrain, da man hierbei auf Wachstumvariationen, auf Variationen in der Blattgestalt, in der Farbe der Blüten und auf die zahlreichen gefüllten Blüten Rücksicht zu nehmen hat. Endlich sollen auch die Pflanzen nach ihren Geschlechtsverhältnissen, nach ihren Beziehungen zu den sie besuchenden Insekten gruppiert und die Einflüsse der Bastardierung an mehreren Beispielen gezeigt werden.

ζ) die pflanzen-geographische Abteilung.

Wenige der in neuerer Zeit in botanischen Gärten vorgenommenen Neuanlagen haben sich so allseitigen Beifall erworben wie die pflanzengeographischen Gruppierungen. Es ist dies sehr erklärlich, da derartige Zusammenstellungen der Pflanzen nach ihrer Heimat den Beschauer ganz anders anregen als die Pflanze für sich allein. Der Beschauer wird durch eine derartige Zusammenstellung auf gewisse physiognomische

Eigentümlichkeiten der Pflanzen eines Gebietes aufmerksam, er wird
genötigt, an die klimatischen Verhältnisse des betreffenden Landes zu
denken, er kann auch eine Vorstellung von den Hilfsmitteln gewinnen,
welche ein Land durch seine Vegetation erhält. Dass die pflanzengeographischen Gruppen nicht eine vollständige Vorstellung von dem
Vegetationscharakter eines Gebietes geben können, ist gewiss. Nichts
destoweniger sind sie im höchsten Grade anregend und für jeden, der
Belehrung sucht, sehr förderlich. In kleineren botanischen Gärten wird
man sich lediglich auf Zusammenstellungen von Pflanzen nach den
pflanzengeographischen Gebieten beschränken müssen, in grösseren
botanischen Gärten aber kann man, wie dies auch jetzt schon in
kleinem Massstabe im Berliner botanischen Garten geschehen ist, den
Versuch machen, die einzelnen Pflanzenformationen eines Gebietes
nachzuahmen. Das letztere ist möglich, wenn es sich um die Darstellung von Vegetationsgebieten handelt, deren Klima dem unserigen
entspricht. Die Pflanzengruppen der subtropischen Länder können
natürlich nur während des Sommers im Freien zur Darstellung kommen,
während des Winters müssen sie in Gewächshäusern aufgestellt werden.
Die Pflanzen tropischer Länder endlich müssen dauernd in den Gewächshäusern gehalten werden und können bei genügenden Raumverhältnissen
und zweckmässiger Konstruktion der Häuser auch so gruppiert werden,
dass sie einigermassen eine Vorstellung von dem tropischen Pflanzen-
leben geben. Da man aber doch nur in geringem Grade die Existenz-
bedingungen für tropisches Pflanzenwachstum herstellen kann, namentlich
aber dem allzu üppigen Gedeihen einiger Pflanzen Schranken setzen
muss, so empfiehlt es sich vorherein, in der Anlage kostspieliger,
hoher Warmhäuser nicht gar zu weit zu gehen.

c) Der Königliche botanische Garten zu Berlin als Centralstelle für
wissenschaftliche Untersuchungen.

Bisher war nur von denjenigen Aufgaben die Rede, welche jeder
botanische Garten einer Universität mehr oder weniger, entsprechend
den zur Verfügung stehenden Mitteln, zu erfüllen hat. Der Königliche
botanische Garten zu Berlin hat aber noch anderen Aufgaben gerecht
zu werden, die bei den provinziellen botanischen Gärten nicht in
gleichem Grade in Betracht kommen. Zwar ist es in jedem
botanischen Garten notwendig, ausser den den Unterrichtszwecken
dienenden Pflanzen auch Material für wissenschaftliche Untersuchungen
anzusammeln, aber die räumlichen Verhältnisse, namentlich der
Gewächshäuser, setzen sehr bald gewisse Grenzen, und jeder ver-
ständige Direktor eines provinziellen botanischen Gartens wird es vor-
ziehen, lieber eine kleinere Zahl von Pflanzen gut zu kultivieren, als

eine grössere Zahl durch Zusammenpferchen in unzureichenden Gewächshäusern zu schädigen. An eine Beschränkung des nur zu wissenschaftlichen Zwecken und nicht zu Demonstrationszwecken dienenden Materials
können aber die Direktoren nur dann denken, wenn sie wissen, dass
sie irgendwo das Material zu Untersuchungen leicht und mit zuverlässiger
Benennung versehen erreichen können. Da ist es eben notwendig, dass
im preussischen Staate eine Centralstelle vorhanden ist, in welcher eine
Vollständigkeit in den Pflanzensammlungen angestrebt wird, wie sie in
provinziellen botanischen Gärten nicht erreichbar ist. Wie steht es
nun in dieser Beziehung mit dem Königlichen botanischen Garten in
Berlin? Sieht man von den niederen Kryptogamen ab, welche nicht in
Kultur genommen werden können, so beträgt die Zahl der überhaupt
kultivierbaren Pflanzenarten etwa 150 000. Der grösste botanische
Garten (in Kew bei London) kultiviert deren 40 000, der Berliner
botanische Garten etwa 18 000*). Man wird demnach der Direktion
des botanischen Gartens zu Berlin nicht den Vorwurf machen können,
dass sie zu viele Pflanzenarten angesammelt habe. Anderseits ist die
Direktion des Berliner botanischen Gartens gegenüber einem Hinweis
auf die Leistungen von Kew und Petersburg dadurch gerechtfertigt,
dass in Kew, wie in St. Petersburg ausgezeichnete Gewächshäuser den
anachronistischen Gewächshäusern des Berliner botanischen Gartens
gegenüberstehen, dass zudem der Etat von Kew dreimal, derjenige von
St. Petersburg 1½ mal grösser ist als der Etat des Berliner botanischen
Gartens, und dass für beide Anstalten sehr oft ganz beträchtliche Extra-
ordinarien bewilligt werden. Aber auch ganz abgesehen von den Gewächshäusern und den Etatsmitteln ist die Zahl der im Berliner botanischen
Garten kultivierten Pflanzen eine verhältnismässig geringe, weil einzelne
mit wertlosen Bäumen besetzte Teile botanischen Zwecken nicht dienstbar
gemacht werden können und aus Rücksicht auf das Schatten suchende
Publikum in dem bisherigen Zustande belassen werden. Wollte man
in dieser Beziehung Abhilfe schaffen, so könnte man wohl auch noch
auf dem jetzigen Terrain eine grössere Zahl von Pflanzen kultivieren.
Doch ist eine Einschränkung unbedingt geboten, so lange nicht eine
grössere Zahl wissenschaftlicher Beamter angestellt ist, welche auch
für die richtige Bestimmung der kultivierten Pflanzen sorgen. Wer
nicht mit diesen Bestimmungsarbeiten auf das Innigste vertraut ist,
kann nicht ermessen, welchen Aufwand von Zeit dieselben beanspruchen.
Was aus den Kolonieen eingesendet wird, ist meist unbenannt, was
aus anderen botanischen Gärten eingesendet wird, bedarf sehr strenger
Prüfung, und was aus Handelsgärten zugeht, ist meist falsch benannt.

---

*) So im Jahre 1891, jetzt dürfte die Zahl der Arten gegen 20 000 betragen.

Die Ermittelung einer richtigen Pflanzenbezeichnung erfordert bisweilen einen halben Tag Arbeit, manchmal freilich auch nur eine Viertelstunde bei ausreichenden Hilfsmitteln. Es ist klar, dass in den provinziellen botanischen Gärten ein Direktor und Assistent, welche vorzugsweise durch die Lehrthätigkeit in Anspruch genommen sind, der Pflanzenbestimmung nicht viel Zeit widmen können, und dass daher wenigstens eine Stelle im Reiche vorhanden sein muss, wo durch ein grösseres Beamtenpersonal und umfangreichere Hilfsmittel für die richtige Bestimmung der an andere botanische Gärten, Institute und Botaniker abzugebenden Pflanzen und Samen gesorgt ist.

Es ist auch bisweilen von gärtnerischer Seite der Anspruch erhoben worden, dass die Beamten des botanischen Gartens die von ihnen in Kultur genommenen Pflanzen bestimmen möchten. Auf dergleichen Wünsche wird aber der botanische Garten nur in einzelnen Fällen einzugehen haben. Wollte etwa die Direktion des botanischen Gartens die Verpflichtung übernehmen, auch den Handelsgärtnereien in ähnlicher Weise wie den botanischen Gärten entgegen zu kommen, so würde dies den wissenschaftlichen Betrieb des Gartens in hohem Grade schädigen.

d) Der Königliche botanische Garten zu Berlin als Centralstelle für die Kolonieen.

Nachdem Deutschland in die Reihe der Kolonialmächte eingetreten ist, wird es notwendig, dass der botanische Garten zu Berlin ähnlich wie der botanische Garten zu Kew als Centralstelle für die botanischen Interessen der Kolonieen dient. Einmal soll der botanische Garten durch eine möglichst vollständige Sammlung von tropischen Nutzpflanzen, wie anderseits das botanische Museum durch eine reichhaltige Sammlung von Pflanzenprodukten, jedem, der in die Kolonieen hinausgehen will, Gelegenheit geben, sich mit diesen Dingen vertraut zu machen. Ferner sollen im botanischen Garten zu Berlin die aus den Kolonieen eingesendeten Pflanzenarten kultiviert und auf ihren Nutzen geprüft werden; endlich sollen auch, ähnlich wie in Kew, aus den Samen nutzbringender Arten junge Pflanzen herangezogen werden, die an die Kolonieen zur weiteren Kultur abgegeben werden. Allerdings setzt dies voraus, dass in den Kolonieen selbst Stationen unter sachverständiger Leitung eingerichtet werden, welche sich mit der weiteren Pflege und Vermehrung der hinübergesendeten Nutzpflanzen befassen. Schon jetzt dient eine mit bescheidenen Mitteln eingerichtete Abteilung für Kolonialbotanik den angegebenen Zwecken; es konnten in diesem Jahre schon über 1000 Exemplare verschiedener Nutzpflanzen zur Versendung nach den Kolonieen angeboten werden.

e) Der botanische Garten als Ziergarten.

Es ist bekannt, dass mit der fortschreitenden Erschliessung fremder Länder die Zahl der bei uns eingeführten Zierpflanzen in hohem Grade zugenommen hat, und dass bei der grossen Bedeutung, welche dieselben als Schmuck öffentlicher Anlagen, von Privatgärten und Wohnungen gewonnen haben, auch deren Kultur im botanischen Garten nicht unterlassen werden darf. Vielfach gehen in dieser Beziehung die Ansprüche des Laienpublikums über die der Direktion zur Verfügung stehenden Mittel hinaus. Die vorher besprochenen Aufgaben des botanischen Gartens müssen immer in erster Linie berücksichtigt werden. Es ist wohl wünschenswert und auch den botanischen Interessen in hohem Grade förderlich, dass im botanischen Garten alle in unserem Klima aushaltenden Arten von Bäumen und Sträuchern kultiviert werden, dass also mit dem botanischen Garten ein möglichst vollständiges Arboretum verbunden wird, wie dies schon seit Jahrzehnten von vielen angesehenen Persönlichkeiten der Berliner Bevölkerung dringend gewünscht wurde. Namentlich wäre zu erstreben, dass hierfür ein ausgedehntes Terrain zur Verfügung stände, welches gestattet, die Bäume soweit von einander zu pflanzen, dass die einzelnen Exemplare sich kräftig und normal entwickeln können. Es ist auch wünschenswert, dass die wichtigeren Zierpflanzen im botanischen Garten vertreten sind; aber es ist keineswegs zur allgemeinen Instruktion notwendig, dass der botanische Garten von jeder Zierpflanze alle Spielarten kultiviert, welche man in den oft nur für die Kultur weniger Arten eingerichteten gärtnerischen Etablissements heranzieht.

f) Der botanische Garten als Erholungsort.

Bei einem Institut, welches so viel Kosten verursacht, wie der Berliner botanische Garten, welches auch in so hervorragender Weise sich mit allgemeinen Interessen berührt und ganz besonders geeignet ist, von dem leider so verbreiteten Verlangen nach materiellen Genüssen abzulenken, ist der Wunsch des Publikums, den botanischen Garten als Erholungsort benutzen zu dürfen, ein wohl berechtigter, um so mehr, wenn sich mit dem Streben nach Erholung auch das nach Belehrung verbindet. Ebenso berechtigt ist der Wunsch des Publikums, dass bei den wichtigeren Pflanzen auch deutsche Bezeichnungen der Pflanzen und ausführlich belehrende Etiquetten beigefügt werden, wie ich solche bereits im Breslauer botanischen Garten angebracht und nun auch in Berlin eingeführt habe. Anderseits sind aber auch die Ansprüche des Publikums an den botanischen Garten zu weitgehende und zum Teil auf das energischste zurückzuweisen, weil sie die Erfüllung der wesentlichen Aufgaben des botanischen Gartens verhindern. Es ist schon unrecht, zu verlangen, dass alle Teile des botanischen Gartens dekorativ, wie in einem Lustgarten, gestaltet seien. Wo sich dergleichen anbringen lässt, wie in den pflanzengeographischen Anlagen, um die Gewächshäuser herum, im Arboretum, da soll es geschehen; in anderen Abteilungen, welche für Lehrzwecke oder für weitere wissenschaftliche Kontrole bestimmt sind, ist eine nicht immer schöne, reihenweise Pflanzung unerlässlich, und ebenso hat man in den wissenschaftlichen Zwecken dienenden Abteilungen auch nicht die mindeste Rücksicht darauf zu nehmen, ob eine Pflanze schön oder hässlich ist. Es ist ferner völlig unmöglich, alle Pflanzen so zu etiquettieren, dass dem unkundigen Laien durch die Etiquettierung die gewünschten Aufschlüsse gegeben werden. Die Laien verlangen sehr häufig deutsche Namen, ohne zu bedenken, dass fast alle ausländischen Gewächse deutsche Namen nicht besitzen, dass auch von unseren deutschen Pflanzen kaum ein Viertel wirklich volkstümliche Namen besitzt, und dass es nichts komischeres giebt, als ins Deutsche übersetzte Pflanzennamen, die für den Botaniker nur den Zweck einer kurzen Bezeichnung haben. Wo deutsche Namen bekannt sind, sollen dieselben allerdings auf den Etiquetten angebracht werden, und ebenso empfiehlt es sich, bei Nutz- und Giftpflanzen, einige erklärende Worte über Heimat und Verwendung beizufügen. Wer die Entwickelung des Berliner botanischen Gartens in den letzten zwei Jahren verfolgt hat, wird nicht leugnen können, dass nach dieser Richtung hin sehr viel verbessert worden ist; es würde auch noch mehr geschehen, wenn nicht die Beamten des botanischen Gartens so vielfach für die Arbeiten in dem völlig ungenügend dotierten botanischen Museum in Anspruch genommen werden müssten. — Wollte man die Zahl der Besucher als Massstab für den Nutzen des botanischen Gartens ansehen, so gäbe es in der ganzen Welt keinen so nützlichen botanischen Garten als den zu Berlin; denn auch in Kew, wo der botanische Garten hauptsächlich Sonntags Nachmittag seine Anziehungskraft ausübt, ist an den Wochentagen der Besuch kaum so stark als im Berliner botanischen Garten. Aber man sehe sich das Publikum an: Etwa 100 Mütter mit je einem Kindermädchen und je 1 bis 3 Kindern, dann noch etwa 200 Backfische und Jünglinge in dem schönen Alter von 12 bis 17 Jahren, welche sich von den Sorgen der Schule entweder durch Herumwildern oder gegenseitiges Anschmachten erholen. Zwischen diesem alle Bänke in Beschlag nehmenden und die Gartenordnung gering schätzenden Publikum bewegt sich nun ein viel kleinerer Teil von älteren Herren, von Familien und von Studierenden, welche sich gern diesen und jenen Baum, diese oder jene Pflanze näher beschen wollen, überall aber durch Kinder und das Geschwätz der

Kinderfrauen gestört werden. Missmutig verlässt dieser bessere Teil
des Publikums den Garten, missmutig auch darüber, dass manche
sehenswerte Abteilungen des Gartens nicht ohne weiteres zugänglich
sind, weil die Direktion genötigt ist, dieselben vor den unberufenen
Besuchern zu schützen. Selbst wenn die Professoren mit den Studierenden
die Lehrpartieen des Gartens besuchen, macht sich das grosse Publikum
in lästiger Weise bemerkbar. Dieser Zustand ist nachgerade unerträglich
geworden. Die beste und alle Teile befriedigende Abhilfe kann geschaffen werden, wenn in dem botanischen Garten die dem wissenschaftlichen Studium dienenden systematischen, biologisch-morphologischen
und pflanzengeographischen Anlagen durch eine leichte Umzäunung abgesondert, nur den Studenten und anderen wissenschaftlichen Interessenten,
zu gewissen Tageszeiten auch anderen erwachsenen Personen zugänglich
gemacht, den Kinderfrauen und Kindern unter 14 Jahren aber vollständig verschlossen werden, wenn dagegen anderseits ein von breiten
Wegen durchzogenes, ausgedehntes Arboretum, die Abteilung der
Medizinal- und Giftpflanzen, die Abteilung der Nutzpflanzen und ebenso
ein grosses Schaugewächshaus dem Publikum bis zum Eintritt der
Dunkelheit geöffnet werden. In dieser dem grossen Publikum zugänglichen Abteilung müsste auch ein grösserer Teich vorhanden sein,
an dessen Ufern die mehr Feuchtigkeit verlangenden Gewächse ausgepflanzt werden könnten. Selbstverständlich müsste auch gerade in
dieser Abteilung für möglichst ausführliche Etiquetten gesorgt werden.

II. Die Aufgaben des mit dem Königlichen botanischen Garten verbundenen botanischen Museums.

Eine notwendige Ergänzung für jeden botanischen Garten bildet
das botanische Museum. Abteilungen und Aufgaben desselben sind
folgende:

a) die Aufgaben und die Bedeutung des Herbariums.

Ein wissenschaftlich durchgearbeitetes Herbarium, welches in
möglichster Vollständigkeit alle erreichbaren Pflanzenarten, sowohl die
grösseren Gewächse, wie die unscheinbaren Moose, Pilze, Flechten und
Algen enthält. Es hat

1. in erster Linie dem weiteren Ausbau des natürlichen Pflanzen-
systems zu dienen, sodann aber auch den anderen botanischen
Disziplinen, wie der Pflanzengeographie mit Einschluss der
Floristik, der Morphologie, Anatomie, Biologie, Physiologie und
Phytopalaeontologie das Untersuchungsmaterial, besonders von
solchen Arten zu liefern, welche nicht in Kultur sind oder in

botanischen Gärten kultiviert werden können. (Ca. $^{14}/_{15}$ der Gesamtzahl!)

Die Benutzung des Herbariums beschränkt sich nicht bloss auf die Berliner Botaniker; es werden auch an alle preussischen Botaniker, welche Garantie für gute Behandlung, rechtzeitige Rücksendung u. s. w. bieten, die Materialien nach auswärts verliehen, soweit sie im Museum selbst zur Zeit nicht gebraucht werden; hiervon wird zum Vorteil der Wissenschaft im umfangreichsten Masse Gebrauch gemacht.

2. Diejenigen Pflanzen des botanischen Gartens, welche entweder ohne Namen direkt aus der Heimat oder als Ersatz und Ergänzung unter falschen oder zweifelhaften Namen aus anderen botanischen Gärten bezogen wurden, oder die im botanischen Garten zwar vorhanden, aber durch Verwechselung der Etiquetten von seiten des Arbeitspersonals oder auf andere Weise rücksichtlich ihrer richtigen Benennung zweifelhaft geworden sind, werden durch Vergleichung mit den im Herbarium aufbewahrten, von den Monographen der einzelnen Gruppen revidierten und verificierten sogenannten Originalexemplaren benannt, bezw. kontroliert und richtig gestellt.

3. Für pflanzliche Produkte, besonders aus den deutschen Kolonieen, wird mit Hilfe beigelegter, getrockneter Blütenzweige im Herbarium der richtige Name ermittelt und aus der Literatur deren Nutzen und Gebrauch für die Praxis festgestellt.

b) Das Schaumuseum und die Sammlung von pflanzlichen, im Herbar nicht einzureihenden Objekten.

Die eigentliche Museumsabteilung, welche die Sammlung von grösseren Früchten, Samen, Hölzern, Drogen, Harzen, Pflanzenfasern, grösseren Pilzen enthält.

1. Sie ergänzt das Herbarium durch diejenigen pflanzlichen Objekte, welche sich in den Herbarmappen nicht aufbewahren lassen, dient also zunächst denselben Zwecken wie das Herbarium.

2. Pharmakognosten, Lehrer der Forst- und Landwirtschaft ermitteln hier die wissenschaftlich richtigen Namen von Drogen, Früchten und Samen.

3. Die wichtigeren und interessanteren Produkte des Pflanzenreichs, sowie die beigefügten Abbildungen von deren Stammpflanzen dienen zur Belehrung des Publikums. Eine zweckmässige, in dem jetzt vorhandenen Gebäude leider nicht mögliche Einteilung wäre die Sonderung in ein Schaumuseum und in ein Magazin für

wissenschaftliche Untersuchungen. Das Schaumuseum müsste die in den letzten Jahren von mir eingerichteten Abteilungen erhalten:

α) für Kulturpflanzen und deren Produkte;

β) für Charakterpflanzen und wichtige pflanzliche Produkte der einzelnen pflanzengeographischen Gebiete;

γ) für Drogen;

δ) für Kryptogamen, insbesondere Pilze und die durch sie verursachten Krankheiten der Kulturpflanzen;

ε) für Phanerogamen (Früchte, Samen, Hölzer u. s. w. in Auswahl);

ζ) für Pflanzenkrankheiten, welche durch Tiere veranlasst werden;

η) für fossile Pflanzen.

c) Die Bibliothek.

Die Bibliothek soll die systematische und pflanzengeographische Literatur in möglichster Vollständigkeit, von der anatomischen, morphologischen, biologischen, physiologischen und palaeontologischen Literatur wenigstens die wichtigsten Werke enthalten.

1. Sie ist für das Bestimmen und Ordnen der Pflanzensammlungen unentbehrlich, weil in den zuerstgenannten Werken die Beschreibungen und oft auch die Abbildungen aller bekannter Pflanzenarten, von denen das Berliner botanische Museum bis jetzt kaum die Hälfte besitzt, niedergelegt sind.

2. Die im Museum wissenschaftlich arbeitenden Herren, deren Studien sich nicht bloss auf Systematik und Pflanzengeographie beschränken, sondern auch gewöhnlich auf Anatomie, Morphologie, Biologie, Physiologie oder Palaeontologie übergreifen, müssen die gebräuchlichsten Werke auch von diesen Disziplinen zur Hand haben.

Die Königliche Bibliothek bietet nur unvollkommenen Ersatz; denn die Arbeiten im botanischen Museum verlangen einen fortwährenden Vergleich sehr zahlreicher, ständig vertretener Werke, die meist nur auf Minuten gebraucht, aber zu einer zuverlässigen Bestimmung der Pflanzen nicht entbehrt werden können. Man wird also entweder mit enormem Zeitverluste, ja, wenn die betreffenden Werke auf der Königlichen Bibliothek gerade verliehen oder überhaupt nicht vorhanden sind, mit grosser Unlust und Unsicherheit arbeiten müssen, oder wenn man sich auf die ganz unvollständige und kleine Museumsbibliothek allein beschränkt, in seinen Arbeiten zum Schaden des Institutes und der Wissenschaft ungenau und unvollständig bleiben.

d) Das Laboratorium.

Im Laboratorium werden

1. Studierende in die Methode der Untersuchung auf dem Gebiete der systematisch-morphologischen und systematisch-anatomischen Botanik eingeführt und

2. Fortgeschrittene zur Anfertigung von Promotions- und anderen wissenschaftlichen Arbeiten mit Rat und Material, sowohl aus dem botanischen Garten als auch aus dem Museum, unterstützt.

Beiden Kategorieen werden die zur Untersuchung notwendigen Instrumente, besonders Mikroskope, zur Verfügung gestellt.

Diesem Laboratorium würde sich in Zukunft auch ein kleines chemisches Laboratorium, sowie ein Raum für pflanzenphysiologische Experimente anschliessen müssen.

III. Welche Gebäude sind auf dem Terrain des botanischen Gartens notwendig?

Wenn die in Abschnitt I. und II. dargelegten Aufgaben erfüllt werden sollen, sind folgende Gebäude auf dem Terrain des botanischen Gartens unerlässlich:

a) Gewächshäuser:

1. Ein grosses Schauhaus, mit verschiedenen Abteilungen und damit verbundenen kleineren Häusern,

α) für interessante tropische Urwaldpflanzen;

β) für tropische Wasserpflanzen (Victoria regia etc.);

γ) für subtropische amerikanische Gewächse;

δ) für amerikanische Xerophyten (Cacteen und Agaven);

ε) für kanarische und mediterrane Pflanzen;

ζ) für Kap-Pflanzen;

η) für afrikanische Xerophyten;

ϑ) für Neuholländer;

ι) für subtropische asiatische Pflanzen;

κ) für tropische Nutzpflanzen;

λ) für subtropische Nutzpflanzen.

Von einem grossen Mittelbau für α müssten sich niedrigere Abteilungen für γ, ε, ζ, ϑ, ι, noch niedrigere für β, δ, η, κ, λ, abgliedern, die kleineren Abteilungen nur durch Verbindungsgänge mit den höheren im Zusammenhange. Ein breiter, stets in derselben Richtung zu benutzender Weg müsste durch sämtliche Abteilungen hindurchführen.

2. Zahlreiche Kulturhäuser, für die Sammlungen bestimmt, von einfacher zweckmässiger Konstruktion, dem Laienpublikum nicht zugänglich, nur für wissenschaftliche Zwecke bestimmt.

3. Vermehrungshäuser, darunter 1 bis 2 für Kolonialpflanzen.

4. Mistbeete.

b) Das botanische Museumsgebäude.

c) Das Direktorwohnhaus.

d) Das Wohnhaus des Inspektors mit Schreibstube.

e) Ein Wohnhaus für 3 eventuell verheiratete Obergärtner, da es durchaus wünschenswert ist, dass wenigstens die Obergärtner nicht allzu oft wechseln und durch die Möglichkeit, eine Familie gründen und erhalten zu können, veranlasst werden, dem botanischen Garten treu zu bleiben.

Es ist dies für das ganze Gedeihen des Gartens und die Erhaltung der Ordnung in demselben von grösster Bedeutung.

f) Ein Wohnhaus für 20 Gehilfen und 10 Volontäre nebst Küche, Speisezimmer, Lesezimmer und Wohnung der Ökonomiefrau.

g) Wohnung für 2 Thürhüter und 2 Gartenaufseher, teilweise wohl mit f zu verbinden.

h) Stall für 2 Gartenesel, Schuppen für Gartengeräte u. s. w. nebst Werkstätte für Handwerkerarbeiten, letztere zum Teil auch in den Kellern des grossen Schauhauses unterzubringen.

IV. Welcher Raum ist nötig für einen vollständigen botanischen Garten?

Wollte man einen neuen botanischen Garten bei Berlin einrichten und hierbei allen an denselben zu stellenden Anforderungen gerecht werden, so müsste man mindestens die in Folgendem angegebenen Grundflächen für die einzelnen Abteilungen in Aussicht nehmen:

für die systematische Abteilung	13 ½ Morgen,
„ „ Abteilung der Medizinal- und Giftpflanzen . .	1 „
„ „ ökonomische Abteilung	1 ½ „
„ „ biologisch-morphologische Abteilung	1 ¾ „
„ „ pflanzengeographischen Anlagen	14 ¼ „
„ das Arboretum mit Teich, zugleich Park für das grosse Publikum	100 „
„ die noch zu kontrolierenden oder nicht im System unterzubringenden Stauden und Annuellen . .	3 „
„ „ Baumschule	2 „
„ „ Mistbeete	2 „
„ Erdmagazin und Düngerhof	1 „
„ sämtliche Gewächshäuser	3 „
	143 Morgen

für Schmuckanlagen, Vorplätze, umgebende Wege, Höfe,
Schuppen, Werkstätten, Vorratsräume u. s. w. u. s. w.   143   Morgen

für Schmuckanlagen, Vorplätze, umgebende Wege, Höfe,
Schuppen, Werkstätten, Vorratsräume u. s. w. u. s. w.   10   „
„ das botanische Museum . . . .   1½   „
„ die Wohnungen des Direktors, des Inspektors, der
 Obergärtner, der Gehilfen, der Thürhüter und der
 Gartenaufseher, nebst kleinen Privatgärten für Direktor
 und Inspektor 3   „
                  157½ Morgen,
also etwa 40 Hektar.

Der jetzige botanische Garten zu Berlin umfasst etwa 46 Morgen,
er genügt also für die Unterrichtszwecke, aber nicht für die Anlage
eines grossen Arboretums, wie es schon seit langem von verschiedenen
Seiten in Anregung gebracht worden ist.

V. Wie muss das Terrain und die Lage des botanischen Gartens beschaffen sein?

Mag ein botanischer Garten entweder nur Unterrichtszwecken, oder
auch wissenschaftlichen Zwecken und zur Erholung des Publikums dienen,
in jedem Fall ist die erste Forderung für denselben die, dass die in
dem Garten kultivierten Pflanzen den Grad der Entwickelung erreichen,
der in unserem Klima möglich ist. Hierfür sind vor allem notwendig
ein nährstoffreicher Boden, die Möglichkeit genügender Bewässerung,
Schutz gegen die besonders nachteiligen Nord-, West- und Oststürme,
möglichst russfreie Umgebung. Es sind daher vor allem bei der Anlage
eines neuen botanischen Gartens völlig auszuschliessen sandige Terrains,
welche in der Umgebung von Berlin so reichlich vertreten sind und
wegen ihrer sonstigen Kulturunfähigkeit mit Kiefern bepflanzt der
Berliner Bevölkerung die Annehmlichkeit grosser Waldgebiete darbieten.
Es sind ferner auszuschliessen alle Terrains, welche von zahlreichen
Fabriken, Gasanstalten und dergl. umgeben sind, wie das namentlich
im Norden und Osten von Berlin der Fall ist. Es sind endlich auch
auszuschliessen diejenigen Terrains, welche häufig Überschwemmungen
ausgesetzt sind, wie dies bei den an der Spree gelegenen Wiesengebieten
der Fall ist.

Hinsichtlich der Benutzung des botanischen Gartens ist vor allem
in Betracht zu ziehen, dass der Garten nicht bloss ein wissenschaftliches
Institut für sich sein soll. Es wird vielfach von gärtnerischer Seite der
botanische Garten von Kew als Musterinstitut hingestellt; es ist aber
ganz zweifellos, dass der botanische Garten in Kew und das dortige
Museum wohl nach praktischer Seite hin und auch auf wissenschaftlichen

Gebieten recht schöne Erfolge aufzuweisen haben, aber anderseits ist
nicht zu verkennen, dass die Isolierung des botanischen Gartens von
Kew und seiner Museen auch die Benutzung derselben für Lehrzwecke
erschwert. Es ist unbestreitbar, dass mit dem in Kew vorhandenen
Material noch viel mehr hätte geleistet werden können, wenn Kew mit
einer Universität in Verbindung gestanden hätte, deren Botaniker auch
noch andere Aufgaben, als die dem botanischen Garten zunächst liegenden
im Auge haben. Es ist daher meiner Meinung nach das allererste
Erfordernis hinsichtlich der Lage des botanischen Gartens, dass
demselben die Möglichkeit gewährt wird, in fortdauernder Verbindung
mit der Universität zu bleiben; es müssen alle diejenigen, welche
Botanik als Fachwissenschaft oder als Hilfswissenschaft treiben, die
Möglichkeit haben, den botanischen Garten und das botanische Museum
leicht und in kurzer Zeit zu erreichen; es müssen im botanischen Garten
Vorlesungen auch für die Pharmazeuten, Lehramtskandidaten und
Mediziner gehalten werden können, damit dieselben nicht bloss Pflanzen-
fragmente, sondern auch Pflanzen in ihrer normalen Entwickelung kennen
lernen. Auch für die zahlreichen Privatbotaniker, welche in Berlin
leben, für die botanischen Professoren, welche Spezialgebiete bearbeiten,
muss der botanische Garten leicht erreichbar sein. Dass dies gewünscht
wird, geht schon daraus hervor, dass die Mehrzahl der Berliner Botaniker
. sich im Westen Berlins, in der Nähe des botanischen Gartens, oder in
den nahegelegenen Vororten, Schöneberg, Friedenau, Wilmersdorf an-
gesiedelt hat. Die Zentralisation der botanischen Hilfs- und Lehrwerke
muss an einer Stelle erfolgen, welche allseitig oder wenigstens den
Hauptinteressenten leicht zugänglich ist. Demnach können für den
botanischen Garten nur solche Terrains in Betracht kommen, welche
von der Universität aus leicht und mit unerheblichen Kosten in etwa
einer halben Stunde erreicht werden können. Auch für die Benutzung
von seiten der Lehrer, der Schüler und anderer, welche mit dem Verlangen nach Erholung das nach Belehrung verbinden, ist es wünschenswert, dass der botanische Garten leicht zugänglich ist.

VI. Was spricht für eine Verlegung des botanischen Gartens?

a) Rücksicht auf die räumlichen Verhältnisse.

Nach den unter IV. gegebenen Darlegungen kann auf dem jetzigen
Terrain des botanischen Gartens nicht allen Aufgaben, welche man an
eine botanische Zentralstelle des preussischen Reiches stellt, genügt
werden. Es fehlt namentlich an Raum für ausgedehnte pflanzen-
geographische Anlagen und für ein vollständiges Arboretum, in dem

die Bäume der nördlich-gemässigten Zone nicht dicht zusammengedrängt sind, sondern frei und unbeschränkt ihre volle Entwickelung erreichen können.

b) Rücksicht auf die Kulturen.

Es hat sich in den letzten zehn Jahren herausgestellt, dass ein grosser Teil der empfindlichen Kaltlauspflanzen, Australier und Kapländer, deren wichtigste Lebensbedingung eine möglichst reine Luft ist, im botanischen Garten nicht mehr recht gedeihen wollen, trotzdem ihnen die sorgfältigste Pflege zu teil wird. Ihre Blätter zeigen statt des dunklen, saftigen Grüns eine bleiche, gelblichgrüne Färbung und fallen viel früher ab als bei gesunden Exemplaren. Es ist allerdings nicht zu leugnen, dass diese Pflanzen während des Winters in den gänzlich veralteten und kaum noch zu reparirenden Gewächshäusern auf das engste zusammengedrängt schon sehr erheblich geschädigt werden; es ist aber anderseits auch der Umstand dem Gedeihen dieser Pflanzen schädlich, dass die Nordostseite des Gartens jetzt völlig eingebaut ist und die Pflanzen nicht mehr so viel frische Luft erhalten, als dies früher der Fall war. Wäre der Garten grösser und die Mitte des Gartens nicht durch Baumparticen besetzt, dann würde vielleicht der Neubau von Kalthäusern in der Mitte des Gartens Abhilfe schaffen; denn in den sehr ausgedehnten Gartenanlagen des Hydepark und Regentenpark in London sind nachteilige Einflüsse der Umbauung nur in den peripherischen Teilen wahrzunehmen, während den mittleren Teilen die zum Gedeihen der Pflanzen erforderliche frische Luft in genügender Menge zugeführt wird.

Die jetzt bereits fast vollständige Umbauung des botanischen Gartens beeinträchtigt die ohnedies nur sehr beschränkten und keineswegs genügenden Anpflanzungen von Gehölzen; es ist sicher, dass an der Peripherie des Gartens ein grosser Teil der noch vorhandenen Gehölze durch den Mangel frischer Luft geschädigt wird, namentlich macht sich dies bei den zahlreichen wilden Obstgehölzen bemerkbar. Die in der Mitte des Gartens gelegenen Bäume gedeihen teilweise noch recht gut, selbst die sonst so sehr empfindlichen Nadelhölzer sind zum Teil noch nicht geschädigt. Es ist ferner gewiss, dass viele Bäume des botanischen Gartens, namentlich die Weiden, nur deshalb krankhaft sind, weil man es rechtzeitig unterlassen hat, durch Entfernung unnützer, in grosser Zahl vorhandener, den wertvolleren Arten Licht und Luft wegnehmender Bäume Abhilfe zu schaffen.

c) Rücksicht auf den Besuch des Publikums.

In hohem Grade würde für eine Verlegung des botanischen Gartens der Umstand sprechen, dass bei einer Neuanlage die Möglichkeit gegeben wäre, von vornherein die den Unterrichtszwecken und der Wissenschaft ausschliesslich dienenden Abteilungen von den dem grossen Publikum stets zugänglichen Anlagen abzusondern. Die jetzt bestehenden Zustände sind kaum noch haltbar und eines wissenschaftlichen Institutes vollkommen unwürdig. Sollte der Garten an seiner bisherigen Stelle verbleiben, dann wäre bei der immer mehr überhandnehmenden Bevölkerung in der Umgebung des botanischen Gartens die Bestimmung unerlässlich, dass Kinder unter acht Jahren in den Garten durchaus nicht eingeführt werden dürfen.

d) Rücksicht auf unaufschiebbare Neubauten.

Seit langer Zeit sind im botanischen Garten verschiedene Neubauten durchaus notwendig.

1. Die alten Gewächshäuser sind vollkommen unzureichend, daher neue Kulturhäuser zu bauen.
2. Das Museumsgebäude ist räumlich nicht ausreichend, eine Ergänzung desselben durch einen Neubau ist nicht zu vermeiden.
3. Eine Direktorwohnung ist schon seit langem dringendes Bedürfnis.
4. Eine neue Einfriedigung an der Nord-, West- und Südseite ist notwendig.

Wenn daher überhaupt eine Verlegung stattfinden soll, so würden die hierbei für die Errichtung der Gebäude aufgewendeten Summen nicht unnütz ausgegeben werden, da dieselben auch bei dem Verbleiben des Gartens an der bisherigen Stelle aufgewendet werden müssen.

VII. Was spricht gegen die Verlegung des botanischen Gartens?

a) Rücksicht auf die Kultur und den Bestand der vorhandenen Pflanzen.

So sehr auch der jetzige botanische Garten durch die Umbauung geschädigt ist, so sind doch anderseits die Bodenverhältnisse des jetzigen botanischen Gartens nicht ungünstige, so dass es nicht leicht ist, in gleicher Entfernung vom Zentrum ein ebenso vorteilhaftes Terrain zu gewinnen. Nur das Gebiet des Tiergartens und die Umgebung von Steglitz bieten geeignete Terrainverhältnisse für einen ausgedehnten Garten, wie aus der beigegebenen Anlage hervorgeht.

Zahlreiche Bäume des jetzigen botanischen Gartens befinden sich in so schöner Entwickelung, dass man dieselben nur mit Bedauern in einem neuen botanischen Garten vermissen würde. Viele von ihnen sind so gross, dass an Verpflanzung überhaupt nicht zu denken ist; aber auch mittelgrosse Bäume lassen sich nur mit Aufwendung grosser Kosten und mit ungewisser Aussicht auf Erfolg verpflanzen.

Bei der Überführung würden leicht für einige der grossen Warmhauspflanzen Gefahren entstehen. Vor allem ist aber zu berücksichtigen,
dass die Überführung der Gewächse ohne Schädigung derselben und
ohne Nachteile für die richtige Etiquettierung nur mit einem grossen
Aufwande von Zeit und zuverlässigen Arbeitskräften bewerkstelligt
werden kann.

Auch ist nicht zu leugnen, dass der neue botanische Garten in den
ersten 10 bis 15 Jahren mancherlei Übelstände zeigen wird. Einmal
dürfte so viel Zeit vergehen, bis die an der Peripherie des neuen
Gartens gepflanzten Bäume einen Schutz gegen starke Winde abgeben.
Es müsste daher unter allen Umständen dafür gesorgt werden, dass in
den ersten Jahren der Übersiedelung mit der Anlage des Arboretums
und dem Bau der Gebäude begonnen wird, nachher aber erst die Überführung der Stauden erfolgt.

b) Rücksicht auf die Benutzung des Gartens.

Die Verlegung des Gartens nach einem Terrain, welches von der
Universität nicht bequem und billig in einer halben Stunde zu erreichen
ist, würde die Benutzung desselben von seiten der Studierenden sehr
beeinträchtigen. Auch die Benutzung des Gartens von seiten der Lehrer
und Schüler würde sehr erschwert werden, wenn dieselben nicht in
kurzer Zeit nach dem Garten gelangen könnten. Die Verlegung des
Gartens nach einer anderen Richtung der Stadt würde auch den Besuch
des gebildeten Publikums in hohem Grade einschränken und viele
Botaniker, welche sich wegen des botanischen Gartens im Westen angekauft haben, würden erheblich geschädigt werden.

VIII. Schlusserwägung.

Erwägt man schliesslich, was für, was gegen die Verlegung spricht,
so dürfte die letztere unter der Bedingung zu empfehlen sein, dass
1. ein ausreichend grosses Terrain (etwa 160 Morgen) mit gutem Boden,
in einer von Fabriken freien und gegen Winde einigermassen geschützten
Gegend, von der Universität nicht weiter als eine halbe Stunde entfernt,
für die Neuanlage des botanischen Gartens erworben wird, dass 2. für
die Einrichtung und Unterhaltung des neuen botanischen Gartens und
Museums in ausgiebiger Weise gesorgt wird.

Es dürfte ferner in Betracht zu ziehen sein, dass die Benutzung
des neuen botanischen Gartens in erheblicher Weise gefördert werden
könnte, wenn in unmittelbarer Nähe desselben ein pharmazeutisches
Institut, das ohnedies schon lange für Berlin begehrt wird, erbaut und
daselbst ein Professor für pharmazeutische Chemie angestellt würde.
Es würde so den Studierenden der Pharmazie, welche vorzugsweise

22*

den botanischen Garten benutzen, Gelegenheit gegeben sein, die botanischen Vorlesungen im botanischen Museum zu hören, daselbst mikroskopisch zu arbeiten, im Garten und Museum zu studieren, während sie anderseits im pharmazeutischen Institut ihre sämtlichen chemischen Studien absolvieren könnten.

II. Über Ilex paraguariensis St. Hil. und einige andere Matepflanzen

von

Th. Loesener.

In neuerer Zeit hat man in Kolonialkreisen, auch ohne Zuthun des Verfassers, dem Mate- oder Paraguay-Thee wieder etwas mehr Aufmerksamkeit geschenkt. Es dürfte daher wohl am Platze sein, das, was speziellere botanisch-systematische Untersuchungen bisher an prak - tischen Resultaten ergeben haben, hier einmal zusammenzustellen.

Auf die Frage, welche Arten in wissenschaftlichem Sinne bei der Bereitung des Mate überhaupt in Betracht kommen können, ausführ- licher einzugehen, würde hier zu weit führen. Es sei mir erlaubt, diesbezüglich auf meine Arbeit „Beiträge zur Kenntnis der Mate- pflanzen" in den Verhandl. der Deutsch. Pharmaz. Gesellschaft Bd. VI, 1896, Heft 7 zu verweisen. Hier mögen nur die Arten Berücksichtigung finden, welche teils schon immer im Gebrauch gewesen sind, teils augenblicklich insofern von Wichtigkeit sind, als sie vielleicht mit jenen in Wettbewerb treten könnten.

Von letzteren sind es besonders zwei Arten, auf die der Verfasser die Aufmerksamkeit der Sammler lenken möchte, weil sie nach den bisherigen Angaben einen recht schmackhaften Thee liefern sollen. Das Material jedoch, was mir bis jetzt davon zur Verfügung stand, reichte noch nicht aus, um die wichtigste Frage, nämlich die, nach dem Vor- handensein oder nach dem Gehalt an Koffein, an der Hand einer che- mischen Analyse zur Entscheidung bringen zu können. Ein negatives Resultat hierbei würde die Arten von vornherein vom Wettbewerb aus- schliessen, mag der davon gekochte Thee auch noch so schmackhaft sein.

Die eine dieser Arten bewohnt die Serra dos Organs bei Rio de Janeiro. Sie soll nach A. Glaziou einen vorzüglichen Theo liefern, der milder sei als der gewöhnliche Mate. Da sie bisher erst einmal gesammelt ist, scheint ihre Verbreitung auf die Serra dos Organs be- schränkt zu sein. Berücksichtigt man ferner den Umstand, dass die

Pflanze nur strauchartigen Wuchs besitzt und ihre Blätter nur sehr klein sind, so dürfte sich die Ausbeutung derselben in wildem Zustande nicht lohnen. Dagegen wäre sie, falls die chemische Analyse günstige Resultate liefern sollte, bei Mateplantagen in grossem Massstabe wohl zu berücksichtigen. Ein Kulturversuch wenigstens wäre nicht von der Hand zu weisen. Die Art, um die es sich handelt, ist:

Ilex Glazioviana Loes., deren Hauptmerkmale in den äusserst dicht beblätterten Zweigen, kleinen, nur etwa 2 cm (oder darunter) langen und 1 cm breiten, sehr dick lederigen, auch in trockenem Zustande grün bleibenden, ovalen oder verkehrt eiförmigen Blättern, die in der Nähe der stumpfen oder abgerundeten Spitze jederseits 2—3, selten 4, bisweilen, aber nur ausnahmsweise, auch 5 kleine Sägezähnchen besitzen, mit undeutlicher Nervatur und 1—3blütigen, einzeln stehenden Blütenständen mit 4zähligen Blüten bestehen. Die Äste und Blattstiele sind äusserst fein behaart. Was den Bau des Blattes anlangt, so ist die Art durch grosse Epidermiszellen und eine ausserordentlich dicke Kutikula, welche bei ausgewachsenen Blättern die Dicke von 0,028—0,035 mm erreicht und wodurch sie alle übrigen bei der Matebereitung überhaupt in Betracht kommenden Arten übertrifft, und eine ebensolche, 0,055—0,063 mm dicke Epidermis ausgezeichnet, welche mindestens halb so dick wie das Assimilationsgewebe ist. Kutikularstreifen fehlen.

Bei den Eingeborenen führt diese Art den Namen „Congonhinha", wie die übrigen kleinblätterigen bei der Matebereitung verwandten Ilices auch.

Die andere Art, auf die ich hier verweisen möchte, besitzt eine beträchtlich grössere Verbreitung; sie kommt in Minas Geraës, Uruguay und mit einer Varietät, die vielleicht eine besondere Art ist, auch in Paraguay vor und heisst:

Ilex dumosa Reiss. Ihre Blätter haben ungefähr dieselbe verkehrt-eiförmige, an der Basis allmählich in den Blattstiel verschmälerte Form und dieselbe kerbige gesägte Berandung wie die gewöhnliche Herva Mate, Ilex paraguariensis St. Hil., von der sie sich im wesentlichen nur durch kleinere, etwa 3,5—8 meist ungefähr 6 cm lange und 1,2 bis 2,8 cm breite Blätter und einzeln axilläre, nicht büschelig angeordnete, 1—7blütige Inflorescenzen unterscheidet. Auch bei dieser Art behalten die Blätter in getrocknetem Zustande ihre grüne Farbe, während die der Herva Mate ein etwa lederfarbenes Braun annehmen.

Die typische Form dieser Spezies ist in Uruguay heimisch, wo sie bisher erst einmal von Sellow in der Nähe von Montevideo gesammelt worden ist. Wichtiger ist die in Paraguay heimische var. guaranina Loes., die dort nach Balansa den Namen „Caa-Chiri" führt, während von den beiden in Minas Geraës vorkommenden Va-

rietäten nicht bekannt ist, ob sie zur Matebereitung gelegentlich Verwendung finden oder nicht.

Die var. **guaranina** von **Paraguay** lässt sich mikroskopisch leicht
erkennen an den auf dem Flächenschnittsbilde **gebogenen** Epidermis-
wänden, über die sich eine äusserst dichte und feine Streifung der
Kutikula hinwegzieht. Durch die gebogenen Epidermiswände, welche
wie die Steine eines Geduldspieles ineinandergreifen, ist sie von allen
übrigen hier in Betracht kommenden Arten und Varietäten unterschieden. Diese Pflanze scheint auch in Minas Geraës vorzukommen
und bei den Eingeborenen den Namen „Congonha miuda" zu führen.
Wenigstens glaube ich ein steriles Exemplar, das Schenck bei Sitio
(n. 3261) gesammelt hat, auch dazurechnen zu müssen. Die Epidermiszellen sind hier zwar grösser als bei der Paraguaypflanze, und
die Wände nicht so deutlich gebogen, aber sie lassen immer noch
Krümmungen erkennen. Vielleicht handelt es sich um Stockausschläge,
deren Blätter ja häufig etwas anders gebaut sind als die im oberen
Teile der Krone.

Die einzige Art, von der bisher chemische Analysen vorliegen und
die augenblicklich wenigstens im Handel ausser Wettbewerb steht, ist
die von Minas Geraës bis in die Gebiete von Rio Grande do Sul und
Paraguay hinein verbreitete **Ilex paraguariensis** St. Hil. (Pao de
Herva, Herva Mate), welche ich hier als bekannt voraussetzen kann.
Bezüglich ihrer morphologischen Merkmale, ihr Verbreitungsgebiet und
die grosse Zahl ihrer botanischen Namen sei auf die oben angeführte
Arbeit verwiesen. Nur auf ihre grosse Formveränderlichkeit möchte
ich hier noch näher eingehen. Dieselbe wird mir neuerdings in einer
brieflichen Mitteilung von Herrn Carlos Jürgens in Santa Cruz, welcher
sich seit längerer Zeit mit der Kultur des Mate in grösserem Massstabe
beschäftigt, bestätigt. Die Blätter können schwanken zwischen 2,9
und 14 cm Länge und darüber. Nach Herrn Jürgens unterscheidet
man in Rio Grande do Sul vornehmlich 2 Sorten Herva, eine „weissstielige", die den Namen „Herva de tallo branco" führt und eine „rot-
stielige", „Herva de tallo rouxo". Die erstere soll das beste Produkt
liefern. Diese Sorten können aber in botanischer Hinsicht nicht als
Varietäten oder Formen angesehen werden; denn, wie mir Herr Jürgens
angiebt, sind diese Unterschiede gar nicht konstant. Samen von demselben Baume der ersten Sorte entnommen, lieferten später ein „grenzen-
loses Sortenwirrwarr", in dem die rotstieligen Exemplare sogar über-
wogen haben sollen. Ob es gelingen wird, durch ein bestimmtes
Kulturverfahren weissstielige Pflanzen zu erzielen, muss der Zukunft
vorbehalten bleiben. — Es soll dann noch eine dritte Sorte geben,
„orelho de burro" (= Eselsohr) genannt, welche ziemlich selten sein

soll und von Jürgens bisher nur in Niederungen angetroffen wurde. Ihre Blätter sollen bis 25 cm lang und 15 cm breit werden. Samen waren bisher von derselben noch nicht zu erlangen. Nach den Mass-angaben möchte ich fast bezweifeln, dass die fragliche Pflanze über-haupt eine **Ilex** sein könnte.

Zur Zeit finden sich nun in der Handelsware noch Proben anderen Ursprungs, wiewohl nur in äusserst geringen Mengen. Soweit dieselben zu **Ilex amara** (Vell.) Loes. (= **I. ovalifolia** Bonpl. + **I. Humbold-tiana** Bonpl. + **I. crepitans** Bonpl. etc. etc., alles nur Formen der-selben Art) gehören, lassen sie sich durch oberseits deutlich eingedrückte Mittelrippe und die auf der Unterseite wenigstens mit der Lupe deutlich sichtbare dunkle Punktierung und eine ausserordentlich starke Katikula unterscheiden. Diese Merkmale gelten zwar auch für einige andere Arten, doch sind dieselben bei weitem nicht so verbreitet wie **I. amara** und die Wahrscheinlichkeit daher grösser, dass solche Proben von dieser Art stammen als von einer andern. Diese Art führt, wie mir Herr Jürgens bestätigt, den Vulgärnamen „Caúna", abgesehen von anderen Bezeich-nungen, die den einzelnen Formen in den verschiedenen Gegenden bei-gelegt werden. Der von Caúna-Blättern hergestellte Thee soll Übelkeit und Leibschmerzen hervorrufen, weshalb man diese Art nur als ein zur Verfälschung dienendes Surrogat ansieht, und einige Munizipalkammern auf die Verfälschung mit Caúna eine Strafe festgesetzt haben.

Es sei hier noch erwähnt, dass die Bezeichnung „Caúna" ausserdem in manchen Gegenden auch der **Ilex theezans** Mart., welche nach der Angabe der botanischen Reisenden ebenfalls zur Matebereitung benutzt werden soll, beigelegt wird. Über die Wirkung dieser Art ist mir bisher noch nichts bekannt geworden, ebensowenig habe ich sie in den mir vorgelegten Mateproben auffinden können.

Nach Herrn Jürgens sollen zur Verfälschung des Mate von anderen Familien noch benutzt werden: **Myrsine umbellata** Mart. (= Caporo-roco), **M. floribunda** R. Br. (= Capororoquinho), **Canella**-Arten u. a. Auch **Symplocus**-Arten dienen zur Matebereitung und sollen bisweilen einen recht guten Thee liefern, so z. B. **S. caparaoensis** Schwacke (vergl. diesbezügl. die oben angeführte Arbeit).

Was nun die echte Matepflanze, **Ilex paraguariensis** St. Hil., selbst betrifft, so wird sie im allgemeinen meist noch in wildem Zustande ausgebeutet. Über die Möglichkeit, sie mit Erfolg zu kultivieren, war man sich nicht einig. Man hatte schlechte Erfahrungen gemacht sowohl mit aus dem Urwalde verpflanzten Bäumen, wie mit der Anzucht von Keimpflanzen. Und doch muss die Pflanze sich kultivieren lassen, denn es haben zur Zeit der Jesuitenherrschaft in Paraguay und noch Anfang dieses Jahrhunderts von Bonpland angelegte ausgedehnte Plan-

tagen bestanden. Gegen die Anzucht von Keimpflanzen wurde ein-
gewandt, dass die Samen nur sehr schwer keimen und dass die jungen
Pflanzen sehr leicht wieder eingehen. Ersterem Umstande suchte man
dadurch abzuhelfen, dass die Kerne vor dem Aussäen Hühnern zum
Fressen gegeben wurden, um durch das Hindurchpassierenlassen durch
den Darmkanal derselben die Keimung zu beschleunigen und zu er-
leichtern. Neuerdings hat nun Herr Jürgens, wie er mitteilt, einen
ganz einfachen Prozess ausfindig gemacht, wonach die Samen mit Beginn des sechsten Monats ziemlich gleichmässig aufgehen. Ebenso hat
er auch der Behandlung der jungen Pflanzen seine besondere Aufmerksamkeit geschenkt. Er ist aber noch nicht in der Lage, seine Resultate
zu veröffentlichen.

Ich muss mich hier daher darauf beschränken, über die Ergebnisse
der Kulturversuche und den augenblicklichen Stand der Matekulturen
im hiesigen botanischen Garten zu berichten.

Im Herbst des Jahres 1892 hatte Prof. Schwacke eine Anzahl
reifer Früchte von **Ilex paraguariensis** St. Hil. aus Minas Geraës eingesandt, welche am 17. Nov. desselben Jahres im Kolonialhaus des
Bot. Gartens ausgesät wurden. Eine Pflanze keimte nach etwa einem
halben Jahre. Die übrigen gingen erst gegen Mitte Juli 1894, d. h.
also nach über 1½ Jahren, und zwar alle zusammen (etwa ein Dutzend
Pflänzchen) zu ziemlich gleicher Zeit auf. Inzwischen war eine noch
grössere Anzahl Früchte aus Joinville eingegangen, von denen ein Teil
sofort nach Ankunft ausgesät worden war. Von diesen keimte auch
wieder nach etwa ½ Jahre ein Exemplar, während die übrigen zu
Grunde gingen. Nach etwa einem Jahre wurde der Rest ausgesät, und
zwar wurde bei einigen Samen vorsichtig die harte Kernschale entfernt,
damit die zur Keimung nötige Feuchtigkeit leichter zu dem Samen
gelangen konnte. Aber auch von diesem Reste gelangte kein Exemplar mehr zur Keimung. Diejenigen, welche bereits nach ½ Jahre
gekeimt hatten, gingen auch bald wieder ein, weil sie, wie sich später
zeigte, zu warm gehalten worden waren. Aber von den Schwacke schen
Samen, die erst so spät aufgegangen waren und an denen man nun
die gewonnene Erfahrung verwerten konnte, besitzt der Garten noch
etwa 7 Pflanzen, die also jetzt 3 Jahre alt sind. Die grössten haben
die Höhe von ungefähr 45 cm erreicht. Von einigen konnten in diesem
Frühjahre Stecklinge abgenommen werden, welche sich sehr leicht be-
wurzelten, so dass der gegenwärtige Bestand etwa 15 Exemplare beträgt. Im Sommer stehen dieselben im Freien, nur gegen Hagel etc.
leicht gedeckt, während sie bei einer Temperatur von durchschnittlich
6—10° C überwintert werden.

Da nun, wie bekannt, sämtliche **Ilices** durch Abort zweihäusig

sind, so ist es für den Kultivator von Wichtigkeit zu wissen,
ob er eine männliche oder weibliche Pflanze vor sich hat.
Es wurden deshalb bei der Vermehrung die Stammexemplare numeriert,
die Stecklinge Ia, Ib etc. mit denselben Nummern versehen wie die
Exemplare, denen sie entnommen waren, und ausserdem den einzelnen
Nummern die Buchstaben a, b u. s. w. zugefügt, so dass, wenn die
Pflanze n. I zur Blüte gelangen und sich als ♂ erweisen sollte, man
bei den Stecklingen schon vor der Blütezeit weiss, welches Geschlecht
sie besitzen. Es können daher von diesen Kontrollkulturen nicht eher
Exemplare abgegeben werden, als bis die Stammpflanzen zur Blüte
gelangt sind.

Die Kulturfähigkeit der **Ilex paraguariensis** St. Hil. steht jedenfalls
ausser Zweifel und es scheint mir daher nicht ausgeschlossen, dass sich
dieselbe in den höher gelegenen Strichen unserer afrikanischen Kolonieen, am Kilimandscharo, in Usambara und in Kamerun sollte kultivieren lassen.

III. Diagnosen neuer Arten.

Sarcomphalus laurinus Grisb. var. **Fawcettii** Kr. et Urb. n. var.:
foliis ovatis v. anguste ovatis, apice obtusis v. plerumque obtuse acuminatis,
dimidio usque duplo longioribus quam latioribus membranaceis; inflorescentiis calycibusque ferrugineo-tomentosis, pedicellis 1,5—2 mm longis.
Habitat in Jamaica prope Bull Bay 65 m. alt. m. Dec. flor.;
Bot. Dep. Herb. (W. Harris) n. 6677.
Obs. I. S. laurinus Grisb.! ipse differt foliis non acuminatis
subcoriaceis, inflorescentiis glabris v. obsolete v. parce pilosulis, pedicellis
2,5—5 mm longis.
Obs. II. Species antheris revera extrorsis, in alabastro quidem ob
filamenta apice inflexa loculis intus spectantibus gaudet. Spinae num-
quam occurrunt.

Erithalis acuminata Kr. et Urb. n. sp.; ramis junioribus plus
minus compressis, sed mox teretibus et plicato-striatis; stipulis in
tubum brevem connatis, inter petiolos subulato-productis; foliis 20—10
mm longe petiolatis, elliptico-oblongis v. oblongo-lanceolatis, basi
sensim angustatis, apice satis longe acuminatis, 7—12 cm longis,
2—3,5 cm latis, cr. 3-plo longioribus quam latioribus; inflorescentiis
axillaribus racemosis 5—7-floris; floribus 5-, raro 6-meris; calycis lobis
manifestis; petalis . . .; fructu 5- raro 6-costato et -carpidiato.
Erithalis angustifolia Grisb.! Flor. (1861) p. 336; Duss!
Guad. et Mart. p. 339, — non DC.

Bois-flambeau-montagne Mart. ex Duss.

Frutex elegantissimus erectus 1—2 m altus (ex Duss), glaber. Rami juniores apice resinam secernentes. Folia acumine obtusiusculo, nervo medio supra prominente, lateralibus tenuibus utrinque parum v. supra vix prominulis, chartaceo-coriacea, margine angustissime recurva v. revoluta. Inflorescentiae fructiferae 6—7 cm longae; pedicelli 15—10 mm longi nudi v. infimi ad medium bracteolam gerentes. Calycis lobi semiorbiculares v. semiovales. Corollae lobi ovato-lanceolati (ex Grisb.). Fructus globulosus v. ovali-globulosus profunde 5- (6-) sulcatus, 4 ad 4,5 mm longus, pyrenis dorso facile secedentibus. Semen obovatum compressum tenuissime punctatum; endospermium mediocre. Embryo semine dimidio brevior; cotyledones ovatae radicula compressa 3-plo breviores.

Habitat in Martinique, solummodo in Montagne-Pelée 900—1000 m alt., sed ibidem satis frequens: Duss n. 206, 937, 1724; St. Vincent: Guilding.

Obs. E. angustifolia DC. differt praeter patriam (Cuba) inflorescentiis paniculatis, baccis 5—9-sulcatis, an etiam floribus?

Erithalis quadrangularis Kr. et Urb. n. sp.; ramis hornotinis quadrangulis; stipulis in tubum brevissimum integrum margine supero truncatum connatis; foliis 20—10 mm longe petiolatis, ovatis, ovalibus v. superioribus ovato-ellipticis, basi paullo in petiolum protractis, apice obtusissimis v. obtusis, 8—12 cm longis, 3,5—8 cm latis, dimidio usque duplo longioribus quam latioribus; inflorescentiis terminalibus et ex axillis foliorum superiorum lateralibus corymbosis; floribus 6-, raro 5-meris; petalis 13 mm longis; ovario 16—20-locellato.

Erithalis quadrangularis Kr. et Urb. in Ber. Deutsch. Bot. Ges. XV (1897) p. 270 (nomen) t. IX f. 29.

Arbor 7 m alta. Rami glabri paullo supra axillas foliorum e ramo materno abeuntes. Folia nervo medio supra canaliculato, lateralibus utrinque praesertim subtus prominulis non anastomosantibus, glabra subcoriacea, margine anguste revoluta. Inflorescentiae inferne glabrae, superne brevissime et plus minus pulverulento-pilosae, pilis articulatis; bracteae inferiores lineares v. ovato-acuminatae, mediae et superiores triangulares cr. 1 mm longae; pedicelli 8—12 mm longi, terminales nudi, laterales supra basin v. sub medio prophylla 1—2 suborbiculata minuta gerentes. Calyx subcampanulatus 4 mm longus, medio 2,5 mm crassus, extrinsecus pulverulento-pilosus, supra ovarium dimidio cupuliformi-productus, apice minute denticulatus. Alabastra subclaviformi-cylindracea, plus minus pulverulento-pilosa. Petala in aestivatione anguste imbricata, supra basin cr. in $\frac{1}{8}$ alt. in tubum intus supra basin pubescentem coalita, quoad libera linearia, obtusa vix 1 mm lata coriacea, sub anthesi recurvata. Filamenta tubo corollae basi ima adnata et hoc

loco paullulum inter sese connata, supra basin pilosula; antherae filamentis aequilongae 5 mm longae, lineares obtusae, dorso supra basin
in ¼ alt. affixae. Stylus superno paullo dilatatus 10 mm longus.
Discus carnosus concavus vertici ovarii immersus. Ovarium 2-loculare,
sed loculo quovis septis transversis 8—10-locellato, locellis 1-ovulatis.
Ovula ab apice locelli pendula ovata compressa, micropyle supera intera.
Habitat in Jamaica in New Green 700 m alt., m. April. florif.:
Bot. Dep. Herb. (W. Harris) n. 6318.

Obs. Ab omnibus aliis speciebus ramis quadrangularibus, stipulis
truncatis, floribus ratione magnis, locellis ovarii numerosis statim
dignoscenda.

Radlkoferella latifolia Fawc. n. sp.; ramulis extremis petiolis
lobisque duobus exterioribus calycinis extus ferrugineo-velutinis; foliis
ellipticis obtusis glabris supra lucidis venis prominulis; fasciculis florum
crebris 3—5-floris; pedicellis longitudine fere petioli flore duplo fere
longioribus; lobis calycinis 4 rotundatis in duobus seriebus imbricatis
interioribus margine et in medio velutinis; corolla 6-loba calyce non
duplo longiore; staminibus sterilibus subulatis lobis dimidio brevioribus
interne convexis; stigmate capitato obscure lobato exserto; ovario 5—6-
loculari sericeo; fructu carnoso ovato-sphaerico apiculato monospermo.
White Bully Tree Jamaic.

Arbor. Folia 4½—5½ poll. longa, 2½—3 poll. lata; petioli
6—9 lin. longi. Pedicelli 3—6 lin. longi. Calyx 2½ lin. longus.
Corolla 3½—4 lin. longa. Bacca 1⅛ poll. longa, 10 lin. lata.
Habitat in Jamaica in Blue Mountains: W. Harris n. 6103,
6354, 6355. (W. Fawcett.)

Brunfelsia Picardae Kr. et Urb. n. sp.; ramis hornotinis, foliis,
inflorescentiis, calycibus pilis brevissimis curvatis dense obsessis; foliis
4—5 mm longe petiolatis lanceolato-linearibus v. sublinearibus basi
obtusiusculis v. obtusis, apice sensim angustatis obtusiusculis v. acutis,
9—14 cm longis, 1—1,5 cm latis, 6—12-plo longioribus quam latioribus,
scabriusculis, saepius plicatis; inflorescentiis axillaribus et terminalibus,
umbellatim 3—6-, nunc 1-floris, pedunculis subnullis usque 0,5 cm,
pedicellis 1,5—2 cm longis; calyce anguste campanulato 4—5 mm longo,
lobis tubo duplo brevioribus; corollae tubo 7—9 cm longo, calyce
15—20-plo longiore; fructu 12 mm diametro.

Frutex 1—2 m altus. Rami teretes cortice pallide brunnescente in
sicco plicatulo, demum fisso obtecti, internodiis 0,5—1 cm longis. Folia
plerumque ad basin paullo magis angustata ideoque supra medium
latissima, nervo medio supra plus minus impresso, lateralibus e medio
sub angulo cr. 50° abeuntibus, ante marginem sursum curvatis, plus
minus manifeste reticulato-anastomosantibus, margine recurva v. sub-

revoluta, supra nitida, in sicco pallide brunnescentia, subtus pallidiora opaca, pilis basi incrassatis idcoque scabriuscula, subcoriacea. Inflorescentiarum pedunculi cum cicatricibus pedicellorum persistentes; bracteae euphylloideae, 2—3 cm longae, sed mox deciduae; pedicelli cr. 1 mm crassi. Calycis lobi breviter ovati, apice rotundati. Corollae tubus 2 mm crassus ad apicem sensim ampliatus glaber subrectus, fauce intus nudus; limbus patens, lobis rhombeo-orbicularibus 12—15 mm longis. Staminum filamenta 1,5—2 cm sub tubi ore affixa plana; antherae inclusae reniformes loculis confluentibus. Stylus glaber apice incurvus et paullo incrassatus. Ovarium ovatum. Fructus in sicco rugulosoplicatus glaber; pericarpium tenue 0,3 mm crassum. Semina in pulpa immersa, ovata v. reniformia cr. 4 mm longa granulata brunnea; testa crustacea. Embryo curvatus; radicula cotyledonibus anguste ovalibus 3-plo longior.

Habitat in Haiti prope Corail ad escarpement du fort, m. Dec. flor. et fruct.: Picarda n. 1334.

Brunfelsia portoricensis Kr. et Urb. n. sp.; glabra, foliis 4—6 mm longe petiolatis oblongo-lanceolatis usque obovatis, in eodem ramo variabilibus, inferne plus minus, nunc valde sensim angustatis, basi obtusiuscula v. obtusa in petiolum contractis, angustioribus apice longius, latioribus breviter et abrupte acuminatis, 7—15 cm longis, 2,5—5 cm latis, 2—6-plo longioribus quam latioribus, glabris planis valde nervosis; floribus in apice ramorum umbellatim dispositis, nunc uno axillari adjecto, pedunculis nullis subnullisve, pedicellis 0,8—1,2 cm longis; calyce tubuloso 30—42 mm longo, hinc apice tautum, illinc profundius usque in ⅖ long. fisso; corollae tubo 6—8 cm longo, calyce duplo longiore.

Frutex 3 m altus. Rami teretes pallide brunnei, ad apicem cortice laxe accumbente, fisso et desilente induti, internodiis valde inaequilongis. Folia cujusvis rami inferiora remota, superiora cr. 1 cm distantia, summa conferta, petiolis furfuraceis, nervo medio supra sulcatoimpresso, lateralibus e medio sub angulo 25—40° abeuntibus, aliis tenuioribus interjectis, omnibus ante marginem conjunctis et dense reticulato-anastomosantibus, margine plana v. anguste recurva, hinc illinc denticulis obsoletis calliformibus notata, supra nitida subglauca, subtus pallidiora, coriacea. Inflorescentiarum pedunculi cum cicatricibus pedicellorum persistentes; pedicelli 1,2—1,5 mm crassi bracteolis 3—4 mm longis lanceolato-linearibus praediti. Calycis tubus cr. 10 mm crassus, saepe unilateraliter fere usque ad medium fissus, caeterum apice tantum incisus v. dentatus, nunc lobis 2 plane connatis. Corollae tubus 2—3 mm crassus, extrinsecus minute pilosulus, ad apicem ampliatus subrectus, fauce intus nudus; limbus usque 17 mm longus. Staminum filamenta superne paullo latiora, longiora cr. 1,8 cm, breviora cr. 2,3 cm sub corollae ore affixa plana; antherae subaequales inclusae reniformes loculis confluentibus. Stylus glaber, apice incurvus; stigma capitatum obsolete bilobum. Ovarium anguste conicum.

Habitat in Puerto-Rico in Sierra de Luquillo, m. Majo flor.: Eggers hb. pr. n. 1276, ed. Rensch n. 995 b.

Obs. I. Specimina duo Eggersiana paullo differunt, illud foliis latioribus et calyce 3 cm longo, hoc foliis angustioribus et calyce 4,2 cm longo gaudet.

Obs. II. Sine dubio huc pertinent specimina sterilia a cl. Siutenis in Sierra de Naguabo in sylvis primaevis ad Rio Blanco sub n. 5397 lecta, quae foliis ramorum inferioribus linearibus v. lineari-lanceolatis 0,6—2 cm latis et usque 20 cm longis, ad apicem magis angustatis, superioribus oblongis usque 5 cm latis utrinque subaequaliter angustatis excellunt.

Brunfelsia lactea Kr. et Urb. n. sp.; glabra; foliis 4—14 mm longe petiolatis, obovatis v. breviter ovalibus, basi in petiolum contracta obtusis v. rotundatis, apice brevissime v. mediocriter acuminatis, 5—15 cm longis, 3—8 cm latis, dimidio usque plus quam duplo longioribus quam latioribus, glabris planis valde nervosis; floribus lateralibus et terminalibus solitariis, pedicellis cr. 1 cm longis; calyce campanulato 12 mm longo, lobis tubo duplo brevioribus; corollae tubo 6—7 cm longo, calyce 5—7-plo longiore; fructu 2—2,5 cm diametro.

Vega blanca Portoric.

Frutex 1—6 m altus. Rami teretes pallide v. cinereo-brunnei, cortice plicato et saepius fisso induti, internodiis subaequilongis 1,5—2 cm longis. Folia in petiolorum longitudine et laminae magnitudine variabilia, summorum montium minora, petiolis furfuraceis, nervo medio supra anguste sulcato-impresso, lateralibus e medio sub angulo 70—80° abeuntibus, utrinque elevatim reticulato-anastomosantibus et ante marginem conjunctis, margine anguste recurva v. revoluta, utrinque plus minus nitentia, supra obscure viridia, subtus pallidiora, coriacea. Pedicelli basi foliis euphylloideis sed parvis v. bracteis minutis lanceolato-linearibus suffulti, cr. 2 mm crassi. Calycis tubus 8—10 mm diametro, lobis ovatis v. breviter ovatis apice rotundatis. Corolla lactea, Hyacinthi odorem gratissimum exhalans; tubus 5—6 mm crassus, superne paullo dilatatus et paullo curvatus, extrinsecus glaber, fauce intus nudus; lobis usque 35 mm longis, breviter orbicularibus. Staminum filamenta longiora superne paullo dilatata, longiora cr. 3 mm altius affixa 15 mm, breviora 12 mm longa; antherae sub fauce sitae aequales reniformes loculis confluentibus. Stylus glaber, apice subrectus; stigma obliquum subbilobum. Fructus viridis v. viridi-flavescens, globosus sublaevis glaber, verisimiliter non dehiscens; pericarpium tenue vix 0,3 mm crassum. Semina in pulpa immersa, anguste et oblique ovata v. reniformia, 3—4 mm longa, obscure brunnea; testa crustacea minute reticulato-areolata. Embryo non rite visus.

Habitat in Puerto-Rico in Sierra de Luquillo cacumine montis Yunque 1600 m alt., in Sierra de Naguabo in sylva primaeva montis Piedra pelada 1300 m alt., prope Cayey in silva primaeva montis Torito rara, 850 m alt., m. Oct. flor., m. Jul. fruct.: Sintenis n. 1447, 1831, 2199, 5400.

Brunfelsia densifolia Kr. et Urb. n. sp.; glabra; foliis 5—8 mm longe petiolatis oblongo-linearibus v. lineari-lanceolatis, inferne valde sensim in petiolum angustatis, superne minus angustatis, apice acutis, 6—9 cm longis, 0,7—1,2 cm latis, 6—10-plo longioribus quam latioribus, longitrorsum nervosis laevibus planis; floribus terminalibus solitariis, pedicellis 0,7—1 cm longis; calyce auguste campanulato 6—7 mm longo, lobis tubo triplo brevioribus; corollae tubo 11—14 cm longo, calyce 17—20-plo longiore.

Arbor 8—10 m alta. Rami cortice pallide brunnescente, laxe accumbente et varie fisso obtecti, vetustiores nudi, hornotini dense foliosi, internodiis 0,5—2 mm longis. Folia supra $^2/_3$ longitudinis latissima, nervo medio supra tenuiter sulcato, lateralibus e medio sub angulo 10—15° abeuntibus et dense anastomosantibus, margine plana v. inferne angustissime recurva, utrinque nitida, supra subglaucescentia, subtus viridia, coriacea glaberrima. Flores foliis nonnullis minoribus, sed euphylloideis bracteati albi; pedicelli cr. 1,5 mm crassi. Calycis lobi breviter ovati v. semiovales, apice rotundati. Corollae tubus 3 mm crassus cylindraceus superne vix ampliatus glaber parum curvatus, fauce intus nudus; limbus patens v. reflexus, lobis breviter obovatis v. suborbicularibus, apice obtusissimis v. rotundatis, 12—13 mm longis, intus supra basin pilosulis, nunc quinto multo minore. Stamina 2 fertilia, 2 sterilia, illa 4—7 mm sub ore corollae, haec 9—10 mm sub ore omnia unilateraliter affixa; filamenta plana usque ad apicem latiuscula, supra insertionem paullo producta; antherae os attingentes, fertiles reniformes loculis confluentibus, steriles pluries minores, nunc pollinis granula nonnulla foventes. Stylus glaber rectus, stigmate antheras aequante obsolete bilobo. Ovarium longiuscule conicum glabrum.

Habitat in Puerto-Rico prope Maricao ad montem Alegrillo m. Dec. flor.: Sintenis n. 199.

Obs. Species staminibus aequilongis unilateraliter affixis, antheris (verisimiliter anterioribus) 2 pluries minoribus cassis v. subcassis et stylo recto insignis subgenus novum:

Brunfelsiopsis Urb. sistit, nisi structura fructus ignoti genus proprium condendum desiderat. — Si re vera, quod mihi paene certum

videtur, antherae steriles antice positae sunt, altitudo insertionis filamentorum est alia (inversa), quam in B. Americana Benth., cujus
filamenta altius inserta (longiora) antice, profundius inserta (breviora)
postice juxta lobum corollinum in aestivatione internum posita sunt.

Besleria Seitzii Kr. et Urb. n. sp.; ramis hornotinis pilis albidis
erecto-adpressis denso vestitis; foliis 8—4 mm longe petiolatis ovatis,
rhombeis usque elliptico-oblongis, basi obtusis v. sensim in petiolum
angustatis, apice plus minus acuminatis, 3—5 cm longis, 1,5—2 cm
latis, 1½—3-plo longioribus quam latioribus, superne parce et subgrosso
dentatis; floribus axillaribus solitariis, bracteolis nullis, pedicellis
1—2 cm longis; sepalis subliberis ovato-oblongis v. oblongis, filiformi-
productis, totis 8—10 mm longis; corolla cr. 20 mm longa, tubo
cylindraceo 3 mm crasso, supra basin postice paullo gibberoso-inflato,
sub apice subincurvo, lobis 3-plo brevioribus; fructu obovato, 8 mm
longo, 7 mm crasso granulato.

Frutex 2—3 m altus; rami teretes, vetustiores flavido-grisei glabrescentes, non striati, pilis 4—6-articulatis, fragiles. Folia opposita, sed
hinc illinc subalterna, paria v. utrumque cujusvis paris saepius in-
aequalia, alterum magis ovatum, alterum magis elliptico-oblongum et
longius, membranacea, supra obscuriora, parce et sparse setulosa, subtus
pallida et ad nervos strigulosa. Pedicelli tenues vix 0,4 mm crassi,
pilosi. Sepala extrinsecus inferne parce pilosa membranacea, nervo
medio filiformi-producto quam limbus fere duplo breviore. Corolla alba
glabra; lobi obovati apice rotundati v. subtruncati, patentes. Stamina
fertilia 4 tubo corollino in ⅓ alt. inserta; filamenta filiformia, ad basin
sensim dilatata; antherae sub ore sitae, omnes inter sese cohaerentes,
reniformes, transversim dehiscentes, loculis plane confluentibus. Stamino-
dium e corolla 3,5 mm supra ejus basin abiens. Discus annularis
basin ovarii cingens vix incrassatus, aequalis. Ovarium ovatum glabrum,
longitrorsum subsulcatum, 2-loculare, placentis undique ovuligeris.
Stylus crasse filiformis, ad basin paullo et sensim incrassatus, 7 mm
longus; stigma convexum subunilaterale vix 2-sulcatum. Fructus styli
basi apiculatus indehiscens, exocarpio crustaceo. Semina numerosa
minuta 0,2—0,3 mm diametro angulato-globulosa.

Habitat in Tobago in sylvis ad Kings Bay 200 m alt., m. Martio
flor. et fruct.: Seitz n. 13.

Obs. Nulli alii arctius affinis; sepalis liberis, antherarum loculis
plane confluentibus, foliis, pedicellis solitariis distincta.

Persea Harrisii Mez n. sp.; foliis petiolatis, adultis supra glabris
subtus paullo glaucescentibus distanter saepiusque subobscure pilosius-
culis, ellipticis, utrinque aequaliter nunc acutiusculis nunc obtusiusculis;
inflorescentia submultiflora, paullo sericante, laxe corymbosa, folia sueto

conspicue superante; limbi segmentis exterioribus quam interiora 2—2$\frac{1}{2}$-plo brevioribus; androecco scriebus 3 fertilibus; filamentis denso pilosis quam antherae fere duplo longioribus, serici III. glandulas in $\frac{1}{3}$ altit. gerentibus; antheris omnibus 4-locellatis, apice obtusis; ovario glabro quam stylus subduplo breviore.

Arbor conspicua (ex cl. Harris) ramulis novellis adpresse ferrugineo-subsericantibus, cortice bene aromatico, mucoso. Folia petiolis usque ad 40 mm longis, gracillimis stipitata, coriacea vel rigidiuscula, sicca supra olivaceo-viridia subtus conspicue pallida, utrinque dense prominulo-reticulata, $\pm$ 111 mm longa, 55 mm lata, apice sueto acumine brevissimo latoque, demum rotundato instructa. Pedicelli vix ultra 3 mm longi. Flores subsericei, allutaceo-pallidi, ad 4 mm longi, perianthii lobis obtusiusculis. Antherarum locelli superiores satis magnitudine reducti, ser. III. omnes lateraliter dehiscentes. Staminodia perconspicua, triangulo-sagittata, filamentis longioribus, valde pilosis stipitata. Ovarium globosum. Bacca globosa, nigra, glaucescenti-pruinosa, $\pm$ 12 mm diam. metiens.

Habitat in Jamaica, in sylvis montanis ad Silver Hill, Chester Vale, Clydesdale, Blue Mountains, m. Jul. fl., m. April - Jun. fruct.: Herb. bot. Dept. (W. Harris, D. Watt) n. 5255, 5734.

Obs. Habitu satis P. coeruleam nec non P. cordatam refert, tamen characteribus optime distincta. (C. Mez.)

Amanoa Aubl. Sect. **Imraya** Kr. et Urb. (sect. nov.). Flores omnes pedicellati. Androeceum in flor. masc. cum ovarii rudimento usque ad v. fere ad ejus medium in columnam connatum. Albumen evolutum.

A. caribaea Kr. et Urb.; foliis 5—8 mm longe petiolatis, ovatis v. anguste ovatis v. obovatis, basi obtusis et saepius perpaullo in petiolum protractis, apice breviter v. mediocriter et obtuse acuminatis, 6—10 cm longis, 3,5 — 5,5 cm latis, chartaceis; pedicellis 5 — 12 mm longis; sepalis flor. masc. et fem. subaequalibus; petalis in flor. fem. paullo majoribus; capsulis 20 — 25 mm longis.

Carapate, Caconier v. Paleturier gris Guad. en Duss.

Arbor elata magnifica recta. Rami teretes, in sicco brunnei v. cinerei glaberrimi. Stipulae intrapetiolares breves. Folia petiolis supra obtuse canaliculatis, fere duplo longiora quam lamina latiora, margine integra, nervo medio supra subimpresso, lateralibus crebris supra vix v. parum prominentibus, utrinque reticulato-anastomosantibus. Inflorescentiae in apice ramorum et ramulorum subspicatim dispositae, inferiores in axilla euphyllorum valde diminutorum, superiores in axillis stipularum squami-formium, 3—5-florae, umbellulatae; pedicelli basi bracteolas plures gerentes. Flores utriusque sexus in eadem umbellula obvii, feminei paullo praecocius evoluti, albido-flavi, masculi: Sepala 5 libera, margine in aestivatione quincuncialiter sibi imbricata, coriacea, exteriora ovata v. anguste ovata, 4—5 mm longa, 2,5—4 mm lata, interiora ovato-oblonga v. oblonga, margine tenuiora, 1,5—2,5 mm lata, sub anthesi horizontaliter patentia v. subdeflexa. Petala cum sepalis alterna, disci sulcis accumbentia, superne tenuia, triangularia v. semiorbicularia, inferne stipitiformi-contracta crassiora, 0,5—0,8 mm longa. Discus bene evolutus carnosus, basin columnae cingens. Filamenta 5 horizontaliter patentia, quoad libera 2,5 mm longa crassiuscula; antherae dorso supra basin affixae, ovatae apice obtusissimae, introrsae, loculis longitudinaliter dehiscentibus, intus contiguis, dorso connectivo late sejunctis. Gynaeceum abortivum columnare trigonum, apice truncatum et obsolete trilobum, a basi 3 mm longum, 0,8 mm crassum. Flores feminei: Petala manifestiora, sub disco inserta, in aestivatione disjuncta, superne semiorbicularia margine denticellata, lateribus subincurvis, crassiusculo membranacea, inferne breviter cuneata et crassiora, 1 mm longa et lata. Discus cr. 0,3 mm altus crenulatus e squamis plus minus connatis compositus. Ovarium ovatum 3—4 mm longum, 2,5—3 mm crassum 3-loculare, ovulis in quoque loculo 2 collateralibus. Stigmata 3 sessilia apicem ovarii vestientia, basi cordato-emarginata. Capsulae globulosae, extrinsecus densissime subgranulatae, exocarpio cr. 1 mm crasso, endocarpio aequicrasso v. paullo tenuiore ligneo, postremum soluto, intus inter crura scutellum ovatum cr. 10 mm longum, apice profunde emarginatum praebente; columna 12—15 mm longa trigona. Semina in quoque loculo solitaria ovata, basi late et leviter emarginata, apice obtusa, 14—16 mm longa, 9—10 mm lata, dorso obsolete carinata, ventre subplano in ³/₅ alt. affixa, testa laevi; albumen mediocre carnosum. Embryo anguste ovatus, latere altero latissime et levissime emarginatus, apice oblique subplicato-curvatus; cotyledones subplanae carnosae, basi inaequali profunde emarginatae, radicula brevis ex emarginatura vix prominens.

Habitat in Guadeloupe, satis communis in sylvis primaevis, e. gr. inter Camp Jacob et Trois-Rivières, in altis Matouba 480—800 m alt., Morne Goblin apud Gombeyre m. Nov. flor., m. April. fruct.: Duss n. 2466, 3236; Dominica, e. gr. ad Pleasant Valley 500 m alt., m. Jan., Febr. flor.: Duss s. n., Eggers ed. Toepff. n. 603, hb. pr. n. 980, Imray.

Andropogon annulatus Forsk. var. **subrepens** Hack. (n. v.). Differt a typo culmo inferne repente, dein ascendente.

Habitat in Guadeloupe, route du Gozier à Sainte Anne: Duss n. 3678.

Obs. Locis humidis regionis inferioris caespites efformat; pabulum insigne praebet ex Duss. (E. Hackel.)

Panicum spectabile Nees var. **guadeloupense** Hack. (n. var.). Differt a typo spiculis muticis minoribus, minus dense hispidis.

Habitat in Guadeloupe in fossis et locis aquaticis prope faubourgs de la Pointe à Pitre: Duss n. 3176.

Obs. Erectum, 4—7 pedes altum ex Duss. (E. Hackel.)

Paspalum heterotrichum Trin. forma **paucispicata** Hack. Differt a typo 3—7-spicato spicis 1—2.

Habitat in Haiti in montibus Furcy: Picarda n. 1525.

(E. Hackel.)

Leucosphaera Pfeilii Gilg n. sp.; frutex humilis valde divaricato-ramosus, ramis junioribus (foliatis) dense griseo-velutinis; foliis alternantibus vel oppositis, minimis, lanceolatis vel oblanceolatis, sessilibus, apice acutis, basi sensim augustatis, integris, utrinque densissime pilis griseis vel albescentibus longiusculis sed appressis rugulosis obtectis nitidulisque; floribus in apice ramorum in capitulas globosas multifloras confertas collectis; inflorescentiis partialibus 2-floris; floribus bractea elongata et flores paullo superante spiniformi, acuta plumosa suffultis, bracteolis 2 lateralibus brevibus membranaceis, ovatis; perigonii phyllis 5 subaequalibus dense et longe sericeo-pilosis, 3 interioribus quam cetera paullo angustioribus; staminibus 5 basi membrana obsoleta inter sese conjunctis; pseudostaminodiis O.

Folia cr. 1 cm longa, 3 mm lata. Capitulum cr. 1,5 cm diametro. Bracteis 7—8 mm longis. Perigonii phyllis 6—7 mm longis.

Deutsch Südwest Afrika, Rietfontein-Koes (Graf J. Pfeil n.121). Species multis notis insiguis ex affinitate L. Bainesii (Hook. f.) Gilg.

Psilotrichum angustifolium Gilg. n. sp.; herba annua, glaberrima, 30—60 cm alta, caule erecto teretiusculo, longitudinaliter sulcato; foliis oppositis sessilibus, lineari-lanceolatis vel linearibus, apice acutis, basin versus sensim angustatis, integris, membranaceis; floribus parvulis breviter pedunculatis, paniculatis, paniculis e cincinnis 2—3 regularibus elongatis 12—20-floris compositis; perianthii phyllis rigidiusculis glaberrimis. — Ceterum generis.

Folia 3—6 cm longa, 3—5 mm lata. Pedunculi 7—20 mm longi. Rachis 2—3 cm longa. Flores 3—3,2 mm longi.

Tropisches Ostafrika (Stuhlmann n. 3470, im März blühend). Differt a Ps. cordato foliorum forma nec non perianthii phyllis glaberrimis.

Register

zum

Notizblatte des Königl. botanischen Gartens und Museums.

No. 1—10.

Uncinia
ferruginea Booth 4, australis Perr. 4.
Uragoga
Ipecacuanha (W.) Baill. 13, 39, 84,
286.
Uraria
lagopoides P. DC. 207.
Uredo
glumarum Rob. 124, Scabies Cooke
89, Sorghi Fuck. 120.
Urena
lobata L. 53, sinuata L. 207.
Ustilaginoidea
Oryzae (Pat.) Bref. 121.
Ustilago
cruenta Kühn 119, Fischeri Pass.
124, Maydis (DC.) Tul. 124, Reil-
liona Kühn 119, Sorghi (Link)
Pass. 118, virens Cooke 121.

Vallota
purpurea Herb. 209.
Vanilla
Plum. 15, grandifolia Lindl. 156,
imperialis Krzl. 155, planifolia Andr.
172.
Veronica
vernicosa Hook f. 4.
Viasi 259.
Vicia
pyrenaica Pourr. 3.
Vigna
sinensis Endl. 259.
Vinaua 258.
Viola
Jovi Janka 3.
Virola
surinamensis (Rol.) Warb. 100.

Vitex
trifolia L. f. 55, 206.
Voandzeia
subterranea Thou. 259.
Vriesea
regina (Well.) Beer. 35.

Wallichia
porphyrocarpa Mart. 191.
Wassermelonen 258.
Wedelia
biflora DC. 226, strigulosa (DC.)
K. Sch. 57, 206.
Weizen 14, 16, 259.

Xylopia
africana Oliv. 263.

Yams 14, 125.
Yaxci 136.

Zansibar-Kopal 198.
Zanthoxylon
rubescens Planch. 264.
Zea
Mays L. 117, 123.
Zenkerella
pauciflora Harms 183.
Zephyranthes
Taubertiana Harms 81.
Zingiber
amaricans Bl. 47.
Zizyphus
Jujuba Lam. 173, 259.
Zuckerkistenholz 286.
Zuckerrohr 259, 263.
Zygophyllum
latialatum Engl. 244, Pfeilii Engl. 244.